植栽技術論

内田均 著

Hitoshi
Uchida

建築資料研究社

序　文

　私が初めて内田均先生にお会いしたのは、確か平成15年の9月頃だったと
記憶している。東京農業大学には短期大学部はすでになくなってしまったが、
その当時はまだ存在して多くの学生が学んでいた。その短期大学部の環境緑
地学科では、平成15年の後期から新しい講座として「樹木医学概論」を開始
しようと、内田先生が中心となって企画され、その講師として私に白羽の矢が
立った。その当時、私は財団法人日本緑化センターに勤めており、そこでの業
務は多忙を極めていたので、一瞬講師就任を躊躇した。しかし、自然や樹木
に対する自分の考え方や知識を若い人たちに伝える絶好の機会だと思いなお
し、喜んで引き受けることにした。その際に直接私に非常勤講師就任の依頼
の連絡をしてきたのが内田先生であった。平成15年9月末にスタートした新し
い科目に対する学生さんたちの関心は大きく、多くの学生が私の話を、目を輝
かせて聞いてくれていたことを鮮明に覚えている。

　私は翌年の平成16年3月に日本緑化センターを早期退職して自由業の身と
なり、その年の4月から環境緑地学科の厚木農場での農場実習も手伝うことに
なった。さらにその翌年の平成17年からは環境植栽学という講座や卒業研究
も担当したり協力したりすることになった。

　農場実習の際、造園の専門家である内田先生の学生に対する指導方法を
直接拝見したが、それは実に実践的なものであった。枝の剪定、移植のため
の樹木の掘り取りと根巻き、作庭、石組、草刈りなどの実践的作業技術を、実
際にご自分でやって見せて学生に納得させてやらせる、という実習方法であっ
た。それまで学生に実技を教えるという経験がほとんどなく、講義や講演でも
ただ書いたりしゃべったり映したりするだけであった私にとって、内田先生の指
導方法と熱心さは実に新鮮で驚嘆すべきものであった。

　内田先生はまた、東京農業大学のオープンカレッジ講座やグリーンアカデミー
の講座においても、一般の人々への造園技術の指導と普及に熱心に取り組ま
れ、さらに日本造園組合連合会や日本庭園協会の委員として、大所高所から

の技術普及にも取り組まれてきた。

　内田先生は日本庭園の作庭技術について造詣が深く、毎年のように学生を連れて京都の庭園を見学されているが、樹木医学とその技術にも多大な関心を持たれ、特に最新の樹木診断技術について深い興味を示し、外国製の高価な樹幹内部の腐朽空洞診断機械や道具を各種導入して研究を進め、学生の指導にも利用されていた。私はその研究についても少しばかり協力させていただき、それによって新しい知見を得ることができた。

　私がこのたび建築資料研究社から出版される本書の主な内容を知ったのは、まだ出版企画の段階であったが、その章項立てを見て、造園技術の実践家である内田先生が長年培ってきた造園緑化技術を集大成するものとなるであろうと確信している。

　本書の内容は根回しや根巻き技術を含む移植技術、剪定技術を含む育成管理技術、植木の生産と流通、造園作業の道具、竹垣づくりや作庭を含む造園技術、造園樹木の解説、先生ご自身の経験をもとにしたエッセイなどで構成されている。

　地球環境問題が厳しさを増し、森林をはじめとする自然と人間社会との共存が喫緊の課題となっている現代において、人間社会と密接に存在する自然を上手に管理し、長期にわたって共存させることを目指す造園・緑化技術の重要性は、近年ますます高くなっていると考えている。本書はその造園・緑化技術を実践的に解説したものであり、造園や樹木に携わる専門家に限らず、可能な限り多くの一般の人々にも内容を理解していただき、複雑に絡み合い解決困難な環境問題の糸口を引き出すための一助になってほしいと願っている。

令和5年2月　堀 大才

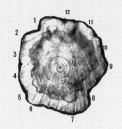

第3章 —————————————

管理実態 157

第4章 —————————————

生産・流通 215

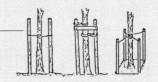

第5章

造園道具 253

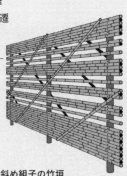

第6章

造園技術 283

第7章

造園樹木 341

8章

エッセイ　373

造園人新年の抱負　「造園実習教育」／環境緑花人新年の抱負　「伝統・新技術の伝授を胸に」／緑花人新年の抱負　「パラダイスコーディネーターに」／21世紀に残したい都市公園　「中国から学んだゆとりの心」／緑花造園人新年の抱負　「樹木生産者を踏まえた教育」／歩みつづけて55回　ゴーゴー花・緑・会「視察報告会でデビュー」／これからの都市公園を考える　「緑と花の公園づくりを」／"都市森"の時代へ　「地域性ある緑の公園作りを」／造園人新年の抱負　「地域の財産、落葉からの発想」／「タイ国との交換留学を体験して」／造園人新年の抱負　「エコ・リゾートを考える」／造園人新年の抱負　造園界の25年を総括する　「公園木の移り変わり」／20世紀最後の初夢　「新しい囲い技術の創出を」／造園人新年の抱負　「新しい造園家を育てる」／造園人新年の抱負　「木の痛みがわかる造園人を」／造園人新年の抱負　「評価・提案できる人材を」／造園人新年の抱負　「実習教育で技術者養成を」／造園人新年の抱負　「マダガスカルの環境問題」／環境緑化関係者　新年の抱負「樹木の立場を知る造園家に」／「農大と私」／「刈込みと学生教育」／「造園連新聞に望むこと」／造園人新年の抱負「造園技能士の養成に励む」／野澤清先生の教えを」／造園人新年の抱負「東京の街路樹の今」／造園人新年の抱負「海外の日本庭園を考える」／新年のごあいさつ「住宅庭園の管理を考える」／「造園家の仕事」／「樹齢百年のカヤ」／地震の被害から住宅庭園を考える／「安全な街路樹の手入れを」／「牧野富太郎先生の教えを胸に」／「河原武敏先生とご一緒した日々」／「先人たちの技と知恵を学び繋ぐ修行道場」／木になる葉なし2／「若い技能者に伝えたい　日本庭園の技と心」／木になる葉なし6／在籍37年を振り返って／木になる葉なし10／木になる葉なし15／「日本庭園の技術・技能の継承を」

第1章

移植技術

*一部の樹木名は論文執筆当時のまま表記しています。

1-01
根巻資材の現状と
今後の課題について

はじめに

　緑化樹木生産者は、ここ10年間継続して3億本もの樹木を生産し、都市や工場、リゾート開発地などへ出荷しており、緑化環境の創造に貢献をしている。生産者は出荷時に1本1本の樹木へ根巻を施して施工現場まで運搬し、その後、施工者がその樹木を現場監督立ち会いの下に植栽する形式となっている。

　生産者が行う根巻技術は、従来の高度な技術を要する藁を用いた根巻から、誰でも容易に早く巻ける作業効率の良い麻布などの根巻資材へと移行する傾向にある。一方、公共工事の植栽に際しては、仕様書の有無・根巻資材の種類などによって現場監督の植栽への見解が異なり、施工者は大いに困惑している状況にある[1]。

　そこで著者らは、移植技術の中の根巻の目的、現在普及している各種根巻資材の現状と問題点を歴史的背景や生産者・施工者の立場から統計資料を用いて顧み、さらに、仕様書からみた根巻資材の取扱い実態などを、アンケート調査を基に浮き彫りにし、全国レベルでの現場監督の疑問点を示し、今後の根巻資材の統一見解の策定を本論にて提起しようとするものである。

根巻資材の有効性

1 | 移植技術の中の根巻の位置づけ

　Mulford[2]は移植について、"特定の植物を一つの場所から動かして他の場所に植える。それにはその植物の生長を続けさせるという意思をもってする。これを移植という。"と定義している。この定義におけるキーワードを探すと、「場所移動」「生長継続」の二つであろう。

　移植技術の中の根巻の目的は、この2点をクリアーすることである。場を移動するために、樹木を掘取り、運搬する。その際に生長の継続を図るため、掘上げた根と鉢土とを密着させ、植付け後ただちにその根が養水分を吸収できるよう取り計らうことである。つまり、掘上げた鉢土を強く締め込み、鉢土の割れを

防ぎ、鉢内の根を土と接着させる効果があり、しいては、植付け後発根を促すために行われる方法である。

このような目的のために日本の根巻は、藁・薦（こも）などが一般的に用いられている。しかし、稲を作っていないアメリカやドイツなどの国では、藁や薦の代わりにBurlap（バーラップ）と呼ばれる麻布やズックを用いている[3]。

2 | 根巻資材の変遷とその背景

前述の目的に適した根巻資材はどのように変遷し、その現状はどうあるかを、材料面である資材の流れと、根巻を行う生産者の労働力面の2つの視点より検討する。

(1) 根巻資材の変遷とその背景

根巻資材の歴史は古く、1809年佐藤信淵[4]の「種樹秘要」には、「・・根ニ鉢ヲ附ルコトハ木ノ合好ヨリ少シ大ニシ鉢ヲ古菰旧俵ノ少シク腐レタルヲ一尺許ツツニ切リ此ヲ多ク押シ当テ縄ニテ幾処モ縛リ土ノ少シモ落サル様ニ包ムヘシ。・・」とあり、1847年中山雄平[5]の「剪花翁伝前編」には、「・・前と左右と三方を深く掘り下げて前の下より奥に掘り入ればついに株底半過ぎに至るなり、此時前左右三方にコモ、俵等をもて株根をつつみ縄もて巻き、・・」と示されている。これでみられるように、藁や薦、俵が江戸時代末期より根巻資材として用いられている。これは、日本が稲作の国であったがために、稲収穫後の廃材である藁を無駄なく上手に活用した現れであろう。

しかしながら現状をみると、埼玉県のある生産者が、「田んぼで作った稲藁を自給自足で縄もない、樹木の根巻用にしていたのが、1961年の農業基本法成立より農政のあり方が一変し、自給で縄をなうことが税金や領収書問題などからばからしくなった。それ以来、根巻資材は購入している。」と述べているように、一般的に用いられてきた根巻材料の稲藁も社会構造の変化を背景として入手困難な傾向が起きようとしている。

そこで、このことを明らかにするため根巻資材として用いられる稲藁（原材料）と薦の量[6]を図1に示す。稲藁は、1979年347,100t（当年稲藁発生量の2.7%、以下同様）の発生量であったのが1989年には53,992t（0.49%）と約1/6の量に減少している。同様に、藁工品の薦などは、1979年44,300t（0.35%）が1989年では8,101t（0.07%）と11年間で約1/5と大幅な減少がみられることからも藁・薦の入手困難な傾向は明らかである。

これら根巻用の藁や薦が減少した要因の一つには、稲作作業の機械化が考えられる。昔の稲刈りは、鎌を用いた手刈りのみであった。それが図2の如く、1970年になると手刈り73.5%、普及したてのバインダー21.5%、コンバイン

が5％の普及面積割合にある。さらに1975年には、手刈り14.6％、バインダー50.5％、コンバイン34.9％となり、1989年は、手刈り1.1％、バインダー22％、コンバイン76.9％の状態となっている[7]。つまり、稲の収穫が手刈りからバインダーという刈取結束機へ移行し、さらに1980年前後にはバインダーからコンバインへと変わってきた。コンバインは、その場で脱穀して米のみ収穫し藁を細断してそのまま圃場に残していく。その後、トラクターで耕耘するなどすき込みとして処理されている状況にあり、根巻資材の藁や薦が減少したものと推察できよう。

図1｜根巻用藁・薦の発生量の推移

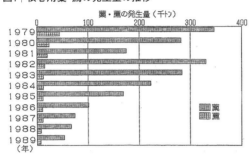

図2｜稲の収穫様式別普及面積割合の推移

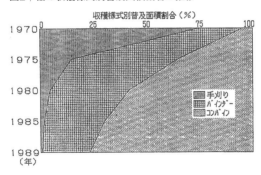

一方、藁や薦の減少を逸早く予測した大手製紙メーカーは、藁・薦に代わる紙の根巻資材を1969年に開発する。と同時に、日本の食糧である米麦の貯蔵にピーナッツ・大豆などの梱包材である麻袋の廃物に目をつけた業者が、袋ごと、またはある程度の寸法に裁断した麻袋を緑化樹木生産者へ売買するようになる。特に九州の田主丸地方や千葉の東金地方で盛んに普及し始めた。さらに、1976年には移植樹木の幹巻用養生資材であった麻布が藁に代わって用いられ始めている。そこで、このことを裏付けるために新しい根巻資材の導入状況を紙と麻布の販売量（注：十條製紙・小泉製麻株式会社の年度別販売量）からみたものが図3である。1976年の紙と麻布の合計販売量は19万㎡であったのが、1988

年には251万㎡（販売当初の8.7倍、以下同様）、1990年では450万㎡（23.3倍）と、紙・麻布の合計販売量は15年間で23倍も激増していることが示された。

　これらのことより、根巻用の資材は紙・麻袋・麻布が藁に代わって目覚ましく普及しはじめていることが理解される。しかしながら、根巻資材としてこれまでの藁・薦と同じような特徴を持つものであるかは余り検討されていないことから、今後はこれらの資材についての性質解明が大切となろう。

図3｜根巻に用いる紙、麻布の販売量の推移

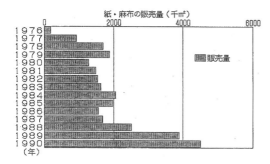

（2）緑化樹木生産者からみた根巻資材の変遷

　藁以外の根巻資材が普及してきた背景を、つづいて樹木の根巻を行う生産者の労働力面から検討するため、緑化樹木生産者をも含む農耕・養蚕作業者の人口推移を国勢調査報告[8]よりみようとしたのが図4である。全国で働く15歳以上の総就業者数中、緑化樹木生産者をも含む農耕・養蚕作業者の人口割合は、1970年9,047,330人（総就業者数中17%、以下同様）、1975年6,356,435人（12%）、1980年5,093,908人（9%）、1985年4,429,022人（7.6%）、1990年3,471,700人（5.6%）と、20年の経過で農業人口が約1/3に減少している。

　また、緑化樹木生産者をも含む農耕・養蚕作業者の年齢構成を図5に示す。15～30歳未満の人口は1970年1,066,895人（当年の総就業者数中12%、以下同様）であったのが1985年に174,492人（4%）となり、30歳代では1970年1,781,670人（20%）が1985年で471,206人（11%）、40歳代では1970年2,312,410人（25%）が1985年668,561人（15%）と、10%前後減少している。逆に、緑化樹木生産者を含む農耕・養蚕作業者の50歳代は1970年1,907,405人（21%）が1985年1,391,245人（31%）、60歳代以上では1970年1,978,950人（22%）が1985年1,723,518人（39%）と10%～17%の増加傾向にあった。

　これより、緑化樹木生産者をも含めた農耕・養蚕作業者の人口は1970年か

ら1990年の20年間で約1/3に減少し、15歳から40歳代までは10％減、50歳以上は15％増であり、若手労働者の不足、現労働者の高齢化がかなり進行していることがうかがえる。このため、緑化樹木生産者にとっての熟練と体力を必要とする根巻作業は年々きつい仕事となっているものと推察される。

このことは日本緑化センターの調査による緑化樹木生産者の事業体数[9]をみても明らかで、1975年に60,595戸であったものが1991年には35,642戸の事業体数へと減少している。にもかかわらず緑化樹木の生産本数をみると、1982年以降現在まで10年間継続して3億本台を維持しており、生産者の忙しさは年々大きくなっていることがうかがわれる。

このようなことを踏まえて考えてみるに、藁は一本一本を丁寧に揃えて包み込んでいくために作業能率が悪いとされることから、生産者は根巻作業の省力化を図ることが要望され、楽に、早く梱包できる根巻資材を要請している。そこで図3で示されるように紙、麻袋、麻布へと根巻資材が移り変わっているものと考えられる。

図4｜樹木生産者を含む農耕、養蚕作業者の人口推移

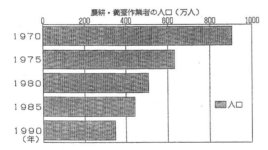

図5｜樹木生産者を含む農耕・養蚕作業者の年齢構成別割合の推移

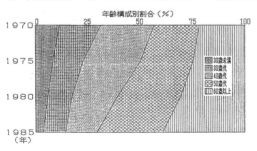

仕様書からみた根巻資材の現状と問題点

　現在、緑化樹木生産者に用いられている根巻資材には、これまでの藁・薦、新しい資材として紙・麻袋・麻布の計5種類が見られる。そこで、植栽工事の施工者の立場から根巻資材を考えてみた。公共の植栽工事をする場合、官公庁の「仕様書」に則り施工されるのが一般的であることから、先ず監督官公庁の根巻資材に関する仕様書の現状とその問題点についてのアンケート調査を基に検討することにする。

　1991年6〜7月にかけて、各都道府県の公園緑地課及び中央官公庁宛てに「植栽工事の際の根巻資材取扱いについて」の質問状を送った。その内容は、「仕様書の有無とその内容」「根巻資材別の取外し状況」「現場における監督者の対応状況」「根巻資材を取外させる理由」などである。その結果、アンケート依頼件数51件中、46監督官公庁より回答が得られた。

1 | 仕様書の有無とその内容

　植栽工事における根巻資材の取扱いに関する「仕様書の有無」について問うたところ表1に示す通り、「仕様書がある」監督官公庁は全体の43%であり、57%の監督官公庁は「仕様書がない」という回答を得た。「仕様書がない」監督官公庁がおよそ6割あり、根巻資材の取扱いに関して統一的な見解がなされていないことがうかがえる。

表1 | 監督官公庁にみる根巻資材の取り扱い状況

仕様書の有無		取扱い状況	
有	43%	外す	95%
		外さない	5%
無	57%	外す	38%
		外さない	62%

(N=46)

　仕様書を有する監督官公庁（以下、県という）のその仕様書内容をまとめたものが表2である。それによると、植栽工事の際の根巻資材の取扱いは、「取外す」仕様と「外さない」仕様の2つに大別され、仕様書のある県の95%が「根巻資材を取外す」方向にある。その内容も『根ごしらえにあたっては、根巻の化学合成系のひも、網等は除去するものとする』という建設省の仕様内容に準ずる県が60%と最も多く見られる。このことは、根巻資材を取外さなければ樹木に障害を生じさせる恐れがあることを懸念し、化学合成系の資材の使用にその懸念原因があることが示唆される。

一方、仕様書のない県での根巻資材の取扱い状況は、根巻資材を外す県が少なく、根巻資材を外さない県は6割を示している。このことより、根巻資材を取外す・外さないの取扱いについて十分に統一された見解が示されていないことが明らかとなり、施工の均一性を保つ上では今後統一した見解が必要となろう。

表2 | 根巻資材の取扱いに関する仕様書内容

仕様大別	仕様内容	割合
取外す（95%）	根ごしらえにあたっては、根巻の化学合成系のひも、縄等は除去するものとする	60%
	根巻に使用した材料は、原則として取外すものとする	10%
	埋め戻し前に根巻のなわ、わら、こも等は除去しなければならない	5%
	根巻が厚いとき、または、二重巻等の場合には縄を切り、包を解いてから土入れを行うこととする	5%
	根巻はそれぞれの樹木の特性を考慮した処理の後、植え付けるものとする	5%
	ビニール等の腐食しない根巻材は必ず取除く	5%
	根巻材料は根鉢の崩れない範囲でできるだけ外す	5%
外さない（5%）	根ごしらえにあたっては、根巻きのワラを材料とする縄、こも等の根巻材及び麻を材料とする根巻材は除去しないものとする	5%

(N=20)

2 | 根巻資材の材質からみた取外しの有無とその理由

根巻資材の取外しの有無には根巻資材の材質が影響するものと考えられることから、前述したアンケート依頼方法により得た仕様書のない監督官公庁（以下、県という）における根巻資材別の取外し状況を示したものが表3である。

資材の種類により取外す、外さない割合が若干異なりを見せている。従来用

表3 | 仕様書のない監督官公庁にみる根巻資材別の取外し状況

取外し状況	資材別		
	藁	麻布	麻袋
外す	38%	42%	50%
外さない	62%	58%	50%

(N=26)

いられている藁による根巻資材は、仕様書のない県で62％が藁を外さないでそのまま植込む状況にあり、麻布は58％、麻袋資材を用いた根巻物では50％の県で取外さないまま植栽されていた。このことから、藁以外の他の根巻資材は取外す傾向が多く認められる。これは、藁以外の他の根巻資材が藁以上に樹木生育に障害を生じさせる恐れがあるためと考えられる。なお、仕様書のある県では、根巻資材の種類を問わずほぼ取外して植栽されている現況にあった。

　次に、植栽工事現場においての監督者の対応について問うたところ、仕様書のない県では42％が監督者からの特別な根巻資材取外しの指図は行わず業者へ依存し取外しの判断を任せている状況であった。これは、一年間の植枯れ補償の関係から業者が適切な取扱いをするであろうという判断を基にした全面的な業者依存の対応である。しかし作業の効率を優先するあまり根巻資材を除去せずにそのまま植栽するケースが多いことも事実のようである。一方、現場監督が主体となり根巻資材取扱いの指図を行ないその判断次第で取外し状況が変わる場合もあると27％の県が答えている。例えば、「麻布・麻袋で根巻された樹木は春植え時に取外し、秋植え時には外さないでも良い」という資材の厚み・樹種・大きさ・植付け時期など現地の条件を考慮した見解も見られる。このことから、根巻資材の取外しは取扱い者の見解次第で行われている状況にあることもうかがえる。

　そこで、「根巻資材を取外す・外さない理由」を問うたところ回答のあった31県の結果を図6に示した。それによると、外す理由の筆頭は、「腐敗程度が遅いため」32％であり、次いで、「根の伸長を阻害する」29％、「土との馴染みが悪い」23％、「腐敗時の発酵発熱が根に悪い」16％等々、資材自体が根に悪影響を及ぼす理由が上位を占めている。また、「根巻資材は運搬時の土の脱落防止に行うもので植付け時は不必要」16％と根巻の定義に及ぶ理由や「水極め作業がしにくいため」3％など作業性の理由からも指摘されている。一方、外さない理由としては、「根巻資材は有機物であり腐敗し肥料にもなるため」13％、「鉢土が崩れないために折角巻いてあるのだから」3％などが回答された。現場監督や施工者の間では根巻資材の材質が樹木の生育に悪影響を及ぼすことを心配しており、根巻資材の材質問題が植付け時の取外しの有無に大きく係わっていることが知られる。

　以上より、植栽工事現場における根巻資材の取扱い状況は、仕様書の有無、資材の種類や取扱い者の見解によっても異なる。仕様書のない県では藁62、麻布58、麻袋の根巻物は50％の県でそのまま植栽されており、藁に比べ麻布、麻袋の根巻物は資材を取外し植付けている傾向が強い。根巻資材の取外し理由としては、腐敗程度が遅く、根の伸長を阻害し腐敗時に悪影響を及ぼす理由が掲げられている。その逆に、有機物であり、腐敗し肥料にもなり、

根崩れ防止ともなっているので外さないという意見も見られ、全国レベルでの統一見解がなされていない現状にあることが判明した。今後は、従来の経験的な判断による根巻資材の取扱いではなく、科学的な根拠に基づき、現地の条件に適合した根巻資材の取扱いを全国レベルで展開することが望ましい。

図6｜根巻資材の取外し・外さない理由

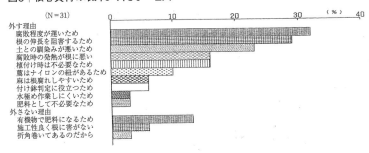

(N = 31)

外す理由
腐敗程度が遅いため
根の伸長を阻害するため
土との馴染みが悪いため
腐敗時の発熱が根に悪い
植付け時は不要なため
薦はナイロンの紐があるため
麻は根腐れしやすいため
付け鉢判定に役立つため
水極め作業しにくいため
肥料として不必要なため
外さない理由
有機物で肥料になるため
施工性良く根に害がない
折角巻いてあるのだから

今後の問題点

　緑化樹木の植栽工事には、生産者と施工者が関連している。生産者は、施工者から発注された樹木を掘取り、根巻し、運搬して植栽現場まで配達する。施工者は、配達された樹木を速やかに植栽する。しかし、近年いろいろな社会情勢により各分野で問題が生じている。

　生産者の問題としては、樹木の注文が増加傾向にある中、掘取る労働力の不足、現労働者の高齢化が進行している。そこで、根巻作業の省力化を図ろうと減少する藁や薦から紙、麻袋、麻布へと根巻資材が移行しようとしており、新しい資材への脱皮が必要と考えられている。

　施工者としても、植栽工事の際の根巻資材の取扱いに関する仕様書などの規定により、一本一本根巻資材を除去しなくてはならない。また、それは資材別、地域の気象的特性、現地の条件、現場監督の考え次第などで取扱い方が異なる現状にある。

　今後、生産者と施工者の抱える問題点を勘案すると、全国レベルでの根巻資材の取扱いに関する統一見解を確立し、現地の条件に適合した仕様書や現場監督の指図も規格化されることが大切である。そのためには、各種根巻資材の特性・作業性からみた有効性やその資材が樹木に与える影響の面からも検討し用いなければならないものと考える。

まとめ

　現在普及している各種根巻資材の現状と問題点を歴史的背景から、また、生産者・施工者の視点から統計資料やアンケート調査を基に分析し、今後の根巻資材の課題について提示することを目的とした。

　移植技術の根巻は、場所を動かす際に鉢土の割れを防ぎ、植栽後も発根を促進させ生長の継続を図るために行われる方法である。これに見合う根巻資材は、江戸時代末期より藁や薦が使用されてきた。しかし、現在は稲作収穫作業の機械化により、ここ11年の経過で藁1/6、薦1/5と大幅な減少を示している。従来の資材の減少を予測し、1969年には紙の資材が開発され、その後食糧などを入れる麻袋が根巻資材として廃物利用され、1976年以降麻布が普及し始めている。

　緑化樹木生産者を含めた農耕・養蚕作業者の人口は、ここ20年間で1/3に減少し、若手労働者の不足・現労働者の高齢化が進行している。その途上、生産者は根巻作業の省力化が図れる資材を要請する気運が高まっている。

　施工者は、全県の41％で仕様書に則って根巻資材を除去し植栽している。一方、仕様書のない県では、藁62％、麻布58％、麻袋の根巻物は50％の県で資材を除去せずにそのまま植込まれている現状にあり、その判断を施工者に委ねている県が42％見られる。根巻資材の取外し理由としては、腐敗程度が遅く、根の伸長を阻害し、腐敗時に悪影響を及ぼす理由が掲げられている。逆に、有機物であり腐敗して肥料にもなり、根崩れ防止ともなっているので外さないという意見も見られる。つまり、植栽工事現場における根巻資材の取扱い状況は、仕様書の有無・資材の種類・現地の条件・現場監督の考え次第などで取扱い方が異なる現状にあることが明らかとなった。

日本造園学会 造園雑誌 56巻 5号,pp.139～144,1993 掲載

参考・引用文献
1　建設省関東地方建設局：昭和62年度公共用緑化樹木植栽適正化調査報告書－関東地方植栽技術マニュアル（案）－, 266, 1988
2　F.L.Mulford：Farmer's　Bulletin：農務省　No.1591, 1929
3　上原敬二：樹木の移植と根廻：樹芸学叢書II, 65－68, 1969
4　佐藤信淵：種樹秘要：1809
5　中山雄平：剪花翁伝前編：1847
6　農林水産省農産園芸局農産課：稲わらの発生及び処理状況, 1977～1990年資料
7　農林水産省農産園芸局農産課：収穫様式別普及面積、年次別面積及び割合, 1990年資料
8　総務庁統計局：職業<小分類>,年齢<5歳階級>,男女別,15歳以上就業者数<総数及び雇用者>－全国：国勢調査報告5（1）364－367. 1970, 5（1）270－273. 1975, 4（1）562－565. 1980, 5（1）432－435．1985
9　日本緑化センター：緑化樹の生産状況調査報告書, 第1次～19次, 1974～1992

1-02

根巻資材の相違が移植樹木の
生育・発根に及ぼす影響について

はじめに

　緑化樹木生産者は、若手労働者の不足・現労働者の高齢化が進行している中で、出荷時の際に行われる根巻作業の省力化を図ろうとし、従来の根巻資材である藁から紙・麻袋・麻布などの新しい資材へと移行しつつある。

　前報において現在普及しているこの根巻資材の現状と問題点を生産者と施工者の視点からアンケート調査などを基に分析し、今後の根巻資材の課題について検討した。その結果、施工者は、全県の41％で「腐敗程度の遅れ、根の伸長を阻害する」等々の理由による仕様書に則って根巻資材を除去し植栽している。また、仕様書のない県では藁62％、麻布58％、麻袋の根巻物は50％の県で資材を除去せずにそのまま植込まれている現状にある。つまり、植栽工事現場における根巻資材の取扱い状況は、仕様書の有無・資材の種類・現地の条件・現場監督の考え次第などで取扱い方が異なる現状にあった。そこで、全国レベルでの根巻資材の取扱いに関する統一見解を確立し、現地の条件に適合した仕様書や現場監督の指図も規格化されるべきであることを提案した[1]。

　本研究はその第2報として、従来用いられている根巻資材の藁を基準とし、最近用いられ始めた根巻資材との相違が移植樹木の生育・発根に及ぼす影響の有無を、3樹種を用いて検討したところ2・3の有用な知見を得たのでここに報告する。

試験方法

1｜供試材料

　供試樹種は、造園植栽工事で頻繁に用いられる樹種の内、針葉樹から浅根性で挿木6年生苗のカイズカイブキ（*Juniperus chinensis* cv. *Pyramidalis*）、常緑広葉樹から浅根性で挿木6年生苗のカナメモチ（*Photinia glabra*）と深根性で実生7年生苗のマテバシイ（*Pasania edulis*）の計3樹種とした。

供試木の形状は、カイズカイブキが平均樹高157.4±23.0cm、枝張り33.9±4.3cm、根元直径2.29±0.28cm、カナメモチは平均樹高115.0±7.5cm、枝張り35.9±6.4cm、根元直径1.52±0.20cm、マテバシイは平均樹高81.8±7.7cm、枝張り39.2±8.1cm、根元直径1.64±0.15cmであった。

　この3樹種のうち、カナメモチ・マテバシイは不織布ポットで生育させた苗をポットから取外した後に鉢形を崩さず2年前に、カイズカイブキは3年前に関東ローム層の有機質に富んだ圃場（黒土）へ植込まれたものである。

2 | 試験区分

　試験区分は、根巻資材の種類から藁による根巻を藁区（材質:稲、以下同様）、紙を用いた紙区（紙＋繊維）、麻袋を麻袋区（ガンニクロス）、麻布を麻布区（ヘッシャンクロス）の4区分とした。これまでの藁区を基準区と規定し、紙区・麻袋区・麻布区との比較により移植樹木の生育・発根に及ぼす影響の有無を検討した。なお、移植後の掘取り調査時期として移植経過2ケ月後、4ケ月後、1年後の3区分を設け、1区3本制とした。

表1 | 最近15ヶ年平均気象と試験年次の気象比較

項目	平均気温[1)](℃)		降水量(mm)		湿度(%)	
月	15ヶ年	試験年	15ヶ年	試験年	15ヶ年	試験年
7	24.5	26.6	138.8	119.7	82.2	79.5
8	26.7	28.4	233.0	140.2	79.3	71.2
9	22.8	24.6	197.5	317.1	82.2	77.5
10	17.4	19.4	115.9	162.1	75.3	75.4
11	12.3	14.5	85.7	278.2	70.1	76.2
12	7.5	8.7	56.9	42.8	71.0	74.5
1	4.8	5.8	31.0	47.4	63.0	68.8
2	5.2	6.1	87.7	73.3	62.5	60.1
3	7.9	9.0	136.8	190.4	67.1	73.4
4	13.8	15.4	150.8	134.2	70.4	83.0
5	18.5	18.7	154.1	42.2	72.8	66.7
6	20.9	23.5	271.8	200.1	80.8	80.8
平均, 計	15.2	16.7	1,713.9	1,747.7	70.9	73.9

注) 最近15ヶ年：1971~1986年　試験年：1990.7~1991.7
1) 最高・最低気温の平均値

3 | 試験時期および場所

　試験期間は、1990年7月～1991年7月とした。試験場所は、東京農業大学厚木中央農場環境緑化部東圃場である。

　上述した圃場内に列植されている栽培中の樹木を供試し、同一人物の男性熟練者（造園作業経験7年目）によって、藁・紙・麻袋・麻布という根巻資材を違えて根巻を行った。根巻資材の藁は前年の秋期に収穫した稲藁を用い、紙・

麻袋・麻布は市販されている40cm四方の資材を供試した。根巻実施日は、カイズカイブキ1990年6月30日、カナメモチ同年7月2日、マテバシイ同年7月5日の3日間とした。根巻を施した根鉢の大きさは、供試樹木の根元直径の約10倍で20cm前後の鉢径となった。根巻後速やかに試験場所である環境緑化部東圃場（赤土）へ移植し、活着を促すため布掛支柱を施した。

　なお、移植樹木の生育・発根・根巻資材の分解などに影響のある試験期間中の気象条件は表1の通りである。1971～1986年の15ケ年平均気象と試験年次の気象を比較すると、平均気温で＋1.5℃、降水量＋33.8mm、湿度＋3.0％と試験年次が例年に比べて温暖化にある。しかし、7～8月の夏場においては例年に比べ降水量が14～40％も低い状況となっている。

4 | 調査項目

　移植経過2ケ月後・4ケ月後・1年後に供試木の根鉢の大きさを移植時の鉢径の約3倍に相当する半径30cm、深さ30cmと決め、掘取り調査を実施した。掘取りは、鉢径の外側を剣スコップで掘回し、竹串を用いて移植時の根巻資材の巻かれている箇所まで土を掻取り、供試木を掘起こした。その後の調査項目は、次の通りである。

(1) 根巻資材の分解状況調査

　移植時に根鉢へ巻き付けた各種根巻資材が移植経過に伴いどの程度分解しているかをみるために、掘起こされた供試木の根巻資材を丁寧に剥がし取り、根巻資材の原形40cm四方に敷き並べて資材が分解し減少した度合を根巻資材の分解率としてパーセンテージで表示した。

(2) 地上部生育調査

　根巻資材の相違が地上部生育に及ぼす影響を検証するために、移植時の①樹高 ②枝張り ③根元直径 ④葉数から移植経過時期ごとにどの程度生育したかを増加量として表し、Duncanの多重検定[2]による各種根巻資材間の関係を樹種別に比較した。

(3) 発根調査

①新根発生度：生育量調査とは異なり、根の発生状況は正確な測定が困難であることから、根巻資材より貫通した新根の発生度は、全体の根巻面積からどの程度新根が発生したかの割合を目標により下記の10段階の指数で表示することとした。

発生度1　根巻面積からの発生量　0〜10%
発生度2　根巻面積からの発生量　11〜20%
発生度3　根巻面積からの発生量　21〜30%
発生度4　根巻面積からの発生量　31〜40%
発生度5　根巻面積からの発生量　41〜50%
発生度6　根巻面積からの発生量　51〜60%
発生度7　根巻面積からの発生量　61〜70%
発生度8　根巻面積からの発生量　71〜80%
発生度9　根巻面積からの発生量　81〜90%
発生度10　根巻面積からの発生量　91〜100%

②発根本数：掘起こされた供試木の根巻資材より貫通し発生した新根の本数を発根本数としてカウントした。

③根長：掘起こされた供試木の根巻資材から発生した新根中、最大根長上位20本を選出し測定した。

④新根乾物重量：掘起こされた供試木の根巻資材より貫通した新根を移植経過時期別に採集し、10ケ月間日陰で風乾して、その後乾燥器へ入れ、48時間80℃で乾燥させた時の重量を新根乾物重量として計量した。

試験結果および考察

1│根巻資材の分解状況

　各樹種別・移植経過時期別に根巻資材がどの程度腐朽・分解するか否かを数量的にまとめた結果は表2に示す通りである。

　移植1年後の総合的判断によると、藁＞麻布＞麻袋＞紙の順に分解率が示された。これは、3樹種における根巻資材別の分解率をみたところ、分解率の高い順位の傾向から前述のように判定した。従来用いられている藁は、樹種の相違によらず移植2ケ月後で分解程度が紙より劣るものの、移植経過1年後になると他の資材よりも高い分解率を示し、腐朽性の視点からみると根巻資材として最適であることが明らかとなった。有機物分解が炭素率（C／N比）によって大きく規制されることは古くからよく知られており[3]、そこでスミグラフNC-80AUTOによる乾式燃焼法の分析法で各根巻資材の炭素率を測定したところ、藁64.4、麻布317、麻袋580であったことからも藁の分解が最も進展したものと思われる。次に、新規資材の中で最も腐朽性に富んだ資材の麻布は、カイヅカイブキを除く2樹種の移植2ケ月後・4ケ月後で分解傾向が少ないものの移植経過1年後になると各樹種共に藁に次ぐ分解率を示し、最近用いられ始めた根巻資材の中では最も分解しやすい資材であることが知られる。なお、カ

イヅカイブキにおける麻布の分解率が移植2ケ月後・4ケ月後で藁より高い値となっているが、これは後述する発根本数からもうかがえるように藁を上回る発根本数が麻布の供試木より得られ、その分残存する根巻資材の量が少ないことより分解率が藁よりも大きい結果となったものと推察する。3番目の麻袋は、ジュート糸を縦糸2本敷揃え横糸1本の平織したガンニクロスでできているために他資材に比べて生地が厚く[4,5]、水分吸収[6]が悪く、移植1年後のカナメモチ・マテバシイの2樹種で低い分解率が示され、最も分解しにくい資材であることがうかがえた。しかし、カイズカイブキに用いた麻袋の分解状況から言えば、発根力旺盛な樹木については麻袋による根巻でも分解が進展するものと思われる。なお、マテバシイ移植4ケ月後の分解率が異常に高い値であるが、これは掘取り時に根鉢を崩してしまい根巻資材の回収が不完全となったために生じた測定誤差である。さらに、分解率の最も低かった紙の分解状況は、樹種を問わず移植間もない2ケ月後・4ケ月後で分解率30％を示し最も分解が進行したものの、素材に含まれる繊維（ポリビニールアルコールフィルム）が移植1年を経ても分解せず残存していることから、不朽性の根巻資材であると判定される。

　これらの分解状況から総合的に考えると、根巻資材で最も良いのは藁であり、次いで麻布が将来の根巻資材として有望であると思われる。

表2｜移植経過に伴う根巻資材の分解状況

樹種	調査項目 経過時期		分解率[1](%)		
			2ケ月後	4ケ月後	1年後
カイズカキ	藁	区	12.5±10.6	36.7± 5.8	90.0
	紙	区	30.0	30.0	30.0
	麻袋	区	0.0	41.7±33.3	71.7± 5.8
	麻布	区	20.0±10.0	63.3±23.1	70.0±20.0
カナメモチ	藁	区	11.7± 7.6	8.3±10.4	70.0±13.2
	紙	区	30.0	30.0	30.0
	麻袋	区	2.3± 2.5	5.0±5.0	35.0±31.2
	麻布	区	11.7± 7.6	8.3±10.4	56.7±11.5
マテバシイ	藁	区	3.0± 1.7	1.7±2.9	63.3±20.2
	紙	区	30.0	30.0	31.7± 2.9
	麻袋	区	3.5± 4.9	51.7±2.9	35.0±18.0
	麻布	区	15.0± 7.1	10.0±7.1	48.3± 7.6

注1) 分解した程度を根巻資材の原形から面積的に算出した割合　表中の値は平均値と標準偏差

2｜根巻資材の相違が地上部生育に及ぼす影響

　根巻資材の相違が地上部生育に及ぼす影響をDuncanの多重検定による方法を用いて有意差検定した結果は、表3に示す通りである。

　表3によると、供試樹木のうちカイズカイブキ・カナメモチの樹高・枝張り・根元直径・葉数における生育増加量についての有意差検定においては有意性

が認められず、根巻資材の相違による影響が見られないと判定される。また、マテバシイの根元直径・葉数における生育増加量においても同様な結果が得られたが、樹高・枝張りの移植2ケ月後の生育増加量にのみ1％水準で根巻資材の間に有意性が認められ、根巻資材の相違による多少の影響が知られた。しかしながらこれは、樹高の生育量大の供試木が枝張り生育量は小の傾向にあり、また枝張り生育量大の供試木は樹高生育量が小となる傾向にあることから、樹体内の活力など供試木の個体差による影響と思われる。そしてこのことは、その後の移植経過4ケ月後・1年後における生育増加量に根巻資材の有意差が認められなかったことからも明らかであろう。従って、移植樹木の生育は、活着するまでの期間樹体内の活力で生命を維持し生育していることから、藁や紙・麻袋・麻布といずれの根巻資材で根巻を施そうが余り移植直後の生育に影響を及ぼさなかったことが今回の結果となったものと推察する。

　以上のことより、これまでの根巻資材である藁、新しい根巻資材の紙・麻袋・麻布の相違が移植樹木の樹高・枝張り・根元直径・葉数などの地上部生育には影響を及ぼさないことが知られよう。

表3│地上部生育増加量にみた根巻資材別の有意差検定

樹種	調査項目 経過時期	樹　高(cm) 2ヶ月後	4ヶ月後	1年後	枝　張　り(cm) 2ヶ月後	4ヶ月後	1年後	根元直径(cm) 2ヶ月後	4ヶ月後	1年後	葉　数(枚) 2ヶ月後	4ヶ月後	1年後
カ	藁　区	1.5±0.7	5.2±3.9	33.0±11.5	3.5±0.7	3.3±2.1	8.0±3.5	0.00	0.07±0.03	0.58±0.03	－	－	－
イ	紙　区	1.5±0.5	3.3±2.7	28.5±11.3	1.3±0.6	1.3±1.5	5.0±4.4	0.03±0.02	0.05±0.05	0.70±0.14	－	－	－
ズ	麻袋区	1.3±1.1	3.7±1.5	20.3±7.6	0.5±0.7	0.3±0.6	10.7±3.5	0.02±0.01	0.06±0.02	0.41±0.23	－	－	－
カブ	麻布区	1.3±1.0	5.2±8.7	34.0±11.1	2.0±1.7	2.8±1.0	12.0±4.0	0.02±0.02	0.06±0.03	0.53±0.19	－	－	－
キ	有意性	N.S.	N.S.	N.S.	N.S.	N.S.	N.S.	N.S.	N.S.	N.S.	－	－	－
カ	藁　区	5.7±1.4	14.0±6.1	23.7±5.1	8.5±1.8	10.3±10.7	26.7±5.0	0.00	0.10±0.03	0.49±0.14	232±45.7	339±239.9	1135±540.3
ナ	紙　区	6.0±1.7	10.3±4.5	23.7±2.1	10.7±0.6	10.0±8.6	29.2±4.2	0.02±0.01	0.16±0.06	0.62±0.07	204±20.7	361±72.6	1216±196.8
メ	麻袋区	5.7±2.0	7.3±2.5	26.3±7.0	4.7±3.5	18.0±5.6	34.0±12.3	0.01±0.01	0.22±0.11	0.61±0.09	199±15.3	383±75.5	931±392.6
モチ	麻布区	6.3±2.9	9.7±7.3	23.8±10.3	8.2±2.9	13.7±5.5	25.0±2.7	0.02±0.01	0.09±0.09	0.63±0.05	210±66.8	397±78.5	1150±224.8
チ	有意性	N.S.	N.S.	N.S.	N.S.	N.S.	N.S.	N.S.	N.S.	N.S.	N.S.	N.S.	N.S.
マ	藁　区	6.0±1.7	4.2±0.8	41.2±18.3	1.7±1.5	5.7±1.5	39.0±6.9	0.07±0.05	0.30±0.09	0.46±0.17	48±20.3	66±105.1	350±39.7
テ	紙　区	8.1±1.0	2.5±3.5	50.7±24.3	5.0±1.0	6.7±2.5	32.3±13.6	0.22±0.19	0.35±0.06	0.44±0.11	55±29.7	28±30.1	464±59.2
バ	麻袋区	0.0	1.9±0.2	37.3±7.6	8.0±2.8	5.3±1.5	30.5±4.3	0.05±0.03	0.17±0.05	0.27±0.25	23±14.8	53±35.0	283±104.4
シ	麻布区	0.9±0.7	8.7±7.4	48.6±17.0	1.0±1.4	6.0±4.3	30.0±11.5	0.12±0.10	0.22±0.19	0.85±0.66	17±13.4	12±8.5	300±139.9
イ	有意性	＊＊	N.S.	N.S.	＊＊	N.S.	N.S.	N.S.	N.S.	N.S.	N.S.	N.S.	N.S.

注）調査対象木の樹高・枝張り・根元直径・葉数の生育増加量は、移植時と掘取り時との測定値の差をもって表す。表中の値は平均値と平均偏差異。符号はDuncanの多重検定による同列間の関係（＊＊；1％水準で有意性あり、N.S.；有意性なし）

3│根巻資材の相違が発根に及ぼす影響

　根巻資材の相違が発根に及ぼす影響を新根発生状況・発根本数・根長・新根乾物重量などの観点より比較し、樹種別・移植経過時期別にみたところ、以下の通りとなった。

(1) 新根発生状況

　新根発生状況を樹種別・資材別・移植経過時期別にみたものが写真1である。写真1によると、樹種別・資材別・移植経過時期別に差が認められる。そして、目視により全根巻面積に対する新根発生割合を求めたのが表4である。

写真1｜根巻資材別の新根発生状況

上段：カイズカイブキ　中段：カナメモチ　下段：マテバシイ

表4｜移植経過に伴う根巻資材別にみた樹種別新根発生度

樹種	調査項目 経過時期	新根発生度[1]		
		2ヶ月後	4ヶ月後	1年後
カイズブカキ	藁　区	3.3±0.5	5.0±0.8	6.6±0.5
	紙　区	5.0±1.4	6.3±0.5	6.6±0.9
	麻袋区	1.0	3.0	6.6±0.5
	麻布区	3.6±0.5	4.6±0.5	7.3±0.9
カナメモチ	藁　区	3.0±0.8	3.3±0.5	5.0±0.8
	紙　区	2.0	3.0±0.8	5.0
	麻袋区	1.3±0.5	3.0±0.8	5.3±0.5
	麻布区	3.6±1.3	3.6±0.5	5.6±0.5
マテバシイ	藁　区	4.6±0.5	5.3±0.5	6.0±1.6
	紙　区	3.3±0.9	5.0	5.3±0.5
	麻袋区	1.0	3.6±1.3	5.0±1.6
	麻布区	3.0±1.4	1.6±0.5	5.6±1.3

注1）発生度指数
1：新根の発生量0～10%、2：同11～20%、
3：同21～30%、4：同31～40%、5：同41～50%、
6：同51～60%、7：同61～70%、8：同71～80%、
9：同81～90%、10：同91～100%
表中の値は平均値と標準偏差

　移植2ヶ月後における新根の発生状況を総合的に判断すると、藁＞紙・麻布＞麻袋の順に発生度が示された。これは、3樹種の新根発生度指数を合計した結果より新根発生度の高い順位となったことから前述のように判定した。藁は発生度3～5と新根の発生状況が他資材の中で最も良くなっているが、そのことは藁の根巻が一本一本の稲藁を平行に並べ揃えていく関係から他資材

より根巻面積における隙間が多く生じたために、根の発生を余り阻害しなかったことに起因しているものと考えられる。また、紙は腐朽性に富み、麻布は生地が薄くジュート糸の縦糸と横糸の間隙が多少生じていることから藁の次に良い新根発生度を示したと思われる。最も劣った新根の発生状況である麻袋は各樹種共に移植2ケ月後・4ケ月後で発生度1〜4を示している。しかし、移植1年後における藁・紙・麻袋・麻布の新根発生度は5〜7を示し、根巻資材および樹種の相違による差は認められなかった。新根の発生状況は根巻資材の分解率と関連がみられ、厚みがあり腐朽性に劣る麻袋が移植早期に新根の発生を阻害したものの、分解が進行した移植1年後では他資材と変わらない発生状況となっているのはこのためであると考える。このことから、根の発生は根巻の材質に余り左右されないことが知られる。

表5 | 移植経過に伴う根巻資材別にみた樹種別発根本数

樹種	調査項目 経過時期	発根本数[1]（本）		
		2ケ月後	4ケ月後	1年後
カイズイカブキ	藁　区	$119^{ab} \pm 44.5$	$333^{ab} \pm 173.3$	508 ± 206.1
	紙　区	$350^a \pm 143.5$	$576^a \pm 115.4$	688 ± 349.8
	麻袋区	$40^b \pm 31.8$	$212^b \pm 20.3$	585 ± 76.1
	麻布区	$295^a \pm 114.0$	$444^{ab} \pm 178.2$	534 ± 215.3
	有意性	＊	＊	N.S.
カナメモチ	藁　区	$103^b \pm 7.8$	100 ± 30.0	79 ± 35.5
	紙　区	$202^{ab} \pm 67.5$	85 ± 28.8	123 ± 93.1
	麻袋区	$190^{ab} \pm 21.0$	76 ± 43.0	115 ± 15.4
	麻布区	$246^a \pm 73.5$	140 ± 45.9	103 ± 30.2
	有意性	＊＊	N.S.	N.S.
マテバシイ	藁　区	$79^b \pm 21.2$	$83^{ab} \pm 23.7$	96 ± 25.7
	紙　区	$209^a \pm 90.4$	$133^a \pm 30.0$	93 ± 11.5
	麻袋区	$51^b \pm 42.4$	$84^{ab} \pm 17.5$	113 ± 57.7
	麻布区	$100^{ab} \pm 5.7$	$57^b \pm 29.2$	140 ± 29.4
	有意性	＊	＊＊	N.S.

注1) 根巻資材を貫通した新根の発生本数。表中の値は平均値と標準偏差。異符号はDuncanの多重検定による同列間の関係（＊；5%・＊＊；1%水準で有意性あり、N.S；有意性なし）

(2) 発根本数

　根巻資材が発根を阻害しているか否かを、資材を貫通した新根の発根本数で樹種別・根巻資材別・移植経過時期別に測定した結果が表5の通りである。

　表5によると、移植2ケ月後における発根本数は総じて紙・麻布が多く、逆に麻袋・藁は少ない傾向にあった。これは、根巻資材の分解率と関係があり、早期に分解した紙が最も多く発根したのに反し、分解しにくい麻袋からの発根本数が最も少ない傾向にあったことから、資材の分解速度が発根に大きく影響したものと考える。しかし、移植1年後では各資材の分解もかなり進展したために藁と他の資材との間に差は余り見られず、資材の相違による発根本数に影響は認められないものと思われる。また、樹種からみると、カイズカイブキは発根本数が移植経過に伴い増加の傾向にあり、カナメモチ・マテバシイでは根

の淘汰が移植経過に伴って起こっていくことから発根本数は減少傾向にある。これらは、各々の樹種が有する生理的な特徴であろうと推察する。しかしながら、樹種の相違によらず移植1年後の発根本数は各根巻資材共に同様な結果を示していることから、根巻資材による発根本数の影響は見られないことが知られる。

(3) 根長

　根巻資材が根の伸長を阻害しているか否かをみるために樹種別・根巻資材別・移植経過時期別における最大根長を示したものが図1である。

　移植2ケ月後では樹種の相違によらず麻布と藁の根長が長く、麻袋は根長が1/2程度短い傾向を示した。これは、麻袋の根巻資材が麻布や藁に比べて大分生地に厚みがあり、資材の分解が遅れたことにより根の伸長を阻害したものと考える。しかし、移植4ケ月後・1年後では資材の相違による根長に差は見られなかった。それは各資材の分解が徐々に進行し、根の伸長に対する資材の阻害が弱まり、根巻資材が根の伸長に影響を及ぼさなくなったことが理由として挙げられるものと思われる。

図1 | 移植経過に伴う根巻資材別にみた樹種別最大根長

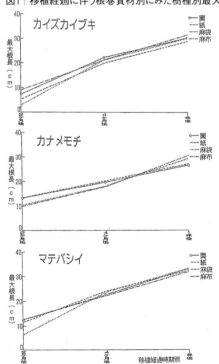

(4) 新根乾物重量

　根巻資材が新根の充実度に関与しているか否かをみるために樹種別・根巻資材別・移植経過時期別に新根乾物重量を測定した結果は表6に示す通りである。

表6｜移植経過に伴う根巻資材別にみた樹種別新根乾物重量

樹種	調査項目 経過時期	新根乾物重量[1]（g）		
		2ヶ月後	4ヶ月後	1年後
カイズイカブキ	藁　　区	0.9[ab]±0.45	12.3±5.01	34.3±3.24
	紙　　区	1.0[b]±0.71	15.5±0.59	32.7±6.63
	麻 袋 区	0.1[b]±0.01	10.3±5.85	34.9±5.27
	麻 布 区	1.9[a]±0.42	13.0±6.63	36.2±3.46
	有 意 性	＊	N.S.	N.S.
カナメモチ	藁　　区	4.6±1.80	9.3±3.79	23.3±16.37
	紙　　区	3.8±0.43	11.1±2.20	27.7± 4.31
	麻 袋 区	2.9±0.50	11.1±4.64	29.0±11.57
	麻 布 区	3.7±0.87	11.6±5.32	23.4± 5.25
	有 意 性	N.S.	N.S.	N.S.
マテバシイ	藁　　区	6.7[a]±2.88	27.9± 6.10	50.9± 7.17
	紙　　区	6.3[a]±1.25	20.3± 6.13	45.3± 8.47
	麻 袋 区	1.1[b]±1.33	25.1± 5.10	50.1±10.08
	麻 布 区	7.1[a]±2.59	14.5±10.67	45.5± 0.57
	有 意 性	＊	N.S.	N.S.

注1) 80℃ 48時間乾燥の重量。表中の値は平均値と標準偏差。異符号はDuncanの多重検定による同列間の関係（＊; 5% 水準で有意性あり, N.S.；有意性なし）

　移植2ケ月後の新根乾物重量をみると、3樹種共に藁と同様な値を示した資材は紙と麻布であり、藁より新根乾物重量が劣ったのは麻袋であった。これは、麻袋で根巻された供試木の新根の発根本数が他資材のものと比べて最も少なかったためであり、新根乾物重量と新根の発根本数は比例関係を表しているものと考える。しかし、紙の新根乾物重量に関しては、発根本数で各樹種共に最も多い本数を示しておきながら新根乾物重量では藁や麻布の次にランクされている。このことは紙の素材に含まれる細かい繊維の間から細根を多発しているためであり、そのことが藁や麻布より多少軽量となったものと思われる。移植4ケ月後・1年後では資材の相違による新根乾物重量に余り差は見られなかった。これは新根の発根本数が各資材共に移植経過に伴って同様な本数となり、資材間の差が見られなくなったことが新根乾物重量に関与しているものと推察する。つまり、移植経過時期・資材の別に新根乾物重量が影響されないものと判定される。

　ここまでの根巻資材の相違が移植樹木の発根に及ぼす影響をまとめると、移植2ケ月後において藁・紙・麻布に比べ麻袋の新根発生度・発根本数・根長・新根乾物重量は少なかったが、移植後1年を経過すると根巻資材の相違によらず新根発生度・発根本数・根長・新根乾物重量はほぼ同様な値が得られた。これらのことから根巻資材が移植樹木の発根に問題の無いことが推察される。

　これまで根巻資材の相違が移植樹木の生育・発根に及ぼす影響を①根巻

資材の分解状況②地上部生育量 ③発根量という観点から検討してきたが、根巻資材の分解状況や地上部生育量さらに発根量からみると資材の影響が無いことが知られた。

結論

　従来用いられている根巻資材の藁を基準とし、最近用いられ始めた根巻資材との相違が移植樹木の生育・発根に及ぼす影響の有無をカイズカイブキ・カナメモチ・マテバシイの3樹種を用いて検討した結果、①移植経過1年後の根巻資材の分解状況は、藁＞麻布＞麻袋＞紙の順となった。
②移植樹木の樹高・枝張り・根元直径・葉数の生育増加量などの地上部生育量は根巻資材の相違に影響されなかった。
③移植樹木の新根発生状況・発根本数・根長・新根乾物重量などの発根量については移植経過1年後において根巻資材の相違に影響されなかった。

　以上のことより、根巻資材の相違が移植樹木の生育・発根に及ぼす影響は認められないことが判明した。

　今後は、現在植栽工事で行われている根巻資材の除去作業の省力化が図れるか否かという観点より、根巻資材を除去して移植した場合と除去しないで移植した場合の樹木の生育・発根の影響について検討していく必要があると考える。

日本造園学会 造園雑誌 57巻 5号,pp. 115～120, 1994　掲載

参考・引用文献
1　内田均、萩原信弘 (1993)：根巻資材の現状と今後の課題について:造園雑誌56 (5), 139-144
2　大阪府立大学農学部園芸学教室編 (1981)：園芸学実験・実習:養賢堂,298-304
3　熊田恭一 (1977)：土壌有機物の化学:東京大学出版会, 171-179
4　日本工業標準調査会 (1978)：日本工業規格 ガンニクロス L3414:日本規格協会
5　日本工業標準調査会 (1987)：日本工業規格 ヘッシャンクロス L3405:日本規格協会
6　増田俊明 (1964)：米の包装材料について:熱帯農業7 (3), 115-119

根巻資材の相違が
根巻作業に及ぼす影響について

はじめに

　緑化樹木生産者を含めた農耕・養蚕作業者の人口はここ20年間で1/3に減少し、若手労働者の不足、現労働者の高齢化が進行している。ところが、緑化樹木の生産本数は1982年以降現在まで継続して3億本台を維持し、生産者の忙しさは年々増大している。その作業負担を軽減させる一つの方策には、移植時や出荷時に行われる根巻作業の省力化が課題として上げられよう[1]。

　筆者らがこれまで第1報[2]において、現在普及している根巻資材の現状と今後の問題点を分析したところ、植栽工事現場での根巻資材の取扱い状況は、仕様書の有無・資材の種類・現場監督の考え次第などで取扱い方が異なる現状にあり、全国レベルでの根巻資材の取扱いに関する統一見解を確立し、現地の条件に適合した仕様書や現場監督の指図も規格化すべきであることを提案した。第2報[3]で、根巻資材の相違が移植樹木の生育・発根に及ぼす影響を検討したところ、根巻資材の相違が生育・発根に及ぼす影響は移植経過1年以内では認められないことを明らかにした。

　本研究はその第3報として、掘取り時間と根巻時間を合計した根巻作業時間に占める根巻時間の割合が藁に対して各資材でどの程度あるのか。また、従来用いられている藁と各種根巻資材の相違が根巻作業に及ぼす影響を熟練者・未熟練者による熟練度別の視点より、商品的評価・根鉢の縄締め張力・資材の使用量・作業能率から検討し、樹木生産者にとって省力化の図れる最適な根巻資材の解明を行った。

試験材料および方法

　試験は、根巻作業時間中の根巻時間を把握するための試験Ⅰと、各種根巻資材別の商品的評価・根鉢の縄締め張力・資材の使用量・作業能率等々の作業性を知るための試験Ⅱの2試験を実施した。

　供試材料は、針葉樹から挿木6年生苗のカイズカイブキ（*Juniperus chinensis cv.Pyramidalis*）、常緑広葉樹から挿木6年生苗のカナメモチ（*Photinia glabra*）と実生7年生苗のマテバシイ（*Pasania edulis*）の計3樹種とした。その形状は、カイヅカイブキが平均樹高157±23cm、枝張り34±4cm、根元直径2.3±0.3cm、カナメモチ平均樹高115±8cm、枝張り36±6cm、根元直径1.5±0.2cm、マテバシイ平均樹高82±8cm、枝張り39±8cm、根元直径1.6±0.2cmであった。

　試験区分は、根巻資材の種類から藁区・紙区・麻袋区・麻布区の4区分とし、1区12本制とした。試験日は、カイズカイブキは1990年6月30日、カナメモチは同年7月2日、マテバシイは同年7月5日とした。

　試験場所は、東京農業大学厚木中央農場環境緑化部圃場である。

　被験者は、造園作業経験7年目の男性熟練者1名とした。

　試験方法は、圃場内の供試木に対して被験者に四ツ掛の根巻作業を行わせた。藁区の根巻作業を終え被験者の体力が回復したと思われる30分後に、再び紙区の掘取り・根巻を実施した。同様な要領により引き続き麻袋区・麻布区の順序で資材別の根巻作業時間を計測した。なお、根巻資材の藁は前年の秋期に収穫した稲藁を用い、紙・麻袋・麻布は市販されている40cm四方の資材を供試した。新資材の厚みは紙0.2mm＜麻布0.8±0.02mm＜麻袋1.4±0.02mmの順にあり、麻袋はジュート糸を縦糸2本、横糸1本の平織にしたガンニクロスで、10cm間の密度本数は縦糸61本、横糸32本でできている。麻布は縦糸・横糸1本の平織されたヘッシャンクロスであり、密度本数は縦糸38本、横糸31本である。

　調査項目は、根巻作業時間中の根巻時間割合を資材別に算出するために、下記の調査項目を設定した。

(1) 掘取り時間

　各区の樹木掘取りに要した時間を掘取り時間とし、ストップウォッチで計測。

(2) 根巻時間

　各区の樹木の根巻に要した時間を根巻時間として計測。

(3) 根巻作業時間（掘取り時間＋根巻時間）

　樹木の掘取り開始から根巻終了までに要した時間を根巻作業時間として計測。

　上記3項目の調査後、各区を比較するため、樹種別に各区の平均掘取り時間と藁区の根巻時間の合計（根巻作業時間）を100％とし、根巻時間の比率を求めた。なお、掘取り時間を平均値とした理由は、供試木の根の状況や作業条件などの違いを除くためである。

2 | 試験II

　供試材料は、常緑広葉樹のイヌツゲ (*Ilex crenata*) 実生4年生苗とした。供試木の形状は、樹高62±10cm、枝張り36±7cm、根元直径1.7±0.2cmであった。

　神奈川県横浜市瀬谷区の関東ロームの黒土で育苗された供試木を1994年6月7・8日に掘取り、素掘りのまま試験場所へ運搬し、仮植した。試験開始前日の同年6月13日に掘取られた供試木の根を切詰め、同一形状の根鉢 (根鉢直径16.4±1.5cm・鉢高12.0±1.6cm) になるよう調整を行った。

　試験区分は、資材別により藁区・紙区・麻袋区・麻布区の4区とし、各区とも熟練者・未熟練者による3反復制とした。

　試験日は、1994年6月14日である。試験場所は、東京農業大学厚木中央農場環境緑化部環境制御温室内とした。

　被験者は、造園作業経験10年以上 (10・11・16年目) の男性熟練者と作業経験1年未満 (3ヶ月目の2名・作業経験無しの1名) の男性未熟練者各々3名とした。

　試験方法は、供試木に対し麻布→麻袋→紙→藁の順序で八ツ掛の根巻のみを被験者一斉に最終の根巻が終了するまでの1時間前後で行った。30分間の休憩後に同様な要領で3回試験を反復し、3時間中における根巻時間を資材別・熟練度別に計測した。

　調査項目は、根巻資材の相違が根巻作業に及ぼす影響を検討し、最適な根巻資材を解明するために、下記の調査項目を設定した。

(1) 商品的評価

　根巻資材の相違が根巻の作業に及ぼす影響を根巻の出来栄えにより検証するため、試験現場に立会わない男性熟練者 (造園作業経験20年目) 1名により、被験者が根巻した供試木の根巻状態を判定した。判定方法は、写真1に示す優・良・可・不可の4段階でランク付けし、商品性のある根巻物を資材別・熟練度別に数量的に判定した。

写真1 | 商品的評価の判定基準

(2) 根鉢の縄締め張力

　根巻の目的は根鉢を崩さずに植栽地へ運搬するための根の保護であることから、根鉢を締め込む行為は非常に大切となる。そこで、これらの評価を縄の締め込み具合で判定するため、被験者の根巻した供試木の鉢底の縄にバネ秤のフックを掛けて引っ張り、根鉢と縄の伸びによって生じた隙間が1cmとなった時点の引っ張り力を「根鉢の縄締め張力」として資材別・熟練度別に計測した。但し、縄の結び方は、熟練者・未熟練者との差が生じにくい幹の根元への一重結びとした。

(3) 根巻資材の使用量

　根巻資材の使用量の多少により、根巻状態の商品的評価と根鉢の縄締め張力が左右される。そこで根巻を施した供試木に対して、梱包した資材を除去し、その使用量を資材別・熟練度別に秤量した。また、この中には根巻の作業時に縄の切返しや化粧で生じた藁・縄の量も含むこととした。

(4) 作業能率

　樹木生産者にとって省力化の図れる最適な根巻資材は何かを解明するために、根巻に要した時間を資材別・熟練度別にビデオ撮影とストップウォッチで計測した。その後、根巻資材毎の根巻時間を熟練度別に分類・整理し、累積根巻本数と根巻時間との関係を図示して資材別の回帰式を算出し、1本当りの平均根巻時間を求め、作業能率の良い根巻資材を検討した。

結果および考察

1│根巻作業時間中に占める根巻時間

　根巻資材の相違が根巻作業時間における根巻時間にどのような影響を与えるかをみるために、試験Ⅰの方法により、熟練者による資材別の根巻作業時間を、3樹種を用いて計測した結果、図1の示す通りとなった。

　これより、資材別の根巻作業時間の違いを樹種別にみると、藁による根巻時間はカイズカイブキ63％、カナメモチ64％、マテバシイ70％であった。一方、紙・麻袋・麻布の根巻資材の根巻時間をみると、カイズカイブキ40〜41％、カナメモチ39〜44％、マテバシイ39〜42％となり、従来の根巻資材である藁よりも低かった。すなわち、最近用いられ始めた根巻資材で根巻の作業を行うと、従来の藁の根巻資材より2〜3割も根巻時間が省力化されることが判明した。このことは、資材の相違によって根巻時間が改善されることを意味するもので、根巻時間を改善するためには新しい資材を導入すべきであることが示唆された。

図1 | 熟練者による樹種別にみた根巻作業中の根巻時間割合

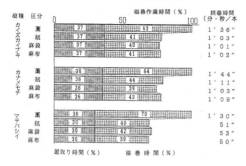

2 | 根巻の作業性とその評価

　試験Ⅱの方法により、根巻状態の商品的評価・根鉢の縄締め張力・資材の使用量・作業能率などから根巻の作業性とその評価を資材別・熟練度別に解析することとした。

(1) 根巻状態の商品的評価

　根巻資材の相違が根巻の作業に及ぼす影響を根巻状態の出来栄えから商品的評価で数量的に判定した。なお、藁以外の資材は写真2に示した紙の根巻状態とほぼ同様で、熟練者と未熟練者との間で出来栄えに差がなく、商品性に欠けるものは少なかった。そこで、藁のみの判定結果を図2に示すこととした。

写真2 | 熟練度別にみた紙の根巻状態

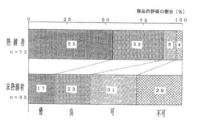

図2 | 藁による根巻状態の商品的評価

　藁による根巻の評価を熟練度別にみると、熟練者の根巻した75本の評価は優が41本（全体の55％、以下同様）・良25本（33％）・可6本（8％）・不可3本（4％）となり、未熟練者の根巻物65本では優が11本（全体の17％、以下同様）・良15本（23％）・可20本（31％）・不可19本（29％）となった。

　専門家の目からみた評価は、熟練度の違いにより相当な差が見られ、未熟練者の巻いた根巻物の6割が可・不可にあり、逆に熟練者の根巻物は9割弱が優・良であった。この結果は、丁寧に藁ひと握りずつを根鉢に包み込んでい

く熟練者の「技」がこの差を生んだものと思われる。

(2) 根鉢の縄締め張力

　根巻資材の相違が根巻の作業に及ぼす影響を根鉢に巻き付けた縄の締め具合から資材別・熟練度別に検討したのが表1である。

　表1によると、資材と熟練度の相違によって縄締め張力の異なる傾向が認められる。藁を用いた縄締め張力は、熟練者17.5kg、未熟練者8.6kgで熟練度別の差が顕著に認められるものの、他資材については熟練度別の縄締め張力に差は見られなかった。

表1│資材別・熟練度別にみた根鉢の縄締め張力　　（単位：kg）

熟練度別	麻　袋	麻　布	紙	藁
熟 練 者	17.1±2.4	16.3±1.7	16.8±0.5	17.5ᵃ±1.4
未熟練者	11.4±1.8	13.3±2.5	11.4±2.5	8.6ᵇ±1.4
有 意 性	N.S.	N.S.	N.S.	＊

注）表中の値は被験者3名の平均値と標準誤差。異符号はDuncanの多重検定による同列間の関係（＊；5%水準で有意性あり、N.S.；有意性なし）

　この原因は、根巻資材の作業性に起因しているものと思われる。藁による根巻は1本1本の藁を鉢に添わせて重ね合わせ鉢巻したものであることから、適量の藁で根鉢を巻き、適度な力で根鉢を叩き、縄をきつく締め込まないと根鉢に隙間を生じさせ、強く叩き過ぎると藁の重なり部分から根鉢の土を崩して落下させることとなる。つまり、藁は熟練を要する難点の多い根巻資材であることが影響しているものと考えられる。一方、藁以外の資材は、布状となった規格品の資材であることから、根鉢を容易に包むことができ、叩き締めによる根鉢の崩れを心配せずに未熟練者でも力を入れて縄締めが行え、作業性に富む均一な根巻の作業のできる資材であることが影響したものと推察される。

　それを裏付けるために、藁の根巻の作業時に被験者が根鉢の叩き締めで作業現場へ落下させた土の重量を計量したところ、熟練者3名の平均土重量は5955.2±1221.9gであり、未熟練者の土重量は3864.4±1432.4gとなった。つまり、熟練者の落下させた土重量は未熟練者の1.5倍に相当し、熟練者は未熟練者よりかなりの力で根鉢を叩き締めていることがうかがえ、その技術が縄締め張力を左右した一つの要因と考える。

　また、熟練者の縄締め張力は藁17.5kg＞麻袋17.1kg＞紙16.8kg＞麻布16.3kgの順にあり、張力は17kg前後と資材の相違に左右されず根巻が行われている。一方、未熟練者では麻布13.3kg＞麻袋・紙11.4kg＞藁8.6kgの順にあり、新しい根巻資材である麻袋・麻布・紙は12kg前後にあるものの藁は約9kgとかなり下がっている。しかし、未熟練者の張力順からみれば、未熟練者が

最も巻きやすい資材は麻布となり、最も巻きにくい根巻資材は藁となった。このことから、未熟練者に最適な根巻資材は麻布であることが示唆される。

（3）根巻資材の使用量

　根巻資材の相違が根巻の作業に及ぼす影響を根巻資材の使用量から資材別・熟練度別に測定した結果は下記の通りである。

　藁以外の他資材の1本当りに根巻する使用量をみると、麻袋・麻布・紙ともに同形の規格品であることから、1本1枚の使用により熟練度の差なく均一な根巻の作業がこなせる。しかし藁の使用量では、熟練者44.6±3.6g・未熟練者63.8±7.0gとなり、熟練者に比べて1.4倍もの藁の量を未熟練者が使用していることとなった。また、熟練者に比べて未熟練者の方がばらつき多く藁を使用していることもうかがえる。

　このことから、藁を用いた根巻の作業は、自分で根鉢の大きさに見合った藁の適正量を見極めなくてはならない作業となり、熟練を要することが示唆される。この藁の量が多すぎることにより、前述した商品的評価と縄締め張力の結果が熟練者よりも未熟練者の方が悪くなったものと推察する。

　さらに、藁による根巻の作業は、他の根巻資材には不必要な化粧を伴う。そこで被験者が藁の根巻物に施した化粧で発生する藁・縄の全屑量を熟練度別に測定した結果、熟練者の平均藁・縄屑重量は172.3±56.3g、未熟練者では196.9±44.3gとなった。これ以外にも根巻の商品性を高めるために、藁の使用前には「手すぐり」が行われ、藁の歩止りは82％内外となり[4]、こきおろした藁のかすが発生する。つまり、藁は他資材に比べ、利用率が下がり、作業は汚れやすく、清掃が必要となるなど本試験では測定し得なかった作業が伴うことが判った。根巻資材の相違が根巻の作業に及ぼす影響は多々あることがうかがい知れる。

（4）根巻の作業能率

　樹木生産者にとって省力化の図れる最適な根巻資材は何かを明らかにするために、累積根巻本数と根巻時間の関係を資材別・熟練度別にみたものが図3であり、これより、1本当りの根巻に要した時間を求めたのが表2である。

　図3をみると、新しい根巻資材による根巻時間は、熟練度に左右されず熟練者・未熟練者とほぼ同様で、熟練度に差がない。しかし、従来の根巻資材である藁では、熟練者と未熟練者で根巻時間にかなりの差がみられ、熟練度に差があり、新資材に比べて根巻時間に顕著なばらつきもみられ、熟達の難しい資材であることが認められる。また、表2によると、1本当りの根巻時間は麻袋で熟練者1'44"・未熟練者1'57"、麻布では熟練者1'40"・未熟練者1'55"、紙の熟練

者1'44"・未熟練者1'56"、藁は熟練者2'13"・未熟練者3'04"となり、熟練者・未熟練者ともに最も短時間で根巻が行えた資材は麻布であった。

図3｜資材別の累積根巻本数と根巻時間の関係

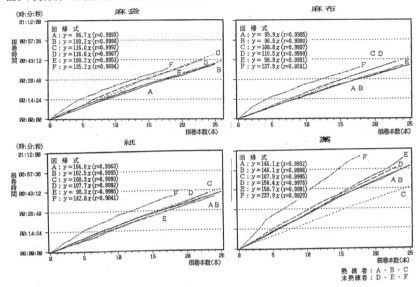

熟練者：A・B・C
未熟練者：D・E・F

表2｜資材別・熟練度別にみたイヌツゲ1本当りの根巻時間（単位：分・秒）

熟練度別		麻袋	麻布	紙	藁
熟練者	A	1′36″±0.4	1′35″±0.5	1′44″[b]±0.9	2′26″[b]±0.6
	B	1′40″±0.4	1′36″±0.6	1′42″[b]±0.4	2′26″[b]±0.4
	C	1′56″±0.5	1′48″±0.3	1′48″[b]±0.4	1′47″[b]±0.4
未熟練者	D	1′56″±1.0	1′50″±0.5	1′47″[b]±0.5	2′36″[ab]±1.1
	E	1′40″±0.9	1′38″±0.4	1′38″[b]±0.3	2′38″[ab]±0.7
	F	2′15″±3.5	2′17″±4.0	2′22″[a]±2.8	3′57″[a]±3.2
有意性		N.S.	N.S.	*	**
平均	熟練者	1′44″	1′40″	1′44″	2′13″
	未熟練者	1′57″	1′55″	1′56″	3′04″

注）表中の値は平均値と標準誤差。異符号はDuncanの多重検定による同列間の関係（*；5％・**；1％水準で有意性あり、N.S.；有意性なし）

　以上、各種根巻資材について商品的・強度的・量的・作業能率の面から検討してきたが、藁を用いた根巻の作業は熟練を要し、しっかりとした根巻物とするためには、根鉢に縄を巻き付けるために叩き締める適度な力と適量な資材を見極めることが必要であり、未熟練者にとってはかなり難しい作業であることが判った。一方、藁以外の麻布・麻袋・紙などの根巻資材を使用した場合、熟練者と未熟練者には差が少なく、これからの藁に代わる有望な根巻資材と言え、その中でも、麻布の根巻時間が最も短縮されたことから、今後の根巻資材として最も有望であろうことがうかがい知れる。

結論

　従来用いられている根巻資材の藁を基準とし、最近用いられ始めた根巻資材との相違が根巻の作業に及ぼす影響の有無を熟練度別に検討した結果、次のことが明らかとなった。

①熟練者による藁を基準とした根巻作業時間を100%とした場合の根巻時間の比率は、藁が63〜70%、新根巻資材では40%前後となり、2〜3割根巻時間が短縮される。

②根巻状態の商品的評価を熟練度別にみると、藁は熟練者と未熟練者で差があり、商品性に欠ける根巻物は未熟練者に60%、熟練者に12%みられる。一方、新根巻資材では熟練者・未熟練者にあまり差がなく、商品性に欠ける根巻物は少なかった。

③根鉢の縄締め張力を熟練度別にみると、藁は熟練者17.5kg、未熟練者8.6kgの張力となり熟練度別に顕著な差がみられるが、新資材では有意の差は認められなかった。

④根巻資材の使用量を資材別にみると、藁は熟練者と未熟練者で使用量が異なり、その量の多少が根巻物の美観や強度に影響を与えると同時に、化粧などで余分な清掃作業などが伴ってくる。一方、新根巻資材は規格品であるため、その使用量は熟練度に左右されず、1本に1枚の使用であることから均一な根巻の作業を行えることが認められた。

⑤根巻の作業能率を資材別にみると、藁の根巻時間のばらつきは熟練者・未熟練者でかなりの差が見られる。一方、新根巻資材では熟練度に差がなく根巻時間のばらつきも差が認められず、中でも最も省力化の図れた根巻資材は麻布であった。

　今後は、地球環境問題等で樹木生産の需要量がより多く見込まれることを予測すると、生産者にとっては少しでも効率の上がる根巻資材を採用し、根巻作業時間の軽減を図っていく必要があるものと思われる。また、根巻資材の選択のみではなく新しい移植技術・根巻方法の開発も検討すべきであろうと考えられる。

日本造園学会 造園雑誌58巻5号、pp. 81〜84,1995 掲載

参考・引用文献

1　瀧邦夫（1991）：緑化樹木栽培効率化への視点: グリーン・エージ18（6）, 26-29
2　内田均・萩原信弘（1993）：根巻資材の現状と今後の課題について: 造園雑誌56（5）, 139-144
3　内田均・萩原信弘（1994）：根巻資材の相違が移植樹木の生育・発根に及ぼす影響について: 造園雑誌57（5）, 115-120
4　佐藤庄五郎（1959）：図解わら工技術, 9-11, 21-22: 富民社

1-04

根巻の有無と根巻資材の相違が
落葉樹木の生育・発根に及ぼす
影響について

はじめに

　緑化樹木の出荷に使用する根巻資材は、藁→薦→麻袋→麻布へと移行してきた。その原因に作業者の高齢化と自然材料の不足等がある。こうした原因から、樹木の根巻の品質レベルに差が生じ、植栽工事に当っては、巻いた麻袋を取除いて植栽するよう現場監督の指示があるなど、施工業者は困惑しているという。

　著者らがこれまで第1報[1]において、現在普及している根巻資材の現状と今後の問題点を分析したところ、植栽工事での根巻資材の取扱い状況は、仕様書の有無・資材の種類・現場監督の考え方の違いなどで異なり、樹木材料としての規格がまちまちであった。このため全国レベルでの根巻資材の取扱いに関する統一見解を確立し、現地の条件に適合した仕様書や現場監督の指図も規格化すべきであることを提案した。第2報[2]では、針葉樹・常緑樹の露地栽培樹木を、藁・紙・麻袋・麻布で根巻したものを赤土圃場へ植栽し、根巻資材の相違が移植樹木の生育・発根に及ぼす影響を検討したところ、移植経過1年以内では、根巻資材の影響が明瞭ではないことを示した。そこで、第3報[3]では、従来用いられている藁と各種根巻資材の根巻作業に及ぼす影響を、作業の熟練度の違いから樹木材料としての商品価値・根鉢の縄締め張力・資材の使用量・作業能率等について検討し、麻布が均一で商品価値のある根巻作業を行うのにふさわしい材料であることを示した。

　公共緑化樹木については、「根巻に有機質材料以外の材料を使用する場合には、植栽時に必ずはずすこと」と、資材の取扱い方が明確化された[4]。しかし、植栽現場では、根巻資材の取扱いに関して疑問を抱いている監督者が存在するという[5]。そこで、前報[2]の針葉樹・常緑樹に続き、落葉樹を対象として、根巻の有無と根巻資材の材質の相違が移植樹木の生育・発根に及ぼす影響を明らかにするため、根巻資材の物理的障害要因（水分・地温）と資材分解状況と、樹木の地上部生育量・発根量との関係を明らかにしようと試みた。

試験方法

　根巻の有無と、根巻資材の材質の相違による移植樹木の生育と発根状況をみる試験Ⅰと、地上部と地下部の生育要因との関係を検討する試験Ⅱを行った。

1 ｜ 試験Ⅰ

　根巻の有無と根巻資材の材質の相違による移植樹木の生育・発根状況の調査

（1）供試材料

　供試樹木は、造園植栽工事で通常用いられる落葉広葉樹の中から、浅根性のコブシ（*Magnolia kobus*）と、深根性のクヌギ（*Quercus Acutissima*）の2種を選んだ。根の均等な発育が期待できること、移植後の植傷みが少なくて済むことを考慮して、実生3年生の10.5cmのポット苗（用土=赤土:ピートモス=7:3）を供試した。

　供試樹木の形状は、コブシが平均樹高45.2±4.0cm、根元直径0.77±0.09cm、葉数32.4±8.2枚、クヌギでは平均樹高61.8±6.9cm、根元直径0.63±0.11cm、葉数37.9±14.1枚であった。

（2）試験区

　試験は、根巻のない区と、根巻資材のある区の2つに大別し、根巻有区を根巻資材の材質で藁区（材質:イネ）、紙A区（材質:紙＋繊維）、紙B区（材質:紙のみ）、麻袋区（材質:ガンニクロス）、麻布区（材質:ヘッシャンクロス）の5区、合計6区とした。なお、移植直後の発根状況を調べるため、移植経過1ケ月後、3ケ月後、10ケ月後、15ケ月後、28ケ月後に掘上げる5区を用意し、1区当り5本を植付けた。

（3）試験期間および場所

　試験期間は、1994年7月～1996年11月までとした。試験場所は、東京農業大学厚木中央農場環境緑化部圃場（土質は赤土）である。

（4）試験方法

　同一人物の男性熟練者（造園作業経験14年目）によって、上述のポットからはずした供試樹木の根鉢に藁、紙A、紙B、麻袋、麻布という根巻資材を違えて根巻を施した。根巻資材の藁は前年の秋に収穫した稲藁を用い、紙・麻袋・麻布は市販されている資材を根鉢の大きさに合わせて23cm四方に裁断し供試した。根巻は1994年7月14日に実施した。また、ポットからはずした根鉢に根巻を施さない根巻無区の供試樹木も用意し、根巻後試験場所へ移植した。

　なお、移植樹木の生育・発根・根巻資材の分解などに影響のある試験期間

中の気象条件は表1の通りである。1971～1986年の15ケ年間の平均と試験年の気象を比較すると、平均気温で＋0.6℃とほぼ平年並であるが、降水量は例年比で約1割減の－427mmであり、特に8月の夏場においては例年になく63～98％と低い渇水状況になっている。

表1 | 最近15ヶ年平均気象と試験年の気象比較

項目 月	平均気温1)(℃)		降水量(mm)		湿度(%)	
	15ヶ年	試験年	15ヶ年	試験年	15ヶ年	試験年
1994.7	24.5	27.6	138.8	130.4	82.2	78.1
8	26.7	28.1	233.0	62.6	79.3	73.2
9	22.8	25.4	197.5	265.8	82.2	80.3
10	17.4	19.7	115.9	122.7	75.3	77.7
11	12.3	12.3	85.7	71.7	70.1	71.7
12	7.5	8.2	56.9	34.5	71.0	67.1
1995.1	4.8	5.7	31.0	44.3	63.0	57.0
2	5.2	5.6	87.7	68.0	62.5	60.8
3	7.9	8.3	136.8	192.3	67.1	71.4
4	13.8	14.4	150.8	122.8	70.4	66.5
5	18.5	18.7	154.1	239.2	72.8	76.4
6	20.9	20.4	271.8	226.7	80.8	85.2
7	24.5	26.0	138.8	175.8	82.2	87.1
8	26.7	29.1	233.0	4.6	79.3	80.9
9	22.8	23.2	197.5	117.8	82.2	76.3
10	17.4	18.8	115.9	114.5	75.3	75.4
11	12.3	11.4	85.7	66.5	70.1	64.3
12	7.5	6.6	56.9	0.6	71.0	53.9
1996.1	4.8	5.5	31.0	25.2	63.0	68.2
2	5.2	5.2	87.7	58.1	62.5	57.7
3	7.9	8.4	136.8	152.9	67.1	63.2
4	13.8	11.6	150.8	101.1	70.4	60.8
5	18.5	17.2	154.1	141.0	72.8	73.5
6	20.9	22.3	271.8	90.3	80.8	74.4
7	24.5	25.6	138.8	454.2	82.2	77.8
8	26.7	27.0	233.0	85.1	79.3	79.6
9	22.8	21.4	197.5	320.8	82.2	68.5
10	17.4	17.3	115.9	108.6	75.3	73.9
11	12.3	13.1	85.7	95.8	70.1	80.8
平均,計	16.1	16.7	4,090.9	3,663.9	73.9	71.8

注）最近15ヶ年：1971～1986年。試験年：1994.7～1996.11。1) 最高・最低気温の平均値

(5) 調査項目

　移植経過1ケ月後、3ケ月後、10ケ月後、15ケ月後、28ケ月後に供試樹木の根鉢の大きさを移植時の鉢径の3倍に相当する直径30cm、深さ30cmと決め、掘取り調査を実施した。掘取りは、鉢径の外側を剣スコップで掘回し、竹串を用いて移植時の根巻資材の巻かれている箇所まで土を掻取り、供試樹木を掘起こした。その調査項目は、前回[2]に準じ次の通りである。

①地上部生育調査

　根巻の有無と根巻資材の相違が地上部生育に及ぼす影響を検証するために、移植時の樹高・根元直径・葉数から移植経過時期ごとにどの程度生育したかを増加量として表し、Duncanの多重検定による各種根巻資材間の関係を樹種別に比較した。

②地下部生育調査

　根巻の有無と根巻資材の相違が地下部生育に及ぼす影響を検証するために、発根本数・根長・新根乾物重量から移植経過時期ごとにDuncanの多重

検定による各種根巻資材間の関係を樹種別に比較した。

A.発根本数:掘起こされた供試樹木の根巻資材より貫通し発生した新根の本数を数え発根本数とした。

B.根長:掘起こされた供試樹木の根巻資材から発生した新根中、最大根長上位20本を選出し測定した。

C.新根乾物重量:掘起こされた供試樹木の根巻資材より貫通した新根を移植経過時期別に採集し、その後乾燥器へ入れ、48時間100℃で乾燥させた時の重量を量り新根乾物重量とした。

2 | 試験II

根巻資材の物理的障害要因（水分・地温）と資材分解状況の調査

(1) 各区資材別の土壌水分・地温の測定

試験期間・試験場所は、試験Iと同様である。試験区は、根巻無区と根巻資材の種類により藁区、紙A区、紙B区、麻袋区、麻布区の合計6区1連とした。

試験方法は、供試圃場に80cm間隔で直径20cm・深さ10cmの円柱状の穴を掘り、掘り穴に40cm四方に切断した各供試資材（前回同様の大きさ[2]）を添わせて根巻したように置き、供試資材と土との密着を図るため覆土後2.4ℓ（穴の容積分）の水を注入し、移植方法と同様な水極めを施し、作土中に埋設した。

土壌水分の測定はテンシオメータを、地温は棒状温度計を用い、供試樹木の根鉢底と同様に深さ7.5cmの位置に埋設した。

なお、試験期間中を通して毎日午前9時に温度を測定し、その合計値を積算温度として表した。

(2) 資材の分解速度（重量分解率）の測定

試験区は、根巻資材の種類により藁区・紙A区・紙B区・麻袋区・麻布区の合計5区とし、1区3連制とした。なお、前回[2]の分解状況調査は分解程度を根巻資材の原形から面積的に算出し分解率としたが、本報では資材重量の減少による分解率を算出し重量分解率として分解速度の調査をした。

試験方法は、各種根巻資材を10cm四方に切断し、一昼夜デシケータ内で乾燥後、重量を秤量し、ナイロン紗ヒートカット袋（東京スクリーン、PE60MS0.3mm）へ入れ、作土中に埋設した[6]。供試資材は、土壌水分の試験方法と同様の方法で深さ7.5cmの位置へ各供試資材を水平に置き埋設した。資材設置後の管理は、自然環境条件下に放置した。その後、供試資材を試験開始1・3・6・9・12・28ヶ月後に回収し、重量分解率を測定した。

重量分解率の測定[7]は、回収された根巻資材を水中に約2時間浸した後、

分解の進んだ根巻資材が離脱しないように毛筆で付着している土壌塊を落とし、40℃で一昼夜乾燥させ重量を計量した。その後、るつぼに入れて550℃で2時間灰化し、灰分量を求めた。

次式より資材の重量分解率を算出した。

重量分解率（%）＝（Wo−（Wx−（Ax−Ao）））／Wo×100

但し、

Wo:埋設前の乾燥重（g）　　Wx:埋設後の乾燥重（g）

Ao:埋設前の灰分重（g）　　Ax:埋設後の灰分重（g）

結果および考察

1｜根巻の有無・資材の相違が地上部生育に及ぼす影響

根巻の有無・資材の相違が移植樹木の地上部生育に及ぼす影響について樹高・根元直径・葉数の生育増加量を測定し、Duncanの多重検定による方法より有意差検定した結果を表2に示す。

表2｜地上部生育増加量にみた根巻の有無・根巻資材別の有意差検定 (n=5)

樹種	根巻有無	調査項目 区名	樹　高(cm) 移植1ヶ月後	3ヶ月後	10ヶ月後	15ヶ月後	28ヶ月後
コブシ	無	なし区	0.16±0.09	0.46±0.20	4.4ᵃ±0.7	19.3±5.8	30.1±7.4
	有	藁区	0.08±0.05	0.42±0.10	3.3ᵃ±1.1	18.6±4.3	25.4±4.5
		紙A区	0.16±0.07	0.44±0.13	3.4ᵃ±1.2	18.4±4.7	26.8±3.0
		紙B区	0.24±0.15	0.14±0.12	1.2ᵃᵇ±0.9	13.2±3.5	18.4±3.6
		麻袋区	0.04±0.02	0.18±0.11	1.0ᵇ±0.6	11.8±4.0	20.4±3.9
		麻布区	0.04±0.04	0.24±0.10	2.4ᵃᵇ±1.3	14.9±2.6	23.8±5.0
	有意性		N.S.	N.S.	*	N.S.	N.S.
クヌギ	無	なし区	4.12ᵃ±1.69	7.74±1.51	17.9ᵃ±4.1	70.3±11.6	134.2ᵃᵇ±8.5
	有	藁区	1.76ᵃᵇ±0.67	5.22±2.44	9.9ᵇ±3.4	55.2±9.9	133.3ᵃᵇ±19.7
		紙A区	0.12ᵇ±0.06	8.14±2.55	2.8ᵇ±1.2	61.1±5.7	158.8ᵃ±8.2
		紙B区	0.00ᵇ±0.00	2.64±1.91	2.1ᵇ±0.8	53.4±6.1	108.5ᵇ±8.0
		麻袋区	2.04ᵃᵇ±1.34	3.16±1.59	0.3ᵇ±1.3	40.0±10.1	123.0ᵃᵇ±10.3
		麻布区	0.64ᵃᵇ±0.39	5.56±2.23	2.5ᵇ±0.8	41.4±11.9	141.3ᵃᵇ±31.1
	有意性		**	N.S.	**	N.S.	*

樹種	根巻有無	調査項目 区名	根元直径(cm) 移植1ヶ月後	3ヶ月後	10ヶ月後	15ヶ月後	28ヶ月後
コブシ	無	なし区	0.01±0.00	0.09ᵃ±0.02	0.05±0.02	0.80±0.13	0.94±0.14
	有	藁区	0.01±0.01	0.06ᵃᵇ±0.02	0.04±0.01	0.54±0.14	0.79±0.13
		紙A区	0.01±0.00	0.01ᵇ±0.01	0.05±0.02	0.64±0.09	0.99±0.23
		紙B区	0.00±0.00	0.05ᵃᵇ±0.02	0.04±0.00	0.50±0.03	0.65±0.13
		麻袋区	0.01±0.00	0.02ᵃᵇ±0.01	0.03±0.01	0.48±0.09	0.57±0.72
		麻布区	0.00±0.00	0.05ᵃᵇ±0.04	0.05±0.01	0.53±0.07	0.81±0.13
	有意性		N.S.	*	N.S.	N.S.	N.S.
クヌギ	無	なし区	0.03±0.00	0.37ᵃ±0.04	0.59ᵃ±0.08	1.68ᵃ±0.39	2.21ᵃᵇ±0.30
	有	藁区	0.03±0.01	0.18ᵃᵇᶜ±0.04	0.16ᵇ±0.02	1.54ᵃᵇ±0.39	1.89ᵃᵇ±0.17
		紙A区	0.02±0.00	0.23ᵃᵇ±0.05	0.09ᵇ±0.03	1.14ᵃᵇ±0.29	1.30ᵇ±0.09
		紙B区	0.02±0.01	0.16ᵇᶜ±0.04	0.04ᵇ±0.01	1.13ᵃᵇ±0.11	1.52ᵇ±0.15
		麻袋区	0.00±0.00	0.03ᶜ±0.01	0.07ᵇ±0.03	0.75ᵇ±0.21	1.87ᵃᵇ±0.18
		麻布区	0.04±0.02	0.17ᵃᵇᶜ±0.09	0.10ᵇ±0.02	1.07ᵃᵇ±0.14	2.49ᵃᵇ±0.78
	有意性		N.S.	**	**	**	**

樹種	根巻有無	調査項目 区名	葉　数(枚) 移植1ヶ月後	3ヶ月後	10ヶ月後	15ヶ月後	28ヶ月後
コブシ	無	なし区	−8.4ᵃ±0.4	−10.4ᵃ±2.0	11.8±3.3	52.2±17.7	6.4±15.9
	有	藁区	−12.6ᵃᵇ±1.9	−20.2ᵃᵇ±3.2	13.0±3.4	39.0±20.3	−1.2±12.5
		紙A区	−12.8ᵇ±3.2	−25.0ᵇ±3.1	14.6±3.2	52.4±10.5	11.2±25.7
		紙B区	−18.0ᵇ±4.3	−16.4ᵃᵇ±3.9	9.2±3.2	34.0±6.5	−17.6±4.5
		麻袋区	−22.8ᵃᵇ±6.4	−22.0ᵃᵇ±2.1	6.2±2.0	33.0±10.6	−13.6±5.5
		麻布区	−14.0ᵃᵇ±2.9	−20.4ᵃᵇ±4.8	10.2±3.0	37.0±3.5	−5.4±11.2
	有意性		**	**	N.S.	N.S.	N.S.
クヌギ	無	なし区	9.4±8.0	41.2ᵃ±8.8	196.4ᵃ±29.9	704.8ᵇ±138.4	867.8±216.0
	有	藁区	−6.6±7.0	26.4ᵃᵇ±4.6	50.4ᵇ±17.1	606.0ᵇ±227.9	556.8±125.7
		紙A区	−9.4±5.2	16.4ᵇ±4.3	71.0ᵇ±26.1	342.6ᵇᵉ±100.6	194.8±366.9
		紙B区	−2.0±3.7	14.0ᵃᵇ±5.9	29.4ᵇ±7.9	275.2ᵇᶜ±45.1	387.4±96.6
		麻袋区	1.4±5.5	−6.0ᵇ±4.8	47.4ᵇ±14.6	193.8ᶜ±72.9	591.6±156.7
		麻布区	−6.2±3.7	18.2ᵃᵇ±13.1	64.6ᵇ±19.1	213.2ᵇᶜ±70.4	1210.0±699.7
	有意性		N.S.	**	**	*	N.S.

注）調査対象木の樹高・根元直径・葉数の生育増加量は、移植前後の測定値較差より算出。±:標準誤差。同一英小文字間はDuncanの多重検定（*;5%、**;1%）において有意差あり、N.S.:有意差なし

表2によると、コブシの樹高では移植10ケ月後の生育増加量で、根元直径・葉数では3ケ月後の生育増加量で根巻無区が有区の麻袋区または紙A区より多少優っている。一方クヌギでは、樹高で移植10ケ月後、根元直径・葉数では移植3ケ月から15ケ月後までの生育増加量において、根巻無区と麻袋区との間に生育増加量の有意な差が1％水準で認められ、根巻の有無・根巻資材の相違による多少の影響が知られた。

しかし、コブシでは移植10ないし15ケ月を経過すると、樹高・根元直径・葉数における生育増加量についての有意差検定においては有意性が認められず、根巻の有無・根巻資材の相違による影響が見られないと判定される。また、クヌギの生育増加量では移植15ないし28ケ月を過ぎると根巻の有無・資材の相違による明らかな差は見られなかった。これらは、移植経過に伴う土壌中での根巻資材の分解の影響が強いものと考えられる。このことは、コブシ・クヌギ両樹種共に根巻を施した区ほど移植直後の葉振い現象が強く現われているものの、移植経過時期が増すほど根巻の有無による葉数増加量に差がなくなることからも推察される。

以上のことから、根巻の有無・根巻資材の相違が移植樹木の樹高・根元直径・葉数などの地上部生育に多少の影響が移植直後の段階で見られるものの、長期の移植経過になると地上部生育に影響を及ぼさないことが知られよう。

2｜根巻の有無・資材の相違が地下部生育に及ぼす影響

根巻の有無と資材の相違が落葉樹木の地下部生育に及ぼす影響を発根本数・根長・新根乾物重量などから比較し、樹種別・移植経過時期別にみたところ、以下の通りであった。

（1）発根本数

根巻の有無と資材の相違が発根に阻害を与えるか否かを根鉢または根巻資材を、貫通した新根本数で樹種別・根巻資材別の移植経過時期別に測定した結果は表3の通りである。

表3によると、コブシ・クヌギとも発根本数は、移植経過1〜10ケ月の間で根巻の有無による差が顕著に認められ、生育初期の段階では根巻資材が発根を阻害していることが知られる。しかし、移植15ケ月を経過すると、根巻の有無による発根本数の統計差が小さくなることから、根巻資材の分解が進行し、資材による発根阻害の影響は両樹種共にかなり解消され、根巻の有無による発根本数の差も小さくなる傾向が見受けられる。これは、根巻資材の分解が大きく関与しているためと考えられる。

続いて根巻資材別に発根本数をみると、コブシの紙A区では他区に比べて移植15ケ月後以降最多の発根本数であるのに反し、クヌギの紙A区では移植

経過時期にかかわらず他区と同程度の発根本数を示している。この原因として
は、コブシは根が柔らかく発根性に富む樹種であるのに対し、クヌギは根が堅
くゴボウ根になり易い特徴を有しているためと考えられる[8]。また、紙A区の根
巻資材は他区より細かい編み目模様の合成繊維（ポリビニールアルコールフィルム）が
素材に含まれその上不朽性であることなどから、この樹種の生理的特性と根
巻資材の物理的特性が影響して上述の樹種による発根本数の違いがみられ
たものと推察する。

表3│根巻の有無と根巻資材の相違が移植樹木の発根本数に及ぼす影響

樹種	根巻有無	項目 区名	発根本数(本)[1]				
			移植1ケ月後	3ケ月後	10ケ月後	15ケ月後	28ケ月後
コブシ	無	なし区	33.8ᵃ ±5.6	32.0ᵃ ±8.0	32.4ᵃ ±3.6	44.2ᵃ ±6.5	41.3ᵃ ±5.3
	有	藁区	13.8ᵇ ±3.1	14.5ᵇ ±1.4	19.2ᵃᵇ ±5.1	40.0ᵃᵇ ±7.0	52.0ᵃᵇ ±4.1
		紙A区	14.6ᵇ ±1.5	20.8ᵃᵇ ±4.6	27.0ᵃᵇ ±3.8	89.8ᵃ ±27.9	75.4ᵃ ±10.6
		紙B区	11.6ᵇ ±3.5	16.2ᵃᵇ ±3.6	16.4ᵇ ±6.4	25.0ᵇ ±5.3	37.0ᵇ ±8.0
		麻袋区	10.6ᵇ ±3.4	12.2ᵇ ±1.3	16.0ᵇ ±4.6	25.2ᵇ ±6.4	36.0ᵇ ±3.2
		麻布区	18.8ᵃᵇ ±5.3	20.4ᵃᵇ ±2.9	14.2ᵇ ±4.6	28.4ᵃᵇ ±5.8	44.4ᵃᵇ ±5.3
	有意性		**		**		**
クヌギ	無	なし区	22.4ᵃ ±4.0	24.2ᵃ ±4.1	27.2ᵃ ±4.4	30.0 ±3.8	48.2ᵃ ±8.5
	有	藁区	9.8ᵇ ±3.0	16.0ᵃᵇ ±3.3	9.4ᵇ ±2.4	25.6 ±7.0	38.6ᵃᵇ ±7.1
		紙A区	6.0ᵇ ±3.6	15.8ᵃᵇ ±2.8	22.0ᵃᵇ ±11.0	34.8 ±6.5	27.8ᵇ ±2.3
		紙B区	2.2ᵇ ±1.3	10.6ᵇ ±3.5	11.8ᵃᵇ ±4.0	31.6 ±2.7	35.6ᵃᵇ ±5.4
		麻袋区	2.4ᵇ ±1.1	8.0ᵇ ±2.9	14.2ᵃᵇ ±3.0	20.0 ±4.8	43.8ᵃᵇ ±6.4
		麻布区	4.8ᵇ ±2.5	10.8ᵃᵇ ±2.3	10.0ᵃᵇ ±2.1	26.6 ±2.6	30.3ᵃᵇ ±5.9
	有意性		**		**	N.S.	*

注1）根巻資材を貫通した新根の発生本数の平均値（n=5）。±：標準誤差。同一英小文字間はDuncanの
多重検定（*;5%、**;1%において有意差あり、N.S.；有意差なし

　なお、移植経過に伴う根巻の有無・根巻資材別の新根発生状況をみたも
のが写真1である。写真1からも樹種の相違によらず移植28ケ月後の発根本
数・新根発生状況は根巻の有無・各根巻資材共に同様な結果を示している。
このことから、2年以上の長期生育においては根巻の有無・資材の相違による
発根本数の影響は見られないことが知られる。

（2）根長

　根巻の有無と根巻資材が根の伸長に阻害を与えるか否かをみるために、樹種
別・根巻資材別・移植経過時期別における最大根長を示したものが図1である。
　移植1ケ月後では樹種の相違によらず根巻を施さない無区の根長の方が根
巻を施した有区の根長より長く、コブシでは根巻無の平均1／2程度、クヌギ
では2／3程度短い傾向を示した。その短い傾向は緩和されながらもコブシで
移植15ケ月後、クヌギで移植10ケ月後まで他の根巻有区に比べ無区が最長で
ある傾向が継続されている。このことから移植1年程度では根巻の有無が根
の伸長に阻害を与えることが知られる。
　しかし、コブシの移植28ケ月後、クヌギの移植15ケ月後以降の根長では両
樹種・根巻の有無・資材間共に明らかな統計的な差は見られず、長期生育で
は根巻の影響が回避されたものと考えられる。

図1│移植経過に伴う根巻の有無・根巻資材の最大根長の推移

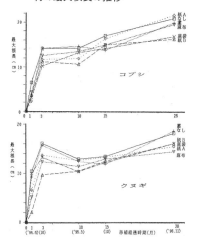

写真1│移植経過に伴う根巻の有無・根巻資材別の新根発生状況。　左段：コブシ　右段：クヌギ

(3) 新根乾物重量

　根巻の有無と根巻資材が新根の充実度にどのように関与しているか否かをみるために、樹種別・根巻資材別・移植経過時期別に新根乾物重量を求めたのが表4である。

表4│根巻の有無と根巻資材の相違が移植樹木の新根乾物重量に及ぼす影響

樹種	根巻有無	区名	移植1ケ月後	3ケ月後	10ケ月後	15ケ月後	28ケ月後
コブシ	無	なし区	0.4ᵃ ±0.1	1.7ᵃ ±0.3	2.1ᵃ ±0.4	7.6ᵃ ±1.6	12.3ᵃᵇ ±3.3
	有	藁 区	0.1ᵇ ±0.0	1.0ᵃᵇ ±0.2	1.5ᵃᵇ ±0.4	4.8ᵇ ±1.3	13.6ᵃᵇ ±2.7
		紙A区	0.1ᵇ ±0.0	0.8ᵃᵇ ±0.2	0.8ᵃᵇ ±0.2	6.2ᵃᵇ ±0.8	18.0ᵃ ±4.3
		紙B区	0.1ᵇ ±0.0	0.7ᵇ ±0.2	0.5ᵇ ±0.2	3.8ᵇ ±0.3	7.0ᵇ ±1.7
		麻袋区	0.1ᵇ ±0.0	0.5ᵇ ±0.1	0.6ᵇ ±0.2	4.3ᵇ ±0.7	7.9ᵇ ±1.5
		麻布区	0.1ᵇ ±0.0	1.4ᵃᵇ ±0.3	0.8ᵃᵇ ±0.3	4.2ᵇ ±0.3	12.8ᵃᵇ ±2.6
	有意性		＊＊	＊＊	＊＊	＊	＊
クヌギ	無	なし区	0.9ᵃ ±0.2	5.9ᵃ ±1.4	5.7ᵃ ±1.5	38.5ᵃ ± 6.4	57.4ᵃᵇ ±15.2
	有	藁 区	0.4ᵃᵇ ±0.2	2.0ᵃᵇ ±0.4	1.6ᵇ ±0.4	35.1ᵃᵇ ±17.1	68.9ᵃᵇ ±18.3
		紙A区	0.2ᵇ ±0.1	2.3ᵃᵇ ±0.8	1.5ᵇ ±0.5	16.2ᵃᵇ ± 2.4	101.9ᵃ ±13.0
		紙B区	0.0ᵇ ±0.0	1.4ᵇ ±0.6	1.2ᵇ ±0.5	24.1ᵃᵇ ± 6.4	36.4ᵇ ± 9.3
		麻袋区	0.1ᵇ ±0.0	1.2ᵇ ±0.6	1.0ᵇ ±0.4	9.6ᵇ ± 4.4	65.9ᵃᵇ ±14.9
		麻布区	0.2ᵇ ±0.1	2.3ᵃᵇ ±0.8	1.2ᵇ ±0.4	15.4ᵃᵇ ± 4.2	57.5ᵃᵇ ±21.5
	有意性		＊＊	＊＊	＊＊	＊	＊

注1) 100℃48時間乾燥時の重量平均値（n＝5）。±：標準誤差。同一英小文字間はDuncanの多重検定（＊：5%，＊＊：1%）において有意差あり

　コブシ・クヌギ共に移植経過15ケ月後までは根巻を施さない無区が根巻資材を施した他区に比べて新根乾物重量を上回っていた。しかし、28ケ月を経過すると、他資材と同様の値を示した。このことから、移植28ケ月を経過すると各種根巻の有区において生育への影響が小さくなったと考えられる。

　以上の根巻の有無と資材の相違が移植樹木の地下部生育に及ぼす影響をまとめると、コブシでは移植15ケ月後、クヌギは10ケ月後まで根巻有区に比べ根巻無区の方が発根本数・根長共に最高値であったが、移植28ケ月を経過す

ると根巻資材の生育への影響が小さくなることから両樹種の発根本数・根長は根巻の有無・根巻資材の相違によらず同様な値が得られたものと考える。

これらのことから、2年以上の長期生育においては根巻の有無・根巻資材の相違が移植樹木の地下部生育にほとんど影響を及ぼさないことが知られる。

3 | 地上部・地下部への影響因子の検討

今まで、根巻の有無・資材の相違による移植樹木の影響を地上部・地下部生育量の観点から検討してきたが、移植2年を経過すると根巻の有無・資材の相違による地上部・地下部への影響がなくなってきている。この原因としては、根鉢内の水分・地温があまり変わらず生育後期における根巻資材の分解率に関係すると推察した。そのことを裏付するために土壌水分・地温及び根巻資材の分解率について検討した。

(1) 資材別の土壌水分

根巻の有無、根巻資材別に試験期間中の土壌水分をテンシオメータ法によるpF値で表し、Duncanの多重検定による方法より有意差検定した結果は、表5に示す通りである。

表5 | 試験期間中における各種根巻資材別のpF値

試験区 経過時期	根巻無区 なし区	根巻有区					有意性
		藁 区	紙A区	紙B区	麻袋区	麻布区	
1 ケ 月 後	2.75 ±0.25	2.74 ±0.28	2.72 ±0.26	2.76 ±0.26	2.75 ±0.25	2.73 ±0.27	N.S.
3 ケ 月 後	2.08 ±0.23	2.11 ±0.29	2.09 ±0.27	2.11 ±0.26	2.13 ±0.31	2.08 ±0.26	N.S.
10 ケ 月 後	2.06 ±0.39	2.10 ±0.44	1.81 ±0.61*	2.14 ±0.41	2.14 ±0.44	2.09 ±0.41	N.S.
15 ケ 月 後	2.25 ±0.35	2.27 ±0.32	2.27 ±0.31	2.23 ±0.27	2.28 ±0.33	2.28 ±0.31	N.S.
27 ケ 月 後	2.02^a ±0.28	1.93^{abc} ±0.34	1.96^{ab} ±0.32	1.79^{bc} ±0.17*	1.88^{abc} ±0.34*	1.72^c ±0.28*	＊＊

注）掘取り調査1ヶ月前の土壌水分の状態をpF値の平均値で表示。±：標準誤差。同一英小文字間はDuncanの多重検定（＊＊;1%）において有意差あり、N.S.;有意差なし。＊テンシオメータの不良により測定値数が不足

その結果、1ケ月後から15ケ月後までの経過における根巻の有無、資材別の土壌水分については有意な差が統計的に認められなかった。つまり、1ケ月後の資材別土壌水分はpF2.72～2.76の範囲にあり、3ケ月後ではpF2.08～2.13、10ケ月後はpF2.06～2.14、15ケ月後でpF2.23～2.30の土壌水分幅にあり、各区資材間の土壌水分の差は小さいことから統計的に有意差が見られなかったものと考える。

これより、根巻の有無、各区資材間の影響による土壌水分の差は小さいことが明らかとなり、根巻の有無、資材間での土壌水分の影響はないものと考えられる。

（2）資材別の地温

　試験期間中における深さ7.5cmの地温を積算温度として根巻の有無、資材別に示したのが図2である。

図2｜試験期間中における根巻の有無・根巻資材別の積算温度の推移

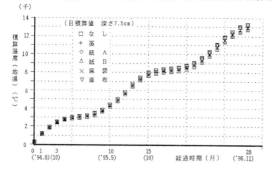

　その結果、積算温度は無区13,281℃＞麻布区13,226℃＞紙Ａ区13,147℃＞麻袋区12,966℃＞藁区12,801℃＞紙Ｂ区12,763℃となり、根巻を施すことにより地温の低下が見られたが、1日当りの地温に換算すると根巻無区と比べて根巻有区は1℃未満の差となり、測定誤差の範囲と判断され、根巻の有無・資材の相違による地温の影響はないものと思われる。それは、前述した移植樹木の生育量・発根量の結果からみても、2年を経過すると根巻の有無・資材の相違による生育量・発根量に差がなくなることより、各区とも資材の影響による温度差はないものと考えられる。

（3）根巻資材の分解状況

　埋設経過時期別に根巻資材の重量分解率を求めた結果は、表6に示す通りである。

　表6をみると、根巻資材の分解状況は埋設経過時期を増すごとに各区とも資材分解の進行する状況が認められる。それを根巻資材の種類別にみると、最も分解が早い資材は紙であり、埋設1ケ月後で55％を超える分解程度を示している。しかし、繊維を含む紙Ａは28ケ月を経過しても合成繊維のみが残存した。

　一方、繊維を含まない紙Ｂは9ケ月の埋設で80％を上回る分解率を示し、今後有望な根巻資材と判定できよう。また、最も分解が遅い根巻資材は藁であり、埋設1ケ月後の分解率が26％、28ケ月後の分解率は74％となった。さらに、麻布・麻袋の28ケ月後の分解率は84〜88％と藁より高い値を示した。

　著者らは、根巻の有無・根巻資材の相違が移植樹木の生育・発根に影響

を及ぼすか否かは、根巻資材の分解程度に起因しているのではないかと指摘してきた。その裏付けとして、根巻資材の重量分解率と発根本数との関係をみたものが図3である。

図3をみると、根巻資材の分解が進行すればするほど、樹種の別なくコブシ・クヌギともに発根本数の増加していく傾向が認められる。つまりは、各種根巻資材の重量分解率が埋設28ケ月を経過すると69〜88%程度分解するために根巻を施さない無区とあまり差がなくなり、各資材分解の進行に伴って根の伸長に対する資材の阻害が弱まり、根巻資材が根の伸長に影響を及ぼさなくなったことが理由として挙げられ、根巻資材の分解程度により移植樹木の生育・発根に影響を及ぼすことが実証できた。

以上のことから、地上部・地下部への影響因子として根鉢内外の水分状況と地温、分解状況から検討してきたが、赤土圃場に埋設した各種根巻資材は、根巻のない場合と同様に土壌水分・地温の物理的障害はなく、各種根巻資材の重量分解率でも28ケ月を経過すると7〜9割程度の資材分解が進み、それに伴って発根量を増加させる傾向が認められる。これらのことから根巻資材の有無・資材の相違が移植樹木の発根にはほとんど影響を及ぼさないことが推察される。

表6 │ 試験期間中における各種根巻資材別の重量分解率

資材	調査項目 経過時期	重量分解率[1] (%)					
		1ヶ月後	3ヶ月後	6ヶ月後	9ヶ月後	12ヶ月後	28ヶ月後
藁	A 区	26.4[b] ± 5.5	40.7[bc] ± 4.1	40.2[ab] ± 0.6	44.2[b] ± 15.5	54.1[b] ± 9.5	74.3[ab] ± 2.1
紙	A 区	58.8[a] ± 12.1	69.1[a] ± 2.3	61.9[a] ± 8.2	68.6[ab] ± 1.1	73.1[ab] ± 1.0	68.9[b] ± 4.9
紙	B 区	54.8[a] ± 12.8	60.7[abc] ± 10.3	56.5[ab] ± 9.5	81.2[a] ± 3.6	83.3[a] ± 5.7	78.6[ab] ± 2.1
麻袋	区	44.0[ab] ± 3.2	39.5[c] ± 13.7	26.4[c] ± 4.7	70.3[a] ± 10.4	69.8[ab] ± 20.7	84.2[a] ± 2.7
麻布	区	39.5[ab] ± 4.7	61.0[bc] ± 6.8	31.3[bc] ± 14.3	59.6[ab] ± 10.7	67.9[ab] ± 5.4	87.7[a] ± 6.2
有意性		**	**	**	**	**	**

注1) 分解した程度を根巻資材の原形重量から算出した割合の平均値 (n = 5)。±：標準誤差。同一英小文字間はDuncanの多重検定 (*;5%,**;1%) において有意差あり

図3 │ 移植経過に伴う根巻資材別の重量分解率と発根本数との関係

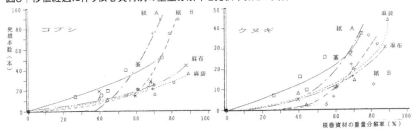

結論

　根巻の有無と資材の相違が移植樹木の生育・発根に及ぼす影響の有無を
コブシ・クヌギの落葉樹2種を用いて、①地上部生育量 ②発根量 ③根巻資材
の物理的障害要因④根巻資材の分解状況の観点から検討した結果、次のこ
とが明らかとなった。

　①移植樹木の樹高・根元直径・葉数の生育増加量などの地上部生育量は
根巻の有無・根巻資材の相違に影響されなかった。

　②移植樹木の発根本数・根長・新根乾物重量などの発根量については移
植経過28ケ月後において根巻の有無・根巻資材の相違に影響されなかった。

　③根巻の有無、資材の影響による土壌水分・地温の差はないことが判明した。

　④赤土の圃場に28ケ月埋設した各種根巻資材の重量分解率は、麻布・麻
袋＞紙B・藁＞紙Aの順となり、69～88％程度の資材分解が進行した。

　以上のことより、根巻の有無・根巻資材の相違が移植樹木の生育・発根に
及ぼす影響は認められないことが判明した。

　今後は、現在用いられている各種根巻資材の基本的性質を物理的・化学的観
点からとらえ、また、土壌の相違における各種根巻資材の分解速度を化学的特徴
面より明らかにし、根巻資材の除去の要－不要を検討していく必要があると考える。

　この研究は平成7年度東京農業大学プロジェクト研究（一般）によるものであ
り、掘取り調査については東京農業大学厚木中央農場の木島三弥氏、見留
秀明氏、岩間宏之君、武井将実君、飯田大輔君、渡辺義人君に負うところが
多い。これらの関係諸氏に感謝の意を表します。

日本造園学会 ランドスケープ研究61（5）,487-492,1998 掲載

参考・引用文献
1　内田均, 萩原信弘（1993）：根巻資材の現状と今後の課題について: 造園雑誌56（5）139-144
2　内田均, 萩原信弘（1994）：根巻資材の相違が移植樹木の生育・発根に及ぼす影響について: 造園
　　雑誌57（5）, 115-120
3　内田均, 加藤雅義, 田島淳, 萩原信弘（1995）：根巻資材の相違が根巻作業に及ぼす影響について:
　　造園雑誌58（5）, 81-84
4　建設省都市局公園緑地課都市緑地対策室（1996）：公共用緑化樹木品質寸法規格基準（案）の解
　　説: 日本緑化センター, 25
5　矢後史彦（1996）：私信
6　斉藤雅典・和田秀徳・高井康雄（1977）：水田土壌におけるセルロースの分解過程: 日本土壌肥料
　　学雑誌48, 313-317
7　土壌微生物編集委員会（1992）：土壌微生物実験法, ベンチコートシート法によるセルロース分解能
　　の測定: 養賢堂, 340・344
8　刈住昇（1979）：樹木根系図説: 誠文堂新光社, 702・749

各種根巻資材の基本的性質
ならびに分解特性に関する研究

はじめに

　著者らはこれまでに、現在普及している根巻資材の現状と今後の問題点[1]、根巻の有無・資材の相違による移植樹木の発根性[2,3]、樹木生産者の視点による作業性[4,5]の観点から最適な根巻資材について検討してきた。しかし、根巻資材自体の基本的な物理性・化学性や土壌中での根巻資材の分解特性は未だ明らかにされていない。根巻資材としては、適度な通気性・透水性・保水性や分解性・有害物質の不存在・土壌反応などの条件[6,7]が必要と考えられる。

　そこで本研究では、資材自体の基本物理・化学的特徴面と資材の分解特性などの観点から、今日根巻資材として使用されている藁・紙・麻袋・麻布を対象として最適な根巻資材は何かについて検討することを目論んだ。

試験方法

　試験は、各種根巻資材として藁・紙・麻袋・麻布の基本物理・化学的特性をみる試験Ⅰと、これら各種根巻資材の分解特性を把握する試験Ⅱを実施した。

1│試験I:各種根巻資材の基本物理・化学的特性の調査

　各種根巻資材の基本物理及び化学的特性試験は、①通気性 ②透水性 ③保水性および ④pHの測定を実施した。試験方法は表1の通りである[8]。

(1) 通気性

　根巻資材そのものの生の通気性を測定する方法がないことから、本試験では砂に各種根巻資材を挟込んだ状態と挟込まない状態から資材の通気性を比較しようとした。つまり、乾燥密度の判っている豊浦標準砂のみを詰め込んだ対象区の円筒100cc缶（直径5cm）測定容器と各種根巻資材を1枚円筒缶中央部に標準砂で挟込んだ試験区の測定容器との通気性を通気性測定装置で測定し、通気係数の値の比較より、通気性の良い根巻資材を模索した。

表1 | 各種根巻資材の基本物理・化学的特性の調査方法

調査項目	試験要領	測定方法
① 通気性 ② 透水性	対象区　　　　試験区 100cc缶　　　標準砂 　　　　　　　1枚挟込み 　　　　　　　標準砂 標準砂のみ充填　藁・紙・麻袋・麻布	通気性測定装置 透水性測定装置
③ 保水性	浸水期間 1日後 1週間後 1ケ月後 ビーカー内に10cm×10cmの 藁・紙・麻袋・麻布を浸水	遠心分離器 秤
④ pH	浸水期間 300cc　1日後・1週間後 の純水　1ケ月後・6ケ月後 　　　　12ケ月後 三角フラスコ内に10cm×10cmの 藁・紙・麻袋・麻布を浸水	pHメーター

(2) 透水性

上記の通気性試験同様に、標準砂を詰め込んだ円筒缶の測定容器に各種根巻資材を1枚挟込んだものと挟込まない標準砂のみのものとの透水性を透水性測定装置で測定し、透水係数の値の比較から透水性の良い根巻資材を追求した。

(3) 保水性

10cm×10cmに切断した各種根巻資材をビーカーへ浸水させ、1日後・1週間後・1ケ月後に、遠心分離法・吸引法を用いて、各pFにおける水分量を秤量し、その測定値の比較により保水性について検討した。

(4) 資材のpH

純水300ccを入れた500cc三角フラスコ内に各種根巻資材（10cm×10cmに切断）を浸し、1日後・1週間後・1ケ月後・6ケ月後・12ケ月後にそれぞれの抽出液のpHを測定し、その値を比較して資材内に酸性誘起物質が含まれているか否かを探った。

2 | 試験II:根巻資材の分解特性の調査

根巻資材の中には、分解程度が遅く、移植樹木の発根時に伸長を阻害する物質があることが指摘されている[9]。そこで、藁・紙・麻袋・麻布の各種根巻資材が土壌中でどのように分解されていくかを物理的・化学的方向から検討するため、(1)人工条件下の室内試験と(2)自然条件下の圃場試験を表2の方法で実施した。

表2｜各種根巻資材の分解特性の調査方法

条　件	調査項目	試　験　要　領	測定方法
室内　赤　土・マサ土	①重量分解率 ②C／N比	藁・紙・麻袋・麻布 10cm／5cm ナイロン紗ヒートカット袋 赤　土 250g マサ土 400g ポリエチレンラップ 埋設期間 寒冷紗　1ケ月・3ケ月 6ケ月・9ケ月 12ケ月 80cm 赤土挟み込み マサ土／赤土 マサ土／挟込み／マサ土 10cm G.L　5回落下（鎮圧） 充填土壌水分は 最大容水量の50％ 1週間毎に水分補給	スミグラフ NC-80 AUTOによる乾式燃焼法
内	③分解後のpH	土と根巻資材の重量測定 赤　土・マサ土 10.5cm この重量配分比 8cm 試料土＋根巻資材＝100g 蒸留水＝300cc　500cc 三角フラスコ 混入期間 1ケ月 3ケ月 6ケ月 12ケ月	pHメーター
赤　土 圃 場	①重量分解率	藁・紙・麻袋・麻布 10cm 10cm ナイロン紗ヒートカット袋 2.4ℓ水注入（水極め） G.L オイル缶 7.5cm 20cm 7.5cm 60cm間隔 埋設期間：1ケ月・3ケ月・6ケ月・9ケ月・12ケ月	スミグラフ NC-80 AUTOによる乾式燃焼法

(1) 室内試験

①各種根巻資材の重量分解率・C／N比

　根巻資材の分解過程を明らかにするため、物理的観点より資材重量の減少による分解率(重量分解率)と、化学的観点より資材内に含まれる炭素と窒素の成分量の推移(C／N比)との両面から検討することとした。

　試験は、ナイロン紗ヒートカット袋(東京スクリーン、PE60MSO.3mm、大きさ10.5cm×10.5cm)で包まれた10cm×5cm寸法大、2枚の各種根巻資材を、赤土500gとマサ土800gの風乾土を各々充填したプラスチック製容器(12.8cm×11.5cm×9.3cm)内の中間部へ埋設して行った。

　試験区分は、土壌の種類により根巻資材の分解速度が異なると考え、赤土区(神奈川県厚木産火山灰土壌下層土)とマサ土区(三重県鈴鹿産)の2区を設け、1区2連制とした。

　資材の埋設要領は、次の通りである。3mmのふるいを通した風乾土半量を、それぞれの供試容器へ水平に入れ、10cmの高さより5回落下させた後、表面を平らにして、供試資材を水平に置いた。さらにその上から残りの土壌を充填し、同様に5回落下させ表面を修正後、外界(地上部)との通気を考慮してポリエチレンラップを貼り付けた蓋を被せた。なお、充填土壌の水分は、畑状態の土壌水分最大容水量の50％となるように土壌充填と同時に均一に散水し、調整した。

　充填後暗室に7日間放置し、その後に環境制御温室内の棚(地上高80cm)へ

移し、寒冷紗を二重に被せて静置した。静置後の管理は、供試容器中の土壌水分が最大容水量の50%を保持するよう1週間毎に減量した水分量を補充した。なお、供試土壌の物理性は表3の通りである。

表3 | 供試土壌の物理性比較

調査項目 供試土壌	土性	粘土含有率 （%）	pH	真比重 （g/cm³）	透水係数 （cm/s）	間隙率 （%）	強熱減量 （%）	C/N比
赤土	粘土	38.7	6.3	2.871	3.8×10^{-2}	83.0	12.46	9.0
マサ土	砂質粘土	28.4	7.7	2.588	3.0×10^{-3}	60.5	3.26	4.5

重量分解率・C／N比の測定は、供試根巻資材を試験開始後1・3・6・9・12ケ月毎に回収し、以下の方法により各測定を行った。測定方法は、前報[3]と同様であり、炭素分解率・C／N比は、スミグラフＮＣ-80ＡＵＴＯによる乾式燃焼法より各種根巻資材の炭素および窒素含有率を測定した[10,11]。

次式より資材の重量分解率およびC／N比を算出した。

重量分解率（%）＝（Wo−（Wx−（Ax−Ao）））／Wo×100

C／N比（炭素率）＝Cx／Nx

但し、

Wo：埋設前の乾燥重（g）　　Wx：埋設後の乾燥重（g）

Ao：埋設前の灰分重（g）　　Ax：埋設後の灰分重（g）

Co：埋設前炭素含有率（乾物当り%）

Cx：埋設後炭素含有率（乾物当り%）

No：埋設前窒素含有率（乾物当り%）

Nx：埋設後窒素含有率（乾物当り%）

②各種根巻資材の分解が進んだ後のpH値

土壌中で根巻資材がどういう成分変化を示し、それが害であるのか否かを探るため、根巻資材の分解が進んだ後のpH値の測定を室内試験で行った。

試験方法は、コンテナ径10.5cm・深さ8.0cmの容器に育苗されている樹木を想定して、その容器に乾燥した赤土およびマサ土を入れ重量を測定した。また、その供試木の根鉢の大きさに適した根巻資材（26cm×26cm）の重量も測定した。

その測定値の重量配分比から試料土＋根巻資材合計100gを算出し、500cc三角フラスコ内に純水300ccと共に入れ、懸濁液を製造した。藁は1.0cm刻みで、他資材は細かく切断し三角フラスコ内へ入れた。赤土・マサ土と資材区（藁・紙・麻袋・麻布）は1区3サンプルとし、セントラル化学製造のＭＯＤＥＬ HG-3 DIGITAL pH　ＭＥＴＥＲを使用して、製造1日後・1ケ月後・3

ケ月後・6ケ月後・12ケ月後の各区別の抽出液よりpH測定を行った。

（2）圃場試験

①各資材の重量分解率

　　関東ローム（赤土）の圃場に埋設した各種根巻資材の分解速度を自然条件下で解明するために行った。

　　試験区は、室内試験と同様根巻資材の種類により藁区、紙区、麻袋区、麻布区の合計4区とし、1区3連制とした。

　　試験方法は前報3と同様、各種根巻資材を10cm×10cmに切断し、一昼夜デシケータ内で乾燥させ、秤量した後に、ナイロン紗ヒートカット袋へ入れ、作土中に埋設した。供試資材の埋設は、圃場に80cm間隔で直径20cm・深さ10cmの円柱状の穴を掘り、深さ7.5cmの位置へ各供試資材を水平に置き、供試資材と土と密着させるため覆土後2.4ℓ（穴の容積分）の水を注入し、移植方法と同様な水極めを施し、作土中に埋設した。資材設置後の管理は、自然環境条件下に放置した。その後、供試根巻資材を試験開始後1・3・6・9・12ケ月毎に回収し、重量分解率を測定した。なお、試験期間は1994年8月12日から1995年8月7日であり、試験期間中の温度条件は表4の通りである。

表4｜根巻資材の分解速度試験期間中の気象比較

項　　　目		平均気温[1]（℃）			降水量（mm）
年　.月	埋設期間	室内試験	圃場試験	温度差	圃場試験
1994. 8	埋設開始	30.9	28.7	2.2	62.6
9	1ケ月後	27.6	24.5	3.1	265.8
10		23.4	19.5	3.9	122.5
11	3ケ月後	19.6	13.3	6.3	71.7
12		19.1	7.3	11.8	34.5
1995. 1		21.2	4.7	16.5	44.3
2	6ケ月後	20.3	5.1	15.2	68.0
3		21.2	8.3	12.9	192.3
4		24.6	14.3	10.3	122.8
5	9ケ月後	24.9	18.5	6.4	239.2
6		23.7	20.2	3.5	226.7
7		30.9	26.1	4.8	175.8
8	12ケ月後	30.5	29.3	1.2	4.6
試験期間中平均気温		24.5	16.9	7.6	1630.8

注1）各月毎日の最高・最低気温の平均値

結果および考察

1│各種根巻資材の基本的物理性・化学性

　各種根巻資材の通気性・透水性・保水性およびpHの測定結果は、表5・表6および図1・図2に示す通りである。

表5│根巻資材別の通気性

調査項目 資材別	通気係数 （cm／s）	乾燥密度 （g／cm³）	藁に対する 通気係数の比
標準砂	2.73×10^{-7}	1.39	0.97
藁	2.80×10^{-7}	1.36	1.00
紙	3.10×10^{-7}	1.36	1.10
麻袋	3.22×10^{-7}	1.34	1.15
麻布	3.36×10^{-7}	1.34	1.20

表6│根巻資材別の透水性

調査項目 資材別	透水係数 （cm／s）	乾燥密度 （g／cm³）	藁に対する 透水係数の比
標準砂	2.35×10^{-2}	1.44	1.18
藁	1.98×10^{-2}	1.38	1.00
紙	2.45×10^{-2}	1.38	1.23
麻袋	1.56×10^{-2}	1.38	0.78
麻布	2.44×10^{-2}	1.39	1.23

図1│根巻資材別にみた1ヶ月後の保水性

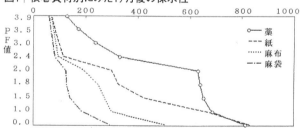

図2│純水に混入した根巻資材別のpHの経時変化

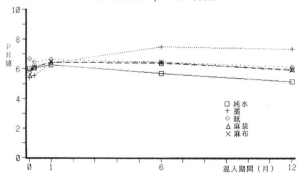

　表5によると、根巻資材1枚の通気係数は麻布$3.36×10^{-7}$cm／s＞麻袋$3.22×10^{-7}$cm／s＞紙$3.10×10^{-7}$cm／s＞藁$2.80×10^{-7}$cm／sの順を示した。これを、藁の通気係数に対する比に換算すると、紙1.10、麻袋1.15、麻布1.20となり、いずれの根巻資材も従来の根巻資材である藁を上回る通気性を示しており、中でも麻布が高い通気性の値を示した。この結果は、麻資材が他資材より隙間の多い構成となっていることから生じたものと考える。つまり、麻布はジュート糸を縦横に1本ずつ平織りしたヘッシャンクロスでできており[12]、また麻袋は縦糸2本引き揃え、横糸1本の平織りしたガンニクロスで構成されていることより[13]、麻糸同士のクロスとの間隙が生じ、そのために通気係数が高くなったものと推察する。

　次に、根巻資材別の透水性は表6に示す通りである。透水係数の大きい順に紙$2.45×10^{-2}$cm／s＞麻布$2.44×10^{-2}$cm／s＞藁$1.98×10^{-2}$cm／s＞麻袋$1.56×10^{-2}$cm／sとなった。藁の透水係数に対する比で各資材を比較すると、紙・麻布が従来の根巻資材である藁を1.23上回ったものの、逆に麻袋は0.78と藁を下回る透水係数を示した。この結果は先述したように資材自体の隙間の多さや資材の厚みが関与しているものと思われた。

　図1は、根巻資材別にみた1ヶ月後の保水性である。これによると、pF1.5の含水比では藁656％＞紙424％＞麻布273％＞麻袋142％であり、pF3.0では藁238％＞紙100％＞麻布89％＞麻袋77％となった。これから樹木に利用される有効水分を求めると、藁418％＞紙324％＞麻布184％＞麻袋65％の値を示し、藁は保水性が高く、麻袋は保水性の低いことが判明した。この麻袋の水持ちが悪い原因は、麻の根巻資材製造工程で粗剛な繊維を柔軟にするために鉱物油（マシン油）が用いられ、麻糸に撥水性を生じさせたこと、またガンニクロスの構造上その撥水性をより助長したことが理由であると推察する。さらに、麻自体の持つ吸湿性は他の資材に比べて著しく低い性質があるためである[14]。現在普及している根巻資材の中では藁が最も保水性の高い資材であることが知られる。

　水の中で溶出した根巻資材の成分に害があるか否かを知るため抽出液のpHでみたものが図2である。その結果、12ケ月を経過すると資材のpHは藁7.4＞紙6.1≧麻袋6.0≧麻布5.9となり、藁以外の他資材は同様な弱酸性の値を示した。藁のみが弱アルカリ性であったのは、微生物が関係しているものと考えられる[15]。また、純水のpHが強酸性へと移行しているが、これは水が腐敗したためと思われる。いずれにしても試験結果から、現在用いられている根巻資材の成分は水の中では極端な変化がみられず抽出液のpHもほぼ一定の値を示していることから、樹木には害がないものと思われる。また、日本の場合多くの自然土壌は酸性であり、緑化用植物も酸性土壌に適するものが多い

とされている。緑化用樹木の生育状態と土壌環境因子の関係をまとめた文献によれば[16]、『生育状態の評価値1:樹勢が旺盛な生育を示し生育速やかである土壌pHは5.6〜6.8、生育状態の評価値2:樹勢が正常に生育し異常は認められない土壌pHは4.5〜5.6、6.8〜8.0』とある。前記の土壌pHに相当する根巻資材は紙・麻袋・麻布であり、藁は後記の土壌pHに相当するようである。このことからも、資材から溶出したpHが樹木の生育・発根に及ぼす影響を勘案すると、現在普及している根巻資材は樹木の生育・発根に及ぼす影響が少なく害がないものと推察される。

　以上、通気性・透水性・保水性およびpHなど各種根巻資材の基本的性質を物理的・化学的観点から検討してきたが、資材の通気性・透水性・保水性およびpHなどの測定値は資材の相違により若干の差異が見られるものの、現在用いられている根巻資材の基本的性質には問題がなく、中でも通気性・透水性の最高値を示した麻布が最も優れた基本的性質を有する根巻資材であることがうかがえる。

2｜各種根巻資材の分解特性

　根巻資材と土壌が接触した時にどのような影響が生じるかを物理的観点からみた重量分解率、化学的観点からみたC／N比および資材の分解が進んだ後のpH値などから土壌の種類別に検討したところ、図3〜6の結果を得た。

(1) 室内試験にみる各種根巻資材の重量分解率

　根巻資材の分解速度を土壌別・資材別に重量分解率でみたものが図3である。図から土壌の種類によって分解速度の異なることがわかる。つまり、赤土に埋設した資材の分解状況をみると、藁以外の他資材は埋設1ケ月後で7割前後と重量分解率の急激な上昇を示し、その後緩慢に変化しながら埋設12ケ月後には全資材ともに8割前後の分解となった。一方、マサ土では埋設1ケ月後の段階で紙が7割弱の分解率を示すのみで、他資材は2割前後の分解状況となり、その後も藁とほぼ同様に資材の分解が徐々に進行し、12ケ月後には6〜9割とばらつきの多い分解状況が示された。また、埋設12ケ月後のマサ土における全資材の重量分解率平均値は74.5％で、赤土における9ケ月後の平均重量分解率76％に近似することから、赤土よりマサ土に埋設した資材の方が3ケ月程度分解速度の遅滞する傾向が認められ、このことからも土壌の種類により分解速度の異なることが判明した。この赤土とマサ土間における根巻資材の分解速度の差は、両土壌の物理性に起因するものと考える。表3の供試土壌の物理性を比較してみると、マサ土は水はけが良い砂質粘土で乾きやすい土性であるのに対し、赤土は粘土質で乾燥しにくい土性であることから資材

の分解・腐朽が早くなったものと推察する。

　次に、資材面から重量分解率をみると、藁は土壌の種類にかかわらず埋設1ケ月後で29〜34％、6ケ月後44〜56％、12ケ月後80〜88％と徐々に分解が進行した。同様に紙では1ケ月後で68〜72％と急速に分解し、12ケ月後には77〜92％と最大の重量分解率を示した。この両資材の分解速度は土壌による影響が少なかった。しかし、麻布と麻袋は土壌による分解速度の差が大きく、赤土に埋設した場合では1ケ月後で64〜65％、12ケ月後には80〜85％と迅速な分解を示したのに対し、マサ土では1ケ月後で15〜22％、6ケ月後で40〜55％、12ケ月後で57〜69％と供試資材中最も低い分解速度になった。このことから、根巻資材の分解速度は資材の種類によっても異なることが知られた。これは、資材自体の物理的特性が関与しているものと思われる。

　以上のように、根巻資材の分解速度を室内試験の重量分解率でみたところ、土壌と資材の種類によって資材の分解速度は異なるものの、埋設12ケ月を経過すると、赤土で8割前後、マサ土で6〜9割程度分解が進行することが知られた。

図3｜土壌別容器に埋設した各種根巻資材の重量分解率の経時変化

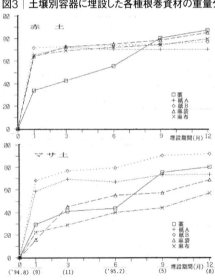

（2）室内試験にみる各種根巻資材のC／N比

　一般に植物遺体の分解は、そのC／N比によって支配され、温帯の土壌中における分解過程あるいは堆肥化過程においてC／N比は10付近に収束することが知られている[17,18]。そこで、各種根巻資材の土壌中でのC／N比の推移から分解特性を化学的にとらえようとした。

その結果は図4に示す通りである。全資材で土壌の違いによらずC／N比が徐々に低下し、10に近づく傾向が認められ、各種根巻資材は分解することがうかがえる。しかし、重量分解率の傾向と同様、土壌の種類により各種根巻資材のC／N比推移も異なることが判明した。すなわち、赤土に埋設された全資材は1ケ月後でC／N比が30程度まで低下し、すぐにも収束する推移をみせている。それに対し、マサ土では埋設1ケ月後で藁・紙が50前後、麻布100、麻袋136と資材によるばらつき幅が広く、その後もマサ土中の各種根巻資材のC／N比は緩慢な低下を示すにとどまり次第に収束する傾向を示した。

一方、埋設前の各種根巻資材自体のC／N比をみると、藁86＞麻袋150＞麻布164＞紙194と藁が最も低く、紙が最も高かった。しかし、資材埋設12ケ月後のC／N比は藁が14.2〜25.0と土壌の違いによらず最も低く、紙が30.8〜37.8とこれに次いだ。麻袋・麻布は赤土で藁に次ぐ低いC／N比16前後を示し、マサ土では57.6〜76.4となった。このことは、藁はもともとC／N比が小さいことから分解の程度が顕著に明らかではないが、藁以外の他資材についてはC／N比が大きく低下することより分解が相当急速に進んでいるものと推察される。すなわち、麻袋、麻布、紙も分解していくことが知られた。

以上のように室内試験の結果、藁は土壌の違いによらず緩慢に分解することが判明した。一方、麻布と麻袋は赤土では迅速な分解を示したが、マサ土では赤土を下回る遅い分解速度にあり、植栽地の土壌の種類により分解率が変化することが示唆された。

図4｜土壌別容器に埋設した各種根巻資材のC/N比の経時変化

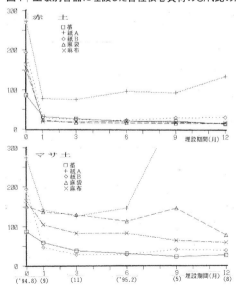

(3) 圃場試験にみる各種根巻資材の重量分解率

　圃場試験における各種根巻資材の重量分解率を測定し、分解速度の検証を行ったところ、図5の結果を得た。

　図5は、根巻資材の種類によって分解速度の相違があることを示している。最も分解が早い根巻資材は紙であり、埋設1ケ月後で58％の分解程度を示しており、12ケ月後では83％となった。また、最も分解が遅い根巻資材は藁であり、埋設1ケ月後の分解率は26％であった。しかし、12ケ月後の分解率は54％となった。さらに、麻袋・麻布の12ケ月後の分解率は68〜70％と藁より高い値を示した。

図5│赤土圃場に埋設した各種根巻資材の重量分解率の経時変化

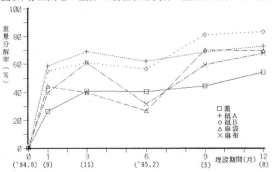

　圃場試験と室内試験の赤土における根巻資材の重量分解率の経時変化を比較すると、埋設1ケ月後（9月）の重量分解率は両試験ともほぼ同等であったが、3ケ月後（11月）・6ケ月後（翌年2月）は各資材とも圃場試験で室内試験より低い値を示した。12ケ月後（翌年8月）では紙83％＞麻袋70％≧麻布68％＞藁54％と麻布、麻袋の分解率が藁を上回った。しかし、麻布、麻袋の変動係数は18.9〜20.9％と著しく大きかった。その原因は、表2に示す通り埋設3・6ケ月後の平均気温が室温に比較して6.3℃（3ケ月後）、15.2℃（6ケ月後）と低かったことから、低温により微生物の分解作用が抑制され、それ以降の分解率が低下したものと考える。

　以上のことから、麻袋と麻布は赤土圃場であれば藁と同等に分解する資材として利用可能である。ただし、圃場における根巻資材の分解速度には、土壌の種類以外に地温や土壌水分など多くの要因が関与しており、それらの変動は大きい。従って、現場における根巻資材の分解評価には、今後さらに微生物活性に影響する諸要因について定量的に検討することが必要であろう。

（4）各種根巻資材の分解が進んだ後のpH値

　赤土・マサ土に混入された各種根巻資材の分解が進んだ後のpH値の経時変化は、図6に示す通りである。

　図6によると、赤土に混入された12ケ月後の資材別pH値は藁・麻袋・紙・麻布ともに資材間の差はなくpH7.0前後の値を示し、一方、マサ土では紙7.5＞藁7.4＞麻布7.2＞麻袋7.0と混入された各資材の分解が進んだ後のpH値に多少のばらつきがみられるもののpH7.0〜7.5と大差はなかった。

　先に述べた根巻資材から水に溶出したpH値と土壌に根巻資材を混入し分解が進んだ後のpH値を比較すると、赤土・マサ土ともに資材のpHに影響されず、土壌中でのpH値は各資材ともに均一となった。このことから、各種根巻資材のpHよりは赤土・マサ土という土性の違いの方が樹木の発根や生長に影響を及ぼす要因として大であろうと考えられる。

図6｜土壌別容器に混入した各種根巻資材のpHの経時変化

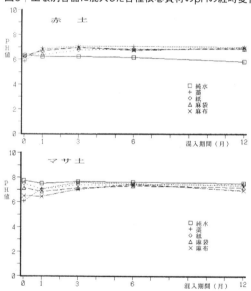

3｜根巻資材別の物理性・化学性による総合判定

　各種根巻資材の通気性・透水性・保水性およびpHなど基本的な性質を物理的・化学的観点から検討した。また、人工条件下の土壌別容器と自然条件下の赤土圃場から各種根巻資材の分解速度の解明を試みた。この2試験の結果を基に、現在用いられている根巻資材の内で最適な根巻資材は何かを総合判定するために、各調査項目毎の資材別順位から1位4点、2位3点、3位2

点、4位1点と点数をつけ、その合計点による順位から最適な根巻資材を判定することとした。その結果が表7に示す通りである。

これによると、各調査項目毎の資材別順位の総合計は麻布33点＞紙32点＞藁・麻袋30点の順位となったことから、現在用いられている根巻資材の内での最適な根巻資材は「麻布」であると評価できた。

表7｜根巻資材別にみた物理性・化学性による総合判定

| 調査項目 資材別 | 物理性 | | | pH | | | 分解速度 | | | CN比 | | 総合評価(計)順位 |
	通気性	透水性	保水性	資材自体	室内赤土	室内マサ土	室内赤土	室内マサ土	圃場赤土	室内赤土	室内マサ土	
藁	1	2	4	1	4	2	4	3	1	4	4	(30) 4
紙	2	4	3	4	4	2	1	4	4	1	3	(32) 2
麻袋	3	1	1	4	4	4	3	2	3	4	1	(30) 3
麻布	4	4	2	4	4	4	2	1	2	4	2	(33) 1

注) 調査結果の順位により、1位4点、2位3点、3位2点、4位1点の採点とした

結論

本研究は、根巻資材の条件を整理し、現在普及している藁・紙・麻袋・麻布の各種根巻資材の基本的性質を物理的・化学的観点からとらえ、また、赤土・マサ土の土壌中における各種根巻資材の分解特性を化学的に明らかにし、両面の総合判定より最適な根巻資材を探ることを目的として検討した結果、

①根巻資材の条件としては、分解性があり、通気性・透水性・保水性に富み、有害物質を含まず、土壌反応により根に害を及ぼさない等々が挙げられる。

②各種根巻資材の通気性は、麻布＞麻袋＞紙＞藁の順であった。

③各種根巻資材の透水性は、紙・麻布＞藁＞麻袋の順であった。

④各種根巻資材の保水性は、藁＞紙＞麻布＞麻袋の順であった。

⑤純水に混入した根巻資材の12ケ月後のpHは、藁7.4＞紙6.1≧麻袋6.0≧麻布5.9であり、赤土に混入した場合は資材の違いによらずpH7.0前後となり、マサ土では紙7.5≧藁7.4＞麻布7.2＞麻袋7.0と大差ないpH値を示した。

⑥畑状態(最大容水量50%)・室温条件下(冬期加温)の赤土土壌容器に12ケ月間埋設した各種根巻資材の重量分解率は、藁88%＞麻袋85%＞麻布80%＞紙77%、マサ土土壌容器では紙92%＞藁80%＞麻袋69%＞麻布57%の重量分解率となった。

⑦各種根巻資材自体のC／N比は、藁86＞麻袋150＞麻布164＞紙194の順であり、最大容水量50%の赤土土壌容器に12ケ月間埋設した場合は藁・麻袋・麻布＞紙、マサ土では藁＞紙＞麻布＞麻袋のC／N比順となり、すべての根巻資材はC／N比が10に近づく傾向にあった。

⑧自然条件下の赤土圃場に12ケ月間埋設した各種根巻資材の重量分解率は、紙83%＞麻袋70%≧麻布68%＞藁54%の順であった。

以上、各資材の基本的性質である通気性・透水性・保水性および資材から溶出したpHなどの測定値より、現在普及している根巻資材の内、麻布が最も優れた根巻資材であることが知られる。また、根巻資材の分解速度は、土壌や資材の種類によって異なる。マサ土に埋設した資材は、赤土に埋設した資材に比べて平均3ケ月程度重量分解率が遅くなる傾向にある。しかしいずれにしても、藁・紙・麻袋・麻布の根巻資材は、C／N比が10に近づく傾向にあり、埋設12ケ月で相当に分解が進むことが明らかとなった。

本試験は、発根との関係には触れていない。実際の根巻資材の分解には、資材の表面積と樹木の根の貫通力、樹勢、樹種、根の太さや柔硬度合、土壌水分、土壌温度等々様々な要因に影響されるものと思われる。今後は資材の分解と発根との関係を詳細に検討し、その上で根巻資材除去の必要性の有無について総合的に論議する必要があろう。

日本造園学会 ランドスケープ研究62（5）,pp. 511～516, 1999 掲載

参考文献

1　内田均・萩原信弘（1993）：根巻資材の現状と問題点:造園雑誌56（5）,139-144
2　内田均・萩原信弘（1994）：根巻資材の相違が移植樹木の生育・発根に及ぼす影響について:造園雑誌57（5）,115-120
3　内田均・加藤雅義・村本穣司・萩原信弘（1998）：根巻資材の相違が落葉樹木の生育・発根に及ぼす影響について:ランドスケープ研究61（5）,487-492
4　内田均・萩原信弘（1995）：根巻資材の相違が根巻作業に及ぼす影響について:造園雑誌58（5）,81-84
5　内田均・加藤雅義・田島淳・萩原信弘（1996）：根巻資材の相違が大中木の根巻（樽巻）作業に及ぼす影響について:日本造園学会関東支部大会研究・報告発表要旨第14号,29-30
6　中島宏（1992）：植栽の技術・施工・管理:経済調査会,387-388
7　緑化・植栽工の基礎と応用編委員会（1981）：土質基礎工学ライブラリー20緑化・植栽工の基礎と応用:土質工学会,62-70
8　農業土木学会:実験書シリーズNo.1土の理工学性ガイド
9　谷口産業株式会社開発部（1993）：幹巻・根巻テープのカタログ
10　土壌標準分析・測定委員会編（1986）：ほ場条件下の有機物分解（ガラス繊維ろ紙埋設法）：土壌標準分析・測定法:博友社,267-270
11　土壌標準分析・測定委員会編（1986）：有機炭素, A; 乾式燃焼法:土壌標準分析・測定法:博友社,77-85
12　日本工業標準調査会審議（1987）：ヘッシャンクロス JISL3405：日本規格協会
13　日本工業標準調査会審議（1978）：ガンニクロス JISL 3414：日本規格協会
14　増田俊明（1963）：国産米用麻袋について:熱帯農業6巻第3号,125-128
15　甲斐秀昭・橋元秀教（1976）：土づくり講座3 土壌腐植と有機物:農山漁村文化協会,89
16　文献7）:表-3.12 緑化用樹木の生育状態と土壌環境因子との関係,69
17　熊田恭一（1981）：土壌有機物の化学（第2版）:東京大学出版会,250「土壌中あるいは堆肥製造過程などにおいて、有機物が腐朽・分解すれば、残留有機物の炭素率は、材料有機物の炭素率が10以下の場合を除き、しだいに低下し、約10付近に漸近する。」
18　未林甲陽・久馬一剛ほか（1993）：炭素／窒素比（C／N比）土壌の事典:朝倉書店,242-243

1-06
幼植物栽培による木質系堆肥の品質評価に関する研究

はじめに

　木質系堆肥とは、樹皮や木材を粉砕して家畜排泄物等と混合して堆積・発酵させ、易分解性有機物を分解して安定させて、土壌への施用に適した性状にしたものである[1]。

　資源の有効活用が叫ばれている今日、街路樹等の剪定枝葉、製材工場などから出る廃材、林産廃棄物などを原料として作られる木質系堆肥の利用は、極めて重要な課題である。

　木質系堆肥は、主に「土壌改良材」として利用されているが、混合物や腐熟方法によってその性質は多様である。歴史的には開発されてからまだ40年程度と比較的新しい堆肥であり、製品間に品質上の差があると言われている[2]。

　本研究は、①コマツナ種子を用いた発芽実験によって市販されている木質系堆肥の品質の良否を判定して大まかな順位を定めるとともに、②その結果に基づいて4種類の堆肥を選定し、クスノキ幼木を用いて栽培試験を行い、その成長差から品質の差異を明らかにすることを目的として行った。

木質系堆肥の現状[2]

　現在インターネット上で販売されている木質系堆肥は約70種あり（表1）、主原料は、樹皮、樹皮＋家畜排泄物、樹皮＋微生物、木くずの4つに大別できる。

　そして、バーク堆肥の品質規格については、日本バーク堆肥協会[3]と全国バーク堆肥工業会[4]により表2のように規定されている。

　しかし、樹皮を主原料とするバーク堆肥だけをみても内容は実に多様であり、統一された基準は実質的にはないのが現状である。

表1 | インターネット上で販売されている主な木質系堆肥 (2008年8月時点,計71種)

針葉樹	ダイヤバーク・セルフミン・エクセルバーク・童夢樹皮堆肥・土乃素 1 号・ゆうきひ・まるいちバーク・ビタソイル	8
広葉樹	コエルミン・みどり堆肥・バーコン・サンヨーバーク ダイヤバーク・フォレストバーク・土乃素 2 号・コーリン・バーク	8
発酵促進剤使用	吟遊詩人 1 号・吟遊詩人 2 号・吟遊詩人 3 号	3
産業廃棄物	源一MINAMOTOー・イシマルバーク・Cバーク・バーク 21	4
生ゴミ使用	ナチュラルバーク堆肥	1
樹皮のみ	フクリン堆肥・ゴールデンバーク	2
樹皮 (樹種分からず)	バークィーン・スリーダイヤ 2 号・オガール・モアグリーン・有機堆肥・カゴシミンバーク・松崎印 バーク堆肥 バーク堆肥・ミネラル樹皮・ニューN エース 兵庫のバーク堆肥・兵庫のマルチバーク・バーク堆肥 みどり・バイムキング・ネニバーク・MJA バーク トミバーク	18
牛糞を多く使用	十勝バーク・きよみユーキ・フジミバーク くみあい樹皮堆肥・牛ちゃんパワー・ホーユーバーク 牛ふん堆肥・ハイパワー II スパーミックス	8
鶏糞を多く使用	キノックス・セルフミンミックス・グリーンコンポ エスエー21・バークミン・ダイヤバーク・広葉バーク	7
家畜排泄物 汚泥使用	生ごみくん・ハートアース生地・ハートアース元気くん	3
微生物使用	みのり堆肥 V.S.・みのり堆肥・バーク堆肥 V.S.・大自然 ゴールデン堆肥スペシャル・VS 堆肥スペシャル 万葉バーク・スミリンユーキ・北の大地のバークマン	9

表2 | バーク堆肥の品質基準

項　目	範　囲
有機物含有率(乾物)	70%以上
炭素率(C/N 比)	35 以下
陽イオン交換容量[CEC]	70meq/100g 以上
pH	5.5～7.5
水分	55～65%
幼植物試験の結果	異常を認めない
全窒素含量[N]	1.2%以上(乾物)
全リン酸含量[P_2O_5]	0.5%以上(乾物)
全カリ含量[K_2O]	0.3%以上(乾物)

表3 | 発芽実験に供試した堆肥

製品名	主原料	発酵促進処理の有無
A	林産廃棄物・牛糞	無
B	樹皮 80%以上/鶏糞及び尿素	有
C	剪定廃材・建築廃材、間伐材、チップ工場から発生する産業廃棄物	無
D	樹皮・微生物	有
E	樹皮を粉砕したもの	無
F	国内産広葉樹樹皮・鶏糞	有
G	牛糞 70%・樹皮 20%・おがくず 10%	無
H	国産スギ・ヒノキ樹皮	無
I	樹皮・微生物	有

植物を用いた検定試験

1 | コマツナ種子を用いた発芽実験

1) 材料及び方法

　表1に示した堆肥から、原料・特性をそれぞれ代表すると思われる製品を8種類選定し、家畜排泄物を多く利用した堆肥との差をみるために、牛糞を主原料とした堆肥も1種類加え、合計9種類について比較試験を行った (表3)。

　コマツナ種子は、アメリカ産の浜美2号（発芽率90％以上保証〈2006年6月時点〉、チウラム剤1回種子粉衣処理済）を使用した。

　発芽実験の方法は、12cmシャーレにガーゼを2枚敷き、各堆肥を50gずつとってその上に平らに均し、発芽検定済みのコマツナ種子を各シャーレに40粒ずつ播種した。次いで、バイオトロン室内にて室温25℃、日照時間10～12時間の条件で16日間観察し、播種後2日目から毎日発芽数を数えた。潅水は過湿にならないように注意しながら毎日行った。

　対照区はガーゼを3枚敷いて、軽く湿らせたものにコマツナ種子を播いた。コマツナ種子数と潅水に関しては他の区と同様とした。

　16日間の観察後、各シャーレ毎に発芽率と成長状態に応じて表4のような基準で点数をつけ、その堆肥の品質を評価した。

実験期間

　第1回：2006年12月15日（播種日）～12月31日
　第2回：2007年1月15日（播種日）～　1月31日

表4｜発芽実験点数化判定事項

評価点	判定事項
0 点	発芽なし
2 点	子葉が開いたが、根が出ていない・胚軸があまり伸びていない
3 点	胚軸が伸びて子葉が開き、根も出ている

図1｜各種堆肥のコマツナ発芽試験結果

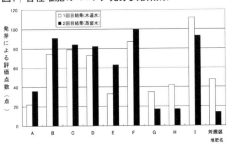

結果

　2回の実験結果を点数化した発芽数は、樹皮を原料とし乳酸菌・酵素菌を含ませた「I」、国内産広葉樹樹皮を主原料とした「F」の成長が良く、樹皮を

粉砕した「E」、牛糞・鶏糞・おがくずの「G」、林産廃棄物・牛糞の「A」や国産スギ・ヒノキ材の「H」は対照区より成績が不良であった。

　全体的には、木質系資材に発酵促進剤を加えて積極的に腐熟促進を図っているものの成績が良く、針葉樹樹皮を主原料としたものが不良である傾向がうかがえた（図1）。

2│クスノキの幼樹木を用いた栽培試験

　試験場所は東京農業大学厚木キャンパス厚木農場内の東西向きのビニールハウス内で実施した。

1）材料及び方法

　成長が早く葉色の変化が出やすいことから常緑のクスノキ（*Cinnamomum camphora*）の苗木を供試木とした。

　供試木の大きさは、植付け時、樹高が79.8±1.0㎝、根元径が7.46±2.54㎝、葉は110.1±3.5枚であった。

　供試資材は、前述のコマツナ種子を用いた発芽実験の結果から、発芽粒数順位の上位1位、2位（F、I）及び下位の1位、2位（H、A）を選び、堆肥の品質の差が明確になるようにした（表5）。

　試験は、堆肥のみの区（堆肥100％区）と、砂と堆肥を混合させた区（堆肥50％区）の2つに分けて、各資材2区ずつ計8区に、対照区として砂のみの区を加え、合計9区とした。

表5│供試材料一覧

製品名	原材料
F	広葉樹,鶏糞
A	林産廃棄物,牛糞
H	国産針葉樹樹皮,牛糞
I	樹皮＋微生物

①試験区設置

　12ℓのワグネルポットに、堆肥100％区では堆肥12ℓ、堆肥50％区では堆肥と砂を6ℓずつ、砂のみの区では砂を12ℓ入れて培地とした。50％区は砂と堆肥を充分混ぜ合わせた。

②　試験の規模及び測定項目

　植付けは、根鉢土壌を水洗いして取り除いたクスノキの苗木を、各ワグネル

ポットに1本ずつ、1区当り7本繰り返して計63本植付け、毎月第1週に、供試木の地上部成長量（樹高、根元径、葉の枚数）を測定した。

樹高は、根元から先端部の新芽基部までとし、最上枝が複数ある場合は、その中で最も伸長しているものを測定した。

根元径は、根元から1.0cmの高さで測定し、落葉痕、枝痕等がある場合は、その部位を避けて測定した。

葉の枚数は、葉の長径が1.0cm以上のものをすべて数えた。

また、解体時には地上部成長量に加え、それぞれの生体重量を、80℃で48時間乾燥機に入れて乾燥させた後、各部位（幹、枝、葉）と地下部（根部）に分けて測定した。

試験期間

試験期間は、2007年4月〜同年12月とした。

表6 | 木質堆肥の配分量と主原料の違いがクスノキの地上部の成長増加率[1]に及ぼす影響

堆肥混合率(%)	調査項目区名	樹高(%)[2]			有意性	根元径(%)[3]			有意性
		2か月	4か月	6か月		2か月	4か月	6か月	
100%	F	17.6±2.6[4]	33.5±2.5	33.3±2.5	**	14.0±1.7	42.9±4.6	59.1±2.5	**
	A	1.7±0.3	8.1±1.7	7.7±1.5	N.S.	3.8±1.5	7.5±1.6	11.2±2.5	N.S.
	I	2.1±0.6	3.8±0.8	3.2±0.8	N.S.	3.4±0.9	7.1±1.5	6.6±1.1	N.S.
	H	7.9±2.1	19.0±2.7	22.4±4.9	*	1.9±0.7	9.8±2.9	14.3±4.0	N.S.
50%	F	5.4±1.8	22.6±1.6	24.5±2.0	**	9.1±2.2	29.8±4.2	44.7±5.5	**
	A	1.2±0.4	8.7±1.0	10.6±1.7	N.S.	4.3±0.5	11.6±2.1	14.6±2.6	N.S.
	I	1.1±0.2	2.8±0.9	3.4±1.1	N.S.	4.6±1.2	7.5±1.7	8.4±2.1	N.S.
	F	16.7±3.3	29.3±4.6	30.6±4.2	**	15.0±2.1	35.9±3.4	45.2±5.2	**
0%	砂(対象区)	0.3±8.0	8.0±1.8	8.4±1.7	N.S.	3.5±1.3	10.0±1.8	11.8±2.1	N.S.

※堆肥混合率100%、50%、対象区の計9処理間でTurkey-Kramer法による多重比較検定を行い、有意性は対照区と各処理区との結果のみに示した（＊＊：1%、＊：5%、NS：有意差なし）。[1]成長増加率=（各時期の樹高もしくは根元径-植付け時の樹高もしくは根元径）÷植付け時の樹高もしくは根元径×100より算出。[2]根元から先端部の新芽基部までを測定。[3]地際より1.0cm上にて測定。[4]平均±標準誤差

表7 | 堆肥の配分量と主原料の違いがクスノキの地上部・地下部における各乾燥重量に及ぼす影響

堆肥混合率(%)	調査項目堆肥名	供試樹木の各部位乾燥重量(g)			地上部・地下部乾燥重量(g)			有意性
		幹	枝	葉	地下部重量	地上部重量	全体量	
100%	F	21.5±1.6	10.8±1.1	36.2±3.1	79.0±6.8	68.5±5.6	147.5±11.7	**
	A	9.4±0.4	1.9±0.2	9.8±1.2	24.1±1.4	21.1±1.6	43.7±1.8	N.S.
	I	7.9±0.7	1.0±0.2	4.1±0.7	22.7±4.9	13.1±1.6	35.8±6.3	N.S.
	H	7.3±0.4	2.4±0.4	6.1±1.9	9.7±2.9	15.8±2.8	25.4±5.7	**
50%	F	16.0±1.6	5.3±0.5	22.4±2.4	59.9±6.9	43.7±4.4	103.6±10.0	N.S.
	A	9.5±0.8	2.4±0.4	17.9±5.7	40.4±5.8	29.8±6.4	70.2±11.7	N.S.
	I	8.5±0.4	1.5±0.3	5.7±0.6	32.9±4.4	15.7±1.0	48.6±5.0	N.S.
	F	19.1±1.2	8.9±0.8	28.0±2.4	88.4±8.9	56.0±4.0	144.4±10.2	**
0%	砂(対照区)	11.0±0.4	2.0±0.2	9.5±0.7	50.0±7.7	22.5±1.3	72.4±8.6	N.S.

※堆肥混合率100%、50%、対象区の計9処理間でTurkey-Kramer法による多重比較検定を行い、有意性は対照区と各処理区との結果のみに示した（＊＊：1%、＊：5%、NS：有意差なし）。1)乾燥重量は、80℃・48時間乾燥させた。2)平均±標準誤差

結果

植付けから6ヶ月後の樹高と根元径の成長増加量は、表6の通りである。

4種の堆肥における成長増加量は、F＞H＞A＞Iの順となった。100％区でFの樹高の2ヶ月後の成長増加率と根元径の4ヶ月後の成長増加率が、他の3種の堆肥よりはるかにまさっていた。一方、Hはコマツナ発芽実験では最下位であったが、苗木栽培試験ではFには及ばないものの、樹高・根元径ともに4ヶ月後の成長増加率でA・Iよりも多少まさる結果となった。AとIは、成長増加率が2ヶ月毎に0.1㎝程度しか成長しておらず、根元径の成長増加率も大幅な成長は見られなかった。

しかし、50％区内ではFよりもHの樹高成長増加率が2㎝弱、根元径が1㎝弱ほどまさっており、100％区とは順位が逆転していた。50％区ではHが樹高・根元径ともに成長増加率で優位であることが示された。AとIは対照区と増加率に差がなかった。

次に、堆肥の種類別の供試樹木の地上部・地下部への影響を乾物重量から比較した結果を表7に示す。乾物重量において、全重量を基準に総合的に判断したところ、F＞A＞H＞Iの順となった。100％区では、Fが地下部・地上部ともに他の堆肥よりも大きくまさる結果を示した。地上部の生育増加量で少差であったHは、地下部・地上部ともに他の堆肥より劣り、その数値は地上部が地下部よりも大きく、地下部における根の生育が悪かったことがうかがえる。

一方、50％区ではHが地下部で29g、地上部で12gの差をつけてFにまさり、100％区とは異なる結果となった。また、Fを除く他3種の堆肥は生育増加量と同様に、100％区よりも50％区の数値が大きく、地下部の重量が地上部にまさっていた。

Aは、生育増加量と同じように、地上部・地下部ともに数値が対照区と類似していた。

外観判定法による堆肥の品質評価

原田の「現地における腐熟判定基準」[2]の4項目（表8）を用いて、今回供試した4種類の堆肥の品質について学生24名による外観判定を試みたので、その結果を表9に示す。

その結果は、F・A＞H・Iの順となった。この結果は、クスノキの幼樹木を用いた栽培試験における地上部・地下部への成長量を乾物重量から比較した結果とほぼ一致する。

pH（H₂O）・ECの値

供試した4種類の堆肥について、pH（H₂O）とECを測定した結果を表10に示す。

pH（H₂O）はH＜F＜I＜Aの順となり、EC値はH＞F＞A＞Iの順となった。この結果は、樹高と根元径の成長増加量とほぼ一致した。

表8｜現地における腐熟判定基準 (原田、1984) [2]

色	黄〜黄褐色(2)、褐色(5)、黒褐色〜黒色(10)
形　状	現物の形状をとどめる(2)、かなりくずれる(5)、ほとんど認められない(10)
臭　気	糞尿臭強い(2)、糞尿臭弱い(5)、堆肥臭(10)
水　分	強く握ると指の間からしたたる…70%以上(2)、強く握ると手のひらにかなりつく…60%前後(5)、強く握っても手のひらにあまりつかない…50%前後(10)

注：( ) 内は点数を示す

表9｜外観判定法による堆肥の品質評価

製品名	平均値	順位
F	25.4	1
A	23.6	2
H	16.9	4
I	17.3	3

注：「現地における腐熟判定基準（原田、1984）」の4項目より判定（n=24）

表10｜堆肥別にみたpH（H₂O）値・EC値

製品名	pH（H₂O）値	EC値 (dS/m)
F	4.3	6.0
A	5.9	1.7
H	3.3	6.7
I	4.6	0.5

堆肥別にみた保水性

クスノキの幼樹木を用いた栽培試験の解体調査時に供試堆肥別に、ワグネルポットと供試木ごとの重量を測定してみた。なお、砂と資材50％区のF値は欠測である。

重量を保水量と仮定するならば、今回の結果では、堆肥のみの100％区は対照区の砂100％よりも軽く、F＞H＞I＞Aの順になり、砂と資材を50％ずつ混合した場合の保水量をみると、A＞I＞Hの順となった。

このことは、堆肥のみ、堆肥と他の土壌を組合せることにより培地の保水性が変わることをうかがわせた。

考察

今回の試験結果から、地上部・地下部の生育量、生体重量及び乾物重量から総合的に判断し、100％区で良好な成長を示した「F」が良質な堆肥であると考えられる。「F」は堆肥のみでも樹木の生育に悪い影響を与えず、土壌改良材として最良のものと判断できる。

また「H」は、100％区では全体的に「A」「I」の2種と同様、根の生育が不

良であったが、砂と組み合わせることによって水はけが良くなり、生育量が増加したことが考えられ、さらに100％区では過剰となりがちだった肥料成分も砂を混ぜることによって稀釈され、適正になったと考えられるが、それについては判然としない。いずれにしても、「H」は堆肥のみではなく土壌や他の資材と組み合わせることで培地として効果的になる品質であると考えられる。

「A」「I」は、対照区と大差ない結果となり、短期間では肥料効果の出にくい資材であると考えられる。

以上のように、100％の堆肥で施用できるもの、50％の砂や土壌と混合して施用するものとに分けられることが判明した。

おわりに

今回の試験では、苗木の成長増加量によって堆肥の品質を判定しようと試み、結果、「F」の成長増加量が著しく、「A」と「I」の成長が不振であった。しかし、この結果だけでは堆肥の品質の良否が明らかにされたとは言えない。今後は、堆肥の水分保水量やC／N比など細かい成分分析をし、これからの木質系堆肥の品質を明確にしていきたい。

造園技術報告57号,pp.118～121, 2009 掲載

参考・引用文献
1　藤原俊六郎 (1997)：「木質系有機物」、『土の環境圏』、株式会社フジ・テクノシステム, p.528
2　堀 大才 (2003)：「剪定枝条堆肥の品質について」、『道路と自然　№119』、(社) 道路緑化保全協会
3　日本パーク堆肥協会 (2008)：パーク堆肥の特性・品質基準：http://www.nihonbark. jp/03products.html
4　全国パーク堆肥工業会 (2008))：パーク堆肥の品質基準：http://www.z-bark.e-dantai.com/2.html
5　(社) 道路緑化保全協会 (1998)：植物発生材堆肥化の手引き－緑のリサイクルの実現を目指して－：丸善
6　堀 大才・三戸久美子 (2003)：木質廃棄物の有効利用：博友社
7　藤原俊六郎 (2003)：堆肥のつくり方・使い方　原理から実際まで：農文協
8　財団法人日本緑化センター (1995)：有機性産廃棄物等の緑地還元に関する調査研究報告 (I)(III)
9　伊達 昇 (2005)：パーク堆肥有効利用の基本 (3) 第3章：http://www.nihonpark.jp/lectare.html
10　荒井陽一、森 和也 (2006)：クスノキの生育に及ぼす風の影響と支柱の効果に関する実験的研究：平成17年度東京農業大学卒業研究
11　松崎敏英 (1992)：「腐熟度の判定法」、『エコロジカル・ライフ　土と堆肥と有機物』、社団法人 家の光協会, p.60
12　河田 弘 (1979)：『パーク (樹皮) 堆肥　製造・利用の理論と実際』、博友社

第 **2** 章

育成技術

2-01

イロハモミジにおける剪定方法の違いが損傷被覆組織の形成に与える影響

はじめに

イロハモミジをはじめとするカエデ類は、紅葉の美しさにより庭園に多く用いられている。そのカエデ類は、自然樹形を楽しむ[1]という樹種特性から、剪定を行わない方がよいとする文献が多い[1,2]。しかし、庭園管理を行う際に、整姿剪定は避けて通れず、不適切な剪定による幹枯れや胴枯れの発生が報告されている[3]。

そこで本報告では、剪定方法の違いによる損傷被覆組織および剪定部の変色や枯れ下がりを観察し、適切な剪定管理を行うための技法の確立を目的とするものである。

本報告での検討課題

イロハモミジの剪定管理については、多くの文献によってその方法が書かれている。そこで、剪定部位や時期などについて、17文献の記述内容を整理した（表1）。

その結果、剪定方法については無剪定とするものや、枝抜き・間引き剪定、切り詰めるものなどがあった。

そこで本報告では、枝抜き剪定や間引き剪定の対象となる側枝と、切り詰め剪定の対象となる頂枝について実験することとした。また、大枝を切り落とす際に行われる、枝を1本のみ残し、その他全ての枝を切除する方法の影響を調べるため、残す枝の太さによる違いも実験することとした。

さらに、実験時期として後述の通り、①適期から不適期への移行期、②不適期の2期に分けることとした。

表1│文献によるカエデ類の剪定方法の相違

書名:著者・編者(発行所名)	年度	剪定時期	剪定部分					剪定方法			防腐処理
			太枝	細枝	徒長枝	節上	無剪定	手折	枝抜間引	切詰	
1 樹木の剪定と整姿:上原敬二(加島書店)	1963	-	×	×	-	-	○	-	-	-	-
2 伝統の庭木づくり:斎藤勝雄(河出書房新社)	1970	-	○	○	-	○	-	-	-	-	-
3 庭木-緑と樹形を楽しむ-:主婦と生活社(主婦と生活社)	1974	-	△	○	-	-	-	○	-	○	○※2
4 庭樹-樹形と仕立て方-:岡秀樹(農業図書株式会社)	1978	-	×	-	○※1	○	-	-	-	-	-
5 庭木-作り方と手入れ-:妻鹿加年雄(農業図書株式会社)	1978	落葉中	×	-	-	-	-	○	-	-	-
6 庭師の知恵袋:安藤吉蔵(講談社)	1979	-	-	○	-	-	-	○	-	-	-
7 樹種別植栽・管理の手引き:建設省九州地方建設局	1981	-	×	-	-	-	○	-	-	-	-
8 落葉樹の整枝と剪定プロのコツ:三橋一也ほか(永岡書店)	1984	2月中	-	○	-	-	-	○	-	-	-
9 庭木の剪定と整姿:桜井廉(立風書房)	1989	-	-	○	-	-	-	○	-	-	-
10 花木庭木の整枝・剪定:船越亮二(主婦の友社)	1990	12月~1月	-	○	-	-	-	○	-	-	○※2
11 庭木の剪定と整姿小百科:日本造園組合連合会	1990	11月中~12月中	×	×	-	-	○	-	-	-	-
12 図解 庭木の手入れコツのコツ:船越亮二(農山漁村文化協会)	1992	12月中~2月上	-	○	-	-	-	○	-	-	-
13 庭木・花木手入れの仕方:石川格(誠文堂新光社)	1992	12月まで	-	○	-	-	-	○	-	-	-
14 緑を楽しむ庭木:船越亮二(主婦と生活社)	1994	-	-	○	-	-	-	○	-	-	○※2
15 庭木の剪定コツとタブー:日本造園組合連合会(講談社)	1996	落葉前~12月	-	○	-	-	-	○	-	-	-
16 名人庭師とっておきの知恵袋:平野泰弘(講談社α新書)	2000	正月前	-	○	-	-	-	○	-	-	-
17 大人の園芸 庭木 花木 果樹:濱野周泰(小学館)	2006	落葉直後	×	○	○※1	-	-	○	-	-	○
合計			2(8%)	10(40%)	3(12%)	3(12%)	2(8%)	9(36%)	8(32%)	3(12%)	4(16%)
×			8(32%)	4(16%)							

※1 元から
※2 ツギロウ処理をする

材料及び方法

神奈川県厚木市東京農業大学厚木農場にある、樹齢約40年、樹高3.5~8.5m、枝張3.4~8.7m、幹周29.4~90cmの関東ローム下層土(B層)に植栽されたイロハモミジ(Acer palmatum)10本を供試木とし、活力があり、他の枝に被圧されることがなく、十分に光があたり、成長した樹冠下部の枝(枝下約1.5~2.3m)に対して、下記の1~3実験区を1区あたり10本、計30枝、4~7実験区を1区あたり4本、計16枝に対し剪定ばさみを用いて後述の実験区分の通り処理した。なお、防菌癒合剤等の塗布は一切行っていない。

実験期間

平成17年4月22日(多くの文献で適期から不適期への移行期とされている時期)・5月11日(多くの文献で不適期とされている時期)に剪定処理を行い、平成17年12月10日に全剪定枝の観察を行った。なお、処理を行なった日を大部分の文献で適期とされていないこの時期としたのは、不適期の処理の方が剪定による弊害が現れやすく、適切な剪定位置との差が明瞭になると想定したためである。

実験区分

剪定部位①側枝、②頂枝、③残す枝の太さ別

①側枝の剪定

1区：対生のうち片方の側枝を約3cm残し切除

2区：対生のうち片方の側枝を枝元からフラッシュカット[4]

3区：対生のうち片方の側枝をブランチバークリッジとブランチカラー[4]を結ぶ線で切除

②頂枝の剪定

4区：対生した枝の節より先で頂枝を約3cm残し切除

5区：対生した枝の節より先で頂枝を切除

③残す枝の太さ別

6区：残す枝の直径は切る枝の直径の1/3以上[4]

7区：残す枝の直径は切る枝の直径の1/3以下

結果

1 │ 側枝の剪定

1区：枝を切り残す

　残した枝は、ブランチバークリッジとブランチカラーを結んだ線（図1）まで変色が進んでおり、それより先には進んでいない。しかし、損傷被覆組織の形成はみられなかった（図6、写真1）。

2区：フラッシュカット

　損傷被覆組織は10％の枝で発達したものの、剪定部の下側には発達しにくく、また外見上発達していても内部で変色が進んでいるものもあった。

　切除部分の下にも、枯れ下がりが多く発生しており、材内部を見ても材の変色や腐朽初期の兆候が見られるものが30％あった（図5、写真2）。

3区：ブランチバークリッジとブランチカラーを結ぶ線で切除

　損傷被覆組織の発達が多くみられた（図2）。また、枝の枯れ下がりが少なく、材内部を見ても、剪定部より下に変色は見られないものが多かった（図6、写真3）。

図1｜側枝の剪定　実験区

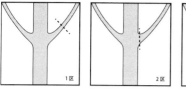

1区　2区　3区

図2｜頂枝の剪定　実験区

4区　5区

図3｜残す枝の太さ別　実験区

6区　7区

図4｜ブランチバークリッジとブランチカラーを結んだ線

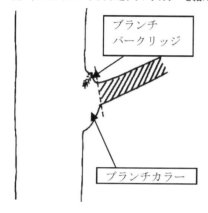

ブランチ
バークリッジ

ブランチカラー

2｜頂枝の剪定

4区：節より先で頂枝を切り残す

　残した梢は、両側の枝の髄を結んだ線（図7）まで変色が進んでおり、それより先には進んでいない。しかし、損傷被覆組織は形成されていない（写真4）。

5区：節のすぐ上で切除

　両側の枝の髄を結んだ線（図7）まで変色が進んでおり、剪定部を覆う損傷被覆組織が部分的に形成されている（写真5）。

3 | 残す枝の太さ別

6区：残す枝の直径は切る枝の直径の1/3以上[4]

　剪定部より下に変色が進行しているものは少なく、材内部を見ても75％の枝で変色が一定の所で止まっていた（写真6）。

7区：残す枝の直径は切る枝の直径の1/3以下

　75％の枝で外部から見て剪定部より下に枯れ下がりがみられ、材内部を見ても6区と比べ、変色が止まる位置が低いものや、さらに下部の枝まで進行しているものが50％あった（写真7）。

図5 | 変色初期腐朽の兆候

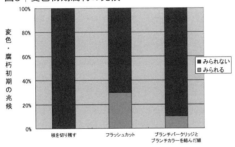

図6 | 損傷被覆組織の発達

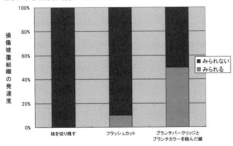

考察

(1) 損傷被覆組織の発達

　1区・4区のように枝を切り残すと、切り残した部分が枯れ下がり、損傷被覆組織の発達を妨げ、胴枯れ性病原菌や材質腐朽菌などの菌が材内部に侵入する可能性を高めると共に、美観を損ねると考えられる。また、2区のフラッシュカットを施したごく若い枝の一部では、剪定部が完全に損傷被覆組織で覆われたものもあったが、材の変色が進行しているものが多かった。

そして、ブランチバークリッジとブランチカラーを結ぶ線で剪定を行った場合は、枯れ下がりが起きなかったために損傷被覆組織が発達し、病原菌が材内部に侵入する可能性が低くなり、美観を損ねることもないと考えられる。

これらのことから、ブランチバークリッジとブランチカラーを結ぶ線で剪定を行う方法が、損傷被覆組織の発達を促すことや景観上から、最善の剪定位置と判明した。

写真1｜剪定部のようす（1区）

写真2｜剪定部のようす（2区）

写真3｜剪定部のようす（3区）

写真4｜剪定部のようす（4区）

写真5｜剪定部のようす（5区）

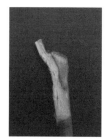

写真6｜剪定部のようす（6区）

写真7｜剪定部のようす（7区）

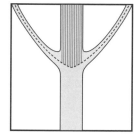

図7｜変色部位

（2）材の変色

材の変色が一定の所で止まったのは、材組織に形成される防御層[5]による働きがあると思われる。

そのため、枝を切り残した場合は防御層が傷付けられず、材の変色が一定の所で止まるが、フラッシュカットを行うと防御層が傷つけられ、材の変色が著しいという結果が出たと考えられる。

(3) 残す枝の太さ

残す枝が太いと、残った枝からの養分が流れ、防御層が発達したと思われる。しかし、その他の実験区と比べ、変色部位が大きかったため、あまり好ましい剪定とは言えないと考えられる。

おわりに

本実験では、実験を行う枝の条件の統一や施術する際に残す枝の樹皮を傷つけてしまうなど、いくらか問題があったため、実験方法に関しては今後に課題を残した。しかし、それらを加味しても、カエデ類の剪定はブランチバークリッジとブランチカラーを結んだ線で剪定を行うのが、損傷被覆組織の形成、変色の進行や美観の面から判断し、最も適切であるという結果となった。以上の結果により、今後の樹木管理の改善につながれば幸いである。

日本造園学会 造園技術報告集4, pp.102-105, 2007 掲載

参考文献
1　三橋一也・室星健磨・市川建夫 (1984)：落葉樹の整枝と剪定 プロのコツ：永岡書店、116-117
2　清水基夫・篠田朗彦 (1974)：庭木のつくり方：池田書店、111-113
3　堀大才・岩谷美苗 (2002)：図解　樹木の診断と手当て：農山漁村文化協会
4　Alex L. Shigo (1999)：アーボリカルチャーに関する基礎用語 (仮訳)：日本緑化センター
5　Alex L. SHIGO著・堀大才監修 (1996)：現代の樹木医学　要約版：日本樹木医会
6　ALEX L.Shigo著・堀大才・三戸久美子訳 (1997)：樹木に関する100の誤解：日本緑化センター
7　石川格 (1992)：庭木・花木　手入れの仕方：誠文堂新光社、49
8　石川格 (1995)：新版　庭木・花木の整姿剪定：誠文堂新光社、187-190
9　安藤吉蔵 (1979)：庭師の知恵袋　職人芸の植木作り庭作りの極意：136-145
10　平野康弘 (2000)：名人庭師　とっておきの知恵袋：講談社α新書、74-80
11　日本造園連合会：庭木の剪定と整姿小百科、45-47
12　堀啓映子・谷田貝光克・山田利博：樹木の防御反応としてのリグニン生合成について：リグニン討論会講演集48、26-29
13　山田利博 (1998)：生立木辺材の防御機構—三つのモデルの整合性—：樹木医学研究第2巻2号、59-64

ソメイヨシノにおける防菌処理の違いが
損傷被覆組織形成に及ぼす影響

はじめに

　サクラ類は、街路樹や公園木として多用されている。昔からサクラは剪定をしない方が良いといわれているが、街路樹は空間的制約等により剪定をせざるを得ない状況にあり、その結果、強剪定に起因する材質腐朽や幹の空洞化により樹勢が衰退するものが多く見られる[1~3]。

　そこで本研究では、既往の文献と、全国の樹木医へのアンケート調査から剪定切り口への防菌癒合剤（以下、塗布剤）を選び、剪定後の最適な処理方法を実験的に明らかにすることを試みた。

既往研究のレビュー

　樹木剪定後の切り口に施す塗布剤の種類について既往文献[4~11]では、ペンキ・コールタール・クレオソート・シェラック・接蝋・ボルドー液・石灰塗布・墨汁があげられている。一方、関東地方の植栽技術に関する文献では、枝おろしの項目で、「できるだけつけ根から切取る。切り口は平滑に切り落し、防腐処理を行う。」「傷口を鋭利な刃物で整正したうえ殺菌剤で消毒し、その上からペンキやコールタールなどの防水を施し、そのまま放置する。」と記してある[12]。

　また近年、ALEX L.SHIGO著の『現代の樹木医学 要約版』[13]や『樹木に関する100の誤解』が翻訳出版[14]されたが、SHIGOはその中で「ブランチカラーを取り除いたり、枝を切り残したり、切り口に塗布したりしてはならない。」と強調しており、誤った剪定方法により腐朽が進行することが知識として広まった。

　2000年代の文献[15~18]により、チオファネートメチルペースト剤（トップジンMペースト）などの殺菌癒合剤やラックバルサン（ドイツ製）・デンドローサン（オランダ製）などの海外の塗布剤の効果が紹介されている。しかし、依然として「傷口の小さなものは削り直してツギロウ等で防水し、傷口の大きなものはクレオソート等で消毒をしてその上にペンキ等を塗る。」[18]と古典的方法を紹介している文献も多い。

実験的に傷口塗布剤の効果試験を行った例としては日本緑化センターの報告

書[19]があり、キニヌール・柿渋・デンドローサン・トップジンMペースト・クレオソートの5種を供試し、その後の塗布剤の付着状況や傷口の治癒状況を調査している。その結果は、塗布後一年半経過時の付着力の点ではデンドローサンとキニヌールの優位性が確認されたが、治癒組織の発達の点ではあまり差は出なかった。ただし、クレオソートは植物細胞への毒性が強く、塗布によって切り口付近の生きた細胞に影響を与え、治癒組織の発達を大きく阻害することが確認された。

樹木医の塗布剤の使用実態

「日本樹木医会会員名簿（平成17年10月現在発行）」より、全国47都道府県（各3〜4名）の樹木医150名を選出し、剪定切り口への塗布剤の使用の有無とその種類、効果などについて、平成17年12月19日〜12月26日にファックス送信によるアンケート調査を実施した。

全国47県中、山形・宮城・広島・熊本・長崎5県を除く42県合計76名の樹木医から回答を得（回答率51%）、その結果は以下の通りであった。

1│ 塗布剤の使用状況とその理由

「塗布剤を使用している樹木医」は74名（全体の97%、以下同様）と大半を占め、その使用理由は図1のとおり、「腐朽菌侵入の阻止」46名（62%）・「治癒組織の形成促進」19名（26%）・「殺菌」8名（11%）・「傷口の乾燥防止」6名（8%）・「防水」5名（7%）・「糸状菌感染症の拡散防止」1名（1%）・「樹体内水分消費調整」1名（1%）・「塗布しないより良い」2名（3%）など樹木の生理的理由によるものが多かったが、「対外的な安心感」4名（5%）・「美観の考慮」3名（4%）など人の都合による理由もあった。一方、「使用効果が認められない」として使用していない者も2名（3%）いた。

「使用している塗布剤の種類」は図2のとおり（重複回答あり）、57名（77%）が「トップジンMペースト」を用い、次いで10名（14%）が「デンドローサン」と「ラックバルサン」を、6名（8%）が「バッチレート」・「ユゴーザイA」、5名（7%）が「キニヌール」、4名（5%）が「墨汁」、3名（4%）が「カルスメイト」・「木工用ボンド」、「アグリマイシン」・「ケアヘルス」・「樹木の味方」・「ヘルスコキュアー」・「ベンレート」は各1名（1%）となり、合計14種類の塗布剤を用いていた。

図1｜樹木医が塗布剤を使用する理由（n=74 重複回答あり）

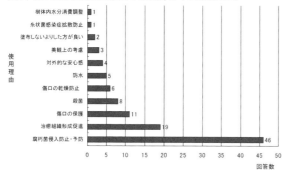

使用理由

使用理由	回答数
樹体内水分消費調整	1
糸状菌感染症拡散防止	1
塗布しないよりはした方が良い	2
美観上の考慮	3
対外的な安心感	4
防水	5
傷口の乾燥防止	6
殺菌	8
傷口の保護	11
治癒組織形成促進	19
腐朽菌侵入防止・予防	46

回答数

図2｜樹木医が使用している塗布剤の種類（n=74 重複回答あり）

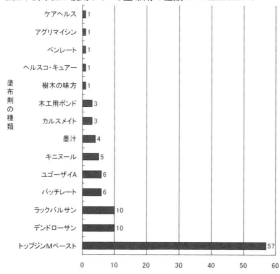

塗布剤の種類

塗布剤の種類	回答数
ケアヘルス	1
アグリマイシン	1
ベンレート	1
ヘルスコ・キュアー	1
樹木の味方	1
木工用ボンド	3
カルスメイト	3
墨汁	4
キニヌール	5
ユゴーザイA	6
バッチレート	6
ラックバルサン	10
デンドローサン	10
トップジンMペースト	57

2｜塗布剤に対する見解

　「正しい剪定をしたとき、塗布剤を塗布する必要があるか」の質問に対する回答は、「必要」69名（91％）、「不必要」6名（8％）、「未回答」1名（1％）であった。「必要とする理由」は、「老木や大枝の切り口には塗布の必要性あり」（8名）、「殺菌効果があるとされているから」（6名）、「正しい剪定に関係なくサクラには絶対必要」（4名）、「傷口の保護」（4名）、「樹勢や枝の径・部位により塗布する」（3名）、「対外的安心と美観で必要」（1名）であった。「不必要とする理由」は、「樹勢が良好な場合は不要」（2名）、「細い枝は必要なし」（2名）であった。

　「少々誤った剪定方法でも効果的な塗布剤を使用すれば、腐朽や変色を防ぐことができるか」の質問に対しては、「防げる」16名（21％）、「防げない」57

名（75%）、「未回答」3名（3%）であった。「防げる」と答えた理由は、「病原菌侵入防止に効果あり」（5名）、「雨水の浸透を防止する」（3名）、「剪定直後の塗布は効果的」（2名）、「正しい剪定よりも塗布剤効果の方が優位」（1名）であった。一方、「防げないと答えた理由」は、「正しい剪定が第一」（15名）、「不適切な剪定方法では傷口の癒合が行われない」（16名）、「塗布しても腐朽してしまう」（9名）、「塗布剤は補助的なもの」（8名）、「塗布剤の殺菌効果は一ヶ月位と短く効果なし」（4名）、「正しい剪定方法と塗布剤の併用が相まって効果あり」（1名）、「腐朽を防ぐのは樹勢の有無いかん」（2名）であった。

「塗布剤の効果について」は、「効果あり」61名（80%）・「効果なし」9名（12%）・「どちらとも言えない」2名（3%）・「未回答」4名（5%）であった。

以上より、今回回答した樹木医の大半は、腐朽菌侵入の阻止や治癒組織の形成促進のために塗布剤を使用し、中でもトップジンMペーストを8割弱が用いていると判断された。また、誤った剪定をした場合は塗布効果がないと7割強が答え、正しい剪定を施しても塗布剤は9割が必要とし、1割の樹木医が塗布効果がないと考えていた。

以上、既往文献と樹木医へのアンケート結果より、塗布剤の種類は多様であること、塗布剤の効果に関する実証試験が少ないこと、剪定方法の良否による塗布剤への見解の相違が認められること、つまりは、塗布剤への統一見解が確立していないことがうかがわれた。

そこで、文献に見られる塗布剤と現在使用されている塗布剤から供試塗布剤をいくつか選定し、実証試験をすることとした。

4 ｜ 塗布剤の効果の実証試験

（1）試験材料

供試木は、傷が生じた時の防御反応の強さに個体間の遺伝的差がなく、しかも傷口からの腐朽が生じやすいとされているソメイヨシノとした。東京農業大学厚木農場（神奈川県厚木市船子1737番地）にある樹齢約40年、樹高11〜13m、枝張り17m、幹周75〜103cmのソメイヨシノ4本の、日当たりが良く活力のある南側のやや垂れ下がっている高さ2〜3mの下枝の先端部分、直径1.5cm前後の側枝を対象とした。なお、同一条件下における均一な供試材料を太い枝に求めることは困難だったので細い枝で行った。

供試塗布剤は、文献と樹木医に対するアンケート調査より、成分の異なる5種類とした。具体的には、樹木医に最も多く使われていて殺菌剤を含む塗布剤の代表的なものであるトップジンMペースト剤（酢酸ビニル樹脂にチオファネートメチル剤を溶かしたもの、トップジンMペースト区とする、以下同様）、殺菌剤を含まない木工用ボンド（酢

酸ビニル樹脂、木工用ボンド区）、文献調査から、伝統的に傷口塗布剤として使われてきた有機溶剤を含む油性ペンキ（油性ペンキ区）、防かび剤を含む水性ペンキ（水性ペンキ区）、文献にもアンケート調査にもあげられた墨汁（墨汁区）と、対照区としての無処理（無処理区）を加えた計6区とし、1区あたり5本の枝を供試した。

（2）試験期間

　平成18年5月14日に全処理を行い、同年11月23日に供試木の損傷被覆組織の形成と材内部の変色程度を観察し、その範囲を測定した。

（3）試験方法

　剪定部位はSHIGOの言う「若木の主幹の適切な切断位置（図3）」[20]とし、下枝の先端部分を剪定バサミを用いて切除し、切り口に各種の処理を行った。

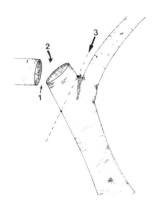

図は枝の先端を切除し、
小枝を残す場合の切り方である
　1に切り込みを入れる
　2で切り、最後に小枝の分岐角度と平行に、
　ブランチバークリッジを残す
　3で切断する方法を示している

図3｜若木の主幹の適切な切断位置

出典：ALEX L.SHIGO著・堀大才監修：
『現代の樹木医学　要約版』日本樹木医会、1996

（4）解析方法

　損傷被覆組織形成の測定方法は、剪定部位の正面から撮った写真を印刷し、写真の剪定部位をカッターで切り抜き、損傷被覆組織と材とを切り離した。それを、画像処理ソフト「Lia32」を用いて面積を測り、損傷被覆組織＋材で剪定部位の面積を出した後、損傷被覆組織÷剪定部位×100で被覆した割合を損傷被覆組織の被覆率として算出した。

　材変色の測定方法は、剪定部位を縦割りにした後、正面から撮った写真を印刷し、変色部位を切り抜いた。材の変色率を算出するために剪定切り口の長さ×2を切り口から直角に取り長方形を作った。その長方形の面積を変色部位と材に分け、上記と同様な方法で面積を測り、変色部位＋材で全体面積を出した後、変色部位÷全体面積×100で変色した割合を材内部の変色状態の変色率として算出した。

結果

　表1は、防菌処理の違いが損傷被覆組織の形成と材内部の変色に及ぼす影響に関する結果である。なお、油性ペンキ区は途中で1本損失したため、4本の結果に基づいて解析を行った。

（1）トップジンMペースト区

　トップジンMペースト区では、損傷被覆組織の形成が4本（80％）に見られ、平均被覆率は41.0％であり、材内部の平均変色率は15.9％であった。

表1｜防菌処理の違いが損傷被覆組織形成と材内部の変色に及ぼす影響

塗布剤名	トップジンMペースト		木工用ボンド		油性ペンキ	
損傷被覆組織		形成本数 4/5 被覆率 41.0% ±0.24		形成本数 5/5 被覆率 49.6% ±0.06		形成本数 0/4 被覆率 0.0% ±0.00
材内部の変色状態		変色率 15.9% ±0.09		変色率 28.2% ±0.08		変色率 31.6% ±0.11
塗布剤名	水性ペンキ		墨汁		無処理	
損傷被覆組織		形成本数 1/5 被覆率 11.3% ±0.25		形成本数 5/5 被覆率 46.2% ±0.07		形成本数 3/5 被覆率 23.7% ±0.22
材内部の変色状態		変色率 26.4% ±0.09		変色率 41.0% ±0.07		変色率 17.4% ±0.10

注1｜油性ペンキ区は結果時に1本損失
　2｜損傷被覆組織の写真で白く示されているのは損傷被覆組織の形成部位
　3｜材内部の変色状態の写真で白く示されているのは変色した部位
　4｜損傷被覆組織の被覆率＝損傷被覆組織÷剪定部位×100（％）
　5｜材内部の変色状態の変色率＝変色部位÷全体面積×100（％）位÷全体面積×100（％）

（2）木工用ボンド区

　木工用ボンド区では損傷被覆組織の形成が5本（100％）に見られ、平均被覆率は49.6％、平均変色率は28.2％であった。

（3）油性ペンキ区

　油性ペンキ区では、損傷被覆組織の組織形成が1本も見られず、材内部の平均変色率は31.6％であった。

（4）水性ペンキ区

　水性ペンキ区では、損傷被覆組織の形成が1本（20%）しか見られず、平均被覆率は11.3%、材内部の平均変色率は26.4%であった。

（5）墨汁区

　墨汁区では、損傷被覆組織の形成が5本（100%）に見られ、平均被覆率は46.2%、平均変色率は41.0%であった。

（6）無処理区

　無処理区では、損傷被覆組織形成が3本（60%）に見られ、平均被覆率は23.7%、材内部の平均変色率は17.4%であった。

考察

（1）損傷被覆組織の発達

　損傷被覆組織の形成程度は、木工用ボンド区＞墨汁区＞トップジンMペースト区＞無処理区＞水性ペンキ区の順であり、油性ペンキ区には見られなかった。

　油性ペンキ区で損傷被覆組織が形成されなかったのは、ペンキの毒性が傷口近くの形成層細胞を殺してしまったためと考えられるが、ペンキのどの成分が形成層細胞を壊死させたのかは不明である。それに対し木工用ボンド区・墨汁区・トップジンMペースト区・無処理区では形成層細胞の壊死は起きず、さらに傷口の保水性を高めた結果、損傷被覆材形成を促したと考えられる。

（2）傷口からの材変色の進行

　材内部の変色が少なかった区はトップジンMペースト区と無処理区で、墨汁区＞油性ペンキ区＞木工用ボンド区＞水性ペンキ区の順で変色が著しかった。

　トップジンMペースト区では、樹木自身の防御層形成に加えてトップジンMペースト剤の殺菌効果が材内部への変色菌の侵入を阻止したと考えられる。

　無処理区では、樹木の防御層形成に加えて傷口表面の速やかな乾燥が切り口表面に付着している変色菌胞子の発芽と材内部への菌糸の侵入を阻止したと考えられる。

　墨汁区・木工用ボンド区では、被覆効果により、剪定後に付着する菌の侵入は阻止されたが殺菌効果がないのと、保水効果により、剪定時すでに付着していた変色菌胞子の発芽と材内部への菌糸の侵入は阻止できなかったと考えられる。

　油性ペンキ区・水性ペンキ区では、塗布剤により形成層が壊死して防御層が形成できず、塗布剤そのものの防菌効果も小さいために変色菌の侵入を許したものと考えられる。

　以上から、腐朽しやすいとされるソメイヨシノでも、正しい剪定をすれば何も塗布せずとも材変色をある程度阻止することができるが、生きた植物組織を殺さない殺菌剤の塗布はさらにその効果を高めると考えられる。しかし、生きた組織まで殺す強い塗布剤は逆効果であると考えられる。

結論

　本研究では、直径1.5cm前後の側枝を対象とし、下枝の先端部分を剪定バサミを用いて切除し、防菌癒合剤の種類と損傷被覆組織の形成及び変色との関係から、剪定後の最善の処理方法を見いだそうとした。

　ソメイヨシノの剪定後の処理に防菌癒合剤のトップジンMペーストを使うことは材内部の変色の阻止には効果的であることが判明したが、無処理で切り口を乾燥させるだけでも、それなりの効果のあることが判明した。これはSHIGOの主張[13,14]をある程度裏付けるものであった。また、損傷被覆組織形成の促進も加味すると、木工用ボンドや墨汁で高い効果が得られたが、トップジンMペーストも比較的高い効果があり、無処理でもある程度の効果が見られた。

おわりに

　本研究は、既往の文献と、全国の樹木医へのアンケート調査から剪定切り口への防菌癒合剤を選び、剪定後の最適な処理方法を実験的に明らかにすることを目的としたが、その結果、細い枝の剪定の場合は、損傷被覆組織の形成と枝内部の変色の程度とその本数から、①塗布剤の種類によりその効果はかなり異なること、②被膜による保水効果は損傷被覆組織形成を早めること、③材部組織に対する毒性の強い塗布剤は損傷被覆組織形成も材への変色も妨げること、④SHIGOの主張するように無処理でもそれなりの効果はあることが判明した。

　今後は、枝おろしを想定した太枝を対象とし、樹種別・剪定時期別による塗布剤の付着状況や傷口の治癒状況などについて継続した調査を行っていきたい。

日本造園学会 ランドスケープ研究71巻5号, pp.511～514, 2008 掲載

参考・引用文献

1　村越匡芳（1982）：樹種別庭木の整姿・剪定：立風書房

2　堀 大才・岩谷 美苗（2003）：図解樹木の診断と手当：農山漁村文化協会,26-27,122-123

3　日本緑化センター（2003）：最新・樹木医の手引き：日本緑化センター,188-194

4　上原敬二（1942）：応用樹木学―造園樹木―上巻：三省堂,395-398

5　遠藤 茂（1960）：庭木と草花の病害防除：文雅堂書店,30-31

6　松平泰邦・中村恒雄（1963）：楽しい庭木と花木：誠文堂新光社,153

7　本田正次・林 弥栄（1974）：日本のサクラ：誠文堂新光社,258

8　河本寿之（1980）：桜第一巻：有明書房,81

9　妻鹿加年雄（1980）：花つきをよくする花木100種の剪定：日本放送出版協会,52

10　建設省関東地方建設局（1987）：昭和62年度公共用緑化樹木植栽適正化調査報告書―東京地方植栽技術マニュアル（案）,402

11　藤田昇（1992）：造園緑化技術を考える：三月書房,155

12　文献10）,458-459

13　ALEX L. SHIGO著・堀大才監修（1996）：現代の樹木医学　要約版：日本樹木医会,32-59

14　ALEX L. Shigo著・堀大才・三戸久美子訳（1997）：「樹木に関する100の誤解」：日本緑化センター, 16-17

15　亀山章編・櫻本史夫（2000）：街路樹の緑化工―環境デザインと管理技術―：ソフトサイエンス社, 151-152

16　八巻孝夫（2001）：新しい樹種の剪定と育て方：小学館, 191

17　農文協編（2002）：花卉園芸大百科5　緑化と緑化樹木：農山漁村文化協会, 92-93

18　道路緑化保全協会創立30周年記念技術書編纂委員会（2002）：道と緑のキーワード事典：道路緑化保全協会, 141

19　日本緑化センター（2003）：治療技術の標準化及び予防技術の開発に関する調査報告書（Ⅱ）,pp.62

20　文献13）,57

2-03
剪定強度の相違が
シラカシの樹形と樹勢に及ぼす影響

はじめに

　剪定が樹木に及ぼす影響に著しいものがあるのは明らかであり、剪定強度の違いによるシラカシの葉量及び根系成長に及ぼす影響や地上部成長に及ぼす影響については石井ら[1,2]により研究がなされている。しかし、剪定強度の違いにより樹形や樹勢がどのように変化するかについては明らかになっていない。

　そこで本研究では、シラカシを用いて剪定強度の相違による樹形と樹勢及びその後の成長がどのように変化するのかについて明らかにすることを目的として以下の試験を行った。

試験方法

1 | 供試樹木

　供試樹種は、緑化樹として多用されていることや多くの研究で供試材料とされているためその成長傾向が予測しやすいことから、シラカシ（*Quercus myrsinaefolia* Blume）の3年生のビニールポットで育苗された実生苗とした[1,2]。

　供試樹木の形状は、植付け前で樹高45.2±4.5㎝、枝張り26.4±4.9㎝、根元径1.3±0.1㎝、葉枚数198.2±45.8枚であった。

2 | 試験区分

　試験区分は、無剪定区、1/4剪定区（樹高の上から1/4の高さで水平切り。以下同様）、2/4剪定区、3/4剪定区の4区分とし、1区あたり15本、計60本のシラカシを用いた。

3 | 試験期間及び場所

　試験期間は、2008年3月10日〜同年12月6日までとした。

　試験場所は、東京農業大学厚木キャンパス農場（神奈川県厚木市船子1737番地）内の東西向きのビニールハウス内とした。

4 | 試験方法

　植付け前に供試個体の樹高、枝張り、根元径、葉の枚数を測定した。また、植付け時の個体重量を把握するため平均的大きさの樹木8本を幹、葉、根の各部位に解体し、生体重量を測定した後、乾燥器に80℃で48時間入れ十分乾燥させてから重量を測定した。

　植付け後は、供試個体の成長の変化をみるために、萌芽した新葉の色の観察を4月から9月までの6ヵ月間、月に1回の頻度で行った。方法は、新葉の色や触った際の葉の硬さなどを5段階に分け、各供試個体の活力度を判定した。

　植付け9ヵ月後の掘取り時に地上部の成長量を把握するため、樹高、枝張り、根元径、葉の枚数を測定した。また、地下部の成長量をみるため、根鉢内（ワグネルポットに植付ける際のビニールポット内の部分の根）、根鉢外（植付け時根鉢内から外へ新たに伸びた根）に分け、解体を行い、乾燥重量を測定した。

結果

1 | 樹形について

　剪定強度の違いにより、葉1枚あたりの大きさや見た目の樹形がどのように変化するかを分析した結果、以下の通りとなった。

(1) 葉の大きさ

　葉1枚あたりの重さを算出し、植付け時と掘取り後を比較した。表1のように、無剪定区では変化が現れなかったが、剪定を行っているものは、剪定強度が強くなるにつれて葉1枚あたりの重さが重くなっていった。特に、3/4剪定区の葉は無剪定の葉の1.5倍も重かった。これは、葉量の減少を葉の大きさを増すことで補おうとしているためと考えられる。

表1 | 葉1枚あたりの重さ　　　　　　　　　　　　　　　　　　　　　　　　　　　（単位：g）

葉	植付け時	比率	掘取り後							
			無剪定区	比率	1/4剪定区	比率	2/4剪定区	比率	3/4剪定区	比率
枚数	257.9±63.9	1.00	321.9±103.9	1.24	266.7±106.7	1.03	224.6±45.6	0.87	149.3±44.3	0.57
重量	22.8±3.1	1.00	28.6±6.8	1.52	25.6±8.4	1.12	25.3±5.1	1.10	21.3±3.1	0.93
1枚あたり	0.09	1.00	0.09	1.00	0.10	1.11	0.11	1.22	0.14	1.55

※値：平均±標準誤差。比率：植付け時を1として各区の比率を示した

（2）樹冠形

　掘取り後の樹形をみると、無剪定は頂芽優勢が維持されるため円錐形で、細かい葉が密についていた。一方、剪定を強く行ったものほど徒長枝が長く伸び、枝が細く大きな葉が疎に付き円形のような樹形に変化していた（写真1）。

左から無剪定区
1／4剪定区
2／4剪定区
3／4剪定区

写真1｜樹冠形の差　　　　　　　　　　　　写真2｜地下部の形の差

（3）地下部の形

　強剪定のものほど根鉢外へ伸びる量が減少し、無剪定のものは長くて太い根が発生していた。剪定したものは、短く細い根が多数でてきている。もとの根鉢内でも無剪定のものは太い元の根からたくさんの細根を発生しているが、剪定しているものは細根が少なかった（写真2）。

2｜樹勢について

　樹勢がどのように変化したのかを植付け前と掘取り後で比較すると、以下の通りであった。

（1）地上部・地下部の乾燥重量

　植付け前に解体した個体の平均値を植付け時の基準重量と定め、掘取り後に解体した個体の重量と比較したものが表2である。

　その結果、地上部・地下部重量は、共に無剪定のものが最も増加し、比率も大きかった。一方、3/4剪定区では地上部・地下部重量共に植付け時よりも減少した。幹の重さをみると、無剪定区に比べ3/4剪定区の重さが最も減少し半分程度の重さであった。

（2）成長増加率

　植付けから9ヵ月後の樹高、枝張り、葉、根元径などの大きさを成長増加率として示したのが表3である。

　剪定処理前と掘取り時の成長増加率を比較すると、無剪定区＞1/4剪定区＞2/4剪定区＞3/4剪定区の順になり、剪定強度が強くなるほど成長増加率が低くなる傾向を示した。

表2｜剪定強度と地上部・地下部乾燥重量との関係　　　　　　　　　　（単位：g）

部 位		植付け時	比率	掘　取　り　時							
				無剪定区	比率	1/4剪定区	比率	2/4剪定区	比率	3/4剪定区	比率
地上部	葉	22.8±3.1	1.00	28.6±6.8	1.25	25.6±8.4	1.12	25.3±5.1	1.10	21.3±3.1**	0.93
	幹	33.8±5.1	1.00	44.1±7.2	1.30	32.9±6.8	1.22	32.9±9.7**	0.97	21.4±4.7**	0.63
地下部	根鉢内	51.6±15.2	1.00	48.5±8.1	1.11	43.2±7.7	0.99	42.9±9.5	0.98	37.5±9.2**	0.82
	根鉢外	—		9.0±2.3		7.9±2.6		8.0±2.3		4.9±2.6**	
	計	108.2±19.7	1.00	130.2±17.6	1.20	118.1±17.7	1.09	109.1±17.9	1.00	85.1±15.9	0.78

表3｜剪定強度と成長増加率との関係　　　　　　　　　　（単位：%）

比較		掘　取　り　時			
		無剪定区	1/4剪定区	2/4剪定区	3/4剪定区
剪定処理前	樹高	32.7±11.9	22.4±31.1	6.6±29.4*	5.8±20.6*
	枝張り	40.3±49.0	16.3±19.3	4.3±23.4*	−5.6±26.9**
	葉	65.5±40.1	29.1±41.7*	14.8±35.3**	−23.8±18.1**
	根元径	35.6±10.7	35.5±15.3	27.0±18.1	26.0±12.8
剪定処理後	樹高	—	63.2±41.5	113.3±58.8**	323.0±82.4**
	枝張り		24.3±20.5	30.1±17.4	187.1±125.3**
	葉		52.4±47.5	140.0±41.3	1412.8±3524.0**

※成長増加比率＝（掘取り時の大きさ−植付け時の大きさ）÷植付け時の大きさ×100

表4｜剪定強度とD^{2}Hとの関係　　　　　　　　　　（単位：cm）

試験区分	植付け時	比率	剪定処理後	比率	掘取り時左	比率
無剪定区	123.5±26.3	1.0	—		301.3±53.1	2.4
1/4剪定区	120.5±26.3	1.0	90.4±19.7**	0.8	270.7±115.4	2.2
2/4剪定区	130.3±29.6	1.0	65.1±14.8**	0.5	224.0±99.3	1.7
3/4剪定区	129.7±23.1	1.0	32.4±5.8**	0.2	217.7±73.8	1.7

※D^{2}H＝根元径（D）×根元径（D）×樹高（H）
※値：平均±標準誤差。表2・3の比率は植付け時を1として各区の比率を示した
※表2・3・4は無剪定区を基準とし、1/4・2/4・3/4剪定区でTukey-Kramer法による多重比較検定を行い、有意性は対照区と各処理区との結果のみ示した（＊＊：1%、＊：5%）

(3) D^{2}H

　樹木の成長量を幹径と比例するものと考え、D^{2}Hで示し比較したのが表4である。植付け時のD^{2}H値は各区とも大きな差が見られなかった。また、植付け時の比率を1として各剪定区を比較したところ、剪定処理後のD^{2}H値は1/4剪定区＞2/4剪定区＞3/4剪定区の順であり、掘取り時のD^{2}H値は無剪定区＞1/4剪定区＞2/4剪定区＞3/4剪定区の順となった。

（4）活力度

　剪定を行っていないものは、5月ころから葉の成熟が始まったが、剪定を強く行ったものほど、活力度の評価が低く、7月ころから葉が成熟し始めた。

図1｜剪定強度別にみた成長評価

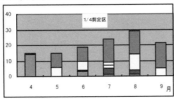
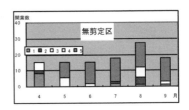
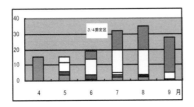
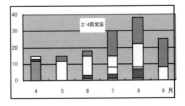

考察

　今回の試験では、掘取り時の大きさは無剪定区が最も大きかった。一方、剪定強度が増すにつれて地上部の重量は減少し、さらに地下部の根系発達も著しく阻害され細根量も減少していた。また、地下部重量が植付け時より増加したのは無剪定区のみであり、剪定を行ったものはいずれも植付け時より減少していた。特に3/4剪定区では減少が著しかった。根鉢の外に発生した新根はやはり無剪定のものが大きく、剪定区では小さかった。意外なことに、剪定区では植付け時の根鉢の内側の根も植付け前よりも減少していた。

　強い剪定を行うと、その後の地上部の伸び率は著しく、葉も大きかった。しかし、剪定前の成長増加率と比べてみると、無剪定に比べて小さく、樹形に明らかな違いが見られた。

　一般に、剪定された樹木は、翌年の総成長が遅くなると言われている[3]。それは、葉量と根量に関係しているからであろう。剪定を行われた樹木は葉が少ないため、光合成量が減少する。すると、根に供給される代謝産物が減り、ひいては根の量が減少してしまうと考えられる。

おわりに

　一般に造園界では、剪定は成長を促進すると考えられているが、以上の結果から総合的に判断すると、剪定は樹木の成長を促すものではない、ということがわかる。また、剪定によりシラカシの樹形が変形してしまう結果も出た。ゆえに、剪定は慎重に行うべき行為であり、行う場合は、なるべく軽い剪定とする方が樹木の成長にとって良いと推察された。

日本造園学会 関東支部大会事例・研究報告集27号, 16-17, 2009 掲載

参考・引用文献

1　石井匡志・三島孔明・藤井英二郎（2003）：剪定強度の違いがシラカシの地上部成長に及ぼす影響に関する実験的研究：ランドスケープ研究　66（5）

2　石井匡志・三島孔明・藤井英二郎（2004）：剪定強度の違いがシラカシの葉及び根系成長に及ぼす影響に関する実験的研究：ランドスケープ研究　67（5）

3　Harris,R.W.Clark,J.R.Matheny,N.P. (1999)：Arboriculture:integrated management of landscape trees, shrubs, and vines, 3rd ed.,prentice-Hall

2-04

ツツジ類における剪定・刈込み時期と花芽形成との関係について

はじめに

　個人住宅・集合住宅・公園・街路などの植栽地には、ツツジ類が多く用いられている[1]。それらの管理は通常夏季・冬季の年2回に実施される。そのため、ツツジ類の剪定時期を誤り、花芽が着かないことがしばしば見られ、施主や依頼者の造園家に対する不満をよく耳にする。

　ツツジ類の剪定は、新梢の萌芽を促進しその頂芽に花芽形成の期間を十分にもてる花後直後に行うのが通例とされている。しかし、実際にはその時期に剪定作業が行われるとは限らず、適期を逃して剪定するケースが多い。ツツジ類の剪定時期を誤りほとんど開花させることができないのは、いつまでに剪定・刈込みを行えば良いかということが判っていないためである。

　そこで本研究では、剪定時期・剪定部位の相違による花芽形成への影響を着蕾数・着花数ならびに満開時の写真判定などにより、翌年の観賞に耐えうる開花を促進する剪定時期の限界を実験的に把握することを目的とした。

実験方法

1 | 実験材料

　挿木3年生苗のオオムラサキ（*Rhododendron oomurasaki* Makino）およびサツキ（*Rhododendron indicum* Sweet）、同5年生苗のサツキの3種類を用いた。

2 | 実験区分

　3年生苗のオオムラサキおよびサツキの実験区分は、剪定処理部位を今年枝・前年枝・無剪定の3つに区分した。今年枝剪定区は、今年枝の枝長の中間で、花後直後とその後1週間隔で10週間にわたり計11回剪定処理を行った。前年枝剪定区では、前年枝の枝長の半分を花後直後・4週目・8週目の計3回剪定処理を実施した。

　また、5年生苗のサツキを用いた実験区分は、刈込み程度により弱刈込・強

刈込・無刈込の3区を設けた。弱刈込区は、今年枝のみの浅い刈込みを花後直後とその後1週間隔で10週間にわたり計11回行った。強刈込区は、前年枝を含めた深い刈込みで、花後直後・4週目・8週目の計3回実施した。なお、各々1区当り3株を供試した。供試樹種別の実験区分は表1の通りである。

3 | 実験時期および場所

実験時期は、昭和62年5月より翌63年7月まで、実験場所は、東京農業大学厚木中央農場造園部北圃場とした。

なお、実験年度の花芽分化期に影響がある4月から12月までの気象条件は表2の通りである。

表1 | オオムラサキ・サツキの実験区分

オオムラサキ

区分	処理日 5/19	花後直後	1週 26	2週 6/2	3週 9	4週 16	5週 23	6週 30	7週 7/7	8週 14	9週 21	10週 28	無処理
処理部位 今年枝		○	○	○	○	○	○	○	○	○	○	○	
前年枝		○				○				○			
無剪定													○

サツキ

区分	処理日 7/7	花後直後	1週 14	2週 21	3週 28	4週 8/4	5週 11	6週 18	7週 25	8週 9/1	9週 8	10週 15	無処理
処理部位 今年枝		○	○	○	○	○	○	○	○	○	○	○	
前年枝		○				○				○			
無剪定													○
処理程度 弱刈込		○	○	○	○	○	○	○	○	○	○	○	
強刈込		○				○				○			
無刈込													○

表2 | 最近10ヶ年平均気象と実験年次の気象比較

項目 月	平均気温(℃)		降水量(mm)		湿度(%)	
	10ケ年	実験年	10ケ年	実験年	10ケ年	実験年
4	13.7	14.8	137.7	48.8	71.8	65.7
5	17.4	19.2	164.4	127.6	72.7	72.0
6	21.0	22.2	167.6	142.7	81.2	76.2
7	24.3	27.3	186.3	132.9	82.5	84.7
8	26.0	27.7	147.7	57.4	76.7	84.6
9	22.5	23.6	210.8	208.4	80.1	80.3
10	17.5	19.3	169.3	164.2	80.8	77.7
11	12.2	12.4	99.9	19.8	71.0	70.2
12	7.7	8.5	55.3	71.8	67.9	67.3
平均,計	15.1	19.4	148.8	108.2	76.1	75.4

注）最近10ヶ年平均の気象は、S46～55年の記録。平均気温は、最高・最低気温の平均値

表3 | 測定項目および測定時期

測定項目	オオムラサキ	サツキ
処理前 ・着花数（花殻数より）	S.62.5.19	S.62.7.5～7.7
処理時 ・枝数	S.62.5.19～7.14	S.62.7.7～9.15
・枝長	〃	〃
・剪定残枝の長さ	〃	(1週間隔) 〃
・剪定残枝の無葉枝数	〃	〃
・有葉枝数とその葉数	〃	〃
処理後 ・萌芽枝数	S.63.3.13～4.7	S.63.4.9～5.7
・萌芽枝の長さ	〃	〃
・萌芽枝の葉数	〃	〃
・着蕾数	〃	〃
・処理枝の枯込み数	〃	〃
・着花数（花殻数より）	S.63.5.24	S.63.5.17～6.15[1] S.63.5.27～6.27[2]

注1) サツキ刈込もの、2) サツキ剪定ものの測定時期

4 | 測定項目および測定時期

測定項目および測定時期は表3の通りである。なお、萌芽伸長量、萌芽葉数等の処理後の測定は、開花開始（オオムラサキ5/4、サツキ6/5）約1ヵ月前に終了した。

実験結果および考察

1 | オオムラサキ

1) 剪定前・後の萌芽増加量

剪定前・後の萌芽増加量は、表4の通りである。今年枝剪定のオオムラサキについてDuncanの多重検定を有意水準5%で行ったところ、無剪定、花後1・2週目の萌芽増加比が1.23〜1.30倍と最も低く、逆に花後直後、5・6・10週目の処理区が剪定前の枝数に比べて1.61〜1.72倍と高い萌芽増加比にあり、花後直後を除けば剪定時期が遅いほど萌芽枝が増加し、無剪定か剪定時期が早いほど萌芽枝が減少傾向を示している。

前年枝剪定は、花後直後・4週目の処理区が無剪定区に比べ萌芽増加比の高まる傾向にあり、有意水準1%で有意な差が見られる。

表4 | オオムラサキの剪定時期・部位別にみた萌芽増加量・着蕾率・萌芽伸長量と葉数

測定項目 処理区		剪定前 枝数	剪定後 萌芽数	萌芽 増加比[4]	着蕾数	着蕾率[5]	剪定前 枝長	萌芽伸長量 着蕾枝	無着蕾枝[6]	増加比[6]	着蕾枝	無着蕾枝[7]	増加比
今年枝剪定	花後直後 5/19	162.6	279.0	1.72ᵃ	189.6	68.0ᵇ	4.18ᶜ	7.61ᵃ	4.04ᵇᶜ	1.88	10.50	6.18ᵉ	2.03
	1週目 26	157.6	205.0	1.30ᵃ	133.6	65.2ᵇ	5.35ᵇ	7.56ᵃ	4.36ᵃᵇ	1.73	11.21	6.91ᵃ	1.62
	2週目 6/2	200.0	245.3	1.23ᵃ	156.6	63.8ᵇ	4.07ᶜ	6.52ᵇ	3.63ᶜ	1.80	9.85	5.74ᶜ	1.72
	3週目 9	182.6	266.0	1.46ᵈ	115.3	43.3ᶜ	5.14ᵇ	6.70ᵇ	3.63ᶜ	1.85	10.48	6.10ᶜᵈᵃ	1.72
	4週目 16	216.6	325.6	1.50ᶜᵈ	145.3	44.6ᶜ	5.43ᵇ	5.75ᶜ	3.16ᵈ	1.82	10.78	6.30ᶜᵈ	1.71
	5週目 23	162.0	260.6	1.61ᵃᵇ	144.3	55.4ᵇ	5.42ᵇ	4.59ᵈ	2.66ᵉ	1.73	10.73	6.51ᵃᵇᶜ	1.65
	6週目 30	157.6	264.3	1.68ᵃᵇ	118.0	44.6ᶜ	5.58ᵇ	4.22ᵈ	2.39ᵉ	1.77	10.67	5.86ᵃ	1.82
	7週目 7/7	231.0	333.3	1.44ᵈ	145.0	43.5ᶜ	6.35ᵃ	4.30ᵈ	2.78ᵈᵃ	1.55	11.01	6.76ᵃᵇ	1.63
	8週目 14	193.3	302.3	1.56ᵇᶜᵈ	95.3	31.5ᵈ	6.71ᵃ	4.68ᵈ	2.77ᵈᵃ	1.69	10.86	6.78ᵃᵇ	1.56
	9週目 21	187.0	282.3	1.51ᶜᵈ	113.6	40.2ᶜᵈ	6.59ᵃ	4.48ᵈ	2.55ᵉ	1.76	10.84	6.74ᵃᵇ	1.61
	10週目 28	164.6	279.0	1.70ᵃᵇ	77.6	27.8ᵈ	6.50ᵃ	4.75ᵈ	2.35ᵉ	2.02	11.30	6.64ᵃᵇᶜ	1.71
無剪定		181.6	225.0	1.24ᵃ	194.6	86.5ᵃ	6.43ᵃ	8.17ᵃ	4.60ᵃ	1.78	11.03	6.44ᵃᵇᶜ	1.71
有意性		N.S.	N.S.	※	N.S.	※	※	※	※	-	N.S.	※	-
無剪定 5/19		181.6ᵇ	225.0ᵃ	1.24ᵇ	194.6ᵃ	86.5ᵃ	6.43	8.17ᵃ	4.60	1.78	11.03ᵃ	6.44	1.71
前年枝剪定	花後直後 5/19	64.6ᵇ	205.0ᵃ	3.17ᵃ	61.3ᵇ	29.9ᵇ	5.80	10.46ᵃ	5.63	1.86	11.99ᵃ	6.16	1.80
	4週目 6/16	46.6ᵇ	186.0ᵃ	3.99ᵇ	5.6ᶜ	3.0ᶜ	6.25	6.93ᵃ	4.53	1.53	8.74ᵃ	7.02	1.25
	8週目 7/14	54.0ᵇ	136.6ᵇ	2.53ᵃᵇ	0.0ᶜ	0.0ᶜ	6.18	0.00ᵇ	4.17	-		※※	N.S.	-
有意性		※※	※	※	※※	※※	N.S.	※※	N.S.	-	※※	N.S.	-

注 1) Duncanの多重検定による同列間の関係、2) 1%水準で有意、3) 5%水準で有意、4) 剪定後の萌芽枝数／剪定前の枝数、5) 着蕾数／剪定後の萌芽枝数×100%、6) 着蕾枝の伸長量／無着蕾枝の伸長量、7) 着蕾枝の葉数／無着蕾枝の葉数

2) 萌芽枝の着蕾率

萌芽枝の着蕾率は表4に示す通り、無剪定区では着蕾率86.5%と最も高い値であり、今年枝剪定の花後直後、1・2週目および5週目の各処理区では55.4〜68.0%と次いで高い着蕾率を示している。8週目および10週目の各処理区では31.5%・27.8%と着蕾率が最も劣り、剪定時期が遅いほど着蕾率が減少する。

前年枝剪定では、無剪定区に比べかなり着蕾率が低く、花後直後区29.9%、4週目および8週目の処理区では0〜3%を示しており、着蕾率が著しく悪い。なお、着蕾率は剪定時期による有意な差が見られる。

3) 剪定残枝の形態割合と着蕾率

剪定残枝には、葉がない枝（以下、無葉枝とする）と葉が残存する枝（以下、有葉枝とする）の2タイプが見られ、この無葉枝・有葉枝と着蕾率との関係について示

すと図1の如くである。

　剪定処理時の各区の対象枝を 100とし、剪定残枝の形態別分布割合をみると、無葉枝は剪定時期が遅いほど減少し、有葉枝が増え、着蕾率が低下する傾向が見られる。

　その原因については、無葉枝は今年枝の元まで枯込み、その部位から活力ある萌芽が見られ、剪定時期が早いほど萌芽した枝が花芽形成の期間を十分持てるために着蕾率が高くなったと思われる。逆に有葉枝は、今年枝が伸長し充実しかけた枝を剪定するため、頂芽のみに花芽分化するツツジ類の開花習性[2]上着蕾率が減ったと考える。

　前年枝剪定の各区では、すべて無葉枝のみで着蕾率の低いことが判る。これは、前年枝の剪定により、栄養生長が促進され萌芽量が増加し、逆に花芽形成など生殖生長が抑制されたために着蕾率が低下したものと推察する。

図1│オオムラサキの剪定残枝の形態割合と着蕾率との関係

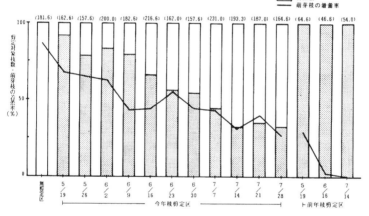

4) 剪定前・後の萌芽伸長量および葉数と着蕾枝の関係

　剪定前の枝長をみると、今年枝剪定では花後7〜10週目の各処理区と無剪定区が6.35〜6.71cmと枝長が長く、花後直後、2週目の処理区が4.18・4.07cmと短く、剪定時期が遅いほど枝長が長い傾向にある。前年枝剪定では剪定前の枝長は、剪定時期により有意な差が見られない。蕾の有無から萌芽枝の伸長量をみると、今年枝剪定の着蕾枝長は無剪定、花後直後および1週目の各処理区で7.56〜8.17cmと長く、5〜10週目の各処理区では4.23〜4.75cmと短く、剪定時期により着蕾枝長に有意な差が見られる。一方、無着蕾枝長は無剪定区が4.60cm、花後直後、1週目の処理区で4.04〜4.36cm、5〜10週目の各処理区では2.35〜2.78cmとなり、着蕾枝長と同様、剪定時

期が遅れるほど伸長量の減少が見られる。また、着蕾枝は無着蕾枝に比べ1.55〜2.02倍と枝長が長い。

前年枝剪定の着蕾枝長は、花後直後、4週目の各処理区ともに無剪定区と同程度の6.93〜10.46cmで、8週目の処理区では着蕾枝が認められない。また、着蕾枝は無着蕾枝より伸長量が増加傾向を示している。

今年枝剪定における着蕾枝の葉数は、剪定時期により有意な差が見られず、葉数が9.85〜11.3枚、概ね10枚程度ある枝に花芽が着くものと思われる。一方、無着蕾枝の葉数は5.18〜6.91枚で着蕾枝の葉数より少なかった。

前年枝剪定の着蕾枝では、花後直後11.99枚、4週目 8.74枚、8週目0枚と剪定時期が遅いほど葉数が減り、無着蕾枝は着蕾枝に比べ葉数が減少している。

5) 着蕾数と着花数

オオムラサキの一蕾中の花数は表5の通りである。無剪定区では一蕾中の花数が1.59個、今年枝剪定の処理区では1.56〜1.99個で、剪定時期による有意差は見られなかった。前年枝剪定の各処理区の一蕾中の花数は1.89〜1.92個と今年枝剪定とほぼ同様である。

年度別着花増加量をみると、無剪定区の今年度着花数は前年度着花数の2.68倍である。今年枝剪定の処理区では1.21〜4.15倍とばらつきのある着花増加量であるが、剪定時期による有意差は認められなかった。前年枝剪定では花後直後区は前年の0.78倍で、4週目以降ではほとんど着花は見られず、剪定時期により有意差が見られた。

表5 │ オオムラサキの着蕾数と着花数および年度別着花増加量

処理区	測定項目	着蕾数	今年度着花数	一蕾中の花数	前年度着花数	着花増加比[4]
今年枝剪定	花後直後 5/19	*177.5	*315.0	*1.77	*141.0	*2.23
	1週目 26	133.6	254.0	1.90	87.6	2.90
	2週目 6/ 2	156.6	258.6	1.65	121.6	2.13
	3週目 9	115.3	222.0	1.93	110.0	2.02
	4週目 16	145.3	274.3	1.89	124.6	2.20
	5週目 23	144.3	286.6	1.99	69.6	4.12
	6週目 30	118.0	235.0	1.99	56.6	4.15
	7週目 7/ 7	145.0	277.3	1.91	129.6	2.14
	8週目 14	95.3	153.6	1.61	113.0	1.36
	9週目 21	113.6	202.0	1.78	113.3	1.78
	10週目 28	77.6	121.3	1.56	100.3	1.21
無剪定		194.6	309.0	1.59	115.3	2.68
有意性		N.S.	N.S.	N.S.	N.S.	N.S.
無剪定		194.6[a1]	309.0[a]	1.59[a]	115.3	2.68[a]
前年枝	花後直後 5/19	61.3[b]	118.0[b]	1.92[a]	151.6	0.78[b]
	4週目 6/16	5.6[c]	10.6[c]	1.89[a]	127.3	0.08[b]
	8週目 7/14	0.0[c]	0.0[c]	-	80.3	0.00[b]
有意性		※[2]	※	※※[3]	N.S.	※

注）*測定中枝折れが生じたため2株の平均値で表す。1) Duncanの多重検定による同列間の関係、2) 1%水準で有意、3) 5%水準で有意、4) 今年度着花数／前年度着花数

6）写真判定による剪定時期の限界度

満開時の状況を写真撮影し、視覚による剪定時期の限界度を探ることにした。

その結果は写真1の通り、今年枝の剪定では、花後10週目の処理区でも無剪定のオオムラサキに比べ多少は着花数が減った感じではあるが、個々の花径が大きいためにかなり観賞価値に耐えられる開花状況であった。

また、前年枝の剪定では、花後直後の処理で着花数と葉数の割合が半々程度の感じを受けるものの花径の大きさでカバーされて観賞には耐えられるが、花後4週目の処理区では開花数がまばらな状態で、観賞に耐えられないものと判断する。

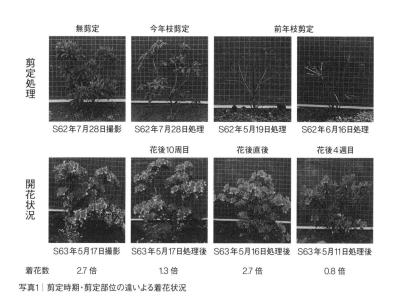

	無剪定	今年枝剪定	前年枝剪定	
剪定処理	S62年7月28日撮影	S62年7月28日処理	S62年5月19日処理	S62年6月16日処理
		花後10周目	花後直後	花後4週目
開花状況	S63年5月17日撮影	S63年5月17日処理後	S63年5月16日処理後	S63年5月11日処理後
着花数	2.7倍	1.3倍	2.7倍	0.8倍

写真1｜剪定時期・剪定部位の違いよる着花状況

2｜サツキ

1）剪定前・後の萌芽増加量

剪定前・後の萌芽増加量は、表6の通りである。無剪定区では剪定前の枝数に比べて1.45倍の萌芽増加比であり、今年枝剪定の各処理区では1.35～1.84倍で、剪定時期による有意な差は見られなかった。

一方、前年枝剪定の萌芽増加比は、花後直後が2.4倍、4週目・8週目では2.94・2.74倍で剪定時期により有意な差が認められた。

2）萌芽枝の着蕾率

萌芽枝の着蕾率は表6の通りで、無剪定区は65.7％と着蕾率が最も高く、今年枝剪定の花後直後、1・2週目の処理区では33.1～41.7％と次いで高い

着蕾率である。逆に9週目以降の処理区の着蕾率は、0.5％前後とほとんど蕾が期待できず、オオムラサキ同様剪定時期が遅いほど着蕾率が減少する。

　前年枝剪定の着蕾率は、オオムラサキ同様無剪定区に対してかなり着蕾が悪く、花後直後区で13.4％、4週目および8週目の処理区では0.4・0％を示し、剪定時期により有意な差が見られる。

表6 | サツキの剪定時期・部位別にみた萌芽増加量・着蕾率・萌芽伸長量と葉数

測定項目 処理区	剪定前枝数	剪定後萌芽数	萌芽増加比	着蕾数	着蕾率	剪定前枝長	萌芽伸長量 着蕾枝	無着蕾枝	増加比	葉数 着蕾枝	無着蕾枝	増加比
今年枝剪定 花後直後 7/7	328.6	548.0	1.67	184.3^b	33.6^b	5.64	2.14^bd	1.44^d	1.49	5.77	3.94^cd	1.46
1週目 14	303.3	467.6	1.54	155.0^bc	33.1^b	4.96	2.08^bcd	1.25^bc	1.66	6.19	3.74^cd	1.66
2週目 21	325.3	440.6	1.35	183.6^b	41.7^b	4.53	1.74^d	1.15^bcd	1.51	5.69	3.84^cd	1.48
3週目 28	324.3	526.0	1.62	100.0^bcd	19.0^bc	5.03	1.91^cd	1.09^cd	1.75	6.41	3.71^cd	1.73
4週目 8/4	312.3	506.0	1.62	135.0^bc	26.6^c	4.72	2.37^b	1.10^cd	2.15	6.30	3.42^d	1.84
5週目 11	440.6	681.3	1.55	163.6^b	24.0^bc	4.01	1.89^cd	1.02^cd	1.85	6.41	3.16^e	2.03
6週目 18	344.0	633.0	1.84	51.3^cde	8.1^cd	5.43	2.21^bc	1.14^bcd	1.94	6.63	3.67^cd	1.81
7週目 25	429.0	705.6	1.64	24.3^de	3.4^cd	4.60	2.08^bcd	1.13^bcd	1.84	6.90	3.88^bc	1.78
9週目 9/1	434.6	703.6	1.62	46.3^cde	6.6^cd	3.27	2.01^bcd	1.05^cd	1.91	6.83	3.96^bc	1.72
10週目 15	413.0	625.6	1.51	4.0^e	0.6^d	4.20	2.06^bcd	0.87^d	2.37	6.64	4.28^b	1.55
無剪定	431.0	623.0	1.45	409.3^a	65.7^a	4.31	3.56^a	3.28^a	1.09	4.70	5.54^a	0.85
有意性	N.S.	N.S.	N.S.	※	※	N.S.	※	※		N.S.	※	※
前年枝剪定 無剪定 7/7	431.0^a	623.0^a	1.45^c	409.3^a	65.7^a	4.31	3.56^a	3.28^b	1.09	4.70^c	5.54^a	0.85
前花後直後 7/7	136.0^b	327.0^b	2.40^b	44.0^b	13.4^b	4.33	4.46^b	2.30^ab	1.94	8.84^a	4.48^b	1.97
4週目 8/4	111.6^b	328.6^b	2.94^a	1.3^b	0.4^c	4.40	4.13^a	1.78^b	2.32	9.50^a	4.79^b	1.98
8週目 9/1	138.0^b	378.6^b	2.74^ab	0.0^b	0.0^c	3.46	0.00^b	1.08^b		0.00^c	4.35^b	
有意性	※	※	※	※	※	N.S.	※	※		※	※※	

注1) Duncanの多重検定による同列間の関係、2) 1%水準で有意、3) 剪定後の萌芽数／剪定前の枝数、4) 着蕾数／剪定後の萌芽枝数×100%、5) 着蕾枝の伸長量／無着蕾枝の伸長量、6) 5%水準で有意、7) 着蕾枝の葉数／無着蕾枝の葉数

3）剪定残枝の形態割合と着蕾率

　剪定残枝の形態割合と着蕾率の関係をみると、今年枝剪定の無葉枝は処理対象枝の35.6〜57.1％を占め、剪定時期の相違により差は見られず、着蕾率との関係は認められなかった。

　一方、前年枝剪定の処理区ではすべてが無葉枝のみであり、着蕾率が低い。これは、オオムラサキ同様に栄養生長が旺盛で生殖生長が抑制されたのが原因と思われる。

4）剪定前・後の萌芽伸長量および葉数と着蕾枝の関係

　剪定前の枝長を表6よりみると、無剪定区では4.31cm、今年枝剪定の処理区で3.27〜5.64cm、前年枝剪定の処理区は3.46〜4.40cmでともに有意な差は認められない。

　萌芽した枝の伸長量を蕾の有無別にみると、今年枝剪定の着蕾枝では無剪定区が3.56cmと最も長く、4週目と6週目の処理区が2.37・2.21cmであり、9週目の処理区では1.12cmと最も短く、剪定時期により萌芽伸長量に差が認められた。一方、無着蕾枝では無剪定区が最も長い3.28cmで、次いで花後直後区の1.44cm、1週目処理区の1.25cmであり、逆に9〜10週目の処理区は0.87cm前後と、着蕾枝同様萌芽した枝の長さは剪定時期が遅いほど伸長量が減少傾向にある。なお、着蕾枝は無着蕾枝に比べて1.09〜2.37倍と伸長量が長い。

　前年枝剪定の処理区における着蕾枝の伸長量は対照区の無剪定区に

比べて、花後直後、4週目の処理区ともにわずかに長く4.13～4.46cmである
が、8週目の処理区では着蕾枝が見られず剪定時期により有意な差が認められ
る。また、無着蕾枝では剪定時期が遅いほど伸長量が減少傾向を示してい
る。さらに、前年枝剪定の処理区もオオムラサキ同様に着蕾枝は無着蕾枝より
1.09～2.32倍と萌芽伸長量が増加している。

　今年枝剪定における着蕾枝の葉数は、オオムラサキ同様剪定時期により有
意な差が認められず、葉数が4.14～6.90枚平均して6枚程度ある枝に蕾が着
くようである。一方、無着蕾枝の葉数は3.16～5.54枚平均3.92枚で、着蕾枝
の葉数より少ない。

　前年枝剪定の着蕾枝の葉数は、花後直後、4週目の処理区で8.84～9.50
枚と対照区の無剪定区に比べて約2倍の葉数を示し、8週目の処理区では着
蕾枝が見られず、剪定部位の相違により葉数に差が認められる。なお、着蕾枝
の葉数は無着蕾枝の葉数に比べて増加している。

5）着蕾数と着花数

　サツキの着蕾数と着花数の関係は表7の通りである。一蕾中の花数をみる
と、無剪定区では1.07個、今年枝剪定では花後直後から5週目までの処理区
で1.14～1.26個と多く、6～8週目は0.52～0.66個と減少し、9週目の処理区
が0.16個と最も低く、一蕾中の花数は剪定時期により有意な差が認められる。
一方、前年枝剪定の花後直後区で0.82個、それ以降の4・8目の処理区で
は着花数が認められない。このように、蕾が確認されても、剪定時期が遅いか
前年枝を剪定するかによりその蕾のすべてが開花するとは限らず、観察による
と赤みを帯びて開きかけようとしている蕾のまましぼんで枯れてしまうケースがし
ばしば見られ、未熟な開花状態を示していた。

表7｜サツキの着蕾数と着花数および年度別着花増加量

処理区	着蕾数	今年度着花数	一蕾中の花数	前年度着花数	着花増加比[3]
花後直後 7/ 7	184.3[b]	212.3[b][1]	1.15[ab]	139.6	1.52[b]
1週目 14	155.0[bc]	190.0[b]	1.23[ab]	97.6	1.95[bc]
2週目 21	183.6[b]	224.0[b]	1.22[b]	147.6	1.52[b]
今年枝剪定 3週目 28	*109.0[bcd]*	137.0[bcd]	1.26[b]	*183.0	*0.75[cd]
4週目 8/ 4	135.0[bcd]	166.0[bc]	1.23[a]	198.6	0.84[cd]
5週目 11	163.6[b]	186.0[b]	1.14[a]	156.0	1.19[cd]
6週目 18	51.3[cd]	34.0[cd]	0.66[c]	126.3	0.27[d]
7週目 25	24.3[d]	12.6[d]	0.52[d]	81.0	0.16[d]
8週目 9/ 1	46.3[cd]	26.0[d]	0.56[c]	200.3	0.13[d]
9週目 8	3.6[d]	0.6[d]	0.16[d]	132.0	0.005[d]
10週目 15	4.0[e]	3.6[d]	0.90[b]	95.0	0.04[d]
無剪定	409.3[a]	437.6[a]	1.07[ab]	106.3	4.12[a]
有意性	※	※[2]	N.S.		※
無剪定	409.3[a]	437.6[a]	1.07	106.3	4.12[a]
前年枝 花後直後 7/ 7	44.0[b]	36.0[b]	0.82[a]	119.3	0.30[b]
4週目 8/ 4	1.3[b]	0.0[b]	0.00[b]	147.3	0.00[b]
8週目 9/ 1	0.0[b]	0.0[b]	0.00[b]	113.0	0.00[b]
有意性	※	※	※		※

注）*測定中枝折れが生じたため2株の平均値で表す。1) Duncanの多重検定による同
列間の関係、2) 1%水準で有意、3) 今年度着花数／前年度着花数

サツキの年度別着花増加量をみると、無剪定区では前年度より4.12倍、今年枝剪定の花後直後から5週目までの処理区では0.75〜1.95倍と前年度以上か前年度並の着花数が見られ、6週目以降の処理区では0.27〜0.005倍と着花数がかなり下回った。前年枝剪定の花後直後区では0.3倍、4週目以降の処理区では着花が見られない。

6) 写真判定による剪定時期の限界度

翌年の花を楽しむためにはいつまでに剪定すべきかという剪定時期の限界度を満開時の状況写真で判定した。

その結果、今年枝の剪定では、花後5週目の処理区で花の間から4割程度の葉を覗かせているが観賞には耐えられ、翌週6週目の処理区では花が3割、葉が7割程度見られ観賞価値が劣るものと思われる。

また前年枝の剪定では、花後直後で葉が6割、花が4割という感じで開花数は少ないものの観賞には耐え、花後4週目の処理区では開花が望めなかった。

3 | サツキの刈込み

1) 年度別着花数の比較

年度別にみた着花数の増加量は表8の通りである。無刈込区は前年度より1.41倍の着花数である。弱刈込の花後直後から2週目までの処理区では1.01〜1.26倍、3週目の処理区以降は0.37〜0.85倍と前年度の着花数を下回っている。強刈込では、無剪定区をかなり下回り、花後直後と4週間目の処理区で前年の0.38〜0.35倍、8週目の処理区では0.03倍と着花がほとんど見られず、剪定時期・剪定部位の違いにより着花数に差が認められた。

表8 | サツキ刈込ものの年度別着花増加量

処理	測定項目 区	着花数 62年度	63年度	着花増加比[4]
	花後直後 7/ 7	369.3	423.3[bc]	1.15
	1週目 14	273.6	276.0[d]	1.01
	2週目 21	361.3	453.6[b]	1.26
	3週目 28	404.0	312.3[cd]	0.77
弱	4週目 8/ 4	362.3	227.0[d]	0.63
刈	5週目 11	443.6	231.0[d]	0.52
込	6週目 18	602.6	279.6[d]	0.46
	7週目 25	359.0	305.6[cd]	0.85
	8週目 9/ 1	431.0	229.3[d]	0.53
	9週目 8	375.0	250.6[de]	0.67
	10週目 15	383.3	142.0[e]	0.37
	無刈込	451.0	634.6[a]	1.41
	有意性	N.S.	※[3]	N.S.
	無刈込	451.0[b1]	634.6[a]	1.41[a]
強	花後直後 7/ 7	366.6[b]	138.0[b]	0.38[b]
刈	4週目 8/ 4	329.6[b]	116.0[b]	0.35[b]
込	8週目 9/ 1	612.0[a]	19.3[b]	0.03[b]
	有意性	※※[2]	※	※

注 1) Duncanの多重検定による同列間の関係、2) 5%水準で有意、3) 1%水準で有意、4) 63年度着花数／62年度着花数

2) 写真判定による剪定時期の限界度

　サツキの刈込みものの観賞に耐えうる剪定限界度を満開時の開花状況の写真で判定することを試みた。

　その結果、無刈込区は樹冠全面を花が覆い尽くしており、弱刈込の花後10週目の処理区でも樹冠が5割近く花で覆われ観賞には十分耐えられると思われる。この弱刈込は、刈込鋏を用い樹冠線の上部のみが刈込まれることにより樹冠線下部の今年枝を多数刈残すことから剪定時期が遅れても着花が期待できたものと思われる。また、強刈込の花後直後区では疎であるが樹冠の全面に花がちらばって咲いており、花後4週目の処理区は樹冠の4割程度疎に咲き乱れており観賞に耐えられると判定する。しかしながら、花後8週目の処理区では疎に花が見られるに過ぎず観賞価値が劣るものと思われる。

結論

　1987年の気象条件下で、オオムラサキ、サツキのツツジ類を用い、花後直後より1週間隔で10週間計11回、今年枝・前年枝（4週間隔で計3回）の伸長量の半分を剪定し、刈込んだ。対照区として無剪定区を設け、剪定時期、剪定部位の相違による花芽形成への影響を着蕾数・着花数ならびに満開時の写真判定などにより、翌年の観賞に耐えうる剪定時期の限界を実験的に検証した。その結果は次の通りである。

1.ツツジ類の剪定後の萌芽量は剪定する時期によって異なり、オオムラサキでは今年枝の剪定が遅いほど萌芽量が多くなり、サツキでは剪定時期に影響されず同程度の萌芽増加比であった。また、萌芽量は剪定部位によっても異なり、両種ともに前年枝の剪定の方が今年枝の剪定・無剪定よりも萌芽増加比が高まることが判明した。

2.ツツジ類の着蕾率は、剪定の有無によって異なり、剪定を行うよりは無剪定の着蕾率の方が高く、オオムラサキでは萌芽枝の86.5％、サツキは65.7％が蕾であった。また、着蕾率は剪定の部位によっても異なり、今年枝の剪定の方が前年枝剪定よりも着蕾率が良く、さらに剪定時期が遅いほど着蕾率が悪くなることも判明した。

3.ツツジ類の着蕾枝は、蕾が着かない枝に比べて伸長量・葉数がともに高い。着蕾枝の伸長量は剪定部位によっても異なり、前年枝 ＞ 無剪定 ＞ 今年枝の順であり、剪定時期が遅くなるほど着蕾枝の伸長量も短くなった。また、今

年枝を剪定した場合、オオムラサキでは10枚、サツキでは6枚程度の葉数で着蕾が見られた。

4.ツツジ類の蕾と花数との関係をみると、オオムラサキの一つの蕾からは、1.5～2.0個の開花数が見られるが.サツキでは剪定の有無・剪定部位・剪定時期によって一つの蕾に着く花数が異なり、今年枝を剪定する時期が遅くなると、また、前年枝の剪定を行うと蕾がすべて開花するとはいえないことが明らかになった。

5.ツツジ類の観賞に耐えうる剪定時期の限界を着花数ならびに満開時の写真より視覚的に判断したところ、今年枝の剪定ではオオムラサキは花後10週目（7月28日）までに、サツキは花後5週目（8月11日）までに剪定すれば前年以上か前年並の開花数が見られ、観賞に十分耐えられる。前年枝の剪定では着花数が前年を下回るが、写真判定では両種ともに花後直後が限界である。サツキの今年枝のみの浅い刈込みでは花後2週目（7月21日）までに行えば前年を上回る着花数ではあったが、写真判定では花後10週目（9月15日）までに、前年枝も含めた深い刈込みでは花後4週目（8月4日）までに実施すればよいことが判明した。

日本造園学会 造園雑誌52巻5号,pp. 91～96,1989 掲載

参考・引用文献
1　内田均（1980）：東京都内における植栽樹木の需要状況: 東京農業大学卒業論文
2　本間啓（1951）：花木類の開花習性について：造園雑誌15（2）,1～9
3　小杉清・近藤彦三郎（1955）：花木類の花芽分化に関する研究（第5報）-ボケ・ツツジの花芽分化期並びに花芽の発育経過について: 園芸学雑誌23（4）,264～268
4　飯田章（1938）：ツツジ類の花芽分化に関する調査：農業及び園芸13（3）,757～760
5　妻鹿加年雄（1980）：花木100種のせん定: 日本放送出版協会,35～37
6　内田仁（1984）：花木類のせん定時期と開花に関する研究: 東京農業大学卒業論文

2-05

シジミバナの剪定時期が
花芽形成に及ぼす影響

はじめに

　一般に花木の剪定は花後直後がよいとされているが、公園や街路樹などで時期はずれの剪定をしたために花が咲かなかったという不満をよく耳にしており、近年、剪定は必ずしも適切な時期に行われていないようである。

　花木の剪定に関する文献をみると、本間[1]は、開花習性を花芽の着生部位や開花様式から4つに分類し剪定の基本を教示している。園芸の視点では、小杉ら[2,11]がユキヤナギなどの花芽分化過程を追究し、生け花用枝物の促成栽培技術を確立した。しかし、剪定時期の限界を実験的に検証した研究[12]は少ない。

　そこで本研究は、造園樹木の管理者の視点に立ち、剪定時期の相違によるその後の萌芽数・萌芽枝長の枝ぶりや花着きの影響を調査し、剪定時期の限界を究明することとした。

　バラ科シモツケ属は公園などに多用され、春にはユキヤナギ・シジミバナ・コデマリ・シモツケと順々に開花する。本研究では、その中間的な時期に咲くシジミバナ（*Spiraea prunifolia*）を供試材料としたが、その理由は、本数や植栽年など供試材料として最も利用しやすい条件を備えたシジミバナが身近にあったためであることと、本種の剪定適期を明らかにすることは、同属の他の種の剪定管理にも参考になると思われたからである。また、小杉はユキヤナギとコデマリの花芽形成時期を明らかにしているが、シジミバナについては明らかにしていないので、それを確認する意味も含めて行なった。

既往文献にみるシジミバナの剪定方法

　既往の文献[3~10]より、シジミバナの剪定方法を表1にまとめた。これによると、地際の根元より徒長枝や古枝・込枝を枝抜き・間引きし切り詰めるという方法が行なわれている。また、古枝は3年から5年に一度地際から枝抜きして新しい枝と更新させている文献も見られる。しかし、剪定時期については開花後から7月までと幅広く、明確にされていないのが実状である。

表1｜文献にみたシジミバナの剪定方法

書名：著者・編者（発行所名）	年度	剪定時期	剪定部分				剪定方法			
			地際・損元	徒長枝	古枝	込枝	枝抜・間引	切結	刈込み	切戻し
観賞樹木：宮崎文吾（養賢堂）[3]	1954	—			○	○	○	○		
図解 庭木・並木の整姿・剪定：石川格（誠文堂新光社）[4]	1970	開花後5～6月	○				○	○	○	
庭木―樹形と仕立て方：岡秀樹（農業図書）[5]	1975	6～7月頃	○	○			○	○	○	
道路緑化計画・管理技術指針：建設省九州地方建設局監修（九州建設弘済会）[6]	1978	落花直後	○	○			○	○	○	
花つきのよくする花木100種の剪定：斎藤加年雄（日本放送出版協会）[7]	1980	4月中旬	任意の長さ					○		
庭木の剪定と整姿小百科：日本造園組合連合会（日本文芸社）[8]	1999	開花後	3年に1回	○	○					○
観賞樹木ガイドブック：福田明人（アシスト）[9]	1999									
non-no ガーデニング基本大百科：長畑求監修（集英社）[10]	2000	花後直後	根元から20cm 4～5年に一度			○	○	○		

試験方法

　剪定時期と花芽形成との関係をみる試験1（月別にみた剪定時期と花芽形成の調査）と、試験1の結果を踏まえてより詳細な剪定適期を追究した試験2（週別にみた剪定時期と花芽形成の調査）を行った。

1｜試験1：月別にみた剪定時期と花芽形成の調査

（i）供試植物

　供試植物は、挿し木13年生で、前年度無剪定の樹高150cm前後、風当たり・日当たり・土壌条件等がほぼ均一な植栽間隔80cmの列植状態にあるシジミバナ24株とした。

（ii）試験期間及び試験場所

　試験期間は、2004年4月～2005年5月までとした。

　試験場所は東京農業大学厚木農場（神奈川県厚木市船子1737番地）構内のメイン道路沿いの法面上である。

　なお、試験期間中の気象状況を試験場所の隣の市である「海老名」の気象庁アメダスデータからみたところ、平均気温16.5℃（1991～2003年の平均値と比べ0.9℃高い）、降水量は2,131mm（同じく99mm多い）であった。

（iii）剪定方法

　剪定方法は、更新のための剪定という視点から、1年枝はすべて切除し、2年枝以上に対して地際から高さ30cmの箇所を剪定バサミで水平に切り揃えた。

（iv）試験区分

　剪定実施時期を花後直後（4/30）、花後1ヶ月後（5/30）、2ヶ月後（6/30）、3ヶ月後（7/30）、4ヶ月後（8/30）、5ヶ月後（9/30）、6ヶ月後（11/7）の7区、対照区として無剪定区を設け、合計8区とし、各区3株（無剪定区のみ測定は2株）とした。

(ⅴ) 測定項目及び測定時期

　剪定処理時（2004年4月30日～同年11月7日）に枝数（剪定処理時に残った枝数）・枝長・枝直径を、剪定処理後（2004年12月10日～2005年1月20日）に萌芽枝数・萌芽枝長、枝ぶりの写真撮影（2005年2月10日）を、翌春の開花時（2005年4月28・29日）に着花枝数・着花長（萌芽した枝1本あたりの着花した長さ）・非着花長（着花しなかった長さ）を測定した。

2│試験2：週別にみた剪定時期と花芽形成の調査

(ⅰ) 供試植物

　供試植物は、挿し木14年生で、前年度無剪定の樹高150cm前後、風当たり・日当たり・土壌条件等がほぼ均一な植栽間隔60～70cmの列植状態にあるシジミバナ26株とした。

(ⅱ) 試験期間及び試験場所

　試験期間は2005年4月～2006年5月までとした。試験場所は試験1と同様である。

　なお、試験期間中の気象状況を「海老名」の気象庁アメダスデータからみたところ、平均気温が15.3℃（1991～2003年の平均値と比べ0.3℃低い）、降水量は1,540㎜（同じく493㎜少ない）であり、試験1の気象状況に比べて気温は低く、降水量は少なかった。

(ⅲ) 剪定方法

　剪定方法は、試験1と同様の要領で行った。

(ⅳ) 試験区分

　剪定実施時期を花後直後（4/28）、花後1週目（5/5）、2週目（5/12）、3週目（5/19）、4週目（5/26）、5週目（6/2）、6週目（6/9）、7週目（6/16）、8週目（6/23）、9週目（6/30）、10週目（7/8）、11週目（7/16）の12区、対照区として無剪定区を設け、合計13区とし、各区2株とした。

(ⅴ) 測定項目及び測定時期

　剪定処理時（2005年4月28日～同年7月16日）に枝数・枝長・枝直径を、剪定処理の翌春（2006年4月26日～同年5月3日）に萌芽枝数・萌芽枝長・着花枝数・着花長を測定した。

試験結果及び考察

1 | 試験1

試験結果を表2に示す。

表2 | シジミバナの月別にみた剪定時期と萌芽増加比・着花枝率・着花長率

測定項目 処理区	剪定日	剪定時枝数	翌年の萌芽数	萌芽増加比[1]	着花枝数	着花枝率[2]	萌芽枝長	着花長	着花長率[3]	総合評価[4] 指数
花後直後	4/30	10.8(本)	26.0(本)	2.4(倍)	21.3(本)	81.9(%)	74.9(cm)	21.1(cm)	28.2(%)	0.544
1ヶ月後	5/30	9.1	24.7	2.7	14.3	57.9	65.9	17.6	26.7	0.417
2ヶ月後	6/30	5.1	12.3	2.4	4.3	35.0	53.9	11.3	21.0	0.176
3ヶ月後	7/30	7.0	28.0	4	3.3	11.8	36.8	1.7	4.6	0.022
4ヶ月後	8/30	7.2	18.0	2.5	0.7	3.9	28.6	1.1	3.8	0.004
5ヶ月後	9/30	19.0	19.0	1	0.3	1.6	8.2	1.3	15.9	0.003
6ヶ月後	11/7	14.0	14.0	1	0	0	7.9	0	0	0
無剪定		47.7	71.5	1.5	69.0	96.5	46.1	29.7	64.4	0.932
相関係数rs[5]			-0.429	-0.464	-1	-1	-1	-0.964	-0.892	-1
相関係数rsの有意性[6]			×	×	○	○	○	○	△	○

注)翌年の萌芽数は剪定切口の近くから発芽した枝を数えた。1)翌年の萌芽数／剪定時枝数、2)着花枝数／翌年の萌芽数×100、3)着花枝長／萌芽枝長×100、4)萌芽増加比×着花枝率×着花長率／1002、5)スピアマン順位相関係数検定による処理区との関係、6)1%(rs=0.929)・5%(rs=0.786)水準で有意。上記の値は3株の平均値(無剪定区のみ2株の平均値)

(i) 萌芽増加比

萌芽増加比は、無剪定区では1.5倍、花後直後(4/30)～4ヶ月後(8/30)は2倍以上、特に3ヶ月後(7/30)では4倍と最も多かった。しかし、5ヶ月後(9/30)以降は萌芽したものの剪定直後に比べて枝数は増えなかった。

(ii) 着花枝率

図1より着花枝率をみると、無剪定区96.5%、花後直後81.9%、1ヶ月後57.9%であり、2ヶ月後以降になると35%以下と急激に萌芽した枝数に対する着花枝数が減少した。5ヶ月後はわずかに花芽形成がみられたが、6ヶ月後はまったく花芽形成がなかった。

図1 | 月別にみた剪定時期と着花枝率

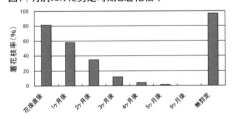

(iii) 萌芽枝長

剪定処理後の萌芽枝長は、花後直後74.9cm、1ヶ月後65.9cm、2ヶ月後53.9cm、3ヶ月後36.8cm、4ヶ月後28.6cm、5ヶ月後8.2cm、6ヶ月後7.9cmとなり、剪定が遅いほど萌芽枝長は短くなった。

(iv) 着花長

着花長を示したものが図2である。これによれば、花後直後21.1cm、1ヶ月後17.6cm、2ヶ月後11.3cm、3ヶ月後1.7cm、4ヶ月後1.1cm、5ヶ月後1.3cm、6ヶ月後0cmとなった。剪定が遅いほど着花長は短くなる傾向を示した。

図2｜月別にみた剪定時期と着花長

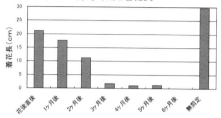

(v) 着花長率

萌芽枝長と着花長との関係を着花長率として図3にみると、花後直後〜1ヶ月後27%前後、2ヶ月後21%、3〜4ヶ月後4%前後、5ヶ月後16%、6ヶ月後は0%であり、おおむね剪定が早いほど着花長率も高くなる傾向がみられた。

図3｜月別にみた剪定時期と着花長率

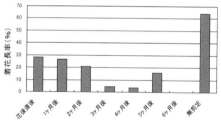

(vi) 花着きの総合評価指数

写真1は、剪定時期別にみた花着き状況である。

花着きが良いとは、剪定後に多数萌芽し、その萌芽枝のすべてに花を着け、その上に花の量（花の長さ）が多いということであろう。そこで、萌芽増加比と着花枝率・着花長率を掛け合わせたもので、花着きの総合評価指数を表2に算出してみた。これによれば、無剪定0.93、花後直後0.54、1ヶ月後0.42、2ヶ月後0.18、3ヶ月後0.02%となり、剪定の有無、剪定時期の相違により萌芽後の花着きが異なることがわかった。

写真1│剪定時期別にみた花着き状況（撮影2005年4月14日）

上段左より、無剪定・花後直後・1ヶ月後・2ヶ月後　下段左より、3ヶ月後・4ヶ月後・5ヶ月後・6ヶ月後

（vii）考察

　今回の結果によれば、枝の量の観点（萌芽増加比・萌芽枝長）からは4ヶ月後剪定までならば枝の量が比較的多くなる可能性が見られるものの、枝の量と花の量（着花枝率・着花長・着花長率）の双方を充たすことを考えれば1ヶ月後もしくは2ヶ月後までならば翌年の枝も花も比較的多くなる可能性があると思われた。

　これらのことより、試験2ではより詳しい剪定適期を把握するために週別にみた剪定時期と花芽形成の関係を調査した。

試験2

　試験結果を表3に示す。

表3│シジミバナの週別にみた剪定時期と萌芽増加比・着花枝率・着花長率

測定項目 処理区	剪定日	剪定時 枝数	翌年の 萌芽数	萌芽 増加比[1]	着花 枝数	着花枝率[2]	萌芽 枝長	着花長	着花長率[3]	総合評価[4] 指数
花後直後	4/28	11.5(本)	33.0(本)	2.9(倍)	27.5(本)	83.3(%)	64.6(cm)	33.4(cm)	51.7(%)	1.249
1週目	5/ 5	13.0	52.0	4.0	35.5	68.3	63.9	25.4	39.7	1.085
2週目	5/12	10.5	45.5	4.3	30.0	65.9	60.9	21.4	35.2	0.997
3週目	5/19	10.0	45.0	4.5	29.0	64.4	55.1	19.8	35.9	1.033
4週目	5/26	11.5	44.5	3.9	23.5	52.8	46.6	15.7	33.7	0.693
5週目	6/ 2	12.0	48.5	4.0	10.0	20.6	27.9	7.0	25.0	0.209
6週目	6/ 9	13.0	61.5	4.7	12.0	19.5	30.2	5.2	17.2	0.158
7週目	6/16	15.0	74.5	5.0	27.0	36.2	35.8	8.6	24.1	0.436
8週目	6/23	14.5	67.5	4.7	19.5	28.9	30.4	4.7	15.3	0.208
9週目	6/30	10.0	58.5	5.9	2.5	4.2	24.3	0.5	2.1	0.005
10週目	7/ 8	13.5	70.0	5.2	4.0	5.7	23.4	0.8	3.3	0.01
11週目	7/16	14.5	77.5	5.3	4.0	5.2	23.2	0.7	3.0	0.008
相関係数(rs)[5]		0.832	0.890	−0.848	−0.923	−0.937	−0.958	−0.965	−0.937	
相関係数rsの有意性[6]		○	○	○	○	○	○	○	○	

注）翌年の萌芽数は剪定切口の近くから発芽した枝を数えた。1) 翌年の萌芽数／剪定時枝数、2) 着花枝数／翌年の萌芽数×100、3) 着花長／萌芽枝長×100、4) 萌芽増加比×着花枝率×着花長率／1002、5) スピアマン順位相関係数検定による処理区との関係、6) 1%（rs=0.727）水準で有意。上記の値は2株の平均値

（ⅰ）萌芽増加比

　剪定時枝数と剪定後萌芽数の関係を萌芽増加比としてみると、花後直後は約3倍、1週目～5週目では4倍近く、6週目～11週は5～6倍になり、剪定時期が遅れるほど萌芽数が増加傾向にあった。

（ⅱ）着花枝率

　剪定後の萌芽枝数と着花枝数との関係を着花枝率として図4に示す。花後直後83％、1週目～3週目65％前後、4週目53％、5週目～6週目20％前後、9週目以降は5％程度になった。

図4│週別にみた剪定時期と着花枝率

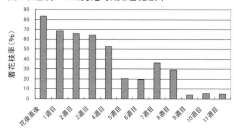

（ⅲ）萌芽枝長

　剪定処理後の萌芽枝長は、花後直後～2週目は60cm台、3週目～4週目50cm前後、5週目～8週目30cm前後、9週目～11週目は20cm台となった。

（ⅳ）着花長

　着花長をみたものが図5である。これによれば、花後直後33.4cm、1週目25.4 cm、2週目21.4cm、3週目19.8cm、4週目15.7cm、5週目～8週目7～5cmとなり、9週目以降は1cm未満となった。

図5│週別にみた剪定時期と着花長

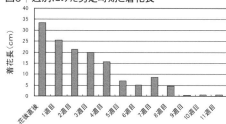

（ⅴ）着花長率

　萌芽枝長と着花長との関係を着花長率として図6に示す。花後直後約52％、1週目〜4週目35％前後、5週目〜8週目20％前後、9週目以降は3％前後であった。

図6 │ 週別にみた剪定時期と着花長率

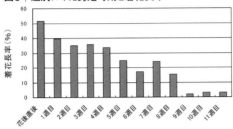

（ⅵ）花着きの総合評価指数

　花着きの総合評価指数を表3に算出してみた。これによれば、花後直後1.25、1週目1.09、2週目1.0、3週目1.03、4週目0.69、5週目0.21となり、剪定時期の早いほど花着きが良いこととなった。

（ⅶ）考察

　萌芽増加比・着花枝率・着花長率の結果により剪定時期が遅れるほど、萌芽枝数は増加するが、萌芽枝長は短くなり、着花枝率・着花長率は減少する傾向にあった。これは、剪定が遅くなればなるほど剪定後の萌芽枝が花芽分化する充実した枝とはなりにくいことを示しているものと思われた。

　花後5週目以降、11週目まででも花芽は形成されるものの、4週目までと比べると花の着く枝数とその長さが激減することから、今回の実験では花後4週目まで、つまり5月中に剪定すると、翌年の枝と花の量が比較的多くなる可能性があると考えられた。

まとめ

　シジミバナを用いて剪定時期の相違によるその後の萌芽伸長量と枝ぶりや着花枝率・着花長率などの花着きへの影響を調査し、剪定時期の限界を実験的に検証しようとした。

　既往の文献によるシジミバナの剪定適期は「花後直後[6,8,10]」から「6〜7月[5]頃」とされているが、本研究のシジミバナにおいては、株の根元から30cm程度

で2年枝以上を切り詰める更新のための剪定の場合、花後4週目まで、つまり5月中に剪定を実施すれば、翌年の枝と花の量が比較的多くなる可能性があると考えられた。

小杉[13]は10月上中旬に花芽分化する樹種としてユキヤナギ・コデマリを挙げている。本実験の供試樹種は両種の中間に開花するものであり、本実験の結果、剪定後に開花をみた株の最も遅い剪定時期が9月末であったことを考えると、本種の花芽形成時期も10月頃と考えるのが妥当である。よって、本種の剪定時期に関する研究は、バラ科シモツケ属の他の樹種にも適用可能と考えられる。

本研究では供試個体が少ないために結果に誤差が多少生じたと思われる。

なお、剪定時期の相違による萌芽枝の数の差には、根系の充実度の違いとその結果としてのサイトカイニン供給量の差が影響し、萌芽枝の伸長量の差には、剪定後の成長期の長さの差やオーキシン供給量の差が影響し、花芽形成の差には日長や気温が影響していると考えられるが、これらについては今後の課題とする。

日本造園学会 ランドスケープ研究70巻5号, pp.425〜428, 2007 掲載

参考・引用文献
1　本間啓（1951）：花木類の開花習性について：造園雑誌15（2）, 1-9
2　小杉清編（1969）：枝物、庭木（実際花卉園芸《3》）：地球出版, 90-107,126-130
3　宮澤文吾（1954）：観賞樹木：養賢堂, 115
4　石川格（1970）：図解　庭木・並木の整姿・剪定：誠文堂新光社, 284
5　岡秀樹（1975）：庭木―樹形と仕立て方：農業図書,324-326
6　建設省九州地方建設局（1978）：道路緑化計画・植栽施工・管理技術指針：九州建設弘済会, 97-99,108
7　妻鹿加年雄（1980）：花つきをよくする花木100種の剪定：日本放送出版協会, 114-115
8　日本造園組合連合会（1999）：庭木の剪定と整姿小百科：日本文芸社, 69-71
9　福田明人（1999）：観賞樹木ガイドブック：アシスト, 50
10　長岡求（2000）：non-no ガーデニング基本大百科：集英社, 184
11　小杉清（1976）：花木の開花生理と栽培：博友社,84-86,101,104-105,158-159,247,324-327
12　内田均・荻原信弘（1989）：ツツジ類における剪定・刈込み時期と花芽形成との関係について：造園雑誌52（5）, 91-96
13　文献2）,92-93　表-30主要花木の花芽分化期

2-06
街路樹における支柱の現状と
今後の課題について

はじめに

　街路樹は、単調で無味乾燥になりやすい都市の景観に潤いと安らぎを与えると同時に、都市美の構成要素としての重要な役割を担っている[1]。その街路樹には、植栽時に活着促進や倒伏防止などのために支柱が必ず施されている。しかし、支柱によって街路樹の幹が傷つき障害を受けている場面が多々見られる。

　本研究では、東京都渋谷駅周辺に植栽された街路樹にみられる支柱の型式および支柱による障害の実態調査の結果を報告する。また、諸外国の支柱の実態調査結果、日本の文献調査による支柱の除去時期などから、今後の支柱に対する課題について提言したい。

調査方法

　東京都内の繁華街である渋谷駅周辺半径500m圏内に植栽されている街路樹について、①樹種別本数、②支柱の有無、③材質別型式、④支柱の強度や支柱材・結束材の劣化状態による支柱効果の有無、⑤被害木（支柱材や結束材によって少しでも幹が傷ついたりへこみや食い込みが生じているもの）の有無を2000年10月～12月に現地踏査した。

　また、著者が過去に訪れた諸外国にみる街路樹・公園木などの支柱の実態を分析しとりまとめてみた。米国はニューヨーク・ワシントン・ヒューストン・ダラス・ロサンゼルスなどの7都市28場面。欧州はスイスのジュネーブ・ローザンヌほか、オランダのアムステルダム・ボスコープほか、ベルギーのブリュージュ、フランスのパリ・ベルサイユなどの4ヶ国11都市71場面。中国は華東地方の上海・杭州・湖州・無錫・蘇州の5都市41場面。タイ国は中央タイのバンコク・キャンペンセン・アユタヤほか、東北部タイのパクチョン・ピマーイなどの14都市111場面である。

　さらに、日本の支柱技術、特に街路樹に関わる仕様書や専門書など多数の

既往の文献の中から、支柱の目的や除去時期が明記されている22文献を選定して、支柱の除去に関する課題を模索するとともに、諸外国と日本の支柱に対する見解の相違を実態調査と文献調査の両面より明らかにして、支柱に対する課題をとりまとめ、考察することとした。

結果および考察

1 | 渋谷駅周辺における街路樹の支柱実態

(i) 樹種

　調査対象地に植栽されている街路樹は、21樹種714本（枯死木2本を含む）であった。その内訳をみると、ケヤキ151本（全本数の21％に相当する。以下同様）、モミジバフウ90本（13％）、シラカシ88本（12％）、イチョウ80本（11％）、プラタナス71本（10％）などであった。街路樹には多種多彩な樹種が用いられていることがわかった。

(ii) 支柱の型式

　各街路樹に施されている支柱の有無は、支柱あり363本（全本数中51％、以下同様）、支柱なし347本（48％）、その他枯死木2本・支柱破損2本（1％）であった。

　調査対象地にみられる街路樹種と支柱型式の実態は表1に示す通りである。

　支柱の型式は11種類あり、その内訳をみると、金属製四脚82本（全支柱中22％、以下同様）、木製二脚鳥居添柱付72本（20％）、ワイヤー製地下支柱48本（13％）、木製二脚鳥居32本（9％）、金属製二脚32本（9％）、木製三脚鳥居29本（8％）、金属製三脚27本（7％）、木製四脚鳥居24本（7％）、木製八ッ掛8本（2％）、金属製二脚6本（2％）、木製十字鳥居3本（1％）であった。

　街路樹種と支柱型式の関係は特になく、通りによって樹種や支柱の選定が行われているようであった。

　支柱の材質は、木製168本（46％）、金属製147本（41％）、ワイヤー製（地下埋設）48本（13％）であった。道路管理者別にみると、国道や都道は木製が多く、区道では金属製やワイヤー製が多かった。

　「道路緑化技術基準・同解説」[2]には、「支柱の素材は、丸太材や竹材を使用するのが一般的であるが、これは、支柱が仮設的性格が強かったこと、比較的安価で撤去が容易で、自然材料のほうが樹木に調和しやすいといった理由によるものである。このため、今後も、一般の植栽地では、丸太材等の自然素材を用いた支柱型式を採用することが望ましい。しかし、支柱が恒久施設として必要な場合や、人工的景観要素が圧倒し自然素材による支柱が景観上調和しにくい植栽地では自然素材以外の金属や合成樹脂等を用いた支柱型

式を検討するとよい。これらの支柱型式は、高価ではあるが耐久性や支持力に優れているので、支柱を半永久的に必要とする場所では、全体経費としては有利な場合もある。」と記してあり、都市景観重視から渋谷駅周辺は金属製やワイヤー製の地下支柱が多用されているものと思われる。

表1｜渋谷駅周辺にみられる街路樹と支柱型式の実態

材質	型式	樹種	本数	材質	型式	樹種	本数
木	二脚鳥居	イチョウ	4	金属	二脚	ケヤキ	6
		エンジュ	2				
		シダレヤナギ	4				
		シラカシ	2				
		プラタナス	13			合計	6 (2)
		合計	32 (9)		二脚	ハナミズキ	21
	二脚鳥居(添柱付)	アラカシ	1			モミジバフウ	11
		イチョウ	2				
		エンジュ	1			合計	32 (9)
		クスノキ	12		三脚	ケヤキ	2
		クロガネモチ	4			モミジバフウ	25
		ケヤキ	1				
		サルスベリ	1				
		シダレヤナギ	4			合計	27 (7)
		シラカバ	3		四脚	ソメイヨシノ	7
		ソメイヨシノ	19			プラタナス	21
		ハナミズキ	18			モミジバフウ	54
		プラタナス	2				
		合計	72 (20)	147 (41)		合計	82 (22)
	三脚鳥居	イチョウ	3	地下		クスノキ	1
		エンジュ	1			ケヤキ	7
		ケヤキ	2			シラカシ	28
		シダレヤナギ	13			ソメイヨシノ	12
		プラタナス	1				
		合計	29 (8)	ワイヤー		合計	48 (13)
	四脚鳥居	イチョウ	1	48 (13)			
		ウラジロモミ	1				
		エゴノキ	5				
		エンジュ	2				
		クスノキ	1				
		ケヤキ	6				
		シラカバ	1				
		プラタナス	1				
		合計	24 (7)				
	千鳥居	イチョウ	1				
		プラタナス	2				
		合計	3 (1)				
	八ツ掛	ウバメガシ	1				
		クスノキ	4				
		ケヤキ	2				
		シラカシ	1				
(66)(46)		合計	8 (2)			支柱有り合計	563 (100)

(iii) 支柱効果

支柱の効果があるか否かを支柱の強度や支柱材・結束材の劣化状態により判断したところ、全体の54％にあたる195本は、支柱としての効果が期待できないことが判明した。その上、街路樹が生長したために支柱材や結束材により、幹に傷やへこみ・食い込みができている被害木は142本（全体の39％）もあった。材質別に被害木の支柱をみると、金属製48％、木製41％、ワイヤー製4％であった。

支柱は、街路樹の植栽時に不可欠なものであるが、植栽後も放置されているケースが多く見うけられた。街路樹とともに支柱も管理するべきであろうと思われる。

2│諸外国にみる支柱実態

米国・欧州・中国・タイ国でみた支柱実態は、表2の通りである。

表2│諸外国にみる支柱実態

国名	支柱資材	ホース付きワイヤー	絶縁材巻ワイヤー	ワイヤー	ゴム帯	麻縄	パーム縄	藁縄	スポンジアルミ板	プラスチッククテイーン	ナイロンコード	テープ	鉄止め	なし挟み込み	1本	2本	3本	4本	方杖	布掛	計(%)
米国	皮付き丸太	7	-	-	14	-	-	-	-	4	-	-	-	-	7	14	-	4	-	-	25
	角材	7	-	-	11	-	-	-	14	-	-	14	-	-	21	21	-	4	-	-	46
	ワイヤー材	11	-	-	-	-	-	-	-	-	-	-	-	-	-	-	7	4	-	-	11
	鉄柱・鋼管	6	4	-	4	-	-	-	-	-	-	-	-	4	7	7	-	4	-	-	18
	計	31	4	-	29	-	-	-	18	-	-	14	4	-	35	42	7	16	-	-	100
欧州	丸太	3	1	-	32	36	4	-	4	3	-	4	-	3	56	13	13	-	3	-	88
	角材	-	-	-	-	-	-	-	-	1	1	-	-	-	-	-	-	-	2	-	2
	ワイヤー材	7	-	-	-	-	-	-	-	-	-	-	-	-	-	-	4	3	-	-	3
	鉄柱・鋼管	-	-	-	-	-	-	-	-	-	-	-	-	3	2	-	-	1	-	-	3
	計	10	1	-	32	36	4	-	4	3	3	3	-	3	58	13	17	6	1	-	100
中国	竹	-	-	10	-	27	-	2	-	-	2	-	-	-	7	17	15	2	-	-	41
	コンクリート柱	10	-	-	30	-	-	-	-	-	-	-	-	-	35	5	-	-	-	-	40
	ワイヤー材	-	-	-	-	-	-	-	-	3	-	-	-	-	2	6	-	-	-	-	7
	鉄柱	-	-	2	2	5	-	-	-	-	-	-	-	5	-	-	2	2	-	-	12
	計	10	-	12	32	34	-	2	-	-	5	-	-	5	44	28	-	2	2	-	100
タイ国	竹	-	-	-	-	-	-	-	24	-	-	-	-	1	9	7	-	4	-	-	26
	小枝	-	-	-	-	-	-	-	3	-	1	-	-	-	2	2	-	-	-	-	4
	丸太	-	-	4	1	-	-	-	25	4	-	10	-	-	5	12	-	9	2	-	44
	角材	-	-	-	-	-	-	-	3	3	-	8	-	-	-	3	6	1	-	-	14
	丸太・角材	-	-	-	-	-	-	-	2	-	4	-	-	-	2	-	3	1	-	-	6
	ワイヤー材	-	-	4	-	-	-	-	-	-	-	-	-	-	-	4	-	-	-	-	4
	鉄柱	-	-	-	-	-	-	-	-	-	-	-	-	2	-	2	-	2	-	-	4
	計	-	-	-	-	-	-	-	57	-	6	-	-	25	18	29	-	23	2	-	100

注）米国：ニューヨーク・フィラデルフィア・ワシントン・ヒューストン・ダラス・ロサンゼルス・サンフランシスコの7都市26場面の支柱分析
欧州：スイスのジュネーブ・ローザンヌ・モントルー・オランダのアムステルダム・アールスメア・デンハーグ・ボスコープ・ベルギーのブリュージュ、フランスのパリ・ベルサイユ・アンシーの4カ国11都市71場面の支柱分析
中国：華東地方の上海・杭州・湖州・無錫・蘇州の5都市41場面の支柱分析
タイ国：中央タイのバンコク・ナコンパトム・キャンペンセン・サムプラーン・サラブリー・ロップリー・ダムナン・サドゥアック・チャーム・スパンブリー・アユタヤと東北部タイのナコンラチャシマ・パクチョン・ピマーイ・ダン・キエンの14都市111場面の支柱分析

米国では[3]、添柱とワイヤー張りの2タイプが多くみられる。添柱ではゴム帯やプラスチックチェーン、テープの結束資材が用いられ、ワイヤー張りの支柱では角材や皮付き丸太・鉄柱を鉛直か弱V型に2〜4本と柱建てし、柱の上部からホース付きワイヤーでルーズに張られている。文献からは[4]、幹と支柱の結束材料として、①麻ひも②丸型ペーパーコードワイヤー③平型ペーパーコードワイヤー④絶縁材巻ワイヤー⑤プラスチックテープ⑥プラスチックチェーン⑦ゴム皮ひも・皮帯⑧ホース付きワイヤーの8タイプがみられる。

欧州では[5]、添柱とゴム帯（ワイヤー）張り・3本支柱の型式が多い。添柱は皮はぎ丸太にベルト状のゴム帯やスポンジアルミ板でできた結束金具で止められている。ゴム帯張りは、皮はぎ丸太を米国と同様に2〜3本弱V型に建て込み、柱の上部が釘止めされたゴム帯やワイヤーで張られている。3本支柱は、皮はぎ長丸太3本を木に差し込み麻縄を幹へ直接巻き付けて鋲止めされている。布掛支柱は、細い竹の支柱にナイロンコードを張りプラスチック製のストッパーで苗木を止めている。

中国は[6]、添柱・2本・3本型式の支柱が多く見うけられる。竹が育たない上海ではコンクリート柱に鋲止めされたゴム帯やホース付きワイヤーで結び止めされている。杭州や蘇州では地場材料の竹を支柱資材として用いている。逆使

いの添柱には、樹木に当て物もせず、竹に鋸目も入れず麻縄で巻かれており、結束の仕方はさまざまであった。鳥居型や2本のつっかえ棒状の支柱型式もみられる。3本支柱では、ワイヤーが幹に直接巻かれ、多数の樹木に結束資材が幹に食い込んでいる状況を目にした。

タイ国では[7]、丸太を用いた三脚・二脚鳥居支柱、竹の添柱支柱が多いが、支柱資材の逆使い、天端の叩き割れや釘打ち割れが目立ち、杉皮などの当て物も無いままにビニールテープで無造作に結ばれている。また、移植樹木の周囲に3～4本の丸太や角材を逆使いに打ち込んで各柱の天端に丸太や角材の腕木を釘止めして樹木の幹を挟み込む、結束をしない支柱も頻繁に見うけられた。

以上のように、米国の柱建てしたワイヤー張り支柱、欧州の結束金具、中国のコンクリート柱とゴム帯の支柱、タイ国のビニールテープによる結束や幹挟み込みの支柱など、各国独特な支柱技術を目にしてきた。台風や風害の少ない欧米では、わが国のような定期の台風対策上編み出された頑丈な支柱は見られず、また、樹木の移植法を異にし、根の鉢に土を余分に多くつけるので割合に倒伏が少ないという文献[8,9]からも判るように、諸外国でもその土地の気候風土や移植技術に適した支柱技術が自ずと生み出されてきたものと推察する。

3 │ 日本の支柱技術

新植された街路樹には、必ず支柱が施される。そこで、支柱の目的やその除去時期について22文献より解析することとした。

表3によれば、支柱の目的には、倒伏防止（91%）、活着促進（86%）、景観美（32%）、屈折防止（27%）、幹折れ防止（9%）などがあり、樹木の活着後も通行人や車両の保護のために支柱を残していることがうかがえる。

また、支柱の除去時期に関しては、2年後から10年後、木が根付き必要がなくなったらという漠然とした記載もあり、不明瞭であることが判明した。ただし、数年での支柱の取替えや結束直し、植栽場所の条件により継続的な支柱が必要であるという記述もみられた。

わが国で行われている支柱技術は、国および各都道府県の工事標準仕様書に則り規定されている。国土交通省（旧建設省）都市局公園緑地課が監修している「造園施工管理 技術編」[10]をみると、「植え付けられた後は樹木の活着を助ける必要がある。新しい根が伸びたところで風等による振れがあると根の伸長が阻害されるので、樹木の振れを防いだり、樹木が倒れないように支柱を取り付ける。」と、支柱の目的が述べられている。また、樹高や幹周の形状寸法により支柱の型式が定められている。さらに、支柱の取付けに当っての留意すべき点として、

1）支柱の丸太は所定の寸法を有し、割れ、腐食等のない平滑な直幹材の皮

はぎの新材とし、あらかじめ防腐処理すること。

2）支柱の丸太は末口を上にして規定通り打ち込むこと。

3）支柱の丸太と樹幹（枝）の取付け部分は、すべて杉皮を巻き、棕櫚縄で動揺しないように割り縄掛けに結束し、支柱の丸太と丸太の接合する部分は、釘打ちの上鉄線掛けとすること。杉皮は大節、穴割れ、腐れ等のない良品とし、棕櫚縄はより合わせが均等で強じんなものとする。また、支柱に唐竹を使用する場合は、先端を節止めとし、結束部は動揺しないように鋸目を入れ、交わる部分は鉄線掛けとする。唐竹は、2年生以上の指定の寸法を有し、曲がり、腐食、病害虫、変色のない良好な節止品とする。

などが挙げられている。竹や防腐処理された丸太を末口を上にして用い、幹には樹木保護のため杉皮の当て物を巻き、結束方法は棕櫚縄による伝統的なイボ結びに全国統一されている。このように、日本の気候風土や日本人の美的感覚に合った支柱技術を編み出してきた。

表3｜文献にみる支柱の目的と除去時期

No.	書名（発行所名）	年度	著者・編者	支柱の目的					支柱の除去時期
				活着促進	倒伏防止	幹折防止	景観美	幹折れ防止	
1	庭木の設計と施工（紫明荘）	1920	大屋霊城	○	○	○			2～5年後
2	造園の保護と管理（鎌山閣）	1928	中島卯三郎	○	○	○	○		3～4年後
3	日本庭園要訣（日本農林社）	1950	丹羽鼎三		○				6～7年後
4	造園工事・管理（農業図書）	1971	池田二郎	○					3年後 1）
5	植木園芸ハンドブック（養賢堂）	1973	安岡勲	○	○				2～3年後
6	造園実務修正 公共造園図③ 造園管理の実際（技報堂）	1973	北村信正	○					幹回り15cm程度で6年くらいしたら 2）
7	造園緑化の設計・施工（山海堂）	1977	川本昭雄 他3名		○				活着すれば不要 2）
8	設計・施工造園技術大成（養賢社）	1978	関口鍈太郎・新田伸三	○					3年後
9	造園ハンドブック（技法堂）	1978	（社）日本造園学会	○					丸太5～6年・唐竹2年後 3）
10	造園緑化の知識（経済調査会）	1979	印藤 孝・椎名豊勝	○					整積が良い樹木は3年後、一般5～6年後
11	蘇鉄の知恵袋（講談社）	1979	安藤吉雄	○					気が倒れたら
12	緑化・植栽工の基礎と応用（土質工学会）	1981	（社）土質工学会	○					2～3年以上
13	造園技術者考② 造園植栽の設計と施工（鹿島出版会）	1981	三上一也・相川貞晴	○					幹回り15cm前後で6年くらいしたら 2）
14	造園入門講座 第四冊 造園施工（誠文堂新光社）	1983	西村竹供	○					3年後
15	昭和62年度公共用緑化樹木植栽的最下調査報告（日本緑化センター）	1986	建設省関東地方建設局		○				不要になったら（5～6年後は必要）1）
16	公用用緑化樹木の育成管理技術に関する調査	1987	建設省		○				不要になったら（5～6年後は必要）4）
17	建築家のための造園設計資料集（誠文堂新光社）	1990	豊田幸夫	○					3～4年後
18	庭園植栽施工（加島書店）	1990	相川貞晴	○					6年後 2）
19	庭木の剪定のコツとタブー（楠舎社）	1996	（社）日本造園組合連合会		○				2年後
20	改訂 継機造園の設計・施工・管理（経済調査会）		中島栄	○					2～3年後
21	木と語る（小学館）	1999	佐野藤右衛門		○				必要がなくなったら
22	街路樹の緑化工・環境デザインと管理技術（ソフトサイエンス社）	2000	亀山章	○					5～10年後
	合　計（％）			19(86)	20(91)	6(27)	7(32)	2(9)	

注 1) 狭い植樹桝・ビル風などの強風の当たる場所では、継続的に必要　2) 2～3年で取替や結束直しが必要　3) 地盤の弱いところでは倒状の恐れがなくなるまで　4) 1～2年で取替や結束直しが必要

4｜諸外国と日本の支柱に関する見解の相違

　諸外国と日本では、支柱に関する見解の相違が見られる。

　「英国規格における造園工事の技術規準」[11]には、「1本支柱は枝下高より0.6～0.9m長い丸太を根元に立てゴムバンドで幹を2ヵ所とめる。2本支柱は同様の長さの丸太を2本立て横に渡した部分に幹をゴムで止める。樹高3～4.5m以上の場合はワイヤーの3本がけとする。わが国よりも植栽の規格が小さいこと、強風の発生頻度が低いことなどの理由により、支柱は全般に簡易・軽少である。」と記載されており、あくまでも活着後は支柱を除去することを前提にしていることがうかがえる。

また、「幼木のルーズな支柱は風によって幾らかの振動が認められる。振動は幹を強く発育させるのを助ける。」[12]、「2本の支柱には、幹が風に対して少し動く程度の固定で、十分にゆるく曲がりやすいしなやかなプラスチック（合成樹皮）製のひもかコードを用いて結ぶ。」[13]、「柱のある高さに幹をゴム皮紐で結ぶ。この紐は、時々しなやかに曲がることも必要である。普通は、第一の生育時期を終えたら、できるだけ早く補助の柱を取る。」[14]、「注意深く支柱を見て下さい。その紐は幹が成長するに従ってぴったりと締まってきます。すると、紐は樹皮に食い込んだり、幹を傷つけやすく、栄養分の流れを抑制し、木を弱くします。そこで、支柱と幹との間には輪を作り紐を巻きつける。支柱は木を元気にするために行うが、長い間装着させるとその成長が劣るかもしれない。支柱の取外しは、支柱を取除いても強い風に負けず倒れないか、木自身が発育を認め力強く独立していけることを確認してから行う。」[15]、「大抵の場合、周囲の土壌中に安全に根が生長した時に、つまり、一年生育した後に支柱を外す。」[16]、と記してある。

このように、諸外国では、支柱はあくまでも活着までの仮設物であり、除去することを前提としているため、簡易な方法が取られていることが判明した。先述したわが国の、活着後も倒伏防止等を目的に、継続的に使用するための頑丈さと美しさを兼ね備えた支柱技術とは大きく異なっている。

しかし、近年、日本樹木医会が外国の文献を翻訳した指導書を多数発刊している。その中に、「樹木の形状が小さく、風にしなり土中にしっかりと立つ場合には支柱を設けてはならない。樹木が不安定な場合には上部が風にしなるようできるかぎり低い位置で支柱を設けるのが良い。支柱には様々な方法と材質があるが、肝心な点は樹木をしならせることであり、枯死するほど強く締め付けてはならない。」[17]、「根は養分を吸収するだけでなく、木を支えるために発達します。幹がしっかり固定されていると、根は幹を支えようとしなくなるので、支柱をはずすと簡単に倒れてしまいます。幹が少し揺れる程度の支柱にすると、根も木の揺れに応じて幹を支えようとして必要な方向へ発達します。」[18]、「誤解植栽後、樹木を頑丈に固定すること。支えが必要であっても、樹木が揺れ動けるように支持しなければならない。Dr. Anthony J. Trewavasの研究は、揺れ動くことで蛋白質とカルシウムの結合が促され、したがって細胞壁が丈夫になることを示した。」[19]、というのがあり、日本で行われているがっちり固定型の支柱技術を批判している。

また山本は[20]、「台風の来襲の多い日本では、街路樹への支柱は避けられない。また、日本特有の鳥居型の支柱が真新しい丸太で組み上げられている風景はそれなりに許容できる。しかし、支柱はあくまでも仮設である。根が十分に伸長して風倒の恐れがなくなった時点で、速やかに取り外すことを前提にし

ている。ところが現実には、支柱を結束している棕櫚縄がすり切れ、丸太は腐朽して樹木に寄りかかったり、幹に食い込んだりして用をなさなくなっているにもかかわらず、放置されている街路樹をよく見かける。これは街路樹管理者の責任である。活着までのリハビリが終了したならば不要な支柱は取除き、継続的に必要なものは結束直しや更新を行うなど、支柱に対する定期的な点検と計画的な処理が不可欠である。」と、支柱取付け後の管理も街路樹管理者が責任をもって行うべきであると指摘している。

さらに海老根らは[21]、植付けてかなりの年数を経ていながら支柱がかかったまま放置されている実態を懸念し、風の影響と支柱の効果についての実験を行い、「支柱を掛け、風を当てた場合には、地上部の成長が全体的に抑制されていた。」と導き出している。

諸外国と日本の支柱に対する見解の相違は、それぞれの気候風土や国民性に基づいた経験則の結果であろう。このようなことを鑑み、日本に適する支柱のありかたを科学的な視点により根本的に考えるべき時期にきているのではなかろうか。

おわりに

本研究は、街路樹の支柱はどのような実態にあるのかを調査し、文献による支柱の除去時期などから、今後の支柱に対する課題について提言するものである。

渋谷駅周辺の街路樹の半数には支柱が施されているが、支柱の過半数に効果がみられず、逆に39％の街路樹にへこみや食い込みの害を及ぼしていた。文献においても支柱の除去時期は、2〜10年後と幅が広く、また、植栽条件によっては除去しない場合もみられ、植栽時に施された支柱をその後どうすべきかという明解な基準が定められていないため、このような現象が起こっているのであろう。科学的な根拠に基づく支柱の取扱いの統一見解を確立し、街路樹の植栽後の維持管理内容（剪定、病虫害防除など）の一環として支柱の管理をも行うべきである。

都市における街路樹は貴重な緑である。その緑が生き生きと生育できるように支柱の取扱いに関して今後検討していくことが課題であると考える。

日本造園学会 ランドスケープ研究 66巻5号, pp.495〜498, 2003 掲載

参考・引用文献
1 　東京農業大学造園学科編（1985）：造園用語辞典：彰国社, 114
2 　東京都建設局特別区土木主幹課長会（1988）：道路緑化技術基準・同解説：（社）日本道路協会, 185

3　内田均（1989）：米国で見た造園技術について―造園道具と支柱技術の一事例―：日本造園学会関東支部大会研究・報告発表要旨第7号, 15-16

4　Sunset Books and Sunset Magazine編（1963）：Basic Gardening Illustrated：Sunset、109

5　内田均（1990）：欧州で見た造園技術について―造園道具・支柱技術・囲い技術の一事例―：日本造園学会関東支部大会研究・報告発表要旨第8号, 31-32

6　内田均（1992）：中国（華東地方）で見た造園技術について―造園道具・支柱技術・囲い技術の一事例―：日本造園学会関東支部大会研究・報告発表要旨第10号, 19-20

7　内田均（1997）：タイ国（中部・東北部地方）で見た造園技術について―造園道具と支柱技術の一事例―：日本造園学会関東支部大会研究・報告発表要旨第15号, 43-44

8　山崎盛司（1990）：第6回 都市緑化と街路樹 緑の町づくりは街路樹から：月刊公園緑地建設産業、15

9　上原敬二（1974）：造園大系第6巻 植栽・並木：加島書店, 112-113

10　建設省都市局公園緑地課（1998）：改訂22版 造園施工管理技術編：日本公園緑地協会, 242-248

11　奥水肇（1980）：英国規格における造園工事の技術規準：造園雑誌43（4）, 23-27

12　Robert L. Stebbins（1983）：Pruning How-To Guide for Gardeners：HPBooks, 57

13　Joseph F. Williamson（1987）：Western Garden Book: Sunset, 178

14　Barbara Ferguson（1982）：All About Trees：Ortho Books, 29

15　Maureen Williams Zimmerman（1987）：Basic Gardening Illustrated：Sunset, 109

16　文献14）：28

17　Alex L. Shigo, 日本樹木医会訳・編（1996）：現代の樹木医学　要約版：日本樹木医会, 104

18　堀大才（2000）：木を診る木を知る（現代農業から転載）：日本緑化センター, 10-11

19　Alex L. Shigo, 堀大才・三戸久美子訳（1997）：樹木に関する100の誤解：日本緑化センター, 10

20　山本紀久（1998）：街路樹：技報堂, 67

21　海老根晶子・藤井英二郎・三島孔明（2002）：ユリノキの生育に及ぼす風の影響と支柱の効果に関する実験的研究：ランドスケープ研究65（5）, 475-478

支柱と植え桝が
街路樹の幹形に及ぼす影響

はじめに

　街路樹は、都市美の構成要素として重要の役割を担い、また生態的・環境保全的にも大きな機能を担っている。

　その街路樹には、植栽時に倒伏防止などのために支柱が施される。しかし、施された支柱が長期間放置され、樹幹が変形している状況を多く見かける。一方、街路樹の植栽空間である植え桝の形が樹形に与える影響も考えられる。

　本研究は、支柱の有無と植え桝の形が街路樹の幹形に及ぼす影響を明らかにしようとするものである。

調査方法

　東京農業大学世田谷キャンパス周辺半径1.5km以内に植栽されている街路樹について、①樹種別本数、②支柱の有無、③支柱接面とその上下20cmの幹周および道路に対する平行・直交2方向の幹直径（支柱がはずされている場合は地上100cmを支柱接面としその上下20cmの幹直径と幹周を測定）を調べ、支柱による幹への影響の有無及び植え桝の形と樹冠の関係について検討をした。なお、現地踏査は2004年6〜11月に行い、計測は、幹の直径については輪尺（最大60cmまで計測可能。目盛は2mm間隔）を、幹周については巻尺を使用した。

結果および考察

1 | 樹種

　調査対象地の街路樹は10樹種1,096本であった。その内訳をみると、モミジバフウ235本（全本数の21%、以下同様）、ソメイヨシノ215本（20%）、フウ202本（18%）、アキニレ117本（11%）、イチョウ95本（9%）、ハルニレ89本（8%）、ハナミズキ81本（7%）、ケヤキ39本（3%）、ヤマモモ17本（2%）、シラカシ6本（1%）であった。

2 | 支柱の有無

調査対象地における1,096本の街路樹中、支柱が施されていたものは276本（全体の25%、以下同様）、除去されていたものは820本（75%）であった。

支柱型式は、276本中シラカシ6本（2%）のみが十字型鳥居支柱で、その他はすべて鳥居型支柱（添木付き、金属製支柱も含む）であった。

3 | 直径及び幹周

表1は、樹種別に示した幹径の計測値の平均である。幹直径の平行／直交の比と、幹周の上／下の比のいずれも平均値に有意差はなかった。

表1｜樹種別にみた幹径の平均計測値

樹種名	本数	幹周 (cm)	直径(cm) 平行	直径(cm) 直交	平行/直交 ※1	幹周 支柱 上／下 ※2
モミジバフウ	235	97.6	31.9	28.0	1.14	0.93
ソメイヨシノ	215	98.6	31.1	30.2	1.05	0.97
タイワンフウ	202	92.8	29.3	28.3	1.03	0.93
アキニレ	117	60.0	19.0	18.6	1.02	0.96
イチョウ	95	105.2	33.4	32.4	1.03	0.96
ハルニレ	89	43.2	13.5	13.4	1.01	0.94
ハナミズキ	81	44.3	14.0	13.3	1.06	0.96
ケヤキ	39	145.9	46.1	46.9	0.98	0.95
ヤマモモ	17	59.9	19.3	17.8	1.08	0.96
シラカシ	6	55.2	16.9	17.3	0.98	0.96

(i) 支柱による成長阻害

通常幹は、下方が太く上方が細い。今回の形状測定結果も平均値においてはそのようになった。しかし個別にみると、支柱が施されたままの街路樹の中に、写真1に示すように支柱接面より上方が顕著に太くなるものが認められた。このことは支柱の除去されていた街路樹では見られなかった。

そこで、樹種ごとに上／下比と幹周の関係を散布図に表した。図1・2は上述の現象が多くの個体で見られた2樹種について示したものである。

ハナミズキ、アキニレともに上／下の値が1より大きい、すなわち下方より上方が太いものは、支柱を施してあるものに見られ、支柱のないものには全くあるいはほとんど見られなかった。

その要因としては、①支柱で樹幹を締め付けることにより、結束部より下方に光合成で作られた糖などが送られにくくなって支柱上部にたまり、太くなること[1,2]、②結束部より下は揺れず結束部より上のみが揺れるため、力学的適応とし

て上部の方が大きな成長反応を示し、結果として上下の成長量に差が生じたこと[3,4,5]、が考えられる。

写真1│天人棒より上が著しく太くなっているソメイヨシノ

図1│ハナミズキの支柱有無別の上下の比較

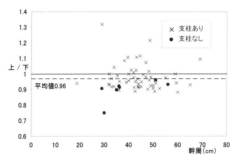

図2│アキニレの支柱有無別の上下の比較

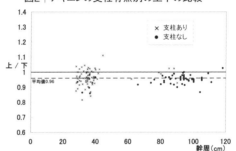

(ii) 植え桝の形による樹木の成長

植え桝の形状と樹冠の重なりを樹種別にみたのが表2である。このように4型式に分類できた。

表2│植え桝の形状と樹冠・樹幹との関係

型式	植え桝		樹冠の重なり		成長の偏り[*1]	樹種
	形状	低木	直交方向	平行方向		
A	長方形	有	無	無	+4%	ハナミズキ、フウ、イチョウ、ハルニレ、アキニレ、ヤマモモ
B	長方形	無	無	有	-2%	ケヤキ
C	長方形	有	有	有	+5%	ソメイヨシノ
D	円形	無	無	無	-2%	シラカシ

注1) ＋は平行方向　－は直交方向への成長の偏りの度合

　表1の幹直径の平行／直交の比より、ほとんどの樹種で平行方向の幹直径の方が直交方向の幹直径より大きいことがわかった。

　街路樹は車道と歩道に挟まれ、植え桝の形は、道路の平行方向に大きく、直交方向に小さくなっているものが多い。そのため、街路樹の根が伸びる方向に偏りが生じ、その結果、樹幹径の平行方向と直交方向に差が生じ平行方向の方が大きくなったものと考えられる。

　一方、ケヤキとシラカシでは、直交方向の幹直径のほうが平行方向より平均値で大きくなっていた。

　ケヤキは幹周が100cmをすべて超えており、樹冠が車道上に張り出していた。平行方向は隣りの樹冠と重なるため、風による平行方向への揺れが抑えられ、また、樹冠が広がっていることで直交方向に引張りと圧縮の力を受けて幹の成長が大きくなったものと考えられる。

　シラカシは、植栽されて間もなく、かつ植え桝の形状も円形であることから、根の伸長はほぼ均等となって、その場の主風方向に反応したものと推察される。

おわりに

　本研究により、街路樹の植栽環境である植え桝や支柱が幹の成長に及ぼす影響の大きいことが判明した。とくに支柱による幹形の変形は幹折れや幹の腐朽を誘発しかねない問題である。

　支柱による変形は、長期間除去せずに放置した現われであり、適切な除去管理を行えば、発生を防げるものである。

　街路樹は、都市にとって必要不可欠なものであり、人との共存が強く求められるものである。ゆえに、安全の面からも再度街路樹のあり方を考えるべき必要があろう。

日本造園学会関東支部大会事例・研究報告集第23号, 2005 掲載

参考・引用文献
1　Claus Mattheck訳 藤井英二郎・宮越リカ（1998）：樹木からのメッセージ：誠文堂新光社, 2-4
2　堀大才・岩谷美苗（2002）：図解　樹木の診断と手当て：農文協, 157
3　Claus Mattheck訳 堀大才・三戸久美子（2004）：樹木のボディーランゲージ入門：街路樹診断協会, 108
4　Claus Mattheck訳 堀大才・三戸久美子（2004）：樹木の力学：青空計画研究所, 76
5　Claus Mattheck（1998）：Design in Nature：Learning From Trees：Springer Verlag Berlin Heidelberg, 54-55

ヘリグロテントウノミハムシによる
ヒイラギモクセイの被害に及ぼす
剪定時期の影響

はじめに

近年の緑化害虫の対策では、健康被害への配慮やIPM導入の観点から、薬剤散布等の化学的防除以外の方法も検討されてきた（田中. 2010；環境省水・大気環境局土壌管理課農薬環境管理室, 2018）。緑化樹害虫の物理的防除手法の先行研究として、真梶ら（1987）はサンゴジュ *Viburnum odoratissimum* を剪定し、サンゴジュハムシ *Pyrrhalta humeralis* の越冬卵を除去することで剪定作業により被害を制御できる可能性を示した。

ヘリグロテントウノミハムシ *Argopistes coccinelliformis*（以下、本種）は、モクセイ科Oleaceaeのヒイラギモクセイ *Osmanthus × fortunei*、ヒイラギ *Osmanthus heterophyllus*、ネズミモチ *Ligustrum japonicum* を好み（井上・真梶, 1989a；井上, 2004）、特にヒイラギモクセイに著しい被害をもたらす（井上・真梶, 1989b）。井上・真梶（1989a）による千葉県松戸市と東京都葛飾区における調査によると、本種は新葉が伸び始める3月中旬から4月上旬に越冬成虫が現れ、4月中旬から5月上旬にピークを迎える。新葉に産下された卵は10日前後で孵化し（井上, 2004）、潜葉性の幼虫は1カ月前後の間に3齢を経てから土中で蛹となり（田村・竹内, 1992；井上, 2004）、6月中旬頃から新成虫が出現する（井上・真梶, 1989a）。本種は好んで新葉を利用するため（井上・真梶, 1989a；井上, 1991）、ヒイラギモクセイの新葉の発生量が被害に影響する。このことは、剪定作業により被害を軽減できる可能性を示唆している。

本研究ではヒイラギモクセイの生垣内に剪定時期が異なる隣接する区を設けて、本種による被害状況を調査した。調査期間を通じて成虫は隣接する区間を移動し加害するため、本研究は剪定による卵や幼虫の除去効果を検証したものではない。異なる時期の剪定による新葉（新枝）の発生量とハムシの発生経過の同調の程度を調査し、被害に及ぼす剪定時期の影響を明らかにすることを目的とした。

材料および方法

1│調査場所と各区の剪定条件

　調査地は東京都世田谷区の東京農業大学世田谷キャンパスで、調査期間は2019年3月25日から7月11日である。キャンパスの外周の塀に沿って植えられたヒイラギモクセイの生垣において調査対象として20ブロック（A～T）を設定した（図1a）。各ブロックは原則として長さ4mの生垣であるが、2つのブロック（Q・R）では、離れた場所で合計4mを確保した。ブロック内の樹高は中央値で1.9m（範囲1.4～2.7m）であった。

　ブロック内を長さ1mの4区に分け、（1）無剪定区（2）3月剪定区（3）4月剪定区（4）5月剪定区（以下、3月区 4月区 5月区とする）とした。ブロック内における各区の位置関係は無作為に設定した。

　剪定は1m幅の生垣に上面と側面の2箇所に施した（図1b）。2つの面の間で新葉の発生量に差がある可能性が考えられたため、上面と側面それぞれに40cm × 80 cm（0.32㎡）の観察を行う範囲（以下、観察範囲とする）を設定した。

　剪定方法は、切詰め（枝抜きを含む）仕立てとし、3月区は3月12日、4月区は4月11日と12日、5月区は5月16日～19日に剪定を実施した。

調査項目

1│成虫の発生経過

　成虫数のカウントは、3月25日、4月（2日、6日、12日、16日、21日、27日）、5月（3日、12日、19日、27日）、6月（4日、11日、18日、25日）、7月（2日、9日）の合計17回実施した。20のブロック内において日中に目視で確認された個体を計数した。本種成虫は寄主植物から離れることは少ないと考えられたので調査時間帯は特に定めなかった。新成虫は羽化からしばらくの期間は上翅の黒色が弱くやや赤みを帯びているが、今回は越冬成虫と新成虫は区別せずに計数した。

2│新葉もしくは新枝数の発生経過

　新葉もしくは新枝数の調査は4月（6日、11日、16日、21日、26日）、5月（3日、12日、19日、27日）、6月（3日、11日、25日）、7月5日の合計13回実施した。毎回の調査で各区の上面と側面の観察範囲において、4月 6日から4月 26日までは新葉数を計数し、5月3日以後は新葉数の計数が困難になったことから新枝数を計数した。

3 | 成虫による被害率と産卵率

成虫による被害率と産卵率の調査は、無剪定区と3月区は4月（6日、11日、16日、21日、26日）、5月3日の合計6回。4月区と5月区はこれら6回に5月（12日、19日、27日）、6月（3日、11日）を加えた合計11回実施した。無剪定区と3月区では、5月3日以降は新葉の密度が高まったこと、成虫による加害が激しく産卵の有無を正しく判断できなかったことから調査を中止した。

被害率は観察範囲における新葉数に対する被害数、または新枝数に対する被害枝数の割合（%）とした。新枝についてはいずれかの葉に被害があれば被害枝とした。産卵率についても被害率と同様に算出した。

4 | 幼虫による被害率

成虫の加害痕は不定形であるが（図1c）、潜葉性である幼虫は線状の加害痕を示す（図1d）。幼虫による被害率の調査は4月26日、5月（3日、12日、19日、27日）、6月（3日、11日）の合計7回実施した。被害率の算出方法は成虫の場合と同様である。

図1 | 調査場所および成虫と幼虫の加害痕

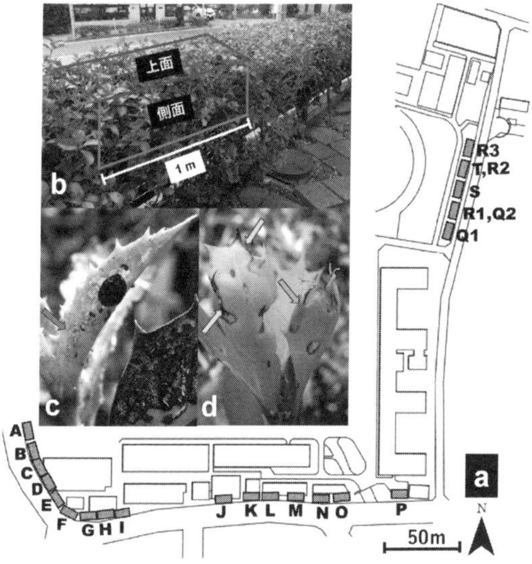

5 | 成虫と幼虫を区別しない被害率

新成虫が多数出現すると葉の被害が著しくなり、成虫による加害と幼虫による加害の区別が困難になったため、6月25日と7月5日は、成虫と幼虫を区別せずに加害痕のある新枝数を計数し被害率を求めた。4区の間で被害率が異なるか否かを調べるため、時系列データに対する一般化線形混合モデル（以下、

GLMM）を作成した。区間で被害率に有意差（p<0.05）が認められた場合には4区のすべての組み合わせでモデルを作り、AIC（赤池情報量規準）の最小となるモデルを選択した。

6│目視による被害率

　成虫と幼虫による被害率は新葉や枝上の葉のいずれかに加害痕があるか否かによる評価である。各区において上面または側面の全面積に対する被害面積の割合を目視によって調べ、12段階（0%、5%に加えて10%～100%は10%単位）で評価した。ただし剪定により十分に新葉が発生していない時期の区は調査から除外し、5月9日は無剪定区と5月区、6月3日は無剪定区と3月区、6月18日と7月5日は無剪定区、3月区、4月区を調査対象とした。

結果

1│成虫の発生経過

　成虫の発生消長を図2に示した。越冬成虫は調査初日の3月25日から確認され、4月21日にピークを迎えた。新成虫が確認されるようになった6月は個体数が急激に増加し、6月11日に2度目のピークを示した。そして6月25日以降大きく減少した。

図2│成虫の発生消長

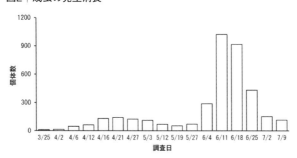

2│新葉もしくは新枝数の発生経過

　各区における新葉数もしくは新枝数の推移を図3に示した。無剪定区の新葉数は4月21日までは増加を示し、4月26日にわずかに減少した。5月3日以降の新枝数は上面で39.0本～54.7本、側面で21.2本～26.5本の間を推移した。3月区は剪定の影響で4月6日の葉数は区の中で最も少なかった。その後、葉数は緩やかに増加し、4月26日に大きく増加した。5月3日以降、枝数は

上面で35.6本〜44.4本、側面で22.9本〜28.1本の間を推移し、上面は無剪定区に比べ少ない傾向があった。4月区では、剪定後の葉数、枝数は区の中で最も少なかったが、剪定から1ヶ月ほど経過した5月19日以降は枝数が増加した。枝数は上面で30.2本〜37.6本、側面で16.0本〜19.6本の間を推移し、上面、側面ともに無剪定区や3月区よりも少ない傾向があった。5月区の初期の葉数の動向は無剪定区と同様であったが、剪定を実施した5月19日以降の枝数は上面で6.9本〜9.5本、側面で1.9本〜4.8本の間で推移し、他の区に比べ少なかった。

図3│新葉および新枝数の推移 (平均値)

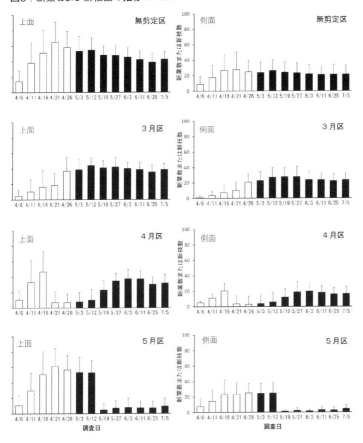

　結果として、調査期間中の新葉数、新枝数は5月区が最も少なく、次いで4月区、3月区、無剪定区の順となった。いずれも上面に比べて側面の新葉数と新枝数が少なかった。

図4│成虫による被害率の推移

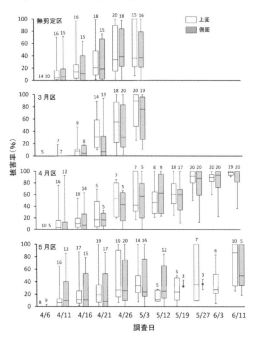

注）ラインは中央値、箱上の数値は解析に用いたブロック数。無剪定区と3月区の5月12日から6月11日は未調査。4月6日から4月26日は新葉数、5月3日以降は新枝数。ブロック数が2つ以下（3月区−4月6日−側面ならびに5月区−6月3日−側面）は削除し、ブロック数が3の場合は最大値と最小値、および中央値を＊で示した。

図5│産卵率の推移

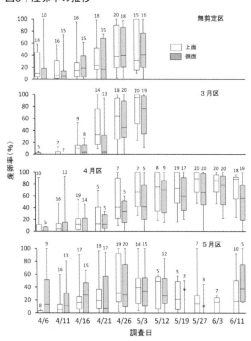

注）数値は解析に用いたブロック数。無剪定区と3月区の5月12日から6月11日は未調査。4月6日から4月26日は新葉数、5月3日以降は新枝数。ブロック数が2つ以下（3月区−4月6日−側面ならびに5月区−6月3日−側面）は削除し、ブロック数が3の場合は最大値と最小値、および中央値を＊で示した。

3│成虫による被害率と産卵

　成虫による被害率の推移を図4に箱ひげ図（箱は四分範囲、箱内ラインは中央値、エラーバーは最小値と最大値）で示した。なお新葉数もしくは新枝数が5以下であった区は外して解析した。被害率は新葉を対象にした4月26日まではすべての区で月日の経過に伴い増加した。同じ区内でもブロック間の変動は大きく、例えば無剪定区4月26日の上面について中央値は33.9％であるが、100％の被害率を示すブロックもあった。新枝を対象にした5月3日の被害率の中央値は、無剪定区で上面36.4％、側面37.1％、3月区で上面89.6％、側面で76.2％、4月区で上面41.9％、側面57.1％、5月区で上面33.8％、側面23.5％となり、3月区で高い傾向があり、上面において3月区と5月区の間で有意差が認められた（p=0.014、Mann-WhitneyのU検定による多重比較でBonferroni補正）。

　5月12日以降の被害率を記録した4月区と5月区で比較すると、4月区は6月になって新成虫の出現に伴い被害が顕著になった。一方5月区は剪定後も継続して新葉の数が少ないブロックが多く、被害率は低く推移したが、6月11日の時点では上面86.8％、側面50.0％に増加した。

　次に産卵率の推移を図5に示した。産卵率の動向は被害率と類似し、5月区を除き月日の経過に伴い増加した。3月区は他の区に比べ5月3日の時点での産卵率が高い傾向があり、統計的には上面において5月区との間で差が認められた（p=0.016、Mann- WhitneyのU検定による多重比較でBonferroni補正）。5月12日以降の産卵率を記録した4月区と5月区で比較すると、4月区は上面において5月27日以降で80％以上の高い産卵率が続いた。5月区では剪定以降は産卵率が増加せず6月11日の被害率は中央値で上面18.3％、側面37.5％であった。

図6│幼虫による被害率の推移

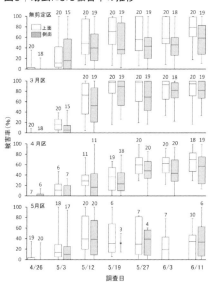

注）数値は解析に用いたブロック数。4月26日は新葉数、5月3日以降は新枝数。ブロック数が2つ以下（5月区−6月3日−側面）は削除し、ブロック数が3の場合は最大値と最小値、および中央値を＊で示した。

4│幼虫による被害率

　幼虫による被害率の推移を図6に示した。なお新葉数もしくは新枝数が5以下であったブロックは外して解析した。無剪定区の被害率の中央値は5月12日以降、上面で48.7％〜79.1％、側面で37.0％〜58.8％の間を推移し、中程度

の被害が続いた。3月区では5月19日以降は高い被害率が続き、中央値は上面で90%以上、側面で69.1%～88.9%の間で推移した。

4月区は剪定後の新葉の回復が遅れたブロックがあったが、5月27日以降の被害率は上面で59.6%～70.1%、側面で43.4%～56.8%の間を推移し、中程度であった。これら3つの区に対し、5月区は剪定後の被害率が上面で19.2%～34.3%、側面で33.3%～38.9%の間を推移し、他の区よりも低い傾向があった。したがって、幼虫による被害率は、3月区で高く、5月区で低く、無剪定区と4月区はそれらの中間に位置することが示された。

5 | 成虫と幼虫を区別しない被害率

6月25日と7月5日の被害率を図7に示した。6月25日、7月5日ともに各区の被害率の中央値は、いずれの区でも80%以上を示し、特に4月区は両日の上面、側面ともに100%であった。ただし5月区は、剪定からの新枝の増加がみられず6枚以上のデータが得られたブロックは少なかった。

図7 | 成虫と幼虫を区別しない被害率

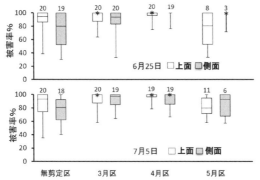

注）数値は解析に用いたブロック数。ブロック数が3の場合は最大値と最小値、および中央値を＊で示した。また中央値が四分範囲と重なる場合にも＊で示した。

表1 | 6月25日と7月5日の被害率におけるGLMMによる剪定処理の効果

	F 値	p 値	選択されたモデル
上面	5.4	0.003	[無-5]-3-4
側面	7.1	<0.001	無-[3-5]-4

GLMMによる剪定処理の効果判定では、上面、側面ともに区間に差が認められ、モデルの組み合わせでは、上面では無剪定区と5月区には差がないと仮定する組み合わせで、側面では3月区と5月区には差がないと仮定する組み

合わせでAIC値が最小となった（表1）。これらの結果から、4区の中で4月区における被害率が最も高いことが示された。

表2｜目視により評価した各区の被害率（中央値）の比較

調査日	上面					側面				
	n	無剪定区	3月区	4月区	5月区	n	無剪定区	3月区	4月区	5月区
5 月 9 日	19	30			30	19	20			20
6 月 3 日	20	45a	90b			20	10a	40b		
6 月 18 日	20	50a	80b	80b		20	25a	50b	50b	
7 月 5 日	20	50a	80b	80b		19	30a	60b	70b	

注）5月9日と6月3日はWilcoxon符号順位検定、6月18日と7月5日はWilcoxonの符号順位検定による多重比較でBonferroni補正を行った。各調査日における異なるアルファベットは有意差（p<0.05）があることを示す。

6｜目視による被害率

　目視により評価した各区の被害率（中央値）を表2に示した。5月9日はブロックEの無剪定区の側面、上面とも新葉が少なく、また7月5日はブロックPの無剪定区の側面で欠測があったため、これらのブロックを除いた19ブロックを対象としたが、それ以外はいずれも20ブロックを対象として被害率の中央値を求めた。その結果、5月9日の時点で剪定が行われていない無剪定区と5月区では中央値に差はなかった（Wilcoxonの符号順位検定：p>0.05）。6月3日は無剪定区と3月区で差があり（Wilcoxonの符号順位検定：p<0.01）、それ以降の2回の調査では無剪定区に比べ3月区と4月区で被害率は高かった（p<0.05、Wilcoxonの符号順位検定による多重比較でBonferroni補正）。また、側面に比べ上面の被害率は全体的に高い傾向が認められた。

考察

1｜成虫と新葉の発生経過

　越冬成虫は井上・真梶（1989a）と同様に3月下旬から確認され、4月中下旬にピークを示した。一方、井上・真梶（1989a）における新成虫は、6月中旬ごろから地上にあらわれ、6月下旬ごろにピークとなり7月中下旬に大きく減少しているが、今回の調査では6月上旬に出現、中旬にピークを示し、7月上旬に減少した。本調査で新成虫の発生時期が早かった原因については気象条件の違いなども考えられるが詳細は不明である。

　本調査では、新葉や新枝の発生量は無剪定区、3月区、4月区、5月区と剪定時期が遅くなるほど減少する傾向があり、剪定時期の早晩がその後の葉芽形成に影響を与えたと考えられる。

　5月3日の時点での成虫による被害率と産卵率は3月区で高い傾向があり、これは剪定後の新葉の発生時期と成虫の発生時期が重なっていることが原因と思われた。また4月区において新成虫が出現した6月以降に顕著な被害が生じ、産卵率でも5月27日以降は上面において80％以上の高い値が続いた。井上（2004）は、本種の越冬成虫は寿命が長く関東地方では新芽が存在すれば9月頃まで産卵が認められるとしたが、本研究でも本種の長い産卵期間が4月区における高い産卵率をもたらしたと考えられる。一方、5月区が全体的に被害率、産卵率ともに低かったのは、新葉の増産が遅れたために隣接する新葉が豊富な4月区に成虫が移動したためかもしれない。なお新成虫数が大きく増加した6月11日になって被害率が高まっている。

　幼虫による被害率は3月区で高く、5月区で低かった。3月区では5月以降の高い産卵率が反映し、5月区では成虫による被害率の低さに加えて剪定による卵や幼虫の除去が反映された可能性が考えられる。

　6月25日と7月5日に調べた成虫と幼虫を区別しない被害率は4月区が高かったが、これは新成虫の発生時期に新葉が増加したことによるものと思われる。5月区は、6月11日まで越冬成虫や幼虫による被害率が低かったにもかかわらず高い値を示したが、これは新成虫による展開したばかりの新葉への集中的な加害によるものと考えられる。

　6月18日と7月5日の目視による剪定範囲の被害率は3月区や4月区で高く、成虫や幼虫の被害率の結果と一致している。また、被害率は上面で高い傾向があった。これは新葉や新枝が側面に比べ上面で多いためと考えられた。

剪定適期

　ヒイラギモクセイの剪定適期については、開花（10月頃）後から春の芽吹きのころまで（庵原、1985）、5月〜6月と9月〜10月（北村ら、1982：伊佐ら、1984）、3月と5月〜7月中旬（輿水ら、1998）のように、文献により違いがある。本研究では3月区は剪定後に発生した新葉への越冬成虫による加害と産卵、それに伴う幼虫の加害が多く発生した。4月区は、新葉数が増してからの主要な産卵対象となり、5月後半から幼虫により激しく食害され、併せて新成虫の発生と新葉の発生の時期が重なったことで6月以降の著しい被害がもたらされた。これらのことから、3月ならびに4月の剪定は実施すべきではないと判断される。これらに比べて5月区の被害が少なかったが、剪定による卵や幼虫の除去効果については、今回検証できなかった。また生垣のヒイラギモクセイの剪定は樹形の整理に加えて葉の密度が疎にならないよう脇芽を出させる目的があるが、5月の

剪定が新葉の生産に与える影響については未調査である。最適な剪定時期の究明には、新葉の生産量と本種による被害についてさらに調査の継続が必要と思われる。

都市有害生物管理11巻2号, pp.59〜68, 2021 掲載

参考・引用文献

1 庵原遜（1985） モクセイ, 朝日園芸百科18庭木編II北村文雄（編）, pp.119-121. 朝日新聞社、東京

2 井上大成（1991） ヘリグロテントウノミハムシの生活史に関する研究V. 産卵に及ぼす新芽と成熟葉の影響, 日本応用動物昆虫学会誌35：213-220.

3 井上大成（2004） テントウノミハムシ属2種による被害と防除（特集・樹木の害虫と防除）, グリーン・エージ31（8）：12-16.

4 井上大成・真梶徳純（1989a） ヘリグロテントウノミハムシの生活史に関する研究I. 種々の寄主植物上での加害様相と発生経過, 日本応用動物昆虫学会誌33：217-222.

5 井上大成・真梶徳純（1989b） ヘリグロテントウノミハムシの生活史に関する研究II. 寄主植物と発育, 日本応用動物昆虫学会誌33：223-230.

6 伊佐義朗・浅野二郎・伊藤英夫・高田貞夫・中島秋平・川西玉夫（1984） 生垣樹の樹種別解説, 竹垣と生垣（浅野二郎他）, pp.260-285. ワールドグリーン出版, 熊本県

7) 環境省 水・大気環境局 土壌管理課農薬環境管理室（2018） 公園・街路樹等病害虫・雑草管理マニュアル〜農薬飛散によるリスク軽減に向けて〜, 55pp.

8 北村文雄・輿水肇・中村恒雄・藤田昇（1982） 都市樹木大図鑑, 545pp. 講談社, 東京

9 輿水晶子・半田陵子・斉藤哲郎（編）（1998） 緑のデザイン図鑑：配植のテクニックと作庭の手法：樹木・植栽・庭づくり：建築知識 別冊, 461pp. 建築知識, 東京

10 真梶徳純・安蒜俊比古・天野洋・布川美紀（1987） サンゴジュハムシの被害発生に及ぼす剪定作業の影響, 日本応用動物昆虫学会誌31：395-397.

11 田村正人・竹内美紀（1992） ヘリグロテントウノミハムシの発育零点および有効積算温量, 家屋害虫14：82-87.

12 田中寛（2010） 緑化樹害虫のIPM, 生活衛生54：204-212.

2-09

ソメイヨシノの並木に生じた
自根発生による生育障害

はじめに

　サクラは、生育の過程で樹冠の枝葉が他の障害物に触れると萌芽枝を発生し、また、根の発育や伸長が立地条件で阻害されるとこれを補うように幹から根（自根）を発生する傾向が見られる[1,2]。

　本報では、京都「哲学の道」の琵琶湖疏水の堤に植栽されたソメイヨシノやオオシマザクラなど多くの個体に自根が発生し、そのため樹皮の亀裂や枯死寸前の障害が観察されたので、その実態調査の結果を報告する。

材料および方法

　調査木は、京都市の通称「哲学の道」琵琶湖疏水の堤に植栽された銀閣寺橋付近のソメイヨシノの並木24個体（推定樹齢約80年）である。調査は、平成10年3月および同年8月に行った。

　これらの対照木として、平成10年9月、東京都立砧公園に植栽されているソメイヨシノの並木10個体（推定樹齢約30年）を調査した。

　調査項目の内容は、次の通りである。

1）各個体の幹の樹皮から気根の発生の有無を察し、カメラで写真撮影を行い、記録した。

2）自根の発生の程度については、地上1.5mまでの幹の範囲で、自根発生による傷害度（以下、健全度とする）を次の5段階で評価し、調査した（写真1参照）。

　　A：幹にまったく自根がないもの

　　B：樹皮に自根が発生しつつあるもの

　　C：自根の発生が多く、幹の約30％に亀裂が見られるもの

　　D：自根の発生が顕著で、幹の約50％に大きな亀裂が生じているもの

　　E：自根の発生が顕著で、幹の約80％以上が剥離し、枯死寸前のもの

3）生育状況の調査として、植栽間隔・樹高・幹の直径・枝張りなどの測定を行った。また、銀閣寺橋から若王子橋の約1.8kmに植栽されているサクラの種類および本数のカウントを行った。さらに、植栽環境の調査として、琵琶湖疏水とその地下構造、一方、東京の砧公園においても比較対照のために同様な調査を実施した。

A：幹にまったく自根がないもの
B：樹皮に自根が発生しつつあるもの
C：自根の発生が多く、幹の約30%に亀裂が見られるもの
D：自根の発生が顕著で、幹の約50%に大きな亀裂が生じているもの
E：自根の発生が顕著で、幹の約80%が剥離し、枯死寸前のもの

写真1│自根発生の程度による健全度ランク（左よりA、B、C、D、E）

結果および考察

1│哲学の道に植栽されているサクラの種類

　銀閣寺に通じる橋から南に向かって約1.8kmの若王子橋に至る疏水の堤の両側に植栽されているサクラの種類は、ソメイヨシノが212本（全本数の56%）で最も多く、次いでサトザクラ86本（同23%）、オオシマザクラ59本（同16%）、ヤマザクラ9本、ベニシダレ7本、イヌザクラ6本、ウワミズザクラ1本の順で合計380本であった。

　記録によれば、ソメイヨシノの植栽は大正11年（1922年）に日本画壇の巨匠である橋本関雪・よね夫人により行われ、近年ではサトザクラやオオシマザクラの植え足しがなされている。花期が異なる種で観賞期間を長引かせて観光客の誘致に役立てようとする植栽計画がうかがえた。これらの推定樹齢は80年〜15年であった。

2│銀閣寺橋付近のソメイヨシノ並木の自根発生による健全度の調査（図1）

　調査木24個体の生育状況をみると、推定樹齢は約80年で、植栽間隔は平均7.5m、樹高8.1m、枝張り（東西南北の平均）8.4m、幹の直径は平均38.3cmとなり、個体間には若干の枝の重なりが認められた。

　自根発生による健全度は、A：2個体（全本数の8%）、B：6個体（同25%）、C：6個体（同25%）、D：4個体（同17%）、E：6個体（同25%）にあり、ほとんどの個体が大小ながら幹から自根を発生し、根元から1.5mまでの幹の範囲に亀裂などの傷害が観察された。

3｜東京・砧公園のソメイヨシノ並木の自根発生による健全度の調査（図1）

調査木7個体の生育状況は、推定樹齢40年で、植栽間隔は平均7.9m、樹高13.3m、枝張り（東西南北の平均）15.1m、幹の直径は平均74.6cmで、植栽地が公園内の中央に位置し、土壌環境は極めて良好であった。自根発生による健全度は、A：6個体（全本数の86%）、B：1個体（同14%）と、ほぼ健全木であった。

図1｜調査地別にみたサクラ並木の健全度

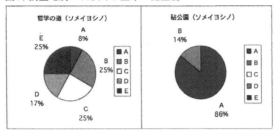

4｜調査地別にみた植栽環境とソメイヨシノ並木の生育比較（図2・図3・表1）

哲学の道の並木は、琵琶湖疏水の石積みの堰堤（幅員5m、深さ3m）の両側に植栽されている。南北に流れる疏水の西側は幅2.5mの歩道、東側は幅1.5mの民家の前に植栽されている。もともとソメイヨシノの根は浅根性と言われており[1,2]、このような植栽環境では根を十分に伸ばすことができないと判断された。

これに比べ、砧公園の並木は、広い公園の中央部に位置し、周りに遮蔽物がない。以前は畑であったという土壌条件、十分な陽光を受ける良好な環境条件、7.9mの植栽間隔などにより、根部の伸長に対して大きな問題は考えられない。

両調査地のソメイヨシノの成長を樹齢で除し、年間当たりの成長量に換算して比較すると、樹高で3.3倍、枝張りで3.6倍、幹直径で3.9倍、総じて3.6倍、哲学の道のソメイヨシノより砧公園のソメイヨシノの方が年間当たりの成長量が上回っていることが示された。

おわりに

「哲学の道」のソメイヨシノの並木の大半は、幹からの自根発生による生育障害が観察され、枯死寸前の個体も少なくないことが判った。その原因は、個体の高齢化や、狭い石垣や、歩行者の踏圧による根の成長阻害などにあると考えられた。

今後は、これらの調査を各地に拡大し、サクラ並木の健全度を把握すること、およびその管理のマニュアル化が必要と考えられた。

図2│哲学の道のソメイヨシノの並木の配置とその樹冠（左）、断面図（右）

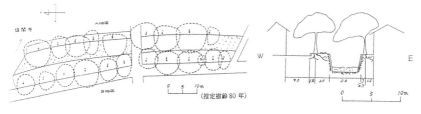

図3│砧公園のソメイヨシノの並木の配置とその樹冠（左）、断面図（右）

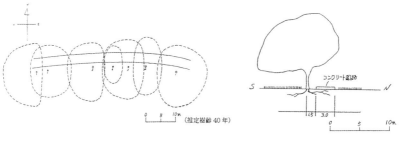

表1│調査地別にみた生育比較

	樹 高(m)	枝張り(m)	幹直径(cm)	樹 齢(年)	植栽間隔(m)
哲学の道	8.06±0.76	8.35±1.21	38.29±6.27	80	7.54±2.09
（成長量）	0.10075	0.10438	0.4786	—	—
砧公園	13.29±1.29	15.11±2.81	74.56±16.95	40	7.90±3.83
（成長量）	0.33225	0.37775	1.864	—	—
成長量の比較	3.3倍	3.6倍	3.9倍		

日本造園学会関東支部大会研究・報告発表要旨第17号, pp.23～24, 1999 掲載

参考・引用文献

1　染郷正孝ほか（1988）：樹木園等における生育障害の解析および維持管理法——サクラ保存林の保全技術の確立：森林総合研究所「年報No.10」, 3, 5

2　石井幸夫ほか（1989）：多摩森林科学園サクラ保存林におけるサクラ品種衰退の実態解析：100回日林論, 317-318

3　染郷正孝ほか（1997）：日本のサクラ・世田谷のサクラ　農大春秋⑫　農大学報104, 290, 294

2-10

弾性波樹木断層画像診断装置を用いた診断画像と切断面の比較

はじめに

　全国に存在する巨樹・古木や街中で普段から目にする街路樹の中には、外観が健全に見えても実際は内部の腐朽が進行し、倒木の危険性を抱えたものが少なくないと思われる。このような倒木による被害を最小限に抑えるためには、事前に危険性を判定するための調査を行い、その結果に応じてあらかじめ必要な対策を講じておくことが重要である。とはいえ、危険性の診断方法や測定手法については科学的に確立の途上にあり、特に樹木の木材腐朽を定量的に把握しようとする機器については、その精度を検証したデータが少なく、診断結果の信頼性についても十分な検証がなされていないのが現状である。

　そのため本報告では、世田谷区など一部の自治体で樹木の危険度診断に用いられている弾性波樹木断層画像診断装置に焦点をあてて、その特性を検証することとした。

弾性波樹木断層画像診断装置の課題

　弾性波樹木断層画像診断装置は、幹材の横断方向を伝わる振動波を複数のセンサーが同時に感知することで、樹幹内部の欠陥（腐朽、空洞、亀裂など）を検知する機器である。この機器は、幹を一周するように打ち込んだ各センサー間の振動波伝達速度を測定し、振動波の横断方向への伝わり方から樹木内部の状態を画像化するものである。画像は、振動波の相対的な伝達速度の差をコンピュータが解析して色別に表示される。断層画像上の色分けは、黒・茶が振動波が最も速く伝わった部位で、ここが「健全部」とされる。次に速く伝わった部位が緑、紫となり最も振動波が伝わりにくかった部位が青・白で表示される。紫、青・白の部位を足した面積率が「欠陥率」とされる。ただし、材内に亀裂や腐朽があるとその部分での振動波の伝達速度が遅くなるため、健全部分と腐朽部分で色の表示が異なってくる。普通、木材の密度が高いと振動波は材内を速く伝わり、低いと遅く伝わるため、密度が高い広葉樹と低い針葉樹では伝わる速度

に差が生じる。もし材内を振動波が伝わる速度の絶対値で色を決めてしまうと、多くの針葉樹は健全部も材質が劣化した状態ということになる。

　以上から、弾性波樹木断層画像診断装置のすべての機種は、相対的速度の差によって表示区分される仕組みとなっている。つまり、ある断面で最も速く伝わった部分を基準として、その速さに対する相対的な速度の差で色分けがなされる。そのため、材質が柔らかく密度が低い樹種、例えばヤナギ等の樹種においても、伝達速度が速い部分と遅い部分の表示区分が可能となっている。さらに、実際の伝達速度も数値、棒グラフあるいは等高線図で表示されるようになっている。ただし、画像は幹断面のどの部分が振動波の伝わり方が速くどの部分が遅かったかを示しているだけであり、遅く伝わった部分が腐朽や亀裂であるか否かを判断するのは診断者である。そのため、画像と実際の切断面との比較をして、これらの画像の読み方と問題点を検討する必要がある。

　弾性波樹木断層画像診断装置はピカスのほかに、Dr. Woods、ARBOTOM などの機器が開発されているが、基本原理はすべて同じである。その類似のシステムの中で最も早く開発され、2000 年にドイツ優秀技術賞を受賞しているピカスは研究例も多く、広く普及した機器であることから、その精度について検証することとした。

　飯塚[1]は、ピカスにおいて対象木が幹直径50cm前後と小さいときは伝達速度の差が小さく、空洞化している部分のみ明確に現れるとしている。しかし、腐朽が中心を外れて複雑な形状となっている場合は、腐朽率の誤差が大きくなることを指摘している。野口[2]は、ピカスは腐朽割合が大きくなるほど予測値と実測値の差が大きくなること、また、予測値が実測値よりも小さい値となる傾向を確認しているが、データ数が少ないため、確かなことは不明としている。その報告のなかで、今後充実させるべきデータとして、実際の腐朽割合が 30%以上のもの、測定断面の大きさ（胸高直径）が 40cm 以上のものをあげている。

　今回著者らは、東京農業大学世田谷キャンパス内と世田谷区内において、メタセコイア（樹齢48年）とソメイヨシノ（樹齢30年）の伐採と幹円板の採取の機会を得たため、機器が表示した腐朽や亀裂と実際の切断面を比較し、ピカスがどの程度の精度で測定を行えるのかを検証した。

方法

1 | メタセコイア

1) 調査場所：東京農業大学世田谷キャンパス内
2) 調査期間：平成23年6月〜11月

3）調査方法

①メタセコイア5本を対象に、上（胸高）と下（幹と根の境）の2ヵ所で測定した。センサーの最適間隔は15〜50cmとされるが、今回は20〜35cmにし、センサーを10〜12個使用した。ただし、メタセコイア4―下、5―下は幹周が太く、センサーが12個しかないため、間隔が約50cmとなった。

②樹木の断面形状を測定するためにピカスキャリパー（ピカス付属器具）を用いた。おおまかな断面形状は測点間の距離測定により得られる。幾何学法則に基づく計測法「三辺の長さがわかれば三角形が構成される」により、ベースライン（基線）と呼ばれる2・3点から他の測定点までの距離を測定し、断面形状を表示した。

③測定箇所の切断面を写真撮影した。

④幹切断面における硬度分布を測定した[3]。木材の硬さを測る方法として静的押し付け硬さ試験があるが、材内の細かな腐朽や、変色していて多少の材変化の可能性がある劣化部分の硬さを測るには、山中式土壌硬度計のように先端がとがっている物のほうが便利である。よって本報告では、山中式土壌硬度計を使用し、切断面の材質の硬度と材質腐朽及び振動波の伝達速度の間に何らかの関係性があるかを調べるために、幹断面に2cm間隔でメッシュを切り、線の交点部分を測定した。調査対象木は、形状があまりいびつでなく、空洞や腐朽がないのにピカス画像で中心部に欠陥表示がされたメタセコイア3―下とした。

⑤画像処理ソフト「フォトショップ」（Adobe）を用いて切断面の入皮・空洞・腐朽などの欠陥部の割合を算出し、ピカス診断の欠陥率と比較し、その精度を検証した。対象木は、実際に欠陥部があるものとし、メタセコイア1―下、2―上、4―上下、5―上下の6ヵ所を対象とした。

⑥幹切断面の年輪幅をノギスを用いて測定した。年輪幅が広いと早材部分が多くなる傾向が目視で認識でき、材密度が低下すると、欠陥と判定される可能性があるので測定した。

2 ｜ ソメイヨシノ

1）調査場所：世田谷区烏山川緑道

2）調査期間：平成23年9月

3）調査方法

①ソメイヨシノ3本の地際で測定した。測定条件はメタセコイアと同様。

②切断面を写真撮影した。できる限り地際近くの切断面を得られるように切断したが地際よりも10〜20cm程度高くなった。

③画像計測ソフト「長さ・面積測定」（あとりえ えむとえむ）を用いて腐朽割合を算出した。

結果

1 | メタセコイア

表1にメタセコイアの調査結果を示す。健全率と欠陥率を合わせて100％にならないのは、健全とも欠陥ともいえない中間部分があるためである。

表1 | メタセコイア調査結果一覧表

調査樹種	樹高 (m)	幹周 (mm)	測定位置 (GL:cm)	測点数 (個)	ピカス診断結果 健全率	ピカス診断結果 欠陥率
メタセコイア1一上	28.2	2,900	130	12	84%	0%
メタセコイア1一下		4,000	40	12	55%	29%
メタセコイア2一上	24.3	2,170	120	10	41%	19%
メタセコイア2一下		2,340	30	10	77%	4%
メタセコイア3一上	28.0	3,100	150	10	53%	14%
メタセコイア3一下		4,300	30	12	68%	7%
メタセコイア4一上	30.1	2,820	150	12	95%	0%
メタセコイア4一下		6,100	30	12	25%	57%
メタセコイア5一上	28.2	3,560	150	12	89%	2%
メタセコイア5一下		5,800	40	12	25%	67%

注）健全率＝健全部（黒＋茶）の面積率　欠陥率＝欠陥部（紫＋青）の面積

1) 切断面とピカス画像

図1より、切断面の形状が大きくくぼんでいると、ピカス画像では欠陥（紫・青）として表示されているのがわかる。すべての断面において腐朽による材の劣化はなかったが、ピカス画像において大きく欠陥表示されているものが10 断面中8断面あった。

図1のピカス画像において亀裂を示す黄色い線が表示されている。これはコンピュータが「亀裂がある」と推定した部分である。この亀裂表示は32ヵ所あり、実際に亀裂が確認されたのは4ヵ所（メタセコイア1―下、3―上、4―下、5―下）であった。この4ヵ所の亀裂表示の大部分が髄付近であった。それ以外は、入皮による年輪が褶曲している部分（写真1）と小さい空洞であった。亀裂表示があっても、それが亀裂であるとは限らないことが明らかとなった。

2) 山中式土壌硬度計を用いた解析結果

図2より、健全部分（黒色：35㎜以上）20.0％、腐朽及び劣化部分（白色：30㎜以下）2.5％、変色はあるが材劣化などは少ない部分（灰色：31～34㎜）が77.5％であった。

図1より、メタセコイア3―下のピカス画像では欠陥表示は中心部にあるが、図2では北西側（測点1～4）に劣化部分がみられた。わずかな材密度の差は、ピカス画像には反映されないことがわかった。

図1│メタセコイア切断面（左）とピカス画像（右）

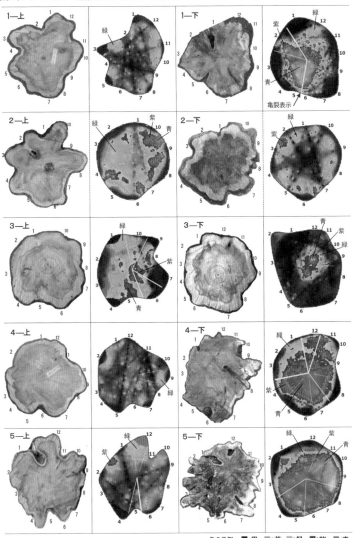

色の凡例：■：黒　■：茶　■：緑　■：紫　■：青

3）切断面の欠陥率とピカス欠陥率との比較

　表2より、振動波伝達速度が遅くなる要因と考えられる入皮・腐朽・空洞などの欠陥部の割合をフォトショップで算出し、ピカス診断の欠陥率と比較した。

　その結果、6断面の内5断面で、ピカス欠陥率が切断面の欠陥率より大きな値となっていた。その誤差は切断面の欠陥率に対して、平均で＋32％であった。また、空洞があると誤差が大きくなる傾向がみられた。

図2 | メタセコイア3一下硬度分布図

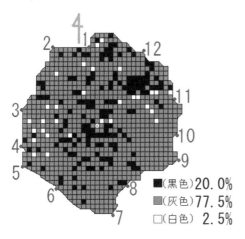

■(黒色)**20.0%**
■(灰色)**77.5%**
□(白色)**2.5%**

メタセコイアの髄

実線部は亀裂表示の辺り
点線部より左側は、材変色範囲
写真1 | 亀裂表示があった切断面

表2 | 切断面欠陥率とピカス欠陥率の比較

対象木	フォトショップ		ピカス欠陥率	誤差
	欠陥の内訳	欠陥率		
メタセコイア1一下	入皮+空洞	2.9%	29%	26.1
メタセコイア2一上	腐朽+空洞	2.4%	19%	16.6
メタセコイア4一上	入皮+亀裂	2.3%	0%	-2.3
メタセコイア4一下	入皮+亀裂+空洞	1.4%	57%	55.6
メタセコイア5一上	入皮+亀裂	1.3%	2%	0.7
メタセコイア5一下	入皮+空洞	7.6%	67%	59.4

※誤差=ピカス欠陥率-フォトショップ欠陥率

図3 | メタセコイア3一下（一例）年輪画像と年輪幅グラフ

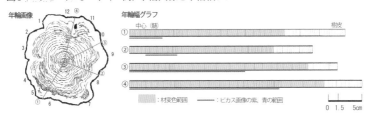

年輪画像

年輪幅グラフ
中心（髄）　　　　　　　　　　　　　　樹皮
①
②
③
④

▨：材変色範囲　　──：ピカス画像の紫、青の範囲　　0　1.5　5cm

図3の年輪画像より、切断面の年輪中心から、ピカス画像で欠陥表示（紫・青）のある部分を通るように、樹皮に向かって直線を4ヵ所引いた。

図3の年輪幅グラフより、材変色範囲で1cm以上の年輪幅が10cm以上続く範囲の前後で、隣接して0.5cm前後の年輪幅が数センチ続くと、ピカス欠陥部として表示されていた。また樹皮側で0.5cm 以下の年輪幅が5cmほど続くと、ピカス健全部として表示された。

2｜ソメイヨシノ

　表3にソメイヨシノの調査結果を示す。3本とも根株腐朽菌による腐朽がかなり進行しており、東京都が定めた伐採基準[4]の対象となる腐朽率50％を超えていた。

　図4で示した「腐朽率」は、目視で明瞭に白色腐朽だとわかる部分（矢印で示した範囲）を切断面面積で割って算出した。この腐朽率とピカス欠陥率を比較することによって、精度検証の判断材料とした。

　その結果、表4より3断面すべてで腐朽率がピカス欠陥率よりも低く、ピカス欠陥率は実際の腐朽率よりも大きな値となっていた。その誤差は腐朽率に対してソメイヨシノ1が＋28.6％、ソメイヨシノ2が＋5.4％、ソメイヨシノ3が＋11.4％で、平均で＋15％であった。

表3｜ソメイヨシノ調査結果一覧表

調査樹種	樹高 (m)	幹周 (mm)	測定位置 (GL:cm)	測点数 (個)	ピカス診断結果 健全率	ピカス診断結果 欠陥率
ソメイヨシノ1	8.0	3,230	5	10	23%	71%
ソメイヨシノ2	8.0	3,000	5	12	34%	56%
ソメイヨシノ3	12.0	2,130	5	11	22%	67%

※健全率＝健全部（黒＋茶）の面積率　欠陥率＝欠陥部（紫＋青）の面積

表4｜「長さ・面積測定」腐朽率とピカス欠陥率の比較

対象木	「長さ・面積測定」腐朽率	ピカス欠陥率	誤差
ソメイヨシノ1	42.4%	71%	28.6%
ソメイヨシノ2	51.4%	56%	5.4%
ソメイヨシノ3	55.6%	67%	11.4%

※誤差＝ピカス欠陥率－「長さ・面積測定」腐朽率

図4｜ソメイヨシノ切断面（上）とピカス画像（下）

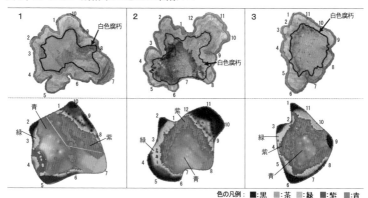

色の凡例：■黒　■茶　■緑　■紫　■青

考察

1｜メタセコイア

　断面が健全でもピカスでは欠陥と表示された断面が、10 断面中8断面あった。検証データが少ないことから明確にいえないが、この原因として以下の4点があげられる。①入皮によって形成された小さい空洞や小さい亀裂が点在していること、②根元近くはメタセコイア特有の褶曲する年輪であること、③広

い年輪幅が10cmほど続き、その前後に隣接して狭い年輪幅が数センチあること、④ 断面の形状が正確にとれていないこと、などである。これらの理由で材の腐朽がないにもかかわらず、相対的に振動波伝達速度が遅くなり、ピカスでは欠陥表示が大きく出たと考えられる。

2 | ソメイヨシノ

幹のくぼみがピカスの形状に反映されておらず、その部分は紫や青で表示されているものがあった。すなわち、形状を正確にとれなかった部分（写真2）は、振動波が迂回して伝わり、ピカス欠陥率に多少の誤差をもたらしたと考えられる。ピカス画像は、欠陥部の位置はおおむね対応していたが、実際の切断面の腐朽のほうが一回り小さかった。

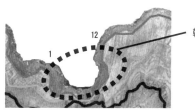

写真2 | ソメイヨシノ2（測点1と12の間）

写真3 | ソメイヨシノ2の切断面の様子

写真4 | ソメイヨシノ1（測点1〜2）にみられるベッコウタケの子実体

また当初は、ピカス測定位置である地際の切断面を用いて比較する予定であったが、地際近くの切断面を得るのが困難であったために、切断面はピカス測定位置よりも 10〜20cmほど高くなってしまった。これが誤差を生む原因の一つとなった可能性がある。普通、根株から進行する腐朽は、幹下部ではわずかな高さの差によっても大きく変化する。実際に、ソメイヨシノ2の切断面を横から見ると、切断面より下になると腐朽は更に激しくなっていた（写真3）。加えて、ベッコウタケの子実体も確認された（写真4）。

本検証では、その点を考慮した測定手法ではなかったため、実際に高さが違うと何％誤差が生じるのかは定かではない。高さによる誤差を明らかにする

ためには、ピカスの測定面と切断面の測定を短い間隔で何ヵ所も行う必要があるが、おそらく対象木の腐朽状態によって、まったく異なる結果が出るものと考えられる。

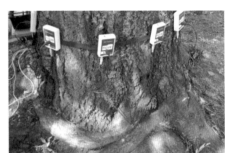

写真5 | メタセコイアの隆起した根元　　写真6 | ソメイヨシノの根元

<h2 style="text-align:center">おわりに</h2>

　今回、ピカスによるメタセコイアとソメイヨシノの測定データを比較した結果、診断結果と切断面の欠陥に大きな差がみられた。両樹種ともに、根元付近は幹と根の境があいまいで樹皮が入り組み複雑な形状になっており、正確な形状を表示することが困難であった（写真5、写真6）。精度を高めるためには形状をできるだけ正確にとれるよう、適切な位置にセンサーを取りつけることが重要であると考えられる。

　弾性波樹木断層画像診断装置は、近年、世田谷区など一部の自治体で樹木の危険度診断に利用されている。その理由として、この機器は樹木内部の様子が画像で示されるので、一般市民などの専門知識がない人でもビジュアル的に理解しやすいことがあげられる。ただし、診断画像だけを信用しがちになると、これまで述べたように、必ずしも画像情報と実腐朽が一致しない場合もあるので、診断画像だけで安全性を判定するのは危険であるといわざるを得ない。例えば、診断画像の大部分の色が欠陥を示す紫や青が表示されても、今回のメタセコイアのように腐朽がなく健全であるケースや、例え腐朽があっても、残された材の強度が力学的には問題がなく倒木の危険性が少ないケースもあるからである。

　調査者は画像と色だけでなく、樹種的特性や樹形から内部状況を類推し、その色が示された要因まで読み取らなければならない。このように考えると、樹木の倒伏などの危険度判定に関する科学的・技術的な確立は容易ではないようである。

造園技術報告集7号、pp.138〜143, 2013 掲載

参考・引用文献

1　飯塚康雄（2007）：機器による樹木診断：樹木医学研究11（3），135-139

2　野口 淳（2011）：木材腐朽部位に対する精密診断機器の測定比較試験の報告：TREE DOCTOR18，79-87

3　城石可奈子（2010）：弾性波樹木断層画像診断装置及びインパルスハンマーによる欠陥の検出：東京農業大学卒業論文

4　山本正美（2007）：東京都における街路樹の診断：グリーン・エージ34（4），14-17

5　岡山瑞穂（2007）：ピカス音波計測器、ガンマ線腐朽診断機、レジストグラフによる樹木腐朽非破壊検査の計測比較：樹木医学研究11（4），160-161

6　有賀一郎（2008）：日比谷公園大径木樹木診断ワークショップ（現地検討会）の報告：樹木医学研究12（4），228-229

第 **3** 章

管理実態

3-01

東京都内における個人住宅の
植栽構造に関する研究（Ⅰ）
―特に、敷地面積と植栽面積の関係について―

目的

都市空間の環境保全と緑化運動が叫ばれて久しい。その間、公共的な緑以外の民有地の緑化について、その実態は明らかにされていない。

本研究は、東京都における個人住宅の敷地の大きさとその植栽構造の関係について解明を試みたものである。

調査ならびに選定方法

個人住宅の調査は、図1に示すように東京都内を生活環境の相違や地域的特徴などによりA〜Eの5地区に区分して実施した。各地区の住宅戸数に合わせて調査地点100箇所を比例配分により求め、その結果から、各地区毎に町丁名に一連の番号をつけ、等間隔抽出法によって調査地点を抽出し、各調査地点につき町丁の代表と思われる個人住宅について調査を実施した。調査対象戸数は228戸である。

結果

調査地区別に敷地面積をみると、表1に示すように山ノ手台地・三多摩地区で大きく、都心・田園都市で小さい傾向が見られた。敷地面積から建築面積を差し引いた庭面積は、敷地とほぼ同様の傾向を示したが、植栽面積は郊外から都心部に近づくにつれ小さくなる傾向が認められた。都内全体でみると、個人住宅は敷地の4割が建物であり、残りの空間である6割が庭面積であった。庭面積のうち樹木が植栽されている面積は5割であった。

個人住宅の敷地についてその利用形態との関係をみると、表2に示すように敷地が広くなれば建物・庭・植栽面積ともに広くなるという関係が示されたが、庭面積と植栽面積への建物面積の影響は極めて低いという結果が得られた。植栽面積を緑化の度合を把握する目安とするならば、植栽面積を決定する敷地

面積および庭面積との関係から図2に示されるように三多摩地区の植栽面積が最も低く、敷地の大きさに対して樹木の植栽面積の小さいことが認められる。また、田園都市・城東下町・山ノ手台地地区では、表1に示されるように、敷地や庭面積が小さいにもかかわらず植栽面積が大きいという傾向がみられた。

　以上の結果から、個人住宅の植栽面積は生活の違いつまり、自然度の高さにより差が生じるものと推察される。

総合農学学会（於筑波大学学校教育部）総合農学 31巻 1号,pp.38～39,1983 掲載

表1 | 地区別における調査項目総括表

調査項目 地区名	調査戸数 (戸)	敷地面積 (㎡)	建物面積 ㎡	建物面積 建物/敷地×100(%)	庭面積(オープンスペース) ㎡	庭面積(オープンスペース) 庭/敷地×100(%)	植栽面積 ㎡	植栽面積 植栽/敷地×100(%)	植栽面積 植栽/庭×100(%)
城東下町	41	211.11 ±98.86	101.97 ±48.05	48.30	109.14 ±74.28	51.70	58.88 ±51.15	27.89	53.95
都　心	32	194.70 +90.01	99.00 +50.73	50.84	95.70 ±71.31	49.15	52.44 ±37.31	26.93	54.80
山ノ手台地	98	324.24 ±183.62	119.57 ±55.62	36.88	204.66 ±149.92	63.12	116.59 ±95.32	35.96	56.97
田園都市	23	167.86 ±64.10	73.17 ±30.41	43.59	94.69 ±48.95	56.41	59.07 ±38.09	35.19	62.38
三多摩	34	341.35 ±196.18	114.04 ±65.52	33.41	227.31 ±158.71	66.59	99.46 ±71.69	29.13	43.76
計	228								
平　均	45.6	247.85	101.55	40.97	146.30	59.02	77.29	31.43	52.83

表2 | 個人住宅における敷地とその利用面積との関係

地区名 (戸数) x→y	城東下町 (n=41)	都　心 (n=32)	山ノ手台地 (n=98)	田園都市 (n=23)	三多摩 (n=34)
敷地面積→建物面積	r=0.6909*** y=31.08+0.34x**	r=0.6120*** y=31.83+0.34x**	r=0.7016*** y=50.66+0.21x**	r=0.6766*** y=19.28+0.32x**	r=0.6842*** y=36.04+0.23x**
敷地面積→庭面積	r=0.8839*** y=-31.08+0.66x**	r=0.8267*** y=-31.83+0.66x**	r=0.9644*** y=-50.66+0.79x**	r=0.8891*** y=-19.28+0.68x**	r=0.9536*** y=-36.04+0.77x**
敷地面積→植栽面積	r=0.7394*** y=-21.89+0.38x**	r=0.8341*** y=-14.89+0.35x**	r=0.9061*** y=-35.93+0.47x**	r=0.8170*** y=-22.42+0.49x**	r=0.7965*** y=0.09+0.29x**
建物面積→庭面積	r=0.2726 y=66.15+0.42x	r=0.0610 y=87.20+0.09x	r=0.4883*** y=47.26+1.32x**	r=0.2646 y=63.53+0.43x	r=0.4329* y=107.72+1.05x*
建物面積→植栽面積	r=0.1342 y=44.31+0.14x	r=0.2413 y=34.87+0.18x	r=0.4739*** y=19.47+0.81x**	r=0.2077 y=40.03+0.26x	r=0.4583** y=42.26+0.50x**
庭面積→植栽面積	r=0.8972*** y=-8.55+0.62x**	r=0.8811*** y=8.31+0.46x**	r=0.9339*** y=-4.94+0.59x**	r=0.9408*** y=-10.26+0.73x**	r=0.7953*** y=17.79+0.36x**
敷地・庭→植栽面積	r=0.9045*** y=1.95-0.13+0.77x**	r=0.9009*** y=-4.8+0.14x+0.32x**	r=0.9339*** y=-4.94+0.59x**	r=0.9408*** y=-10.25+0.73x**	r=0.8054*** y=6.51+0.15x+0.56x**

注）＊；5%水準有意、＊＊；1%水準有意、＊＊＊；0.1%水準有意

図1 | 調査地の概要 / 図2 | 敷地・庭面積と植栽面積の関係

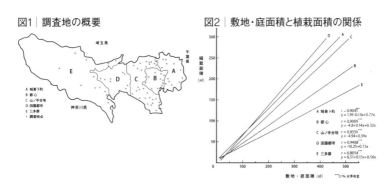

3-02

東京都内における個人住宅の
植栽構造に関する研究（Ⅱ）
―特に、植栽面積と樹種構成について―

目的

　Ⅰ報では、敷地面積と植栽面積の関係について、敷地面積の約4割が、庭面積に対して5割が植栽面積という結果が得られた。本報はその植栽空間を構成する樹木の実態について解明を試みたものである。

方法

　Ⅰ報で述べた現地踏査により得られた樹木名・本数・高さ別樹木数と調査対象地の特性、あるいは植栽面積に基づき、植栽樹種の構成について特徴的な傾向の解明を行った。

表1│地区別における調査項目総括表

調査項目 地区名	調査戸数 (戸)	植栽面積 (㎡)	出現樹種構成内訳[1]					出現樹木数構成内訳[2]				
			計(種)	高木	中木	低木	常緑	落葉	計(本)	高木	中木	低木	常緑	落葉
城東下町	41	58.88 ±51.15	33.07 ±17.82	7.29 (22.1)	10.14 (30.7)	15.58 (47.2)	21.75 (65.9)	11.26 (34.1)	79.57 ±65.56	0.80 (1.0)	22.68 (28.5)	56.09 (70.5)	60.60 (76.2)	18.97 (23.8)
都心	32	52.44 ±37.31	20.52 ±13.85	5.46 (26.6)	6.50 (31.7)	8.56 (41.7)	14.09 (68.7)	6.43 (31.3)	45.02 ±35.91	4.22 (9.4)	14.90 (33.1)	25.90 (57.5)	33.93 (75.4)	11.09 (24.6)
山ノ手台地	98	116.59 ±95.32	36.11 ±15.89	8.36 (23.15)	11.25 (31.15)	16.50 (45.7)	23.36 (64.7)	12.75 (35.3)	113.28 ±115.49	1.52 (1.3)	39.79 (35.2)	71.97 (63.5)	88.18 (77.8)	25.10 (22.2)
田園都市	23	59.07 ±38.09	24.52 ±10.22	5.47 (22.3)	7.73 (31.5)	11.32 (46.2)	15.39 (62.8)	9.13 (37.2)	53.30 ±26.19	0.73 (1.4)	21.74 (40.8)	30.83 (57.8)	40.04 (75.1)	13.26 (24.9)
三多摩	34	99.46 ±71.69	36.64 ±19.2	9.17 (25.0)	11.91 (32.5)	15.56 (42.5)	23.14 (63.2)	13.50 (36.8)	119.16 ±86.99	4.00 (3.4)	26.14 (21.9)	89.02 (74.7)	93.81 (78.7)	25.35 (21.3)
計	228	77.29	30.16 (100)	7.15 (23.7)	9.51 (31.5)	15.34 (44.8)	21.54 (64.8)	10.62 (35.2)	82.06 (100)	2.25 (2.8)	25.06 (30.5)	54.76 (66.7)	63.31 (77.2)	18.75 (22.8)
平均	45.6													

注1)；樹種数の階層別は生理的分類　2)；樹木数の高木は樹高2.5m以上、中木1.0～2.5m低木1.0m以下　表中の（）は計の割合%

結果

　植栽樹木の階層構造を把握するために、樹高1m未満を低木・1～2.5m未満を中木・2.5m以上を高木とした樹木数は表1に示すような構成であった。植栽樹木の樹木本来の性質による高さ別割合は、高木2.8％・中木30.5％・低木66.7％であった。また、常落別割合は、常緑樹77.2％・落葉樹22.8％で

あった。調査地区別に植栽樹木の高さの割合をみると、都心では高木・田園都市では中木・三多摩では低木が各階層の平均を上回った。さらに、樹木本来の性質により階層別に分けると、高木出現樹種は23.7％・中木31.5％・低木44.8％であった。実際に植栽されている樹木の現状は、必ずしもその樹木の性質どおりの形状であるとは言えない。高木になりうる多くの樹種が中木や低木の高さに整えられているということが認められた。

　植栽面積と樹木形態との関係を捉えたものが表2である。植栽面積と樹種数については有意な相関関係が認められるものの、その増加の傾向は極めて緩やかである。これに対して植栽面積の増加に伴い樹木本数の割合が大きくなることが認められる。しかしながらその階級別内訳をみると、高木では有意な関係が認められず、中木・低木で有意な相関関係が認められた。さらに、植栽面積との関係について常緑樹と落葉樹で比較すると、常緑樹に有意な関係が認められた。

　図1は、山ノ手台地地区について樹木の階層別植栽構造を植栽面積との関係からみたものである。これによれば、樹木の高さが低くなるにつれて植栽本数の増加が認められる。つまり、植栽面積の大きさは高木の植栽に著しい制限要因となることが推察される。

表2│植栽面積と樹木形態との関係

地区名 x→y（戸数）	城東下町 (n=41)	都 心 (n=32)	山ノ手台地 (n=98)	田園都市 (n=23)	三多摩 (n=34)
植栽面積→総樹種数	r=0.6622*** y=19.43+0.23x**	r=0.6072*** y=8.71+0.23x**	r=0.6839*** y=22.82+0.11x**	r=0.6374** y=14.41+0.17x**	r=0.7446*** y=16.81+0.20x**
植栽面積→高木種数	r=0.6539*** y=3.48+0.06x**	r=0.6431*** y=1.76+0.07x**	r=0.7315*** y=4.20+0.04x**	r=0.6684*** y=2.70+0.05x**	r=0.7857*** y=2.77+0.06x**
植栽面積→中木種数	r=0.7523*** y=5.29+0.08x**	r=0.4853** y=3.39+0.06x**	r=0.6360*** y=7.31+0.03x**	r=0.5940** y=-4.20+0.06x**	r=0.5635*** y=6.98+0.05x**
植栽面積→低木種数	r=0.4904** y=10.67+0.03x*	r=0.5649*** y=3.56+0.10x*	r=0.5642*** y=11.30+0.01x*	r=0.4694* y=7.50+0.06x*	r=0.6745*** y=7.05+0.09x**
植栽面積→常緑種数	r=0.6698*** y=13.34+0.11x**	r=0.5168** y=7.68+0.12x**	r=0.6689*** y=16.28+0.06x**	r=0.7005** y=8.31+0.12x**	r=0.7148*** y=11.99+0.11x**
植栽面積→落葉種数	r=0.5690*** y=6.09+0.09x**	r=0.6672*** y=1.03+0.10x**	r=0.5750*** y=6.53+0.05x**	r=0.4028 y=6.10+0.05x	r=0.6931*** y=4.82+0.09x**
植栽面積→総樹木数	r=0.7649*** y=21.86+0.97x**	r=0.6039*** y=14.55+0.58x**	r=0.6780*** y=17.50+0.82x**	r=0.7196*** y=24.07+0.49x**	r=0.5686*** y=50.55+0.69x**
植栽面積→高木本数	r=0.1216 y=0.60+0.02x	r=0.2631 y=0.66+0.07x	r=0.4421*** y=-0.27+0.02x**	r=0.5046** y=-0.21+0.02x*	r=0.3191 y=-0.45+0.04x
植栽面積→中木本数	r=0.7548*** y=1.60+0.36x**	r=0.5592*** y=3.97+0.21x**	r=0.6548*** y=2.12+0.32x**	r=0.5592** y=7.06+0.24x**	r=0.6913*** y=3.03+0.23x**
植栽面積→低木本数	r=0.6536*** y=19.66+0.62x**	r=0.4425* y=9.91+0.30x*	r=0.6104*** y=15.62+0.48x**	r=0.4703* y=16.54+0.21x*	r=0.3834* y=47.98+0.41x*
植栽面積→常緑本数	r=0.7278*** y=14.44+0.78x**	r=0.4968** y=16.56+0.33x**	r=0.6585*** y=10.99+0.66x**	r=0.7012** y=14.56+0.43x**	r=0.4997** y=44.49+0.50x**
植栽面積→落葉本数	r=58.31*** y=7.42+0.20x**	r=0.5880*** y=-2.00+0.25x**	r=0.5835*** y=7.71+0.15x**	r=0.2749 y=9.71+0.06x	r=0.6432*** y=6.20+0.19x**

注）＊；5％水準有意，＊＊；1％水準有意，＊＊＊；0.1％水準有意

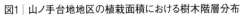

図1 │ 山ノ手台地地区の植栽面積における樹木階層分布

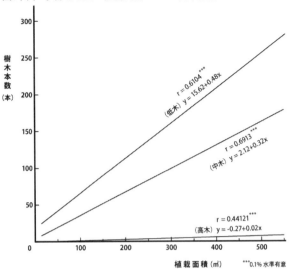

総合農学学会（於筑波大学学校教育部）総合農学31巻1号, pp.39, 1983 掲載

東京都内における個人住宅の植栽構造に関する研究（Ⅲ）
─特に、地区別にみた構成樹種について─

目的

　東京都内における個人住宅の植栽構造について、Ⅰ報では敷地面積と植栽面積、Ⅱ報では植栽面積と樹種構成について報告した[1,2]。本報は、地区別の植栽樹種の特徴について報告するものである。

方法

　Ⅰ報で述べた現地踏査調査により得られた地区別の樹種および樹木数に基づき、地区別の植栽樹種の構成ならびに樹木の利用状況について分析を行った。尚、Ⅱ報では山ノ手台地地区の調査戸数は98戸であったが、本報では調査対象とした各戸の樹木数の棄却検定を行った結果、棄却されたものが1戸認められ、山ノ手台地地区の調査戸数は97戸となり、全調査戸数は227戸となった。

結果および考察

1.各地区に出現した樹種の樹木数の多い順に上位10位までについて、樹種本来の性質に基づいた形態により高・中・低木の階層別に示したものが表1である。高木の中で全地区に共通して樹木数の多い樹種はモミジ・ウメである。郊外へいくに従ってサクラ・シノブヒバが多くなる。また、地区別の特徴としては、都心地区にはイヌマキ、三多摩地区ではモウソウチク・マダケなどの竹類が多くみられた。中木で全地区に共通して樹木数の多い樹種はツバキ・サザンカである。また、マサキも都心地区を除いて樹木数が多い。地区別の特徴としては、都心地区にはネズミモチ、郊外へいくに従ってイヌツゲ・カイヅカイブキが多くなる。低木についてはクルメツツジ・サツキ・ジンチョウゲ・オオムラサキ・バラなどの樹種が全地区に共通して樹木数が多い。地区別の特徴としては、都心地区へいくに従ってアオキ・ヤツデが多くなり、三多摩地区ではクサツゲ・タマイブキの樹木数が多い結果となった。

表1｜地区別にみた階層別上位10種の樹木数

地区 階層	城東下町 41戸	本数	都心 32戸	本数	山ノ手 97戸	本数	田園 23戸	本数	三多摩 34戸	本数
高木										
1	モ ミ ジ	59	イ ヌ マ キ	56	サ ワ ラ	308	サ ワ ラ	65	サ ワ ラ	152
2	ウ メ	42	モ ミ ジ	28	モ ミ ジ	201	シノブヒバ	34	シ ノ ブ ヒ バ	82
3	サ ワ ラ	39	モ チ ノ キ	26	モ チ ノ キ	139	ウ メ	26	モ ミ ジ	66
4	ク ロ マ ツ	38	シ ノ ブ ヒ バ	21	シ イ ノ キ	133	カ キ ノ キ	18	ウ メ	61
5	カ キ ノ キ	37	シ イ ノ キ	20	ク ロ マ ツ	123	モ ミ ジ	15	モウソウチク	48
6	シ イ ノ キ	35	ヒマラヤスギ	15	ウ メ	120	ク ロ マ ツ	9	マ ダ ケ	46
7	シ ノ ブ ヒ バ	30	ウ メ	14	カ キ ノ キ	101	ヒムロスギ	8	カ キ ノ キ	39
8	ウ メ	27	ス ギ	14	ユ ズ	65	サトザクラ	7	ク ロ マ ツ	28
9	ヒ ム ロ ス ギ	27	ク ロ マ ツ	12	シ ラ カ シ	58	シラカンバ	5	シ ラ カ シ	26
10	イ ヌ マ キ	26	ラ カ ン マ キ	12	ゲッケイジュ	36	モ チ ノ キ	5	ア カ マ ツ	23
中木										
1	マ サ キ	137	ツ バ キ	52	イ ヌ ツ ゲ	347	カイヅカイブキ	67	イ ヌ ツ ゲ	135
2	サ ザ ン カ	119	ネ ズ ミ モ チ	43	ツ バ キ	259	ツ バ キ	41	カイヅカイブキ	111
3	ネ ズ ミ モ チ	98	サ ザ ン カ	29	サ ザ ン カ	226	マ サ キ	41	マ サ キ	102
4	ツ バ キ	80	モ ッ コ ク	27	モ ッ コ ク	171	イ ヌ ツ ゲ	34	ツ バ キ	92
5	モ ッ コ ク	53	カイヅカイブキ	24	ヒ サ カ キ	157	キンモクセイ	17	ヒイラギモクセイ	75
6	イ ヌ ツ ゲ	52	ワ ジ ュ ロ	23	マ サ キ	154	トウネズミモチ	15	サ ザ ン カ	42
7	サ ン ゴ ジ ュ	47	イ ヌ ツ ゲ	17	カイヅカイブキ	142	ワ ジ ュ ロ	14	ヒ サ カ キ	41
8	ト ウ チ ク	43	ナ ツ ミ カ ン	16	オトメツバキ	129	ト ウ ジ ュ ロ	14	ト ウ ジ ュ ロ	40
9	カイヅカイブキ	43	キンモクセイ	13	ト ウ ジ ュ ロ	118	モ ッ コ ク	14	ト ウ チ ク	39
10	ワ ジ ュ ロ	34	マ サ キ	13	キンモクセイ	116	ワ ジ ュ ロ	14	キンモクセイ	37
低木										
1	クルメツツジ	178	クルメツツジ	75	クルメツツジ	572	サ ツ キ	83	サ ツ キ	347
2	サ ツ キ	131	ア オ キ	56	サ ツ キ	486	クルメツツジ	66	ク サ ツ ゲ	272
3	ジンチョウゲ	99	オオムラサキ	51	ヤ ツ デ	348	オオムラサキ	35	クルメツツジ	189
4	オオムラサキ	89	バ ラ	48	ア オ キ	326	バ ラ	31	バ ラ	83
5	ヤ ツ デ	84	ヤ ツ デ	44	オオムラサキ	325	ナ ン テ ン	27	オオムラサキ	78
6	バ ラ	78	ジンチョウゲ	38	バ ラ	269	ジンチョウゲ	22	タ マ イ ブ キ	68
7	ア オ キ	67	サ ツ キ	33	ジンチョウゲ	245	ア ジ サ イ	22	2	
8	ハクチョウゲ	64	ア ジ サ イ	23	ク マ ザ サ	173	ハクチョウゲ	21	ア ジ サ イ	59
9	ドウダンツツジ	52	ハクチョウゲ	21	ア ジ サ イ	156	ア オ キ	19	ヒラドツツジ	58
10	ナ ン テ ン	51	シナレンギョウ	20	ドウダンツツジ	155	ドウダンツツジ	19	ジンチョウゲ	52

　以上より、都内の個人住宅に植栽されている樹木は、地区により樹種別樹木数に差が認められ、地区による樹種の変化も多少みられ、住宅地の環境によって樹種が選択されていることがわかる。また、ほぼ全地区に共通して認められた樹種もあり、個人住宅という植栽地の性格から樹種を選択している一面のあることも示唆しているのではないかと考える。

2.既往の文献[3]に基づき、出現した樹種を観賞面から利用形態別に緑と樹形を楽しむ庭木・花を楽しむ庭木・実を楽しむ庭木の3種類に分けたものが表2である。各地区とも緑と樹形を楽しむ庭木が約5割を占め、花を楽しむ庭木が約4割、実を楽しむ庭木が約1割を占めるという利用形態が認められた。地区別の特徴としては、三多摩地区において花や緑を楽しむ庭木の割合がほかの地区に比べやや低く、緑と樹形を楽しむ庭木の割合がわずかに多い結果となった。

　以上より、都内の個人住宅に植栽されている樹木の利用形態は、緑と樹形

を楽しむ庭木が5割、花を楽しむ庭木が4割、実を楽しむ庭木が1割という結果である。この結果は全地区ほぼ同様の傾向であることが認められた。しかし、三多摩地区においては観賞面よりはやや機能面を考慮し樹木を選択している面もあると考える。

表2│地区別にみた樹木の利用形態

利用形態	緑と樹形を楽しむ庭木		花を楽しむ庭木		実を楽しむ庭木	
地区	樹木数(本)	割合(%)	樹木数(本)	割合(%)	樹木数(本)	割合(%)
城東下町	1,601	49	1,352	41	3,310	10
都心	737	51	600	42	104	7
山ノ手	5,072	50	4,255	42	751	8
田園	571	47	538	44	117	9
三多摩	2,225	55	1,613	40	214	5
平均	–	50	–	42	–	8

3.各地区における階層別の植栽頻度を樹種別に示したものが表3である。植栽頻度は、樹種ごとに各地区の全調査戸数に対し植栽されていた戸数を百分率で示したものである。高木で全地区に共通して植栽頻度が50%以上と高い樹種はモミジである。郊外へいくに従いウメ・カキノキ・クロマツの植栽頻度が高くなる傾向にある。中木で全地区に共通して植栽頻度50%以上の樹種はツバキである。また、都心地区を除きイヌツゲも植栽頻度が50%以上である。郊外へいくに従いキンモクセイの植栽頻度が高くなる傾向にある。山ノ手台地・都心の両地区ではモッコクの植栽頻度も高かった。低木で全地区に共通して植栽頻度が50%以上の樹種はジンチョウゲ・オオムラサキであり、都心地区を除いてサツキ・クルメツツジ・ナンテン・アジサイも高かった。地区別の特徴としては都心地区へいくに従いアオキ・ヤツデの植栽頻度が高くなる傾向にある。

　以上より、都内の個人住宅に植栽されている樹木は、樹種により植栽頻度に差が認められ、地区による樹種の変化が認められた。また、ほぼ全地区に共通して高い植栽頻度の樹種も認められ、樹種別の樹木数の結果と同様に個人住宅という植栽地の性格から樹種を選択している一面のあることも示唆しているのではないかと考える。

4.地区別の構成樹種について樹木数と植栽頻度の両方を記号で示したものが表4-1、表4-2、表4-3である。高木で全地区に共通して樹木数が10位以内で植栽頻度が50%以上という樹種はモミジである。次いでウメ・クロマツ、都心地区を除いてはカキノキもこの条件に該当する。全地区に共通して樹木数は10位以内であるが植栽頻度が20%以下の樹種は認められない。また、植栽頻度が高く樹木数の少ない樹種も認められなかった。しかし、個々の地区別にみるとこの条件に該当する樹種が認められる。中木で全地区に共通して樹木数

表3│地区別にみた階層別植栽頻度

地区 / 頻度	城東下町	都 心	山ノ手台地	田園都市	三多摩
高 木					
70%	モミジ		モミジ		
60%				ウメ・モミジ	ウメ・カキノキ・モミジ
50%	ウメ		カキノキ・クロマツ	カキノキ	クロマツ
40%	カキノキ・クロマツ	モミジ	ウメ・キノキ・サワラ		シノブヒバ・サワラ
30%	ツツジ・シイノキ	ウメ・モチノキ	シイノキ	クロマツ	アカマツ・モチノキ
20%	ラカンスギ・ヒムロスギ	イヌマキ・クロマツ・スギ カキノキ・シイノキ	ゲッケイジュ・スギ	サワラ・シノブヒバ	ゴョウマツ・ラカンマキ・ヒョウヒバ・スギ・ハクモクレン・ヒノキ・シラカシ
中 木					
70%	ツバキ・イヌツゲ		イヌツゲ		イヌツゲ・ツバキ
60%			サザンカ・モッコク ツッキ・キンモクセイ	イヌツゲ・キンモクセイ・ツバキ	キンモクセイ・サザンカ
50%	サザンカ	モッコク・ツバキ			
40%	ネズミモチ・モッコク	サザンカ	ネズミモチ・ハナカイドウ	カイヅカイブキ	サルスベリ・モッコク
30%		イヌツゲ・ワジュロ	ヒサカキ・ザクロ・サンショウ・ワジュロ・キョウチクトウ・トウジュロ	モッコク・サザンカ ハナカイドウ	カイヅカイブキ・トウジュロ・ハナカイオウ・モクレン・ヒサカキ・ワジュロ
20%	キョウチクトウ・マサキ ワジュロ・トウジュク・ヒイラギ・サンゴジュ・サンショウ・サルスベリ・ハナカイドウ・ヒメリンゴ	キョウチクトウ・ザクロ カイヅカイブキ・キンモクセイ・サンショウ・ナツミカン・モクレン	ナツミカン・カイヅカイブキ・ヒイラギ・モクレン・オトメツバキ・サルスベリ・ビワ	サルスベリ・トウジュロ トウネズミモチ・ユズ	チャボヒバ・サンショウ ネズミモチ・ヒイラギ マサキ・ザクロ・ハナカイドウ・イチョウ・ベニシダレ・ムラサキハシドイ
低 木					
80%	ヤツデ・クルメツツジ サツキ		ジンチョウゲ		サツキ
70%	オオムラサキ・バラ		クルメツツジ・オオムラサキ・サツキ・アオキ・ヤツデ	オオムラサキ	クルメツツジ・ナンテン
60%	ナンテン・アオキ ジンチョウゲ	アオキ	ナンテン・トウダンツツジ アジサイ	クルメツツジ・サツキ	ドウダンツツジ
50%	アジサイ	ジンチョウゲ・オオムラサキ・ヤツデ	バラ	ジンチョウゲ・ナンテン アジサイ	アジサイ・グンチョウゲ・オオムラサキ・バラ・リュウキュウツツジ
40%	ハクチョウゲ	アジサイ・クルメツツジ		ドウダンツツジ・バラ ヤツデ・ユキヤナギ・アオキ・リュウキュウツツジ	アオキ
30%	ドウダンツツジ・ボケ ヒイラギナンテン カンツバキ・クチナシ	サツキ・バラ	ボケ・オオヤエザクラ・ユキヤナギ・ツチナシ・ヒイラギナンテン・フイリアオキ		キャラボク・ヤツデ・コデマリ・オオヤエザクラ・タマリョウ・ヒイラギナンテン・ユキヤナギ
20%	クコ・リュウキュウツツジ フイリアオキ ユキヤナギ オオヤエザクナシ	カンツバキ ヒイラギナンテン アセビ クチナシ	ハクチョウゲ・マンリョウ アセビ・ウメモドキ ヤブツバキ・カンツバキ	クチナシ・ハクチョウゲ オオヤエザクナシ	シャクナゲ・ヒラドツツジ・アセビ・ハクチョウゲ・ボケ・ボタン・ミツバツツジ・アラカミガラシン・シナシンギョウ

表4-1│地区別にみた階層別の樹種に関する樹木数と植栽頻度―高木

樹種名	城東下町		都 心		山ノ手台地		田園都市		三多摩	
モ ミ ジ	○	◎	○	◎	○	◎	○	◎	○	◎
ウ メ	○	◎	△	◎	○		○		○	◎
カ キ ノ キ	△		△		△		○		○	
ク ロ マ ツ	○	◎			○		△		○	
サ ワ ラ					△	◎			△	
シ イ ノ キ	△		△		△					
ラ カ ン マ キ	△					◎			△	
ヒ ム ロ ス ギ	△	◎						◎		
モ チ ノ キ		◎	△							
イ ヌ マ キ		◎	△			◎				
ス ギ		◎			△	◎				◎
ゲ ッ ケ イ ジ ュ					○					
シ ノ ブ ヒ バ							△		△	◎
ア カ マ ツ									△	
ゴ ヨ ウ マ ツ									△	
ヒ ヨ ク ヒ バ									△	
ハ ク モ ク レ ン									△	
ヒ ノ キ									△	
シ ラ カ シ						◎			△	
ヒ マ ラ ヤ ス ギ				◎						
サ ト ザ ク ラ								◎		
シ ラ カ シ								◎		
モ ウ ソ ウ チ ク										◎
マ ダ ケ										◎

注）○；植栽頻度50%以上、△；植栽頻度20〜50%、◎；樹木数上位10位

表4-2 │ 地区別にみた階層別の樹種に関する樹木数と植栽頻度—中木

樹種名 \ 地区名	中　木 城東下町		都　心		山ノ手台地		田園都市		三多摩	
ツ　バ　キ	○	◎	○	◎	△	◎	○	◎	○	◎
イ　ヌ　ツ　ゲ	○	◎	○	◎	△	◎	○	◎	○	◎
サ　ザ　ン　カ	○	◎	△	◎	△		△	◎	○	△
ネ　ズ　ミ　モ　チ	△	◎	○	◎	△					
モ　ッ　コ　ク	△		○	◎	○	◎	△		○	
キ　ン　モ　ク　セ　イ	△		△		○	◎	○	◎	○	○
ザ　ク　ロ	△		△		△					
キ　ョ　ウ　チ　ク　ト　ウ	△				△					
マ　サ　キ		◎	△	◎		◎		◎		△
ワ　ジ　ュ　ロ			△		△				○	◎
ト　ウ　ジ　ュ　ロ					△	◎	△		△	
ヒ　イ　ラ　ギ					△					
サ　ン　ゴ　ジ　ュ			△	◎						
サ　ン　シ　ョ　ウ			△		△					
サ　ル　ス　ベ　リ					△		△			
ハ　ナ　カ　イ　ド　ウ					△					
ヒ　メ　リ　ン　ゴ	△									
カ　イ　ヅ　カ　イ　ブ　キ		◎	△	◎	△	◎		◎	△	◎
ナ　ツ　ミ　カ　ン			△	◎	△					
モ　ク　レ　ン			△		△					
ヒ　サ　カ　キ					△	◎				
オ　ト　メ　ツ　バ　キ					△	◎				
ビ　ワ					△					
ト　ウ　ネ　ズ　ミ　モ　チ							△	◎		
ユ　ズ							△			
ハ　ナ　ズ　オ　ウ									△	
チ　ャ　ボ　ヒ　バ									△	
イ　チ　ジ　ク									△	
ベ　ニ　シ　ダ　レ									△	
ム　ラ　サ　キ　ハ　ン　ド　イ									△	
ト　ウ　チ　ク		◎								◎
ヒ　イ　ラ　ギ　モ　ク　セ　イ										◎

注）○；植栽頻度 50%以上，△；植栽頻度20～50%，◎；樹木数上位10位

表4-3 │ 地区別にみた階層別の樹種に関する樹木数と植栽頻度—低木

樹種名 \ 地区名	低　木 城東下町		都　心		山ノ手台地		田園都市		三多摩	
ヤ　ツ　デ	○	◎	○	◎	○	◎	△		△	
ク　ル　メ　ツ　ツ　ジ	○	◎	△	◎	○	◎	○	◎	○	◎
サ　ツ　キ	○	◎	△	◎	○	◎	○	◎	○	◎
オ　オ　ム　ラ　サ　キ	○	◎	△	◎	○	◎	○	◎	○	◎
バ　ラ	○	◎	△	◎	○	◎	○	◎	○	◎
ナ　ン　テ　ン	○	◎	△		○		○		○	◎
ア　オ　キ	○	◎	○		○	◎	○	◎	△	
ジ　ン　チ　ョ　ウ　ゲ	○	◎	△		○	◎	○	◎	○	◎
ア　ジ　サ　イ	○		△		○		○		○	
ハ　ク　チ　ョ　ウ　ゲ	△	◎			○	◎	△	◎	△	
ド　ウ　ダ　ン　ツ　ツ　ジ	△	◎			○		○	◎	○	◎
ボ　ケ	△						△		△	
ヒ　イ　ラ　ギ　ナ　ン　テ　ン	△		△		△				△	
カ　ン　ツ　バ　キ	△		△		△					
ク　チ　ナ　シ	△		△		△					
ツ　ゲ	△									
リ　ュ　ウ　キ　ュ　ウ　ツ　ツ　ジ	△				△				○	
フ　イ　リ　ア　オ　キ	△				△					
ユ　キ　ヤ　ナ　ギ	△				△		△		△	
オ　オ　ヤ　エ　ク　チ　ナ　シ	△				△					
ア　セ　ビ			△		△					
マ　ン　リ　ョ　ウ					△					
ウ　メ　モ　ド　キ					△					
ヤ　マ　ブ　キ					△					
キ　ャ　ラ　ボ　ク									△	
コ　デ　マ　リ									△	
タ　マ　イ　ブ　キ									△	◎
シ　ャ　ク　ナ　ゲ									△	
ヒ　ラ　ド　ツ　ツ　ジ									△	◎
ボ　タ　ン									△	
ミ　ツ　バ　ツ　ツ　ジ									△	
ア　ツ　バ　キ　ミ　ガ　ヨ　ラ　ン									△	
シ　ナ　レ　ン　ギ　ョ　ウ			△	◎					△	
ク　マ　ザ　サ							△	◎		
ク　サ　ツ　ゲ										◎

注）○；植栽頻度 50%以上，△；植栽頻度20～50%，◎；樹木数上位10位

が10位以内で植栽頻度50%以上という樹種はツバキ・イヌツゲ・サザンカである。モッコクは三多摩地区、キンモクセイは城東下町地区を除いてこの条件に該当する。全地区に共通して樹木数が10位以内であり、植栽頻度が20%以下の樹種は認められないが、マサキは城東下町地区・三多摩地区を除いて該当する。また、個々の地区別にみるとこの条件に該当する樹種もある。全地区に共通して樹木数は少ないが植栽頻度が20%以上の樹種は認められないが、ザクロ・サンショウは田園地区、サルスベリ・ハナカイドウは都心地区を除いてこの条件に該当する。また個々の地区別にはこの条件に該当する樹種もある。低木で全地区に共通して樹木数が10位以内で植栽頻度が50%以上という樹種はオオムラサキ・ジンチョウゲである。次いでクルメツツジ・サツキ・バラ、またアオキは三多摩地区、アジサイは城東下町地区を除いてこの条件にほぼ該当する。全地区に共通して樹木数が少なく植栽頻度が20%以上の樹種は認められないが、植栽頻度が20%以上のヒイラギナンテンは田園地区、クチナシは三多摩地区、ユキヤナギ・オオヤエクチナシは都心地区を除いてこの条件に該当する。また、全地区に共通して樹木数が10位以内で植栽頻度が20%以下の樹種は認められなかった。しかし、個々の地区別には両者の条件に該当する樹種が認められる。

　以上より、都内の個人住宅に植栽されている樹木の樹木数と植栽頻度の間には、樹木数が多ければ植栽頻度も高いという関係のものや、一方が高くもう一方が低いという関係のもの、あるいは両者の間に全く関係の認められないものなどがある。これらの傾向から、個人住宅という性格上、その構成樹種には個人の嗜好が大きく関与していることが示唆された。また、全地区に共通して樹木数が多く植栽頻度も高いと指摘された樹種は、個人住宅という植栽地の性格に最も適した樹種であると考えられる。

総合農学学会（於筑波大学学校教育部）総合農学 32巻1号,pp.30,1984 掲載

参考・引用文献
1　内田均ほか：東京都内における個人住宅の植栽構造に関する研究（Ⅰ）
　　総合農学学会研究発表要旨, 1983, 5
2　内田均ほか：東京都内における個人住宅の植栽構造に関する研究（Ⅱ）
　　総合農学学会研究発表要旨, 1983, 5
3　主婦と生活社：ホーム園芸シリーズ　庭木ｰ1緑と樹形を楽しむ・庭木ｰ2花を楽しむ・庭木ｰ3実を楽しむ, 1974

「ヨーロッパ
フラワーランドスケープ視察報告」
環境緑化新聞社　花と緑を考える会

ヨーロッパでの花の用い方

　ヨーロッパ諸国では色々な場面に花を用い、私達の目を楽しませてくれた。ヨーロッパに見られる花の導入空間とその手法について振り返ってみたい。

1 │ 花で村おこしのイボアール村

　フランスのイボアール村は1960年代より過疎化が進んだ。そこで村長は、中世からあるこの村の景観と花による村おこしを考え、若者達を呼び戻すために、ただ同然の家賃で家を貸し与えた。中世の古いイメージを出すために、①室内は各人のセンスでアレンジして良いが、建物の外壁は同じ石材を使うこと。②雨どいは塩化ビニールやプラスチックに置き換えないで昔ながらの銅製を使用することなどの条件で家を修復させた。また、③村を明るく、きれいに、華やかにするため、住民達に花を買い求めさせ家の壁やベランダそして庭を修景させた。

　村では、年間100万円の花を購入し、村で1886年から使われなくなったブドウ搾り機やワイン樽また畑仕事に使っていた荷車などを花の展示に利用し、村の公道へ飾り付けし管理を始めた。村の入口にはキャンピング場を、レマン湖畔にはヨットハーバーや対岸のローザンヌから遊覧船を誘致するなどのレジャー施設を設けた。

イボアールの村は毎年ヨーロッパで行われる「国際フラワーコンクール」へ参加し、「村部門」で1位に入賞して、きれいな素晴らしい村であると一躍有名になった。入賞のプレートを村の入口に飾り付け、村人の「花による村おこし」の誇りとしている。

以来、イボアールの村は活気づき、若者が戻りブティックを開くようになった。シーズンには村中を歩行者天国にしてしまうほど混雑し、売店のアルバイトに150人位の若者を募集するという。このように、レマン湖畔にはイボアールの他にもソノーやエリオンの村が花で村おこしを行っている。

花による村おこしが成功したのは、行政側が若者達の入居以前に街並み統一の条件を設定し、その条件に従って家庭の美化を図った住民達の潜在的な花好き、美化意識の高さがあればこその成功と思われる。

2 | 公園花壇のアンシーパーク

アンシー湖畔には、プラタナスの大木がアーチ状に並木を形成し、その周辺が公園となっている。広大な芝生の緑空間には、個性豊かな樹形美を象徴している大木が疎植または群植され、園路沿いをバランスの良いシンメトリーの花壇構成で数多く修景されている。つまり、公園の植栽形式は高木（落葉樹主体）と芝生そして花壇によって修められ、見通しのよい明るく開放感のある快適な公園を演出している。花壇用草花は市営の圃場で10人の職員の手により年間23万鉢を生産し、この草花をふんだんに用いては公園内の花壇のデザインを毎年作り替えている。

日本の近代洋風公園の先駆である日比谷公園は、四季折々に色鮮やかな花を咲かせる花壇が中央ビジネス街の憩いの広場となっている。東京都内の近隣公園や児童公園にみられる公園の植栽形式（1978年調査）は、高木14％、中木22％、低木64％の階層植栽とされ、常緑樹83％、落葉樹17％と常緑樹主体の植栽が行われている。また、公園の植栽樹木は、ツツジ類などの地被的花ものを主に、サワラなどの常緑樹で外周植栽を施し、広場の緑陰樹としてケヤキを配するといった植栽パターンである。このように一般の公園では、手間の

掛からない花木が植えられており、草花の花壇は灌水や除草などの手間が掛かり、ボランティアらの協力なしでは維持管理できず、コスト面からも導入できない現状にある。

3│花の庭、オランダ住宅庭園

　オランダの一般住宅地は、2〜3戸建てから10軒以上までの建坪60㎡程度で2階に屋根裏のある縦割りレンガ住宅となり、庭の敷地は100㎡程度が多いと言われる。オランダの住宅庭園は、庭の大半が芝生で占められ、地下水位が高いために意外と高木が少なく、周囲に草花が植え込まれ、庭へ光が十分当たるようになっている。またHek（ヘック）と呼ばれる低い板塀が施されたりしている。住宅庭園の構成（プラン、造成、管理）と生活者の関与が高いのか、週末の休みやレジャーを利用し家族全員が楽しみながら施工するケースが多く、一年中きれいな花を植えているという。つまり、庭面積に対する植栽面積が低く、樹木の本数が少ない開放的な花の庭が多く見られた。

　東京都内に見られる住宅庭園の実態は（1979年調査）、庭面積の53％が植栽面積とされ、高木3％、中木30％、低木67％程度の階層植栽がなされ、その庭木は、緑と樹形を楽しむ庭木50％、花を楽しむ庭木42％、実を楽しむ庭木が8％というケースが多い。また、神奈川県厚木市の住宅を対象として庭園の構成と生活者の関与の仕方を見たところ（1984年調査）、設計は大部分生活者が行っているが、作庭工事や管理については専門家の手を相当に借りている現状である。さらに、庭園構成要素の分析を行ったところ、芝生のある庭が64％、花壇のある庭が25％ということで、わが国は草花を用いた個人住宅の庭が欧州に比べてかなり少ないように感じられる。

4 | 花の老人ホーム「神の家」

　ベルギーのブリュージュ市では、厳しい規制により中世そのままの家並みと緑を保存している。その歴史的文化遺産の一つである「神の家」は、中世時代に王侯貴族が貧民へ分け与えた家と庭で、民は花づくりを楽しみ暮らしたという。このような歴史的意味のある300軒程の家が現在は市の所有となり、老人ホーム（家賃は月1万8千円）として用いられている。入居の老人達には、庭へ花を植えて楽しみながらゆとりのある生活を過ごしてもらい、街の美化にそして観光に役立てようという一石二鳥の施策が展開されていた。

　日本の老人ホームは、国県市町村の管轄下にある特別養護老人ホーム、養護老人ホームと、市町村を通さずに入居できる契約制度の軽費老人ホーム、有料老人ホームの4タイプがある。特別養護老人ホームは、寝たきりで看護者のない老人を対象とし病院の相部屋という雰囲気で1988年現在の全施設数のうち6割を占めている。養護老人ホームは、心身機能に支障があり低所得の老人を対象とした保養所の個室的な施設で全施設数の3割弱を占め、月平均2万5千円前後の生活費を支払っている。軽費老人ホームでは月6万円、有料老人ホームは15万〜20万円程度の生活費が掛かるという。

　行政機関では老人ホームの部屋数が足らず頭を痛めており、ブリュージュの一戸建て庭付きなどは考えられないという現状にある。しかし、高齢者福祉の充実が急務とされている中、イボアール村のような過疎地においしい空気の中で花づくりが楽しめるのどかな田園生活を送れる空間などの提供も必要となろう。

5 | サービスエリアや道路法面の花壇

ブリュージュからパリへ向かう高速道路のサービスエリアでは、花壇による修景がよく見られる。レンガ色のインターロッキングで敷き詰められた歩道のあちこちに赤・黄・緑色の植樹帯がある。赤いベゴニアの花、黄色のマリーゴールド、緑の芝生という植樹帯で、申し訳なさそうに一本樹木が植えられている。いうなれば花壇帯である。日本ではこのスペースがサツキ・ツツジ類の刈込みものの植樹帯となっているのが現状である。

パリの環状線道路の法面にも花壇が設けられている。花壇の傍らには水栓があり、そこからホースを引いて散水方式の灌水が行われている。日々の管理の大切さを痛感した。

6 | 刺繍花壇のベルサイユ宮苑

宮苑へ入ると「北の花壇」という空間がある。セイヨウツゲの低い垣根によって刺繍模様を表し、内部の空間は緑一色の芝生で覆われ、垣根と垣根の間に花壇を設けている。花壇材料は、シロタエギク、ベゴニアセンパフローレンス、フレンチマリーゴールドである。

宮殿の南側には「南の花壇」がある。円錐形をしたセイヨウイチイの深緑色、バーベナの紫色、所々にマリーゴールドのオレンジ色、白の花、そして縁取りである刺繍模様のセイヨウツゲ、境栽垣の緑色と大理石の宮殿、眺める景観すべてが色彩感覚良く華麗に修景されている。アンドレ・ル・ノートルが考察したフランス平面幾何学式庭園の特徴を持つ技法の一つである刺繍花壇のすばらしさを味わった。

「ヨーロッパフラワーランドスケープ視察報告」環境緑化新聞社　花と緑を考える会

7 | 花のタペストリー

　ローザンヌ市のデリエルブルブ公園には、1950年に花壇の見本園が下段に
設けられた。公園内には、「花のタペストリー」と呼ばれる花の装飾がなされた
織物を壁に掛けるような展示方法が見られる。1960年より導入された手法とい
う。タペストリーの花は1年に2回6月と11月に入れ替え、灌水は職員が水道
のバルブを捻りスプリンクラーを作動させている。タペストリーの作り方は、壁か
ら15cm離れた所に置かれる12cm角のワイヤーメッシュへ、現地で設計図通り
モチーフごとに、水ゴケに包まれた草花苗のカセットをパズル式に埋め込み、組
み立て完成させる方式を採っている。

　日本では立体花壇の開発が4年前から行われ、花の万博会場においてもカ
セット式などの園芸資材による花の展示方法が色々なデザインで楽しく展開さ
れている。

ヨーロッパでの緑の用い方

　ヨーロッパの造園空間に見られた緑の特徴的な用い方について振り返って
みたい。

1 | トピアリーされた街路樹

　ジュネーブのレマン湖畔にあるプラタナスの街路樹は、樹高、下枝の高さ、枝
張り共に統一された横楕円形の刈込み樹形（トピアリー）となっている。湖畔に並
ぶホテルや住宅からの湖面の眺望を考慮して毎年頭部強剪定を行っている。
電柱・電線や看板などがなく建物の高さも制限され、街路樹の整形と周囲が
マッチしきれいな文化的自然景観を醸し出している。また市内には常緑の街路
樹に傘型スタンダード仕立てのトピアリーが見られる。

　アンシーの市内ではイタリアポプラの街路樹が円柱（ろうそく）型に整形されてい
る。ベルサイユ宮殿入口「女王様の散歩道」にあるセイヨウシナノキの並木やシャ
ンゼリゼ大通りのプラタナスは下枝のビスタを切り揃え壁面状に刈込まれている。

　日本の街路樹は自然樹形仕立ての剪定が行われ、ヨーロッパにあるトピア
リー式街路樹は見られないが、狭い場所などはこの手法を導入し活用できる
余地があるものと思われる。

2｜公園内で見られるトピアリー

　ローザンヌ市のデリエルブルブ公園上段には、1900年に造られたセイヨウ
シデ（Carpinus Betulus）によるバロック風のトピアリーが見られる。仕立て方を
みると、アーチ状の鉄柱に枝を誘引して造形されている。この樹種を用いて、
Jardin Botanique公園にもアーチやアーケード型のトピアリーがあちこちに見ら
れた。ブリュージュのニューウォーターパークには、プラタナスを用いたアーケード
のトピアリーが緑の回廊を造っている。

　ベルサイユ宮苑にはセイヨウツゲによる平面的絵模様と円錐形のセイヨウイチ
イが見られる。
　昔の廃兵院で今は軍事博物館に使われナポレオンの棺が置かれている「ア
ンバリッド」の前庭には、円錐形のセイヨウイチイが芝生内に群植されており、後

庭にもセイヨウツゲをふんだんに用いた平面幾何学式庭園が見られる。

　ヨーロッパの造園空間を修景しているトピアリーは、日本の公園や住宅庭園などにも楽しい面白みのある空間演出材料として今後大いに導入し用いられるべき手法の一つである。

3｜コンテナープランツ

　ベルサイユ宮苑の南花壇を下るとオレンジ、レモン、ザクロ、ヤシ、ゲッケイジュなどのコンテナープランツが配置されている「オレンジ園」がある。夏場は異国情緒を楽しむ空間として、冬場はこの植物の保管温室が王様達の憩いの場所として用いられたものと思われる。コンテナープランツによって宮苑内に夏と冬の景色の違いを造り上げている。

　ローザンヌ市のブティックやパリのホテルの玄関先には、トピアリーを施したコンテナープランツが多数置かれ、伝統ある石造建築物のアクセサリーとなって頻繁に用いられている。

　新凱旋門のあるラ・デファンスは、オフィスが林立するパリの副都心であり、開放感の溢れる分離的な空間には、人工地盤の上にコンテナープランツが多数置かれている。大アーチの前にも露地ものを掘り上げてインスタントに作ったタイサンボクのコンテナーがあり、ビルとビルの谷間にはコンテナープランツを用いた緑のオアシスが造られている。

　今後、より都市化が進む日本においても、このようなコンテナープランツの緑を多用し、都市の中に四季折々の模様替えができる快適な空間を創造していくべきではないか。

「花と緑」空間の管理状況

　ヨーロッパの花や緑で飾られた造園空間がきれいに美しく見えるのは、背景となる景観が美化され保たれているためであろう。視察中の管理の状況を顧みることにする。

1 | 早朝の道路清掃

　「スイスの国は、道路の管理が世界で最も進んでいる」とローザンヌのガイドが胸を張って言う。それもそのはず、早朝から市の道路課職員により洗道機やエリカの枝でできた箒を持っての道路清掃が始まる。街路樹の落葉は集中的に落ちる時期があり、その日から翌朝に掛けてスイス中全部の道路に落ちた葉を機械で清掃し、市民の通勤前までに片付けてしまう体制を採っている。スイス、オランダはホースや散水車による清掃であったが、パリは自動式で車道と歩道の境から朝夕に水が流れ、職員がゴミをナイロン製の箒で掃いて水の勢いで下水に流し込んでしまう方式を採っている。

2 | 歩道内の花の手入れ

　ローザンヌ市の公園プロムナード職員は、毎朝市内の42ヵ所に設けられた管理事務所から、ダンプ式運搬車に灌水や掃除の道具を積み込み、道路に埋設された水栓へホースを接続させては、歩道内のプランターや花壇に灌水や除草、花殻摘みの管理を行っている。

　ヴェヴェイからシヨン城までの15㎞、レマン湖畔に沿って「花のプロムナード」が延々と続いている。そこでは大型プランター内をbinetteと呼ばれる草取り中耕道具で手入れしている職員らや手取除草をしポリバケツへむしり終えた草を入れている職員らを見かけた。植栽地には剪定残渣のチップを用いて草の発生防止や保水などのためにマルチングが施されている。歩道の中の花をきれいに見せるため、かなりの労力を費やして管理されている状況にあった。

3｜公園緑地の除草・草刈

ローザンヌ市にある「谷のバラ公園」の芝生地にはヒナギク（*Bellis perennis*）のワイルドフラワーがたくさん茂り、緑の上に白い花を散りばめた景観が見られる。また、芝生内にはオオバコの雑草が侵入している。草管理について尋ねると、除草剤は極力散布しないとのことである。また、ブーベ町のボーダーナーセリーでも畑の草管理に除草剤は使用していない。散布後、色々な植物の種類によって反応が異なり1〜2年目は良くとも3年目で除草剤に反応し、敏感な植物では種子ができないという問題が生じたので使用していないとの説明があった。

また、ボーダーナーセリーからヴェヴェイ村へ向かう途中、道路沿いの斜面を草刈りしている場面に出逢った。モアーの先端にロープを付けて一人が引っ張り一人が押す二人一組の共同作業であった。道路際ではFauxと呼ばれる長い柄の先に大きな鎌を付けた草刈鎌で腰に支点を置き草を刈払っていた。ブリュージュからパリへ向かう高速道路の緑地では、アーム式乗用タイプの草刈機を使用し、機械刈できない場所は刈払機で管理を行っていた。

日本のような高温多湿の気候では草の伸長量も旺盛となるが、ヨーロッパは冷涼な気候なので草の量と成長度合の違いから除草剤無しでも管理できるものと思われる。各国どこでも快適な空間を作るため、管理人が汗をかいていることを再確認した。

4｜美観を保つマナーと法規制

ヨーロッパの公園は、きれいに管理されているから汚せないという意識が働いているのか園内に空き缶や紙屑など見当たらず、また公衆トイレもきれいであり、日本とは比べ物にならないほど公衆道徳、マナーが良く守られている。その陰には美観を保つための法規制が数多くなされているためであろう。

ローザンヌ市を例にみると、公園内では勝手に売店や販売機を置くことができない法律があり、売店を出す場合は警察の商業課に申請し、公園プロムナード課で許可を得て初めて物を売る行為ができるが、プロムナード課では許可しない方針を採り規制している。公園の芝生地には立入禁止区域があり、入ると3〜4万円の罰金である。また、犬の糞を道路や公園に置き捨てても罰金である。ジュネーブのグランジェ公園では犬の糞入れ専用の袋が公園入口に設置され、飼主がこの袋を利用し始末するシステムを採っている。パリの場合は罰金という規制がないため歩道にはかなりの犬の糞が落ちており、緑のオートバイに緑の服装をした市の職員が歩道に落ちた犬の糞の回収作業を行っている。

さらに、街の美観を損ねる家庭の洗濯物は屋外に干せず違反者は罰金2万円となる。街路樹は下枝を地上3mに切り揃えると決められており、統一された整形の街路樹を造り出すための方策の一端が見られた。

花、花、花のヨーロッパ

　ヨーロッパはスイス、オランダ、ベルギー、フランスの4カ国をかけ足で見てきた。レマン湖畔の花、ボスコープの植木屋、中世の街ブリュージュ、大都市パリ、ベルサイユの緑花などヨーロッパの一部分に触れてみたに過ぎない。それでも「花、花、花のヨーロッパ」という印象は強い。しかし、「なぜヨーロッパの造園空間では花を多用するのか?」と、その疑問に私なりに自問自答した。

1│気候風土と生活

　ローザンヌ、ブリュージュ、パリなどの旧市街は、彫刻が施された伝統ある石造建築物や石畳などの街並みが多々見られ、一般住民の大半が狭いアパート住いである。また、オランダの郊外にあるアールスメイアやボスコープなどは庭付きレンガ住宅であった。

　ヨーロッパの冬は日本の1/3～1/4の日照時間であり、家の中で過ごす陰鬱な時間が多くなるので艶やかで派手な花をたくさん飾り付けて室内を快適にしている。夏は対照的に日本より日照時間が長く夜の11時近くまで明るいので、花を使って開放感に浸りお客を招いては夜遅くまで遊ぶという。ヨーロッパには花を植える、花を飾る、それを見せる慣習が暮らしの中で培われてきたものと思われる。

2│花生産と消費

　なぜ花を多用するのかは言い換えれば、なぜ花を多用できるのかということで、その点に着目し花の生産と消費について調べてみた。国民一人当りの年間切花、鉢物消費額を比較すると（表1）、1987（昭和62）年現在ではオランダ15,571円、ベルギー7,105円、フランス6,964円、日本6,645円で、日本はオランダ国民一人当りの1/2以下の花消費額であった。

　また、日本とオランダの花の単価を比較すると（表2）、カトレア5.2倍、チューリップ4.6倍、シンビジウム3.9倍、バラ3.1倍、キク1.6倍となり、日本の花は非常に高くオランダなどヨーロッパの花は安価なことが分かる。

　花の価格が安いということは裏を返せば安く生産されていることになる。それもそのはずで、オランダは天然ガスの資源国であり、天然ガスを利用して温室栽培が行われている。また、天然ガスにより自家発電をし、ナトリウム燈や水銀燈の燃料となって、冬期の日照不足の補光としても用いられる。つまり、オランダにおいては花が日本よりも随分と安価なためふんだんに花を用いることが可能となる。

表1｜国民一人当たりの年間切花・鉢物消費　　　　　　　　　　　　（単位：円／人）

国／年度	1982	1983	1984	1985	1986	1987
フランス	6,933	6,521	5,563	5,344	5,897	6,946
オランダ	17,899	17,948	15,370	12,962	15,339	15,571
ベルギー	7,825	7,137	6,643	5,017	5,355	7,105
日　本	4,666	5,267	5,451	5,990	6,005	6,645

資料：日本は農林水産省花き対策室「花き類の生産状況等調査」。海外はAIPH「国際統計園芸年報（1989）」

表2｜海外における切花の市場価格、(1988)　　　　　　　　　　　　（単位：円／本）

国／花の種類	カーネーション	バラ	キク	チューリップ	フリージア	アイリス	グラジオラス	ガーベラ	アンスリウム	シンビジウム	カトレア
フランス	22.3	45.6	*65.3	*50.8	*30.7	*41.2	*61.8	*44.2	–	–	–
オランダ	24.5	21.9	33.8	15.8	16.6	17.5	13.1	28.9	118.3	100.3	94.6
ベルギー	20.1	24.5	71.5	20.1	17.5	21.9	21.9	33.3	127.0	–	–
日　本	44.0	67.0	56.0	73.0	30.0	49.0	50.0	53.0	–	396.0	491.0

資料：AIPH（ヨーロッパ）、市場流通調査報告書（日本）、農商務省（アメリカ）。注：オランダ、ベルギー、日本以外は主な1市場のみ。*は1987年

3｜生産者、行政側の努力

　ヨーロッパでは、毎年「国際フラワーコンクール」が行われる。フランスのアンシー市では、市の公園緑地課と地域の園芸専門家の協力のもとに、戸建て住宅とバルコニーのフラワーコンクールが催され、30年前から国主催の「フラワータウンのコンクール」にも参加している。

　スイスのローザンヌ市では4年に1回ローザンヌフラワーショーが開催される。オランダのデンハーグ市ウェストブルック公園では、バラの国際展示会が行われる。各国の生産者がバラの品種を商品化する前に公園内の「トライアルガーデン」へ2年間バラを植栽し、花の色具合や病気の抵抗性などがテストされ、2年後に各国の園芸専門家で組織される国際審査理事会の審査を受けて、優秀な品種にはデンハーグ市から様々な賞が与えられる。

　ボスコープは運河と運河の間に、1,000軒位の植木屋が密集する植木産地である。ここには、各植木屋が年収の1％を出資して自分達のための研究所を設置した。研究所内には繁殖用のビニールハウスや組織培養用の温室、ボスコープで栽培している樹木の展示、新品種の試験栽培をしており、地域の植木屋に技術指導も行っている。樹木販売展示用の区画もあり、借用し売上の5％のコストを研究所へ支払うシステムとなっている。

　ベルギーのヘント（ゲント）の街では5年に一回アザレア（ツツジ類）の展示会が行われている。

　このように、ヨーロッパ諸国の生産者や行政側は、こうした一連のコンクールを通して花や緑の啓蒙、普及にかなりの力を入れて、花と緑の街づくりを奨励している。

4│余暇の利用

　生産者と市が企画したコンクールに、また市が整備した公園などに住民達が参加し利用しているかどうかは余暇の状況と関連する。

　ヨーロッパは週休2日制であり、夏にはバカンスがある。その余暇の状況は各国によって多少異なるようだ。オランダ人は庭づくりを楽しむことが多く、お金のかかるレジャーはせず、近くの公園や森林をサイクリングしたり、散歩を楽しんだりしている。スイス人はバカンスを楽しむ民族でイタリア、南フランスなど太陽と海を求めて南方面へキャンピングカーで移動する家族が多い。フランス、パリの住民達はバカンスへ行ったり、土・日曜日になると家族連れで公園へ行き木陰で昼寝をするという。

　このようにヨーロッパの人々は、余暇に花や緑、太陽や水の自然に接するため、庭の手入れをしたり、公園やキャンプ場へ出掛けてはリフレッシュを図っている。

5│花の文化

　ヨーロッパの花は、日本で見られる花以上に緑の芝生を背景として美しく見える。レマン湖畔の花のプロムナードやアンシーパーク、ローザンヌのポケットパークと、どの花壇もみな花の色が艶やかでひきしまった感じがする。1年に2回の植え替えで済むということは、花持ちがし、花期が長く草姿が乱れない冷涼なヨーロッパの気候が功を奏しているのであろう。日本の夏は高温となるためにすぐ花壇草の茎葉が伸びて高さや花期がそろわず花持ちがせず見た目がどうしても悪くなる。花にはヨーロッパの気候が合っているようだ。

　また、ヨーロッパには花がよく似合う。あちこちで見られた花壇は、幾何学式模様を活かした矮性な草花で修めている花壇のつくりとなっており、日本の自然的な感覚の植栽法とはその技法を異にしている。また、縁取り効果の高い芝生が存在することも見逃せない。やはり、ベルサイユ宮苑のような刺繍花壇のフランス式庭園という文化とその伝統があって初めてヨーロッパには花が多用されているものと思われる。

まとめ

　ヨーロッパ・フラワーランドスケープ視察に参加し、見聞してきた花と緑の用い方、管理の状況、そして「なぜ花が多用されるのか」についてまとめると次の通りである。

　ヨーロッパでは、自分たちの最も身近な日常の生活空間である住宅の室内から庭にかけて心和む華麗な花を導入し、潤いのある生活を送っている。ま

た、休日やバカンスには開放感のある公園やキャンピング場へ行き、太陽のもと芝生の上で花を眺めながら日光浴をしてリフレッシュを図っている。さらに、住宅と公園を結びつけている道路や食事をするサービスエリアなどにも目を引く艶やかな花を導入している。

　一方、過疎地に活力を与え村おこしを図った原動力が花であったり、中世の歴史的文化遺産を守るために老人パワーを利用し花づくりをすることで生き生きとした悦びを与え、外部からの観光客にも結び付けようとする行政側も花を用いる。その展示方法には、昔ながらの歴史と伝統から培われたベルサイユ宮苑などに見られる整形式幾何学模様の刺繍花壇の手法や、近年用い始めた立体的装飾方法の花のタペストリーなどがあり楽しい潤いのある造園空間を花で造り上げている。人工的な整形の石造建築物に合った都市の緑をトピアリーの手法でも修景している。

　修景された文化的自然景観を住民の税金により市が日夜管理に奮闘し、これを利用する住民も行政側の法規制の中でマナー良く花と緑の空間をエンジョイしている。ヨーロッパの花と緑による造園空間がきれいに見えるのはこのような背景があってのことであろう。

　ヨーロッパの造園空間に花が多用される理由を考えると、①気候風土の影響により生理的に花を要求した　②花が安く生産できる状況にあった　③生産者と行政側が花の啓蒙・普及に努力した　④住民の余暇の場に花が利用された　⑤花を用いる伝統・文化があった等々が理由として挙げられると思われる。

おわりに

　花と緑を考える会に入会して、縁あってフラワーランドスケープ視察に参加した。ヨーロッパの造園は、花、花、花という感じが強く、艶やかな花をきれいに引き立たせているものが芝生や樹木の緑であった。

　ヨーロッパの鮮やかであった花の色を日本へそのまま導入しようとしても気候風土や生活様式、文化の違いがあり若干の無理があろう。しかし、花博を契機に、生活の中へ、町の中へ、そして都市の中へと華やかで賑やかな豊かさが感じられるような花と緑による空間づくりが盛んとなろう。従来の庭師プラス花のことに熟達しているガーデナーで日本の造園空間を楽園としなければならない。花と緑で楽園を造る造園家「パラダイスコーディネーター」として学生教育、そして研究と鋭意努力していきたいと思う。

環境緑化新聞 第182号,2-3,1990 掲載

若年者と高齢者からみた
ガーデニングの実態と造園家への課題

はじめに

1992年に「私の部屋ビズ」という雑誌が発刊された。その目的は、女性達の身近な日常生活に草花をおいて、日々の慰めや家と庭との調和、外からみた庭やマイホームの温かなイメージづくりを図ることで、発刊以来8年に及ぼうとしている[1]。また、1997年には自由国民社主催による日本新語・流行語大賞のトップ10に「ガーデニング」という言葉が挙げられ[2]、花による庭づくりがライフスタイルとなりつつある。今年も明治神宮絵画館前広場で行われた「第1回東京ガーデニングショー」、埼玉県花園町の「第3回花園フラワーショー」、西武ドームの「第2回国際バラとガーデニングショウ」、淡路花博「ジャパンフローラ2000」と、各所で相次いでガーデニングショーが開催された。ガーデニングブームは一過性ではなく、ある種の定着をみたと判断したほうが良いようである[3]。そして民間造園の庭師たちは、従来の日本庭園の様式から洋風化やカラフルな花の導入などを余儀なくされ、今、何を武器として持ちつづけ、来たる21世紀に造園家として何が必要となるかを追求している[5]。

そこで本研究においては、若年者と高齢者にガーデニングの実態調査を行い、その結果と、専門の造園家たちが検討した内容[4,5]を基に造園家への課題を提示することとした。

研究方法

ガーデニングの実態を明らかにするために、若年者として東京農業大学短期大学部環境緑地学科1年生を、高齢者として同大学の成人学校（50歳以上を対象に園芸・造園のことを広く浅く趣味的に教育している機関）の生徒を対象とし、1999年と2000年の2ヶ年にアンケート調査を実施した。

調査内容は、ガーデニング経験の有無、時間、場所、対象植物、ガーデニングの定義・効果、ガーデニングブームの要因、造園家への課題等々とした。調査回答数は、表1に示す通り若年者134人（年齢構成は10代76%・20代24%、性別は男子

32％・女子68％)、高齢者127人(年齢構成は50代26％・60代63％・70代11％、性別は男子62％・女子38％)。

　また、日本造園アカデミー会議で行われた官・学・民の専門家による班別討論の内容[4,5]と、今回アンケート調査をした若年者・高齢者の回答を比較した。

表1｜アンケート対象者の内訳

	若年者	高齢者
対象者	短大生(134名)	成人学校生(127名)
年齢	10代102名(76％)・20代32名(24％)	50代33名(26％)・60代80名(63％)・70代14名(11％)
性別	男子43名(32％)・女子91名(68％)	男子79名(62％)・女子48名(38％)

結果および考察

1｜ガーデニング経験の有無

　若年者の45％、高齢者の83％にガーデニングの経験があった。男女別にみると、男子では若年者の40％、高齢者の78％が、女子では若年者の47％、高齢者の92％がガーデニングを経験している。これより、ガーデニング経験は男女を問わず若年者より高齢者のほうが多い状況にあることがわかった(図1)。

図1｜ガーデニング経験の有無

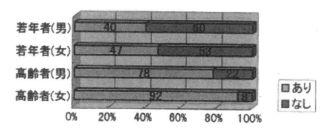

2｜ガーデニングの時間

　ガーデニング時間を週当たりにみると、若年者は最小0.5時間から最大5時間で平均1.9±1.2時間であり、高齢者は最小0.5時間から最大40時間で平均6.2±5.7時間であった(図2)。若年者の週2時間に対して、高齢者は週6時間と3倍もの時間をガーデニングに費やし、しかも前述したガーデニング経験も多い状況にある(図3)。このことから、時間的・経済的・精神的に余裕のある高齢者のほうがガーデニングを行いやすい環境下にあるものと思われる。

図2 │ 若年者・高齢者にみる週当たりのガーデニング時間

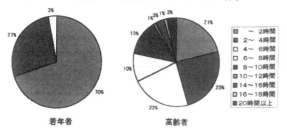

図3 │ ガーデニングの平均時間（週当たり）

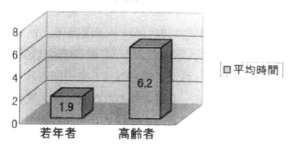

3 │ ガーデニングの場所

　若年者・高齢者のガーデニングの場所は、庭76％、ベランダ36％、室内20％、玄関15％、であった（図4、重複回答あり）。庭のみならずこれらの空間すべてを造園家の領域として認識し、取り入れたいものである。

図4 │ ガーデニングの場所

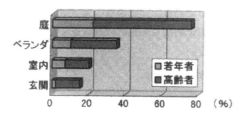

4 │ ガーデニングの対象植物

　ガーデニングで最も楽しんでいる植物は若年者・高齢者ともに「草花」であると、ガーデニング経験者の88％が答えている。一方、若年者と高齢者ではガーデニングの対象植物が異なる傾向が認められた。それは、若年者がハーブ43％、樹木35％、コニファー28％、野菜22％、山野草17％、水草7％であ

るのに対し、高齢者は樹木63％、野菜43％、ハーブ35％、山野草31％、コニファー12％、水草7％であった。このことから、若年者は洋風の緑志向によるガーデニングを、高齢者は日本古来の緑志向、家庭菜園などの実用本位的なガーデニングを楽しんでいることがうかがえた。

　育てている植物の種類数は、草花では若年者が最小1種類から最大100種類、平均15±33.5種類、高齢者が最小2種類から最大100種類、平均26.6±22.3種類であった。一方樹木では若年者が最小1種類から最大20種類、平均5.3±4.7種類、高齢者が最小2種類から最大300種類、平均37.2±17.7種類であった。両者の平均値からみると、ガーデニングで用いられている草花は21種類、樹木は12種類となる。また、高齢者は若年者に比べて草花で2倍、樹木で約3倍もその種類数が多く、最大では草花100種類、樹木300種類も育てていた。このことからも、われわれ造園家としては、最低限この程度の草花や樹木の特性を把握しておくべきだということが示唆された。

5 │ ガーデニングの定義

　ガーデニングの定義をみると、若年者と高齢者では異なる傾向が認められた。若年者のトップは「狭い空間で楽しむ緑」41％、高齢者のトップは「庭いじり」52％であった。「西洋風の庭」については、若年者の20％に対し、高齢者では6％とその認識度が低い。このことより、若年者には「狭い空間で楽しむ西洋風の庭」という意識が強く感じられるのに対し、高齢者のガーデニング定義は「庭いじり」であるということが判明した。

6 │ ガーデニングの効果

　ガーデニングの効果については、「安らぎある住環境を造れる」63％、「自然と植物とのふれあいの場」61％、「緑に親しむ機会の増加」51％、「園芸療法・ストレス解消」36％、「自然・植物の大切さを知る機会」20％であった。これらの効果をより一層高めることが、われわれ造園家の使命であると痛感した。

7 │ ガーデニングブームの要因

　ガーデニングブームの要因は、両者ともに「誰でも手軽にできる」をトップに挙げている。ついで多い回答は、若年者では「インテリアブーム」「住宅事情」「専門誌」であり、高齢者では「健康的でイメージが良い」「自然回帰」であった。若年者はガーデニングをインテリアの延長線上としてとらえ、高齢者は健康のために自然とふれあう機会としてガーデニングを意識しているものと思われる（図11、重複回答あり）。

8 │ 造園家への課題

　今回アンケート調査をした若年者・高齢者からの造園家への課題は、「風土に適するガーデニングの普及」48%、「ガーデニングの知識が必要」44%、「家と調和した庭づくり」41%、「ニーズに応える勉強」32%、「日本庭園とガーデニングの融和」28%であった。

　また、日本造園アカデミー会議「今、求められる"にわ"III建築家・造園家とともに語る」[4]での班別討論では、「ガーデニングの主役は花でなくお施主さんである」「花を選び、植えるのはお施主さんである」「お施主さんに応じた花壇スペースのコーディネートや、石積みや土壌改良などのハードの部分を総合的に設計し施工できる造園家であることが必要である」「現在ユーザーが要求している住民参加型の庭づくりに対応した庭園様式を創出しなければならない」「昔からの伝統庭園様式をふまえ、新しい21世紀の日本人の心・感性に合った庭園様式を確立すべきである」「海外でガーデニングのみを学んでも、日本の文化である日本庭園を理解しないと、よいガーデナーにはなれない」「造園家は建築家と住民が持っている情報を整理し、ガーデニングを進められるよう、情報整理人であってほしい」等々の意見が出された（表2）。

　さらに、日本造園アカデミー会議「21世紀の造園業将来ビジョンを考える」[5]の班別討論では、「これからの庭の主流は何かを見極める眼力を養い、その時代に合った庭づくりを心掛けよう」「教育界の使命は、①庭はひとつの芸術・美学であることを教える、②設計にはセンスが必要であることを認識させる、③学と術の連携を図る」「造園家の使命は、①お施主さんを満足させる高品質なものを提供していくこと、②日本の伝統的芸術・芸能を確実に後生へ伝えて行くこと、③日本の風景をつくること」「教養、技術・技能を身につけ、誇りを持って仕事をしよう」等々の意見があった（表3）。

おわりに

　若年者と高齢者からみたガーデニングの実態は、両者とも草花が中心であり、若年者では「狭い空間で楽しむ西洋風の庭」という意識が強く、ハーブやコニファーなど外国産の緑志向による「飾る」「見せる」というインテリアの延長線上のガーデニングが行われ、高齢者では「庭いじり」という意識で、日本古来の緑志向、家庭菜園などの実用本位的な「育てる喜び」のガーデニングが行われていることが判明した。

　ガーデニングブームは、個人で庭づくりを楽しむ志向を強め、民間造園の減少を招きかねず、造園家は危機感を持っている。しかし、発想の転換を図り、地域色に富み、時代に合った庭づくりを心掛けることがわれわれ造園家の使

命である。そのためには、日本古来の花と緑を生かした日本庭園と外国産の草花や樹木を積極的に導入するガーデニングとの融和を図り、新しい日本の文化たりうる庭づくりに挑戦していくことが必要であろう。

表2｜造園家への課題平成10年度造園アカデミー会議班別討論より

平成10年度造園シンポジウム　今、求められている"にわ"Ⅲ　建築家・園芸家とともに語る

討論者	官1．学3．民8．建築家1
	（岩手1・長野1・富山1・東京5・愛知1・京都1・香川1・福岡1・大分1）

ガーデニングブーム	恐れるに足らず	・ガーデニングは日本庭園の一つのジャンルである。日本庭園の顔にはガーデニングの顔もある。 ・造園家は、伝統庭園技術の基本的センスを身に付けておけば、花は一つの素材として簡単に扱える。 ・華道やフラワーアレンジメントを生かせば日本の造園家の感覚は欧米より上。 ・ススキ・ツワブキ・ギボウシなど日本人好みの花もあり、洋花・和花を造園家は理解し、使い分けている。 ・明治の鹿鳴館時代には西洋庭園を良く造った。ガーデニングを消化・吸収できるタイプの国民性である。 ・小堀遠州は花壇という言葉を江戸時代に使っている。日本人が花に対する意識や花を受け入れる文化があった。
	ブームの主役	・ガーデニングの主役は、花ではなくお施主さん(奥様やご主人)である。 ・花は主役でなく、素材である。
	主役に対して	・お施主さん自身に花を選ばせ、花を植えるスペースの石積や土壌改良などハードな部分を造園家が担う。 ・移植ゴテを使って植えるお施主さんの年齢(40歳か60歳かで)に応じた花壇づくりやスペースのコーディネートなど総合的判断のできる造園家として接するべきだろう。
	ガーデニングで日本人の心が奪われてしまった	・英国好みの人には英国風で楽しむ庭づくり・庭いじりで良いが、日本には古来より日本の気候風土に育まれた伝統的なガーデニング＝日本庭園がある。今、求められている庭の根底を考えることも大切ではないか。 ・造園家の立場からいうと、日本庭園には、目に見えない心に訴えるもの「有の不動、無の不動」がある。 ・園芸家が西洋かぶれして鮮やかな花を大量に取り入れるのも良いが、庭師が日本庭園に質素なノギクを1・2株のみ植える伝統技術を後世に伝えていくのも義務である。 ・世の中の動きの一つとして、花のガーデニングを参考にするだけで良い。 ・枯山水の中に花を取り入れるのはガーデニングではない。 ・日本庭園＝日本の文化、イングリッシュガーデン＝欧州の文化、日本庭園とガーデニングは融合できない。
	日本に合うガーデニング（造園家の課題）	・ガーデニングは昭和30年代後半から40年代前半に米国で流行した園芸植物中心の「素人ができる庭づくり」。 ・住宅様式が変われば、庭園様式も変わる。これからは、造園家が日本人のガーデニングをつくらないといかん。 ・現在ユーザーが要求している住民参加型の庭づくりに対応した庭園様式を造園家は創出しなければならない。 ・昔の庭園様式を踏まえ、新しい21世紀の日本人の心、感性に合った庭園様式を確立すべきである。 ・試行錯誤でガーデニングを始め、その中で海外植物の生育地の条件や特性などのノウハウを蓄積し、一般の人に実用書を出し、日本のガーデニングをつくることが急務である。 ・自然に対する回帰性、主婦や若者がリアルに自然に接したいという機運の中、気候的風土、精神的風土をクリアした新しいガーデニングが課題であろう。
	ガーデニング教育	・海外の庭園様式を学ぶ前に、日本庭園の様式を学んで欲しい。 ・ガーデニングは園芸・造園分野という枠組みで分けるのではなく、造園の幅が広がったと思いたい。 ・ガーデニングのみを海外で学んでもすぐにはビジネスにならない。日本の文化を理解した上で、欧州の優れた園芸文化・衣食住に係る植物の活用の仕方(ハーブの利用法)などをマスターしないと良いガーデナーにはなれない。
	建築家の意見	・写真中心の「ビズ」などを見て、庭に対して積極的に動く人が増えることは良いことである。 ・これからの庭づくりは、専門家の意見を反映して、素人がつくる庭づくりになっていくだろう。 ・造園家は「情報整理人」として建築家・住民相互の情報を整理しガーデニングを進めていくことが必要である。

表3│造園家への課題 平成12年度造園アカデミー会議班別討論より

平成12年度造園シンポジウム　21世紀の造園業、将来ビジョンを考える	
討論者	官0、学1、民11、建築家1
	（青森1・宮城1・長野2・富山1・東京3・神奈川1・千葉1・愛知1・広島1・佐賀1）

仕事（庭づくり）がなくなる ↓ 発想の転換を	①女性の活用（営業活動の発想の転換） ・年配の造園家では若いお施主さんと話が合わず営業活動が不利。 ・女性のお施主さんには同年代の若い女性従業員を営業に行かせると同性のよしみで話が合う。 ・年配のお施主さんには娘と同年代ということで同情を買うことから、細かい仕事を獲得してくることが多い。 ②その場所（地域色）・その時代に合った庭づくり ・戦前のマツ・石・灯籠の庭から、戦後の段造りのマキ・ツゲの庭へ、自然木や雑木の庭へ、平成のコニファー・イングリッシュガーデンへと庭の様式が移行している。これからの主流は何かを見極める眼力を養おう。 ③アンテナを張れ ・来年4月の会計制度改正を前に各企業も保養所を閉鎖しつつあり、その解体工事も造園の仕事の一つである。 ・高齢者宅の庭木の手入れや除草などの小規模な庭の管理も仕事の一つとすべきだろう。 ④海外進出 ・米国のポートランド州・オレゴン州・カナダなどでの日本庭園の頻繁な作庭注文もあり。 ・過去に作られた海外の日本庭園を維持管理しながら技術研修を兼ねるツアーも実施されている。 ⑤造園領域の意識革命 ・作品・空間・環境→庭園・公園・国立公園へと造園空間の領域が拡大していることを認識し、その空間も造園家の仕事として取り入れるような意識改革が必要である。
教育界の使命	・庭は一つの芸術・美学であることを学生に教育すべきである。 ・先生がヘルメットをかぶって現場に出て行き、現状の問題点を把握し、学生教育に生かすべきである。 ・設計図は簡単に描けるものではなく、センスや現地状況の認識が最低限必要であることを教育すべきである。 ・学と術の連携を図るべきであり、技術・技能に目を向けた研究をすべきである。
造園家の使命	①長期展望 ・身につけた技術を駆使し、プロとしての隠し味（＝お施主さんに遊ばせる空間をつくる工夫など）を発揮しながら、より高品質な庭づくりを心がけ、お施主さんを満足させること。 ・日本庭園に潜む伝統的技術・芸能＝日本の文化を確実に後世に伝えていくこと。 ・日本の風景をつくる＝日本庭園をつくり、残していくこと。 ・先輩から後輩への体験・口伝・経験則から得た技術・知識の伝承。 ②短期展望 ・造園家の資質（教養・思想・哲学・誇り・心の豊かさ・技術・技能・技量など）の向上をはかること。 ・庭を極めた誇り・自信を持って仕事をすること。 ・コンピューターを使いこなせるようになること。 ・造園のみでなく、土木・建築・ガーデニングの要素も身につけること。 ・コミュニケーション「会話術」の修練（建築・土木・住民との情報整理人、設計・施工・管理・生産部門との情報整理人）。 ・造園家として一番大切なものは何かを再認識すること。

日本造園アカデミー会議会報 第40号,2002 掲載

参考・引用文献

1　八木波奈子（2000）：造園家への期待 雑誌ビズ読者の声から：造園シンポジウム話題提供
2　報知新聞（1999）：'97年日本新語・流行語大賞トップ10
3　近藤三雄（2000）：緑化評論ガーデニングブームと造園界：環境緑化新聞
4　日本造園アカデミー会議（1999）：造園シンポジウム 今、求められる"にわ"Ⅲ 建築家・造園家とともに語る：日本造園アカデミー会議会報第35号、19-25
5　日本造園アカデミー会議（2000）：造園シンポジウム 21世紀の造園業将来ビジョンを考える

3-06

東京都内における住宅庭園の
植栽管理実態について

はじめに

　現在、日本国土の3割を占める都市と呼ばれている地域に日本国民の7割が
住んでいる。その地域の緑をみると、公共の緑として整備されている道路や公園
の面積は全体の25%、残りの75%が民間の緑、つまりは個人住宅の緑となって
いる。公園や緑地などの公共の緑が十分でない都市の緑環境形成上、個人住
宅の緑は極めて重要な役割を担っている。庭の緑を清々しい状態に保ち、快
適な都市の緑の構成要素として維持するためには、それ相応の植栽管理が必
要であることはいうまでもない。しかしながら、実際に個人住宅の庭において、ど
の程度の水準の管理がいかなる内容で実施され、住民が満足する状態に維持
されているのかなど、その実態に関してはあまり報告が見られない。

　そこで、本研究においては、個人住宅の庭の緑を住民が満足する状態に維
持するにはいかなる水準・内容の管理が必要になるのかを把握することを主
目的に、一般住宅地を対象として、個人住宅の庭の植栽管理実態、すなわち
誰が、どの程度の費用をかけ、いかなる水準で管理し、管理した状態にどの程
度満足し、今後の管理をどう考えているのか等の実態をアンケート調査によっ
て把握することを目論んだ。

研究方法

　東京都世田谷区（深沢・駒沢・砧）の庭付き一戸建て住宅を対象に、質問紙
法によるアンケート調査を実施した。

　調査内容は、庭面積・入居年度・年間収入等の調査対象地の現状、設計
者・施工者・庭木の量（高木・低木・仕立物）・庭の型式・庭のスケッチ等の作庭
実態、庭の管理者・管理頻度（除草・清掃・施肥・病虫害防除・剪定）および管理費
用等の管理実態、現状の仕上がり状態・管理意識・管理状態の満足度・管
理上の問題点などの管理評価、今後の管理意識・管理者・管理費用等々の
40項目とした。

調査は1999年1月〜9月（深沢・駒沢）[1]と2000年12月〜2001年1月（砧）[2]に行い、アンケート配布数270通、回収率36.3%、合計98通の回答を得た。

　なお分析に当っては、著者らが1983年11月〜1984年11月に行った同様のアンケート調査の結果[3]（入居年・庭面積が今回の調査と同様な一般住宅地である厚木市毛利台団地庭付き一戸建て住宅125戸の結果を採用する）と今回行った結果を比較検討し、管理頻度や管理費用を考察することとした。

結果および考察

1│調査対象地の概要

　調査対象地の概要は表1の通り、平均入居年度1975.1年、平均敷地面積289.8㎡、平均庭面積146.1㎡、平均家族数3.3人、居住者層は会社員33.0%、無職28.9%、自営業14.4%、会社団体役員13.4%であった。

表1│調査対象地の概要

住宅地名	入居年度 （年）	敷地面積 （㎡）	庭面積 （㎡）	庭面積率 （%）	家族数 （人）	居住者層 （%）	調査戸数 （戸）
深沢・駒沢	1972.9	237.7	102.0	42.9	3.5	会社員41.5 無職36.6 自営業12.2	41
砧	1976.7	328.6	180.9	55.1	3.2	会社員26.8 無職23.2 会社・団体役員19.6	57
平均	1975.1	289.8	146.1	50.4	3.3	会社員33.0 無職28.9 自営業14.4 会社・団体役員13.4	合計98

　設計・施工者を図1に示すと、家人が庭を設計し施工した住宅が26.6%、家人と専門業者（以下、業者とする）が共同で設計し施工した住宅が35.1%、業者が設計し施工した住宅が34.0%、入居前より施工してあった住宅が4.3%であった。

　98戸中78戸より寄せられた庭のスケッチから構成要素を分析すると、表2の通りである。59.0%の庭に車庫があり、現代の車社会においては車庫は庭空間で最優先される構成要素であることがうかがえる。ついで、果樹などの実用樹が57.7%であり、花壇30.8%、芝生29.5%、庭石19.2%、物置16.7%、盆栽12.8%、池12.8%、菜園11.5%、砂利敷11.5%、蹲踞10.3%、コケ10.3%と、観賞や趣味のための要素より実用的な要素のほうが多いことがうかがわれる[4]。また、深沢・駒沢と砧を比較すると、深沢・駒沢より砧のほうに芝生、実用樹、庭石、車庫、池などの構成要素が多く、逆に花壇は砧より深沢・駒沢のほうに多い。これは、表1の庭面積に起因しているものと推察する。つまり、庭が広ければ芝生や実用樹を植えられ、庭石や車庫が設置でき、庭が狭けれ

ば場所を取らない花壇などを設ける。このことより、庭の構成要素は庭面積に影響されることが知られる。

表2｜住宅地における庭構成要素の分析

構成要素 住宅地名	深沢・駒沢	砧	平 均	比較[1]
車 庫	51.3	66.7	59.0	15.4
実用樹	46.2	69.2	57.7	23.0
花 壇	35.9	25.6	30.8	-10.3
芝 生	15.4	43.6	29.5	28.2
庭 石	10.3	28.2	19.2	17.9
物 置	12.8	20.5	16.7	7.7
盆 栽	12.8	12.8	12.8	0
池	7.7	17.9	12.8	10.2
菜 園	7.7	15.4	11.5	7.7
砂利敷	5.1	10.3	11.5	5.2
蹲 踞	5.1	7.7	10.3	2.6
コ ケ	10.3	10.3	10.3	0
飛 石	7.7	7.7	7.7	0
築 山	5.1	7.7	6.4	2.6
灯ろう	2.6	7.7	5.1	5.7
枯山水	5.1	5.1	5.1	0
犬小屋	0	2.6	1.3	2.6
砂 場	2.6	0	1.3	-2.6
戸数・%	39・100	39・100	78・100	

注1) 砧の構成要素−深沢・駒沢の構成要素

2｜設計・施工者と管理者との関係

設計・施工者と管理者との関係は図1の通りである。管理をみると、設計・施工者に関係なく、家人だけで管理を行っている住宅34.0%、家人と業者共同で管理を行っている住宅61.7%、すべて業者に委ねている住宅が4.3%で、家人と業者共同で管理を行っている住宅が多いことがわかった。

また、設計・施工者別に管理者をみると、家人が庭を設計・施工した住宅の36.1%が管理は業者の協力を得ている。管理の難しさがうかがわれる。一方、業者が設計・施工した住宅の71.8%が管理には家人も参加している。自分達の庭を自分達で管理する楽しさ・満足感・達成感を味わいたいという意志の現われと思われる。

さらに、家人と業者が共同で設計・施工した住宅の69.8%は管理も同様にあるものの、24.2%が家人だけで管理をしている現状にあり、庭の基本的な形を専門家に作ってもらい、管理は自分で行う傾向が見うけられた。

宮脇[5]も業者の立場から「ガーデニングが本来的に生活者個人の営為であることから、業者の役割は基盤造成（土木的意味を超えて）、初期植栽等に限られるものであるのもやむを得ないことである。」と述べている。

図1│住宅庭園の設計・施工者と管理者との関係

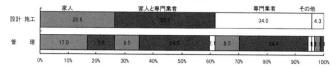

3│庭の管理を業者に依頼する理由

　庭の管理を業者に依頼する理由は図2の通りである。「手入れの仕方を知らない」「業者の手入れの方がよい」というプロの技術を必要とした庭の管理の満足度を追求する理由と、「手におえなくなった」「樹木の樹高が高い」「暇がない」という必要に迫られての理由の2つに大別されることが明らかとなった。

　業者に依頼する管理内容を図3にみると、「庭木全般の手入れ」73.8%、「特定のもの（仕立物や高木だけ）」32.3%、「病虫害防除」16.9%、「施肥」13.8%であった。具体的に手入れを頼む庭木の名前をみると、マツ・マキ・イヌツゲなどの仕立物、キンモクセイ・モミジ・モチノキ・ハナミズキなどの高木、ウメ・ツバキ・ツツジ類などの花木が上位に挙げられる。この管理内容・管理を依頼する樹種からも、上述した2つの業者への依頼理由が裏付けられる。

　庭の設計・施工者が誰であれ、管理には多かれ少なかれ業者が持つ専門的な知識や技術が必要とされていることがつかめた。

図2│業者に庭の管理を依頼する理由（n=66）

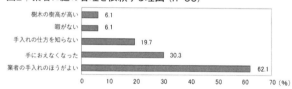

図3│業者に依頼する管理内容は?（n=65）

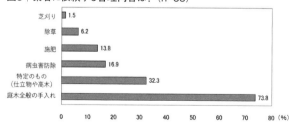

表3｜管理項目別平均管理頻度

管理項目 調査時期	除草	清掃	施肥	病虫害防除	剪定	芝　生			
						除草	目土	施肥	芝刈り
前回の調査	8.7	21.2	2.5	3.6	2.2	8.6	1.3	2.5	5.2
今回の調査	41.4	70.5	2.9	3.1	2.3	9.7	2.0	2.7	3.0
比　較(倍)	4.7	3.3	1.1	0.8	1.0	1.1	1.5	1.0	0.5

注) 前回の調査：1983～1984年　神奈川県厚木市毛利台の計125戸の平均値
　　今回の調査：1999～2001年　東京都世田谷区深沢・駒沢・砧の計98戸の平均値

図4｜週休2日制の採用企業数および適用労働者数の割合

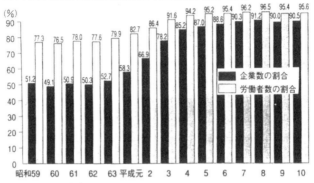

出典：余暇開発センター「レジャー白書2000」

図5｜園芸や花に接している日

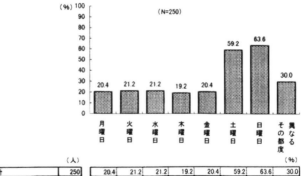

計		250	20.4	21.2	21.2	19.2	20.4	59.2	63.6	30.0
性別	女性	203	24.1	25.1	25.1	22.2	24.1	56.2	58.6	34.5
	男性	47	4.3	4.3	4.3	6.4	4.3	72.3	85.1	10.6
女性年齢別	20代	50	18.0	18.0	16.0	16.0	16.0	46.0	46.0	48.0
	30代	51	9.8	15.7	15.7	7.8	11.8	47.1	56.9	35.3
	40代	51	29.4	31.4	29.4	25.5	29.4	72.5	72.5	21.6
	50代	51	39.2	43.1	39.2	39.2	39.2	58.8	58.8	33.3

出典：SUNTORY REPORT No.7636（2000）

4｜管理頻度

　住宅庭園の管理頻度を調査した結果は表3の通りである。除草は年41.4±90.6回、清掃70.5±117.5回、施肥2.9±2.3回、病虫害防除3.1±2.3回、剪定2.3±2.6回であり、芝生管理においては除草年9.7±9.0回、目土2.0±1.4

回、施肥2.7±117.5回、芝刈り3.0±1.9回であった。また調査地は異なるが、管理項目別管理頻度の推移をみるために、約15年前に実施した前回調査と比較してみた。前回調査を100とした場合、除草では475.9%、清掃332.5%となった。この違いの大きさは地域差だけではないと思われたので、それを文献より考察することとする。

週休2日制の採用企業数及び適用労働者数の割合の推移を図4にみると[6]、昭和59年における週休2日制採用企業数の割合は51.2%、適用労働者数の割合は77.3%であったが、平成10年には企業数で90.5%、労働者数で95.6%になった。つまり、15年の経過で企業数、労働者数ともに大幅に増加し、完全週休2日制の定着が認められる。

また図5に示す通り[7]、園芸や花に接している日は、平日が約20%前後に対し、週末の土・日曜日が約60%であり、特に男性は"週末"にしか時間が取れないことが知られる。

さらに、90種目の余暇活動について参加と活動の実態を調べている『レジャー白書』[6]によれば[8,9]、園芸・庭いじりが1984年には10位・参加人口3,200万人であったのが、1999年では[7]1位・4,050万人と、ここ16年の経過で余暇活動の順位を3ランクアップさせ、参加人口も850万人増の推移を示しており、「余計な出費をなるべく避け、もっぱら家の中や家のまわりで、自分なりの楽しみ方で、時には余暇を"自分磨き"として活用しようという、現代日本人のつましい余暇の姿が浮かび上がる。」と述べている[9]。

著者らが、若年者(東京農業大学短期大学部環境緑地学科1年生134名：10代76%、20代24%)と高齢者(同大学成人学校生127名：50代26%、60代63%、70代11%)を対象に行ったガーデニングの実態調査では[10]、週当たりのガーデニング時間をみると、若年者は最小0.5時間から最大5時間で平均1.9±1.2時間であり、高齢者は最小0.5時間から最大40時間で平均6.2±5.7時間であった。若年者の週2時間に対して高齢者は週6時間と、3倍もの時間をガーデニングに費やしている。

これらのことより、完全週休2日制の定着や余暇時間の活動内容の変化、さらには今回の対象地は入居してから約25年を経過していることより、時間的・経済的・精神的に余裕のある高齢者が多く居住している結果であろうと推察する。

5 | 庭の仕上がり状態とその満足度の関係

庭の仕上がり状態とその満足度の関係を調べたものが表4である。仕上がり状態が「きれい」と答えた住宅は21.4%、「ふつう」71.5%、「あれている」が7.1%とあり、その管理状態の満足度をみると、「満足」29.6%、「ふつう」28.6%、「不満」41.8%であり、管理状態を不満に思っている住宅が4割とかなりあることがわかった。

表4｜庭の仕上がり状態とその満足度との関係

		満足度			
		満足	普通	不満	計
仕上がり状態	きれい	15.3	1.0	5.1	21.4
	普通	14.3	26.6	30.6	71.5
	あれている	0.0	1.0	6.1	7.1
	計	29.6	28.6	41.8	100.0

　庭の仕上がり状態が「きれい」で、「満足」している住宅の管理頻度を住宅庭園の望ましい管理水準とみた場合、除草57.4±104.5回、清掃127.4±165.5回、施肥3.0±2.5回、病虫害防除3.5±2.6回、剪定3.4±3.2回となった。つまり、清掃は3日に1回、除草は週1回以上、病虫害防除年4回、剪定・施肥が年3回以上となる。この望ましい管理水準は、庭の面積や構成要素などによっても変わるものであるが、参考値として値するものと思われる。これは先に述べた表3にみられる平均管理頻度を上回っており、上述した望ましい管理頻度を実行すれば、より満足のいく庭の仕上がり状態になることが知られる。

6｜管理費用

　住宅庭園の年間管理費用を調査した結果、回答のあった71戸では最高600,000円、最低0円、平均130,254±14.3円、㎡当り1,206±1,311.4円であった。

表5｜単位面積当たりの管理者別管理費

年間費用 管理主体	100円未満	100～200円	200～400円	400～800円	800～1600円	1600～3200円	3200以上	計
家人	8(3・4)	1(0・1)	4(4・3)	6(0・0)	1(0・0)	1(0・1)	0	21(7・9)
家人と業者	0	3(0・1)	5(0・1)	9(3・1)	17(3・6)	10(2・3)	4(0・1)	48(8・13)
業者	0	0	0	0	1(0・1)	0	1(1・0)	2(1・1)
計	8(3・4)	4(0・2)	9(4・4)	15(3・1)	19(3・7)	11(2・4)	5(1・1)	71(16・23)

注）（a・b）；a＝庭の仕上がり状態が「きれい」と答えた戸数　b＝底の管理状態に「満足」と答えた戸数

　単位面積当りの管理者別管理費用を表5にみると、家人の管理では㎡当り377±419.2円（最高1,717円、最低0円、最頻100円未満）、家人と業者共同の管理では1,517±1,398.0円（最高7,576円、最低128円、最頻800～1,600円）、業者の管理では2,424±1,714.0円（最高3,636円、最低1,212円、最頻なし）の費用をかけていた。つまり、管理者により管理費用が異なり、家人＜家人と業者＜業者の順となった。

　また、庭の仕上がり状態が「きれい」と答えた住宅の年間管理費用は、㎡当り平均784±925.3円であり、管理状態に「満足」と答えた住宅では1,011±1,050.9円となった。このことから、㎡当り1,000円程度費用をかければ、庭の仕上がり状態が「きれい」でなおかつ、管理状態に「満足」できるであろうことが数字的には表れたものの、上述した71戸の管理費用の平均値を下回ってい

た。これより、「きれい」「満足」という庭の管理状態は、家人の主観が大きく影響し、管理水準の基準となる金額を算出することは困難であることがわかった。

7 | 今後の庭園管理

今後の庭園管理について調査したところ、図6の結果を得た。管理意識をみると、「十分管理する」64.8%、「手間がかかりやりきれない」13.2%、「考えていない」22.0%であり、今後の管理に対して住民の過半数が「十分管理する」意向であるものの、4割弱の住宅で「やりきれない」「考えていない」と考えている現状にあった。

今後の管理費用について管理意識別にみると、十分管理をする意向の6割強の住宅では、83.0%が「現状維持」であり、今の管理費用で十分管理ができることをうかがわせる。しかし、11.9%が費用を「かけたくない」と答えている。また、手間がかかりやりきれない1割強の住宅では、半数が費用を「かけたくない」、半数が費用を「もっとかけたい」と答えている。さらに、考えていない2割の住宅では60.0%が「考えていない」、35.0%で「やりきれない」と消極的な意見が大半を占めている。全般的にみると、「やりきれない」住宅が4.2%、「現状維持」72.9%、「かけたくない」22.9%とあり、今後の管理費用について大方が「現状維持」を望んでいるものの、2割強の住宅で「かけたくない」と考えていることが判明した。

これらのことより、今後の管理は、今以上費用をかけないものの、十分に管理していこうという多くの住民の意欲が感じられ、住宅庭園の維持管理に今後も期待できるものと思われる。しかし、4割弱の住宅が今後の管理に対して「やりきれない」「考えていない」と答え、2割強の住宅で費用を「かけたくない」と答えていることは、庭園管理の難しさを如実に表している。

図6 | 今後の庭園管理について
・**管理意識について**

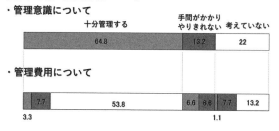

・**管理費用について**

おわりに

　本研究は、住宅庭園の植栽管理は現在どのような実態にあるのか、また、庭の緑を住民が満足する状態に維持するにはいかなる水準・内容の管理が必要かをアンケート調査により把握した。その結果、庭の仕上がり状態が「きれい」と21.4％が思い、管理状態に41.8％が「不満」であった。家人が満足する望ましい管理水準は年間当たり除草57.4回、清掃127.4回、施肥3.0回、病虫害防除3.5回、剪定3.4回となった。管理費用については、家人の主観が大きく影響し、管理水準となる金額を算出できなかった。

　個人の住宅庭園をきれいに保つことがひいては地域の緑環境の形成・維持につながることを住民に理解して頂き、われわれ造園家も協力して、清々とした緑環境の創造を今後も図っていきたい。

日本造園学会ランドスケープ研究65巻5号, pp.451〜454, 2002 掲載

参考・引用文献

1　土屋義徳ほか（2000）：都内（世田谷区）と地方（茨城県竜ヶ崎ニュータウン）における住宅庭園の植栽・管理実態について：東京農業大学卒業論文
2　佐藤誠樹・清水佑季子（2001）:世田谷区内における住宅庭園の植栽・管理実態について：東京農業大学卒業論文
3　内田均（1986）:住宅庭園の植栽管理実態について：造園雑誌49（5）, 149-154
4　内田均・石川一憲（1985）：庭と生活─住宅庭園の構成と生活者意識について：生活学会報12（2）,37-41
5　宮脇義隆（2001）：造園工事とガーデニング：ランドスケープ研究65（1）, 37-40
6　余暇開発センター（2000）：付図8　週休2日制の採用企業数及び適用労働者数の割合：レジャー白書2000,127
7　サントリー株式会社（2000）:園芸や花に接している日：SUNTORY REPORTガーデニングレポートNo.7636. 11
8　余暇開発センター（1985）:表2-1 参加人口上位20の余暇活動：レジャー白書'85, 24
9　文献6）:図表6　余暇活動の参加人口上位20種目　平成11年：14-15
10　内田均（2000）若年者と高齢者からみたガーデニングの実態と造園家への課題：日本造園学会関東支部大会研究・報告発表要旨集第18号, 11-12

東京都内における
街路樹の植栽管理実態

はじめに

　都市における貴重な緑である街路樹の植栽管理実態を把握するため、東京都内の各区市町へのアンケート調査を行った。街路樹種を平成元年[1]と現在で比較するとともに、今後の街路樹管理のあり方を探究することとした。

調査方法

　東京都街路樹マスタープラン検討委員会報告書の「区道の街路樹の推移」[2]と「道路緑化資料平成17年度」[3]を用いて東京都23区の街路樹種の推移を把握した。

　また、東京都23区33市町の街路樹管理担当部署へ、街路樹の現状と植栽管理状況に関するアンケート調査を平成18年9月に実施した。回答を得た16区19市町の計35件よりその現状を明らかにすることを試みた。

調査結果

1 | 街路樹の植栽目的

　街路樹の植栽目的は、日陰の提供やヒートアイランド防止などの環境改善、景観向上と回答する区市町が多く、街路樹は、都市の生活環境を改善する役割を果たしていることがうかがえた。

2 | 街路樹種

　街路樹種を平成元年と17年で比較した。

　平成元年の各区におけるベスト5の街路樹種をみると、イチョウ・トウカエデ・プラタナスなどの主要な街路樹種のみならず「その他」の樹種が多く見受けられた。その傾向は23区中2/3に当たる15区で、街路樹本数上位4位以内（1位4区・2位6区・4位5区）となっていた。

「その他の樹種」の内訳は、回答のあった6区によると、カイヅカイブキ・コブシ・サルスベリ・サンゴジュ・ツバキ・ナツツバキなど22種で、花ものが14種64%と多く、形状は中木性樹種が11種50%であった。「その他の樹種」の増加理由は、より高品質な特色ある樹種で街路樹をという「住民側」からの要望、狭い幅員での大木となる街路樹種への敬遠という「施工・管理上」の問題点、魅力ある街路樹種により遊歩道的な植栽パターンへという「設計上」の理由、新樹種が商品化されてきたという「生産上」の理由などがあげられた。

平成17年には、23区中8割に相当する19区で街路樹本数上位5位以内（1位13区・2位4区・3位1区・5位1区）に「その他」の樹種が入っており、区の数、本数ともに「その他の樹種」が増加していることが明らかとなった。「その他の樹種」の内訳を回答のあった12区からみると、ヤマボウシ・クロガネモチ・モミジ・カツラ・モチノキ・ハクモクレン・カクレミノ・モクレン・モッコクなど15種で、花ものが7種47%・実もの8種53%、中木性樹種が10種67%、成長の遅い樹種6種40%であった。「その他の樹種」の増加理由をみると、地元住民の要望、四季を感じ花や実を楽しめる「景観向上」、管理費の削減を目指し少しでも管理をしやすく大きくならない樹種へという「管理面」などがあった。

元年と17年を比較すると、毎年剪定を必要とする樹種が減少し、落ち葉問題が少ない常緑樹で実のなる木が増加し、高品質な樹種から管理の容易な樹種へと絞り込まれてきており、その傾向は今後とも続くものと思われる。

3｜街路樹管理の問題点

街路樹管理の問題点をアンケート結果からみると、街路樹の植込み面積が小さいことから成長した樹木の根が舗装面を持ち上げて歩行の妨げとなったり、民家に枝葉が越境して落ち葉問題を引き起こしたり、信号機や道路標識が見えなくなる等の被害が出てしまい、邪魔な枝のみを切り詰めるため樹形が崩れてしまう、などがあげられた。つまり、樹木の成長にあった植栽計画がなされていない現状がうかがえる。

4｜夏場の剪定

夏場の剪定に関しては、32区市町から回答があり、夏場の剪定を実施しているのは11区5市町、実施していないのは4区12市であった。

夏場の剪定をする理由としては、台風対策や病虫害防除、狭い道路への成長の早い樹種の植栽で枝葉が信号や標識を隠したり、車両と接触して交通支障を来すこと、また日照不足や落ち葉などの住民の苦情により剪定が避けられないことがあげられ、区部が多かった。

一方、夏場の剪定をしない理由としては、樹勢を阻害すること、住民からの

緑陰の確保や景観の維持の要望があげられ、市部が多かった。

　夏場の剪定は、日陰の提供やヒートアイランド防止等の環境改善や景観向上という街路樹の植栽目的に反している。しかし、それでも夏場の剪定をせざるを得ない現状は問題である。

5｜住民の協力

　「街路樹管理について、住民のどのような協力があればよいと思うか」という質問に対し、33の区市町のうち、97％で清掃を、67％で草刈・除草を、18％で病害虫防除を望んでいる。しかし、高所作業を伴う剪定などは安全面から望んでいない。

　住民側は「要望」や「苦情」により役所に管理を望んでいるが、役所側は住民に管理の一端を担ってほしいと望んでいる実態が把握できた。

6｜街路樹の業者管理

　「街路樹の管理は、同一業者に何年続けさせているか」と質問したところ、30の区市町から回答を得た。その結果、1年18区市町（60％）＞2～3年5区市（17％）＞10年以上3区市（10％）＞4～5年2区市（6.5％）＞8～9年2市（6.5％）となった。1年～3年という短期間での管理が8割弱を占めているのは、競争入札により管理費用を少しでも削減するためという答えが多かった。また、技術の向上、地元業者の育成、管理に問題があっても何年も業者を替えられないのは困る、等の理由もあげられた。

　「街路樹の管理を同一業者が続けて行うことに対しての意見」は、良い18区市町（52％）、悪い6区市町（18％）、どちらとも7区市町（20％）となった。「良い」と答えた理由をみると、長期展望にたった計画的な樹形の維持ができることなど管理方法の適正が望めること、地域の状況や樹勢を把握していること、安心して作業を任せられること、継続管理により異常等への対応が迅速、などがあげられた。また、「良い」と答えた役所の「適正な継続年数」は、4～5年7区市町＞2～3年5区市＞10年以上3区市＞1年1市であった。

　管理予算に余裕がない区市町が多く、長期的な管理は良い面が多いと思っていても、予算が関係しているので実行できないのが現状と考えられる。

7｜今後の街路樹構想

（1）計画

　今後の街路樹計画について35区市町の回答をみると、特になし13区市、区画整理事業に伴う計画のみ12区市町、危険木・老木の植替えのみ2区市であり、都内の新しい街路樹の植栽計画はほとんどないことがうかがわれた。

（2）樹種選定

　都市計画道路や新設道路には、地元（沿道）住民の意見を取り入れながらその地域にあった樹種の選定をしていきたいという区市町が多い。その一方で、道路幅を考慮した枝張りの少ない新樹種（ファスティギアタタイプ）やあまり成長せず病害虫に強い樹種を選定して、管理コストの縮減を図りたいとする区市も多かった。

　それぞれの街路に特徴をもたらすために園芸品種なども取り入れたいと考える区もあれば、可能な限り在来種（郷土樹木）を使用すると答えた区もある。今後の樹種選定はますます多様化していくであろう。

（3）管理

　今後の街路樹管理については、「特になし」6区市・「管理費の削減」6区市などの消極的な意見や、「安全・視距の確保」5区市、「危険木の診断」3市などの必要最低限の管理構想、「業者委託」4区市、「自然形の剪定」1市など専門家導入による質的向上を図るとともに、「ボランティアの普及促進を図りたい」と4区市が答えていた。

（4）課題

　地球温暖化・ヒートアイランド対策としての街路樹の必要性や緑量・緑被率の向上を図らなければならないという総論に賛成しつつも、財政的支援の体制に乏しく、10の区市町で予算的な管理の限界・管理コストの更なる削減のため、未剪定樹木の増加を招いている状況にあった。

　維持管理上の課題は多岐にわたり、①病害虫防除②落ち葉の処理③歩道舗装面の根上がり④危険木の伐採と更新⑤大木管理⑥越境枝⑦枯損木の増加、などがあげられた。

　住民による街路樹の苦情に対し、その場しのぎの対応ではなく、問題点を整理し、学識経験者や住民の意見を取り入れて、より良い街路樹管理の方針を決めていくことが大切であると9の区市が答えている。と同時に、街路樹に対する近隣住民の意識を高めていくことが緑豊かな街並みを維持していくためには重要であるとも述べている。

おわりに

　街路樹の植栽目的は、日陰の提供やヒートアイランド防止などの環境改善と答える役所が多い半面、住民の苦情や管理面で剪定をせざるを得ない問題が浮き彫りになった。6割の役所が管理する業者を1年で替えているものの、同

一業者による管理の方が樹形の維持や苦情対応が容易と考える役所が7割強もあった。夏場の剪定は、区部の多くは台風対策などのために実施しているが、市町部では緑陰確保のために実施しない所が多く、見解が異なっていた。樹種選定では、緊縮財政の煽りで管理が容易な樹種へと移行していることがわかった。また、住民の街路樹への意識の向上や管理への協力が必要となっていることが判明した。

日本造園学会関東支部大会事例・研究報告集25号, pp7.〜8, 2007 掲載

参考・引用文献
1 内田均（1993）：これからの緑化樹種と植栽：都市緑化の最新技術：工業技術会, 365-386
2 東京都建設局（1990）：東京都街路樹マスタープラン検討委員会報告書, 280-302
3 東京都建設局公園緑地計画課（2005）：道路緑化資料平成17年度 4月, 77-133

3-08
全国の街路樹にみる
植栽管理実態

はじめに

ヒートアイランド現象の緩和策や防災対策、さらには美しい街づくり等、緑や公園への期待はますます高まってきている[1]。そうした中、私たちにとって最も身近な緑である街路樹はどういった管理状況にあるのだろうか。

著者らは、2年前に「東京都内における街路樹の植栽管理実態」を明らかにした[2]。

本研究は、調査の対象を東京都内から47都道府県に広げ、全国における街路樹の管理状況を把握し、今後の街路樹管理のあり方を考察することを目的とした。

調査方法

全国47都道府県庁に街路樹の現状と植栽状況に関するアンケート調査を行った。2008年9月中旬に用紙の発送を行い、10月に35都道府県から回答を得た。

調査結果および考察

1 | 街路樹の植栽目的

街路樹の植栽目的を図1にみると、環境改善が6割と最も多く、特に「日陰の提供」と23県が答えている。また、「景観の向上」と3割の県が回答しており、街路樹が景観に対して重要な役割を果たしていることが良くわかった。

図1｜街路樹の植栽目的（重複回答ありn=35）

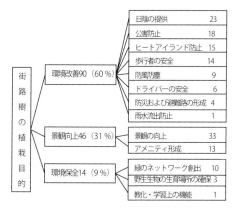

	日陰の提供	23
	公害防止	18
	ヒートアイランド防止	15
環境改善90（60%）	歩行者の安全	14
	防風防塵	9
	ドライバーの安全	6
	防災および避難路の形成	4
	雨水流出防止	1
景観向上46（31%）	景観の向上	33
	アメニティ形成	13
環境保全14（9%）	緑のネットワーク創出	10
	野生生物の生育場所の確保	3
	教化・学習上の機能	1

2｜街路樹種の推移

　資料[3]を用いて、昭和63年と平成16年の街路樹種の推移を分析すると、全体的に樹種が多様化する傾向がみられた。また、プラタナス、エンジュ、ニセアカシアの順位は低下し、逆にサクラやハナミズキなどの花木が増加している傾向にある。

　プラタナス等が低下した理由は、管理費の削減により成長が早く管理費のかかる樹種が敬遠されたことが考えられ[4]、花木が増加した理由は地域住民の要望が強いからであると思われる[2]。

図2｜街路樹の問題点（重複回答ありn=35）

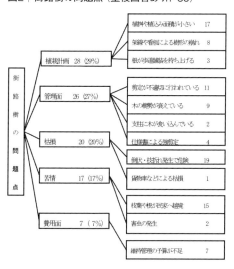

	植樹帯や植込み面積が小さい	17
植栽計画面 28（29%）	架線や看板による樹形の刈れ	8
	根が歩道舗装を持ち上げる	3
	剪定が不適切に行われている	11
管理面 26（27%）	木の樹勢が衰えている	9
	支柱に木が食い込んでいる	2
枯損 20（20%）	仕様書による強剪定	4
	倒木・枝折れ発生で危険	19
苦情 17（17%）	貨物車などによる枯損	1
	枝葉や根が民家へ越境	15
費用面 7（7%）	害虫の発生	2
	維持管理の予算が不足	7

3｜街路樹の問題点

　街路樹の問題点を図2にみると、「倒伏、枝折れの発生」が最も多く2割を占め、「植込み面積が小さい」「枝葉や根が民家へ越境」という街路樹の成長に伴って生じる問題も多いことがわかった。

4｜街路樹の管理

　ほとんどの県で毎年管理業者を替えており、同一業者に維持管理させているところはごく少数であった（図3）。

図3｜業者委託の継続年数 (n=33)

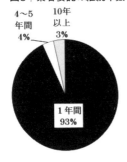

図4｜同一業者による管理 (n=28)

図5｜同一業者の管理が良いと答えた理由（重複回答ありn=10）

　同一業者による継続管理について問うたところ、現場の状況を熟知することにより適切な管理ができる等の理由で「良い」という回答が6割を占めていた（図4・5）。

　一方、「悪い」という回答も2割あり、管理に対する慣れが生じ業者のレベルが上がらない、他の業者の受注機会が減る等の地元業者の育成面の理由が多かった。

　「良い」と回答した都道府県各担当者に何年同一業者に続けて行わせた方が良いかを問うた（図6）。

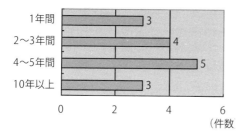

景観の向上を図るには、同一業者に継続管理を依頼し、将来の樹形を見据えた計画的な剪定を実施するのがよいのではないか。

しかし実際には、複数年契約は難しい、単年度の業者委託の場合には、発注側である県が管理の計画と評価ができる人材を養成し、または第三者機関に依頼し、長期的な計画に基づいた街路樹の育成管理を行うことが大切と考える。

5│夏場の剪定

夏場の剪定は、道路の維持管理上必要という理由で「行うべき」という回答が75％であった。その理由は、視距の確保、強風時における倒木防止や被害軽減であった。

それに対して、「行うべきでない」という理由に、夏場の剪定は樹木を弱らせる原因になることや、緑陰の確保のために剪定をしないということがあった。

夏は樹体内の蓄積養分が最も低下している時期である。倒木防止のための剪定は、結果的には樹木を弱らせ強風時の倒木の危険性を高くしてしまっている[5]。

表1│夏場の剪定について

行う理由（n＝27　複数回答あり）	件数
通行の支障防止	12
視認性の確保	6
倒木防止	4
樹冠の乱れを直す	4
特定の樹種に必要	3
民地への張り出し防止	3
病害虫防除	2
台風の被害軽減	2
行わない理由（n＝6　複数回答あり）	件数
樹木の健康	4
緑陰の確保	3
景観上悪い	1

夏場の管理は、景観面・樹木の生理面を考慮して強剪定をなるべく控え、枝抜きや枝透かしなどの軽い剪定にとどめておくことが必要と思われる。夏場の問題点を減らすには、植栽計画の段階から枝や根が伸ばせる環境をつくることや、成長の遅い樹種の選定などをすることも考えられる。

6 │ 街路樹に対しての住民の協力

清掃や草刈・除草などが主な作業となっていた。また、その他として、草花の植え付けや低木等の剪定などもあった。今後もこのような住民の協力が必要になると思われる。

おわりに

街路樹は、良好な景観を形成するだけでなく、温暖化対策や環境改善等でも重要な役割を果たしており、緑に対する需要は高まってきている[6]。しかし、維持管理費が不足していることにより、十分な管理を行っていないことが今回の調査でわかった。そのため、今後は維持管理が容易な樹種を選定し、必要最低限度の管理を行う傾向が強くなると思われる。

また、ほとんどの県で毎年管理業者を替えているのが現状だが、宮崎県では、重点化路線における複数年契約を検討し、長期的かつ高品質な維持管理を行うことを考えている。これにより街路樹の将来を見据えた効率の良い維持管理が実施できると考えられる。

さらに、東京都では、住民の緑に対する意識の高揚を図り、自分の名前などが入った街路樹を植樹できるマイツリー事業を行っている[6]。

今後は住民に街路樹種の選定の段階から積極的な参加を促し、育成管理を任せるなど、地域のまちづくりの一環として官民一体となった取り組みが必要になるだろう。そのためにも、住民が街路樹を身近な価値ある緑として認識できるよう、街路樹の植栽目的に沿った管理を考えることが大切であろう。

日本造園学会関東支部大会事例・研究報告集27号, pp.18〜19, 2009 掲載

参考・引用文献
1　平成15年度版　東京都緑化白書
2　北島寿行・内田均（2007）：東京都内における街路樹の植栽管理実態, 日本造園学会関東支部大会事例・研究報告集25号, pp.7〜8
3　国土技術政策総合研究所資料 No.149 わが国の街路樹Ⅴ
4　社団法人建設物価調査会：緑化樹木ガイドブック
5　堀大才・岩谷美苗：樹木の診断と手当て
6　10年後の東京への実行プログラム2009

3-09

オーストラリアにおける
日本庭園の管理運営の現状と課題

はじめに

　日本庭園は、日本の伝統文化を伝える一手段として、多数海外に作庭されている。『「海外の日本庭園」調査報告書』[1]によると、現在432の公開日本庭園が海外に存在し、その多くが姉妹都市などの自治体同士の友好を目的として造られたものであることがわかっている。しかしながら、作庭当時の情報のみで、その後の管理運営についてはあまり調査がなされてこなかった[2,3]。

　そこで本報では、オーストラリアを事例として、各日本庭園を現地踏査し、運営や維持管理についての現状を分析・解明することとした。

調査対象地および調査方法

1｜対象庭園

　文献[1]等により、オーストラリアの日本庭園を抽出したところ24ヶ所の存在が確認できた。今回は、その内の71%にあたる17庭園（表1）の現地調査を行った。いずれも日本の姉妹都市との関係で作られた庭園である。

表1｜現地調査を行った日本庭園

庭園名	開園年	所在地 (州 *)	庭園記号
Cowra Japanese Garden	1977	Cowra (NSW)	G
Rockhampton Japanese Garden	1982	Rockhampton (QLD)	B
Nagoya Garden within HP north	1983	Sydney (NSW)	-
Japanese Garden in Royal Tasmanian Botanical Gardens	1987	Hobart (TAS)	F
Art Centre/ Japanese Gardens	1988	Campbelltown (NSW)	H
Yusuien (Brisbane Botanic Garden)	1989	Brisbane (QLD)	-
Melbourne Zoo Japanese Garden	1991	Melbourne (VIC)	D
Chuo City Garden	1993	Sutherland (NSW)	-
Gosford/Edgawa Commenorative Garden	1994	Gosford (NSW)	-
The Japanese Garden (no Official Name)	1997	Frankston (VIC)	-
Japanese Friendship Garden	1997	Busselton (WA)	-
Japanese Garden - Blackwater	1998	Blackwater (QLD)	A
Ohkuma Japanese Gardens	1998	Bathurst (NSW)	-
Canberra Nara Park	1999	Canberra (ACT)	I
Nerima Garden	2001	Ipswitch (QLD)	C
Shoyoen 逍遥園	2002	Dubbo (NSW)	E
Adachi park	2004	Belmont (WA)	-

*: NSW - New South Wales, QLD - Queensland, TAS - Tasmania, VIC - Victoria,

調査方法

　事前に、日豪双方の関係機関へ英文の調査依頼状と調査票（全体情報・庭園の特徴・維持管理など）を送付し、本調査への協力を依頼した。現地調査では、担当者に現場を案内していただき、管理の問題点などをヒアリング調査した。また、著者らが庭園の管理状況を実態調査し、現状を把握して、今後の課題を考察した。なお、現地調査期間は、平成20年8月8日から17日までの10日間である。

調査結果および考察

1│庭園の管理実態

　オーストラリアでは、樹木の刈込みや剪定に鋏を使わずヘッジトリマーで行うことが一般的であるため、整形的で人工的な樹形になっている例が少なくない（写真1：日本庭園A・B〈以下、「日本庭園」を「庭園」とし、表1の庭園記号を記す〉）。また、生い茂る樹木で滝や小川の流れが隠れてしまっている例（写真2：庭園B）や、護岸の石が崩れたままで修復されていないところ（写真3：庭園C）も見受けられた。

写真1│ヘッジトリマーによる刈込み・剪定

写真2│滝を覆う植物

写真3│護岸が崩れたままの池

　これは、気候や土壌などの違いから樹木の成長が日本に比べて著しく早いこと、日本庭園は大きな公園の一区画にあることが多く他の区画と同様な手

入れがなされていること、摘芯や摘葉による剪定方法や護岸石組の修復方法など日本的な庭園管理の知識や技術の習得がなされていないことが主な要因であると考える。

　一方で、定期的に日本の専門家による研修を受けている庭園D・E、維持管理マニュアルを作成して日々の庭園管理に使用している庭園F・Gでは、自然な樹形を維持した整姿剪定、枝抜きや透かしといった日本独特の剪定技術が生かされ、見事な庭園風景を作り出していた。

2 | バンダリズムによる被害

　灯籠の火袋を壊されたり盗まれたりといった被害（写真4：庭園B）や、樹木や四阿の柱などへのいたずら書き（写真5：庭園B）、州浜のゴロタ石を池に投げ込んだり（写真6：庭園C）、砂紋の上で遊んだり、さらにサッカーボールやラグビーボールにより樹木の枝や灯籠が損傷するといった被害が、ほとんどの庭園で見られた。庭園の多くがオープンスペースもしくは入場料無料で入れるが故の弊害であろうか。

　対処策として、パンフレットや解説板により、日本庭園の意義、灯籠や砂紋などの構成要素の意味を入園者に理解してもらうことで、いたずらの被害を回避できないかと考える。

写真5 | いたずら書きのある竹

写真4 | 火袋の無い灯籠

写真6 | 州浜のゴロタ石が投石によりなくなった岸

3 | 姉妹都市のつながり

　姉妹都市との象徴としての日本庭園は、造られるときは、日本人が設計した
り、日本の姉妹都市から灯籠などを贈呈したりと、日本との係わりが非常に大
きい。しかし、作庭後は日本との係わりが薄れ、日本的な庭園の管理がなされ
なくなる場合が多い。管理マニュアルを作成している庭園や日本の姉妹都市に
庭園管理の技術指導を受けているところは少ない。

　日本庭園は、日本の文化を伝えるための格好の手段である。このことから
も、今後は日本庭園の作庭に関与した日本の姉妹都市は、維持管理について
も技術指導や情報提供をすべきであろう。

4 | 日本庭園同士の横のつながり

　日豪の姉妹都市同士の交流はあるが、同じ豪州内の日本庭園同士の交流
はないという実態が、関係者へのヒアリングから明らかになった。多くの日本庭
園で、剪定方法やバンダリズム被害といった共通した問題や課題を抱えてい
る。海外の日本庭園のネットワークを構築し、相互に情報交換することで解決
に導くような取組みが必要と考える。

5 | 日本庭園の新たな利用法

　日本庭園をユニークな方法で利用していることも、現地調査からうかがえた。
例えば、結婚式や記念写真撮影への利用、ピクニックを兼ねて週末にコーヒー
を飲みに日本庭園へ足を運ぶ（写真7：庭園C）というものだ。
また、アートギャラリーやカフェを併設することで集客力を高め、上手く運営して
いる例（写真8：庭園H）や、毎年キャンドル・フェスティバルを行い多くの来客で賑
わう例（庭園I）もある。

　緑や花、紅葉など一年中楽しめる自然と、水の流れや静寂さといった癒し
の空間を持つ日本庭園の魅力が、オーストラリアの人々の憩いの場となってい
る例である。

写真7｜週末のコーヒータイム

写真8｜併設されたカフェ

まとめ

　今回の調査から、オーストラリア人の日本庭園に対する意識は日本人とは同様でないことがわかった。また、手入れや剪定方法といった維持管理が庭園管理者の課題となっている実態も明らかになった。どんなに素晴らしい庭園を作っても、その後の管理に問題があれば、いずれ日本庭園らしさが薄れていってしまい、日本庭園としての存在意義がなくなってしまう。

　海外に日本庭園を作るにあたっては、「作る」ことに満足せず、作庭後のアフターケアまで視野に入れたプランづくりが必要である。

おわりに

　本研究は、まだスタートしたばかりである。今後、現在実施中のアンケート調査による定量分析を行い、更に深く調査を進めたい。また、他の国の日本庭園についても同様の調査を行い、海外の日本庭園の維持管理・運営の向上と、海外の日本庭園相互のグローバルネットワークの構築を目指したいと考えている。なお、本研究は科学研究費による助成を受けて実施したものである。

日本造園学会関東支部大会事例・研究報告集26号, pp.5～6, 2008掲載

参考・引用文献
1　日本造園学会「海外の日本庭園」調査・刊行委員会編 (2006)「海外の日本庭園」調査報告書, 日本造園学会　2006年 日本語版, 238p
2　柴田正文・内田均・スケイフあゆみ (2007)：第5回国際日本庭園シンポジウム「海外日本庭園アンケート報告」, 国際日本庭園協会, 42p
3　スケイフあゆみ (2008)：日本と海外の日本庭園における管理実態の比較, 東京農業大学短期大学部卒業研究
4　鈴木誠1998.　欧米人の日本庭園観, 日本造園学会誌

税10%

補充注文カー

貴 店 名

発行所　建築資料研究社

書　名　植栽技術論

(株)建築資料研究社
東京都豊島区池袋2-38-1-3
TEL03(3986)3239　FAX03(3987)3250

ISBN97...
C2051 ¥3...

第4章

生産・流通

4-01

公共用緑化樹木の
流通・価格の動向について
―「建設物価」の一事例より―

はじめに

　最近、量の緑化から質の緑化へ、私的な緑から公的な、さらには地球規模での緑が注目されつつある。造園学会でも「地球環境時代に向けた造園戦略」の特集が組まれている[1]。

　このような時期に、建築・土木とは一味違ったわれわれ造園家としての最大の武器である「緑」について考え直す必要があると思われる。

　そこで、「緑」について、公園や街路樹に用いられてきた公共用緑化樹木の流通・価格の動向などの面から解析することを考え、文献によりそれらの点を調査したところ、二・三の知見を得たのでここに報告する。

緑化樹木の流通動向

　公共用緑化樹木の需要は昭和35年以降急増し、今日の緑化需要を主導している[2]。

　建設物価調査会によれば、建設業界に造園工事の施工費・工事用材料価格が掲載されるようになったのは昭和31年からである[3]。言わば、その時から公共用緑化樹木の流通が本格的に始まったとも言える。そこで、「建設物価」に掲載されている形態別樹木の種数を掲載当初から平成3年現在に至るまで算出し[4]、これより緑化樹木の流通動向を模索した。その結果は表1の通りである。

　昭和31年は掲載当初であり、各々形態別樹木の種数が少なく合計31種であった。東京オリンピックが行われた昭和39年からは掲載当初の3.5倍にあたる109種となった。大阪で万国博覧会が催された昭和45年には5.5倍の169種と急激な種数の増加が見られた。針葉樹、常緑広葉中高木の種数については昭和45年以降、現在まで変化は見られなかった。昭和55年になると、地被植物が導入され種数は196種となった。しかし、落葉広葉中高木、常・落低木の種数は平成3年現在まで種数の増加が余り見られず、緑化樹木の流通動向は停滞ぎみであった。花による緑化が叫ばれてくる平成の時代に入ると地被

植物が86種にもなり合計267種が掲載されている。

　つまり、緑化樹木の流通は時代のニーズに即し、現在260種類を超えるほど多様な植物材料が流通してきた状況にあるものの、地被類を除く落葉広葉中高木、常・落低木はここ11年間あるいは針葉樹、常緑広葉中高木ではここ21年間も種数に目立った変化がなく、流通動向の停滞が窺える。

表1｜「建築物価」に掲載された形態別樹木の種数推移

形態別/年別	昭和31年	昭和35年	昭和39年	昭和45年	昭和50年	昭和55年	昭和57年	平成元年
針 葉 樹	4	12	17	23	22	23	21	20
常緑中高木	6	13	17	30	29	33	30	30
落葉中高木	9	11	24	37	35	43	40	46
常 緑 低 木	6	15	26	28	28	34	34	35
落 葉 低 木	3	16	13	20	15	26	26	29
特 殊 樹	1	4	5	7	5	10	10	8
玉 も の	1	3	4	8	8	8	8	7
竹 類	1	1	0	7	3	6	6	6
地 被 類	0	2	3	9	1	13	49	86
合 計	31	77	109	169	146	196	224	267

注）コンテナ樹木は除くものとした

表2｜調査樹木の形状寸法

落葉中高木	樹高	幹周	枝張
イチョウ	3.0	0.15	1.0
イロハモミジ	3.5	0.21	1.8
カツラ	3.5	0.18	1.5
ケヤキ	4.5	0.18	0.2
コブシ	3.0	0.15	1.2
ソメイヨシノ	3.0	0.12	1.0
トウカエデ	3.5	0.18	1.5
ハナミズキ	3.0	0.15	1.0
ヤマボウシ	3.0	0.15	1.5
ユリノキ	4.0	0.18	1.2

緑化樹木の価格動向

　緑化樹木の価格は、建設物価調査会と経済調査会の2財団法人で調査し、毎月発表されている。

　今回は「建設物価」を採り上げ、価格が最も上昇する年度末（3月号）の東京価格を昭和40年から平成2年の間、流通の多い樹種の中より針葉樹6種、常緑広葉中高木・落葉広葉中高木・低木類各々10種を対象に形態別の集計調査を実施した[4]。なお、表2は落葉広葉中高木の調査対象樹木の形状である。

　針葉樹の価格動向を見ると、現在メタセコイアが最も高値であり、次いでヒマラヤスギ・クロマツの順である。常緑広葉中高木はクスノキ・タブノキ・ヤマモモが、落葉広葉中高木はハナミズキ・ユリノキ・ケヤキ・イロハモミジ（図1参照）、低

木類ではカナメモチの価格が高値状況にある。

　また、25年間で増加した価格の指数を形態別にみると、針葉樹6種の平均で3.65倍、常緑広葉中高木10種3.31倍、落葉広葉中高木10種6.94倍、低木類10種2.19倍の価格上昇にあった（表3）。

図1│落葉広葉中高木の年度別樹木価格の変動

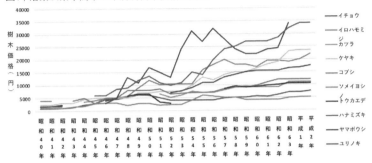

表3│25年間の樹木価格と労働者平均賃金および市街地価格にみる増加指数の比較

樹木価格[1]								労働者の平均賃金[2]	労働者の平均賃金[3]
針葉樹 3.65倍		常緑中高木 3.31倍		落葉中高木 6.94倍		低木類 2.19倍		9.33倍	15.46倍
クロマツ	8.0	シラカシ	8.3	ユリノキ	17.0	ドウダンツツジ	4.5		
サワラ	4.0	スダジイ	7.5	ハナミズキ(18)	11.3	サツキ	3.0		
メタセコイヤ(20)	3.9	ヤブツバキ	4.4	ケヤキ	9.4	カンツバキ	2.4		
ヒマラヤスギ	2.3	タブノキ	3.1	イチョウ	6.3	ジンチョウゲ	2.3		
カイズカイブキ	2.0	クスノキ (20)	2.3	トウカエデ	5.5	クチナシ	2.0		
ニッコウヒバ	1.7	キンモクセイ(20)	2.0	イロハモミジ	5.5	アジサイ	1.8		
		マテバシイ	2.0	ソメイヨシノ	5.0	イヌツゲ	1.8		
		サザンカ	2.0	ヤマボウシ (20)	3.0	カナメモチ(20)	1.7		
		ヤマモモ (17)	1.1	コブシ (20)	3.0	アベリア	1.3		
		ウバメガシ	0.5	カツラ (15)	1.7	シャリンバイ(20)	1.1		

1) 月刊「建設物価」3月号の東京価格を昭和40年～平成2年まで集計した値。掲載年数が25年に満たない樹種は()内の掲載年数を記入。
2) 厚生労働省の「賃金構造基本統計調査」より、労働者の平均賃金増加指数値を算出。
3) (財)日本不動産研究所出版の「市街地価格指数」より引用。東京都区部・横浜・名古屋・京都・大阪及び神戸の六大都市の平均指数。

樹木価格の不適正

　現在、公共用緑化樹木の価格は、生産者から造園工事業者への植栽現場渡し価格であり、生産地価格に積み込み費、積み卸し費、運賃、その他の流通経費を加算した価格である。この樹木価格が適正なのかを検討した。

　今やFAXなど通信網の発達により、発注された樹木は翌日出荷が当たり前の時代となっている[5]。

　例えば、ケヤキの大木1本を発注され、生産者は畑で数年間育て上げた樹木をバックホウや剣スコップで掘り取る。その後2～3人掛かりで根巻を行い、倒してから枝しおりし、クレーン車の荷台に積み込み、道路料金を支払いながら発注された工事業者の植栽現場まで運搬して行く。もし、その仕事が一日掛かりであれば、それに見合った賃金を得なければ採算が合わないこととなる。

　樹木価格の適正具合を見るために、一般サラリーマンなどの労働者の平均

賃金[6]と樹木価格より比較検討してみた。昭和40年の平均賃金は27,300円、平成2年に至っては254,700円となり、25年間で9.33倍の賃金較差が生じている。それに比べて表3の如く樹木の価格はかなり下回っている。

　労働者の平均賃金と同様な樹種はケヤキの9.4倍であり、それを上回る樹種はハナミズキの11.3倍、ユリノキの17倍のみであった。

　また、公園・街路樹などの植栽地は年々地価が高騰している。（財）日本不動産研究所の「市街地価格指数」によれば、東京区部・横浜・名古屋・京都・大阪および神戸の六大都市の平均指数は、ここ25年間で15.46倍の値上がりが見られる[7]。

　これらの調査資料から、樹木価格はいかに安いかが示唆される。

おわりに

　われわれ造園家は、公園・街路に緑や花を植栽し、住民に快適で潤いのある都市環境を提供していることから考え、適正な樹木価格の再考を生産者はもとより造園界に要望したい。今後は、高品質・高品位な新樹種の開発及び流通により、都市環境を創造していく必要があるものと思われる。

日本造園学会関東支部大会研究・報告発表要旨10号,pp.17-18, 1992 掲載

参考・引用文献
1　日本造園学会（1992）：地球環境時代に向けた造園戦略：造園雑誌55（4）p.340-357
2　松田藤四郎（1975）：グリーンビジネス、日本経済新聞社、p.159
3　建設物価調査会（1992）：来栖隆（談）
4　建設物価調査会（1956-1991）：「建設物価」
5　尾上園（1992）：尾上信行（談）
6　労働省（1992）：「賃金構造基本統計調査」
7　日本不動産研究所（1991）：「市街地価格指数」p.26-29

4-02

コンテナ樹木の
流通・価格の動向について
―「建設物価」の一事例より―

はじめに

　1992年の造園緑化工事に供給可能な商品規格に達している緑化樹木の
数量は1億7千万本であり、この内訳は、露地樹木65％：コンテナ樹木11％：
コンテナ地被24％の本数割合となっている[1]。その内のコンテナ樹木は12年間
で約10倍も供給可能な本数が増加し目覚ましく普及し始めている。

　本報では、コンテナ樹木の現状について流通・価格の動向などの面から解
析することを考え、文献によりそれらの点を調査したところ、二・三の知見を得
たのでここに報告する。

コンテナ樹木の流通動向

　「建設物価」にコンテナ樹木の種類と規格別価格が掲載されるようになった
のは1980年12月号からである[2]。言わば、その時からコンテナ樹木の流通が
本格的に始まったとも言える。そこで、「建設物価」に掲載されている当初から
1993年までのコンテナ樹木の形態別種数を算出し[3]、コンテナ樹木の流通動
向を模索した。その結果は、表1の通りである。

表1│「建設物価」に掲載されたコンテナ樹木の形態別種数推移

年　別 形　態　別	1980.12 (昭和55年)	'82.3 (昭和57年)	'89.3 (平成元年)	'93.4 (平成5年)
針 葉 樹	0	0	6	8
常緑高中木	5	21	27	27
常 緑 低 木	2	4	14	15
落葉高中木	0	4	19	23
落 葉 低 木	0	0	9	9
合　　　計	7	29	75	82

　1980年は掲載当初であり、生態学的緑化手法にコンテナ樹木が使われ始
め、潜在自然植生の構成種である常緑高中木5種、常緑低木2種の合計7種
が見られる。1982年には、移植困難な樹種がコンテナ化されて常緑高中木16

種・常緑低木2種追加、新規に落葉高中木4種と掲載当初の4倍に当たる合計29種が掲載された。1989年に入ると緑化も量から質の時代、バラエティーに富んだ材料が要望され、常緑高中木6種・常緑低木10種・落葉高中木15種追加、新規に落葉低木9種・針葉樹6種が登場し掲載当初の約11倍に当たる合計75種となる。1993年の現在では常緑高中木・落葉低木共に現状維持、常緑低木1種・落葉高中木4種・針葉樹2種追加となり、掲載当初の約12倍に当たる合計82種が掲載されている。

コンテナ樹木の規格

　流通するコンテナ樹木の規格について「建設物価」により検討したところ、表2の結果を得た。

　現在流通するコンテナ樹木の延べ出現種数は148種となる。また、樹高・コンテナ径の規格別にみると、樹高0.5m・コンテナ径10.5cmものが57種（延べ出現種数の38%、以下同様）と最も多く、次いで樹高0.8m・コンテナ径15cmものが21種（14%）、樹高1.0m・コンテナ径15cmが11種（7%）と現在多く流通しているコンテナ樹木の規格が判った。現在大型コンテナものの需要が高まっているものの、そこまでコンテナ栽培の生産体制が整っていないことがうかがえる。

表2｜「建築物価」に掲載されたコンテナ樹木の規格別形態別樹種数

規格		形態別					出現種数
樹高(m)	コンテナ径(cm)	針葉樹	常緑高中木	常緑低木	落葉高中木	落葉低木	
0.2	12		1				1
0.3	12			7			7
0.3	15			3			3 (11)
0.4	15			6		3	9
0.4	18			2			2 (11)
0.5	10.5	8	26	1	21	1	57
0.5	12		1				1
0.5	15					5	5
0.5	18			4			4 (67)
0.8	12				10		10
0.8	15	2	18				21 (31)
1.0	15				6		6
1.0	18		11				11 (17)
1.2	15				1		1
1.2	18		4				4 (5)
1.5	18				1		1
1.5	21		5				5 (5)
合計		10	65	25	39	9	148

(注) 1993.4月号の建設物価より

コンテナ樹木の価格実態

　現在流通しているコンテナ樹木のうちで、特に、生産が頻繁に行われている樹高0.5m・0.8m・1.0mものの規格別の価格について1993年4月号の「建設物価」より解析した。その結果、樹高0.5mのコンテナ樹木67種の価格をみると、400円台が45種（全出現種数の67%、以下同様）、500円台17種（25%）と、この

規格では400円〜600円未満の価格が一般的であることが判る。樹高0.8m
のコンテナ樹木31種をみると、600円台が10種（32%）、700円台11種（36%）、
800円台7種（23%）であり、600円〜900円未満の価格で流通している。樹高
1.0mのコンテナ樹木17種では、800円台が8種（47%）、900円台5種（29%）と、
800円〜1,000円未満の値段が一般的な流通価格の傾向にあった。

　次に、「建設物価」の掲載当初から1993年までの価格の較差により価格動
向を掲載年数別に検討したものが表3である。これによれば、価格較差の算出
可能なコンテナ樹木の樹種数は126種であり、価格較差が上昇を示す種数は
77種（126種中61%、以下同様）、現状維持の種数は8種（6%）、下落の種数は41
種（33%）となる。総体的にはコンテナ樹木の6割が掲載当初より最新価格の方
が価格上昇を示し、4割が下落か現状維持の価格で流通していることが判明
した。また、掲載年数別にみると、14年間掲載されたコンテナ樹木16種の価
格較差は、掲載価格が下落か現状維持となった種数は14種（全体の87%、以下
同様）で、12年間では35種中20種（57%）の価格が下落か現状維持であるもの
の、5年間では68種中56種（82%）が掲載当初より価格上昇を示し、2年間をみ
ると7種中4種（57%）が上昇の価格で流通している。つまり、コンテナ樹木は流
通した年数が長い樹種ほど生産量も多く魅力に欠ける傾向からか掲載当初
の価格より現在の流通価格の方が下落傾向にあり、逆に、流通期間が短い樹
種ほど人気が高く掲載価格が上昇傾向にあることが判明した。

表3｜コンテナ樹木の掲載年数別にみた価格動向

掲載年数別 価格の較差	14年間 ('80-'93)	12年間 ('82-'93)	5年間 ('89-'93)	2年間 ('92-'93)	計
上　　　　昇	2	15	56	4	77
現 状 維 持	1	4	1	2	8
下　　　　落	13	16	11	1	41
合　　　　計	16	35	68	7	126

　さらに、コンテナ樹木と露地樹木の価格の比較を「建設物価」から行ったとこ
ろ、表4の通りとなった。これによれば、比較のできた規格別樹種数は26種、
その内で露地樹木よりコンテナ樹木の価格の方が安いか同じ樹種は10種（38%）
であり、露地樹木よりコンテナ樹木の価格の方が高い樹種は16種（62%）であっ
た。このことを言い換えれば、緑化樹木生産者にとっては露地栽培よりコンテ
ナ栽培の方が生産効率がよい樹種もみられることとなる。ある生産者によれば、
「掘取・根巻の出荷手間、根巻資材代、運送費等を勘案すれば、コンテナ樹木
と露地樹木との価格較差が30円までならばコンテナ栽培の方が経営上有利で
ある」と答えている。これを表4に当てはめると、26種中20種（77%）までが露地よ

りコンテナで栽培した方が良いことになる。今後の緑化樹木の生産はコンテナ栽培が価格の上からも露地栽培に比べて営利的に得であることが判明した。

表4│コンテナ樹木と露地樹木の価格比較

形態別	樹種	規格(H	W	径)	価格	価格差	形態別	樹種	規格(H	W	径)	価格	価格差
常緑高中木	アラカシ	1.5	0.3	21.0	2,200		常緑低木	ピラカンサ	0.8		15.0	670	
		1.5	0.4		1,800	+400			0.8			770	-100
	シラカシ	1.5	0.3	21.0	2,200				0.5		10.5	460	
		1.5	0.4		1,800	+400			0.5			440	+20
	ベニカナメ(洋種)	1.0	0.2	15.0	1,150			ナワシログミ	0.5	0.3	18.0	800	
		1.0	0.2		1,200	-50			0.5	0.3		770	+30
	イヌツゲ	0.8	0.2	15.0	900			シャリンバイ	0.5	0.3	18.0	850	
		0.8	0.3		1,000	-100			0.5	0.4		850	±0
		0.5		10.5	540				0.4	0.3	15.0	650	
		0.5	0.2		600	-60			0.4	0.3		630	+20
	ベニカナメ	0.8	0.2	15.0	1,000			アベリア	0.5	0.3	15.0	540	
		0.5			960	+40			0.5	0.3		530	+10
		0.5		10.5	550			トベラ	0.5	0.3	15.0	650	
		0.5	0.2		540	+10			0.4	0.3		640	+10
	キョウチクトウ	0.5 2本立		12.0	540			ハマヒサカキ	0.4	0.3	15.0	700	
		0.5 2本立以上			460	+80			0.4	0.3		890	-190
落葉低木	エニシダ	0.8		10.5	650			カンツバキ	0.3	0.3	15.0	1,050	
		0.8	0.3		700	-50			0.3	0.3		1,200	-150
		0.5		15.0	450			マルバシャリンバイ	0.3	0.3	15.0	850	
		0.5			430	+20				0.3		820	+30
	コデマリ	0.5 3本立		15.0	580			アセビ	0.3	0.2	12.0	650	
		0.5			550	+30			0.3	0.3		640	+10
	ヤマブキ	0.5 3本立		15.0	580			ヒサカキ	0.3	0.2	12.0	430	
		0.5 3本立以上			540	+40			0.3	0.3		500	70
	ユキヤナギ	0.5 3本立		15.0	580			ハギ	0.5		10.5	460	
		0.5 3本立以上			520	+60			3芽立			460	±0

(注) 1933年4月号「建築物価」(東京価格)より。上段:コンテナ樹木、下段:露地栽培樹木。H・Wの単位:m、コンテナ径:cm。

おわりに

「コンテナ植物は、拡大・多様化する緑化空間への対応あるいは厳しい環境条件下の緑化、デザインの多様化への対応、即完成型の植栽の実現等、造園緑化の可能性を拡大する旗手である。」[4]と近藤三雄が述べているように、今後より一層コンテナ樹木の生産・流通は普及するものと思われる。露地に比べてコンテナ栽培でも営利に経営できる傾向にあることが本報告でつかめた。これからの緑化樹木の生産・流通に役立つ一助となれば幸いである。

日本造園学会関東支部大会 研究・報告発表要旨11号、pp.33~34,1993 掲載

参考・引用文献
1　日本植木協会(1993):平成4年度供給可能量・調達難易度調査書p.5
2　小関堅治(1993):植栽工事用材料としてのコンテナ栽培植物の呼称と現状, 第24回日本緑化工学会研究発表会 研究発表要旨集 p.94-95
3　建設物価調査会(1980-1993):「建設物価」
4　近藤三雄(1991):21世紀のコンテナ植物を語る、日本植木協会コンテナ部会創立10周年記念大会パネルディスカッション

4-03

関東・関西の公園にみる
植栽樹木の実態について

はじめに

建設省では、児童公園の名称廃止などを盛り込んだ都市公園法施行令の改正が行われ[1]、住民の多様化するニーズにマッチした公園作りを今後推し進めようとしており、現在大きく公園の様相が変わりつつある。

その中で樹木生産者は、いち早く流行している公園や街路樹などの緑化樹木の実態を把握し生産体制に反映したいと切望している。

そこで、緑化樹木の大需要圏である関東と関西の公園を対象として地域別に植栽樹木の実態を調査し、緑化樹木の需要状況を把握することを目論んだ。

調査方法

関東は東京都内、関西は京都・大阪・兵庫3府県の平成2年度に開園した近隣・児童公園を対象とし、各行政機関より植栽樹木の一覧表を送付して頂いた。

調査集計分析期間は関東が平成4年3月26日〜同年5月11日、関西が平成5年7月13日〜同年8月31日である。

回答数は東京都内206箇所[2]中103箇所（近隣公園81箇所・児童公園22箇所、回収率50%）、京都・大阪・兵庫3府県72箇所[3]中68箇所（近隣公園3箇所・児童公園65箇所、回収率94%）であり、それを基に関東・関西の公園にみる植栽樹木の樹木本数・樹種数などの現状把握を試みた。

結果および考察

平成2年度に開園した関東・関西の公園にみる植栽樹木の実態をまとめたものが表1である。

関東の調査対象公園（以下、関東の公園とする）の植栽樹木は、樹種総数353種、樹木総本数291,453本であった。また、関西の調査対象公園（以下、関西の

公園とする）では、樹種総数225種、樹木総本数は182,385本が植栽され、関東の方が関西よりも1.6倍とバラエティーに富んだ樹種が用いられている。1公園当たりの平均植栽本数を比較すると、関東の公園2,830本、関西の公園2,682本で、樹種数と同様に関東の方が148本も植栽本数の多い状況にあった。

　樹木本数を階層別にみると、関東の公園では高中木層5%・低木層42%・地被層53%となり、関西の公園は高中木層10%・低木層73%・地被層17%であった。これより、関東は地被・低木主体の植栽であるのに対して関西は低木主体の植栽傾向がうかがえる。

表1│ 平成2年度に開園した関東・関西の公園にみる植栽樹木の実態

調査対象地 調査公園数		関東(東京都内) 103箇所		関西(京都・大阪・兵庫) 68箇所	
樹木・樹種総数		291,453本(100%)	353種	182,385本(100%)	225種
樹高別　本数	高木 〃	4,091本(1%)	102種	8,338本(5%)	77種
	中木 〃	10,696本(4%)	70種	9,265本(5%)	43種
	低木 〃	122,577本(42%)	80種	134,055本(73%)	67種
	地被 〃	154,089本(53%)	101種	30,727本(17%)	38種
常落　本数	常緑樹	228,335本(78%)	160種	138,354本(76%)	106種
	落葉樹	63,118本(22%)	193種	44,031本(24%)	119種
一公園当り	公園面積	5,205㎡		3,486㎡	
	本数・種数	2,830本	23種	2,682本	21種
	㎡当り本数	0.544本		0.769本	
	植栽費率	11.9%(33箇所)		17.1%(32箇所)	

注）植栽費率＝（植栽費÷建設費総額）×100

表2│ 植栽頻度からみた関東・関西の公園構成樹種の比較

植栽頻度		80%	70%	60%	50%	40%	30%	20%
美	高木					コブシ	ハナミズキ・ケヤキ イロハモミジ・シラカシ	ヤマモモ・クスノキ・ナツツバキ・コナラ・エゴノキ ソメイヨシノ
	中木		キンモクセイ		サザンカ		ヤブツバキ サルスベリ	カナメモチ・モッコク
	低木		サツキ			オオムラサキ ドウダンツツジ	ジンチョウゲ アジサイ	クルメツツジ・ヒラドツツジ・アベリア・キリシマツツジ アセビ・ユキヤナギ・ヤマノハギ・クチナシ・ヒュウガミズ
実	高木			ケヤキ・クスノキ	コブシ	シラカシ・ソメイヨシノ アラカシ・ハナミズキ	マテバシイ クロガネモチ	アキニレ・ハゼ・トウカエデ・イロハモミジ・ハグモクレン
	中木		ヤマモモ		キンモクセイ		サルスベリ ヤブツバキ	オトメツバキ・ムクゲ
	低木	ヒドラツツジ			アベリア シャリンバイ	カンツバキ ユキヤナギ	クチナシ・サツキ	ジンチョウゲ・アジサイ・フジ

注）平成2年度開園した関東（東京都内103公園）、関西（京都・大阪・兵庫3県68公園）の植栽頻度

　さらに、樹木本数を常緑・落葉別にみると、関東の公園では常緑樹78%：落葉樹22%、関西の公園は常緑樹76%：落葉樹24%と、両地域共に四季感を味わえる落葉樹本数が2割を超え、且つ、落葉樹種は常緑樹種よりも多種であった。

　公園建設費総額のうちの樹木代など植栽に係わる費用がどの程度の割合にあるかを地域別に比較検討したところ、表1の通りであった。関東の公園では植栽費率11.9%（回答数33箇所）、関西の公園は17.1%（回答数32箇所）の植栽費率にあり、関西の方が公園の緑に費用を掛けていることが明らかとなった。これは、関東の公園が安価な地被植物を多用したり、公園内の舗装や遊具等の充実な

ど特色ある公園施設化が図られているためであろうし、関西の公園が低木・高中木の緑を多用した公園作りが行われている傾向にあるためと推察する。

　地域別にみた公園の構成樹種を植栽頻度40%以上から比較すると表2の通りとなる。関東の公園は、高木層にコブシ、中木層にキンモクセイ・サザンカ、低木層にサツキ・オオムラサキ・ドウダンツツジなどが主要な樹種としてみられ、関西の公園ではケヤキ・クスノキ・ヤマモモ・コブシ・シラカシ・アラカシ・ソメイヨシノ・ハナミズキの高木層、サザンカ・キンモクセイの中木層、ヒラドツツジ・アベリア・シャリンバイ・カンツバキ・ユキヤナギの低木層が公園の構成樹種として挙げられる。これより、関東の公園は花ものの樹種が多く明るく開放的な植栽景観を演出している感じであるが、関西の公園は花ものの低木と葉色の濃い高木の遮蔽用樹種が多用されている傾向がうかがえ、構成樹種の相違が若干認められる。

表3│関東の調査公園にみられる植栽樹木の使用本数上位100種

高木

順位	樹種名	樹木数	順位	樹種名	樹木数	順位	樹種名	樹木数
1	ウバメガシ	370	3	シラカシ	287			
2	イロハモミジ	328	4	ハナミズキ	275			
			5	コナラ	246	5種		1,506本

中木

順位	樹種名	樹木数	順位	樹種名	樹木数	順位	樹種名	樹木数
1	カナメモチ	2,357	4	ヒイラギモクセイ	814	8	ヤブツバキ	340
2	サザンカ	1,709	5	ヒサカキ	812	9	ムラサキシキブ	283
3	キンモクセイ	861	6	イヌツゲ	807	10	ツバキ	248
			7	レッドロビン	630	10種		8,861本

低木

順位	樹木名	樹木数	順位	樹木名	樹木数	順位	樹木名	樹木数
1	サツキ	22,635	15	ジンチョウゲ	1,872	30	クサツゲ	520
2	ドウダンツツジ	15,039	16	ユキヤナギ	1,751	31	マルハシャリンバイ	510
3	オオムラサキ	14,201	17	クチナシ	1,668	32	ガクアジサイ	498
4	クルメツツジ	11,715	18	カンツバキ	1,491	33	カルミア	472
5	ヒラドツツジ	11,245	19	ボックスウッド	1,365	34	ニシキギ	387
6	アジサイ	3,768	20	ヒイラギナンテン	1,259	35	トベラ	336
7	ヤマブキ	3,235	21	コデマリ	1,249	36	タニウツギ	311
8	アベリア	3,006	22	シモツケ	1,179	37	シャリンバイ	296
9	キリシマツツジ	2,785	23	レンギョウ	1,032	38	キンシバイ	261
10	リュウキュウツツジ	2,632	24	ハギ	841	39	ヒメウツギ	250
11	アセビ	2,607	25	エリカカルネア	700	40	アオキ	239
12	ビョウヤナギ	2,541	26	レンゲツツジ	660	41	ナワシログミ	225
13	ヤマツツジ	2,342	27	ボタン	601			
14	ヒュウガミズキ	2,064	28	ミツバツツジ	549			
			29	ハクチョウゲ	527	41種		120,864本

地被

順位	樹種名	樹木数	順位	樹種名	樹木数	順位	樹種名	樹木数
1	ビンカミノール	18,404	16	スミレ	2,020	32	アジュガ	550
2	クマザサ	16,147	17	ギボウシ	1,430	33	ヤブミョウガ	470
3	フッキソウ	15,479	18	スイセン	1,248	34	セイヨウナンテン	465
4	リュウノヒゲ	14,713	19	ヤブコウジ	1,105	35	エビネ	430
5	コグマザサ	10,590	20	シラン	1,035	36	パンジー	385
6	オカメザサ	10,242	21	アークセトカ	985	37	ポテンティラ	360
7	シャガ	9,860	22	ヘメロカリス	983	38	イカリソウ	350
8	セキショウ	8,238	23	リシマキア	840	39	ドイツスズラン	328
9	ヒベリカムカリシナム	7,048	24	フイリヤブラン	815	40	ヒベリカムヒデコート	270
10	コトネアスター	5,540	25	トクサ	790	41	カンスゲ	260
11	タマリュウ	4,500	26	ヒガンバナ	749	42	シロバナサギゴケ	250
12	シバザクラ	3,076	27	ヒメシャガ	695	43	タマスダレ	230
13	ヤブラン	2,156	28	ハイビャクシン	653	44	フィリフェラオーレア	230
14	コクチナシ	2,146	29	ハボタン	636			
15	マツバギク	2,120	30	ハナニラ	630			
			31	ヘデラヘリックス	560	44種		150,011本

関東・関西の公園における植栽樹木の使用本数上位100種を階層別にみたものが、表3・4である。樹種数を各地域別にみると、関東の公園では高木5種：中木10種：低木41種：地被44種となり、関西の公園は高木19種：中木13種：低木39種：地被29種となった。このことからも関東は地被層の樹種が多いのに対し、関西は高木層が多用されていることが理解された。

表4│関西の調査公園にみられる植栽樹木の使用本数上位100種

高木

順位	樹種名	樹木数	順位	樹種名	樹木数	順位	樹種名	樹木数
1	アラカシ	692	7	ソメイヨシノ	335	14	イロハモミジ	228
2	ヤマモモ	574	8	イチョウ	334	15	ヤマザクラ	218
3	モウソウチク	570	9	クヌギ	306	16	ウバメガシ	209
4	ケヤキ	514	10	コナラ	256	17	タブノキ	179
5	シラカシ	442	11	コブシ	250	18	クロガネモチ	178
6	クスノキ	400	12	ハナミズキ	249	19	トウカエデ	158
			13	マテバシイ	235		19種	6,347本

中木

順位	樹種名	樹木数	順位	樹種名	樹木数	順位	樹種名	樹木数
1	イヌツゲ	1,958	5	ハコネウツギ	574	10	カンチク	262
2	サザンカ	1,388	6	キンモクセイ	448	11	ムラサキハシドイ	249
3	キンメツゲ	829	7	カナメモチ	388	12	ハクゲ	176
4	ハナズオウ	612	8	ヤブツバキ	319	13	モッコク	163
			9	ムラサキシキブ	295		13種	7,661本

低木

順位	樹種名	樹木数	順位	樹種名	樹木数	順位	樹種名	樹木数
1	ヒラドツツジ	37,897	15	アジサイ	2,274	30	モチツツジ	700
2	アベリア	15,967	16	ヤマブキ	1,771	31	ヒュウガミズキ	685
3	シャリンバイ	11,347	17	オオムラサキ	1,740	32	ヤマツツジ	646
4	サツキ	6,818	18	シモツケ	1,445	33	トウミズキ	635
5	ユキヤナギ	6,143	19	ヒイラギナンテン	1,384	34	ウツギ	600
6	カンツバキ	4,862	20	ニシキギ	1,257	35	タニウツギ	595
7	クチナシ	3,692	21	ボックスウッド	1,220	36	チャノキ	495
8	ジンチョウゲ	3,645	22	ピラカンサス	1,115	37	プリベット	400
9	ドウダンツツジ	3,610	23	クサツゲ	1,015	38	ハマヒサカキ	375
10	キリシマツツジ	3,414	24	コデマリ	985	39	ハクサンボク	375
11	アセビ	2,886	25	ボケ	960			
12	レンギョウ	2,755	26	ハクチョウゲ	936			
13	ビョウヤナギ	2,750	27	キンシバイ	879			
14	ハギ	2,638	28	ミツバツツジ	827			
			29	トベラ	785		39種	132,550本

地被

順位	樹種名	樹木数	順位	樹種名	樹木数	順位	樹種名	樹木数
1	クマザサ	7,950	11	リュウノヒゲ	835	22	セイヨウイワナンテン	250
2	コグマザサ	4,515	12	フッキソウ	825	23	ヒメシャガ	250
3	バーベナテネラ	1,985	13	シバザクラ	800	24	ラミューム	245
4	ヘデラヘリックス	1,558	14	タマリュウ	643	25	フィリフェラオーレア	240
5	ノシラン	1,320	15	ナツヅタ	598	26	ヒンカミノール	200
6	オカメザサ	1,150	16	ヒペリカムカリシナム	570	27	サワギキョウ	190
7	シャガ	1,125	17	ヘデラカナリエンシス	560	28	イタビカズラ	185
8	ハイビャクシン	885	18	ヘメロカリス	390	29	キチジョウソウ	185
9	コクチナシ	840	19	バーベナベルビアーナ	390			
10	コトネアスター	840	20	サルコゴッカ	350			
			21	ヤブラン	255		29種	30,129本

おわりに

関東、関西の地域別に公園の植栽樹木について調査した。関東は明るく開放的な公園作りにより大木となる成長の早い樹種が嫌われ地被・低木の花ものが植栽樹木の主体を成している反面、関西では低木の花ものと成長が早く

緑量の多いクスノキ・アラカシなどの高木樹種で植栽樹木が構成されていた。

　今回行なった調査を随時実施する事により、緑化樹木の動きが把握されることから、より需要が明確にされると思われた。さらに、本報告が樹木生産者の生産システムの一助となれば幸いである。

日本造園学会関東支部大会研究・報告発表要旨11号, p.31~32,1993 掲載

参考・引用文献
1　環境緑化新聞社（1993）：環境緑化新聞、第250号 p.1, 第251号p.4-5
2　東京都建設局公園緑地部（1991）：公園調査
3　建設省都市局監修（1990、1991）：都市計画年報,p.462-467・p.464-469
4　内田均（1993）：これからの緑化樹種と植栽, 都市緑化の最新技術,工業技術会, p.365-386

4-04

東北・九州の公園にみる
植栽樹木の実態について

はじめに

　都市公園法施工令の改正に伴い、児童公園が街区公園と名称変更され、従来の児童を中心とした公園の在り方から地域住民の多様な要求に応える公園整備へと変換していく機運にある。

　その中、樹木生産者は公園や街路樹などの緑化樹木の実態を把握し生産体制に反映したいと切望している。

　筆者は、昨年関東・関西の公園の植栽樹木について調査し[1]、地域毎に構成されている樹種が異なっている現状を把握した。

　本報では、寒冷地の東北と暖地の九州について地域別に公園の植栽樹木の実態を調査し、緑化樹木の需要状況を把握することを目論んだ。

調査方法

　東北は宮城県、九州は福岡県の平成2年度に開園した近隣・児童公園を対象とし[2]、各行政機関より植栽樹木の一覧表を送付して頂いた。調査回収期間は、平成5年11月22日～平成6年3月31日である。

　回答数は宮城県50箇所中26箇所（近隣公園1箇所・児童公園25箇所、回収率52%）、福岡県55箇所中25箇所（近隣公園4箇所・児童公園21箇所、回収率45%）であり、それを基に東北・九州の公園にみる植栽樹木の樹木本数・樹種数などの現状把握を試みた。

結果および考察

　平成2年度に開園した東北・九州の公園にみる植栽樹木の実態をまとめたものが表1である。

　東北の調査対象公園（以下、東北の公園とする）の植栽樹木は、樹種総数128種、樹木総本数23,535本であった。また、九州の調査対象公園（以下、九州の

公園とする)では、樹種総数86種、樹木総本数は49,957本が植栽され、東北の方が九州よりも1.5倍とバラエティーに富んだ樹種が用いられている。公園1㎡当たりの平均植栽本数を比較すると、東北の公園0.17本、九州の公園0.16本でほぼ同様であった。

表1｜平成2年度に開園した東北・九州の公園にみる植栽樹木実態

調査対象地 調査公園数		東北(宮城) 26箇所		九州(福岡) 25箇所	
樹木・樹種総数		23,535本(100%)	128種	49,957本(100%)	86種
樹高別　本数	高木〃	1,036本(5%)	51種	1,117本(2%)	36種
	中木〃	3125本(13%)	32種	1,234本(3%)	17種
	低木〃	14,859本(63%)	41種	40,478本(81%)	28種
	地被〃	4,515本(19%)	4種	7,128本(14%)	5種
常落　本数	常緑樹〃	15,312本(65%)	57種	44,751本(90%)	45種
	落葉樹〃	8,223本(35%)	71種	5,206本(10%)	41種
一公園当り	公園面積	5,291㎡		12,318㎡	
	本数・種数	905本	16種	1,998本	13種
	㎡当り本数	0.171本		0.162本	
	植栽費率	13.2%(11箇所)		12.8%(25箇所)	

(注)植栽費率＝(植栽費÷建設費総額)×100

　また、樹木本数を階層別(樹木本来の性質により分類・集計した)にみると、東北の公園では高中木層18%・低木層63%・地被層19%となり、九州の公園は高中木層5%・低木層81%・地被層14%であった。これより、東北は高中木2割・低木6割・地被2割と階層的な植栽であるのに対し、九州は低木主体の植栽傾向がうかがえる。

　さらに、樹木本数を常緑・落葉別にみると、東北の公園では常緑樹65%：落葉樹35%、九州の公園は常緑樹90%：落葉樹10%であった。東北は四季の彩りが感じられる落葉樹の本数・種数ともに九州をかなり上回っている。一方、九州では逆に常緑樹中心の植栽状況にあった。

表2｜植栽頻度からみた東北・九州の公園構成樹種の比較

植栽頻度		70%	60%	50%	40%	30%	20%
東北	高木		シラカシ	ケヤキ	イロハモミジ	イチョウ・カツラ	ソメイヨシノ・コブシ
	中木				キンモクセイ	サンゴ　シュ ネズ　ミモチ・ツバキ	サザンカ・ヒイラギ　モクセイ
	低木	サツキ ドウダンツツジ			オオムラサキ	キリシマツツジ ニシキギ	アベリア・コデマリ・レンギョウ
九州	高木			ケヤキ クスノキ	クロガネモチ	ソメイヨシノ マテバ　シイ・コブシ	イチョウ・イロハモミジ・ヤマモモ・ハナミズ
	中木				キンモクセイ		カナメモチ・サザンカ・ヤブ　ツバキ
	低木			サツキ	ヒラドツツジ	クチナシ	アベリア・ドウダンツツジ・ジンチョウ クルメツツジ　・マメツゲ

(注)平成2年度に開園した東北(宮城県)26公園、九州(福岡県)25公園の植栽頻度。

表3 | 東北の調査公園にみられる植栽樹木の使用本数

高木

順位	樹種名	樹木数	順位	樹種名	樹木数	順位	樹種名	樹木数
1	シラカシ	118	12	コブシ	27	24	エノキ	12
2	サトザクラ	92	13	ナツツバキ	26	25	ハウチワカエデ	12
3	イロハモミジ	63	14	エゴノキ	23	26	ヒノキ	12
4	ケヤキ	63	15	ハナミズキ	22	27	イタヤカエデ	12
5	イチョウ	54	16	トチノキ	19	28	ウリハダカエデ	12
6	ウバメガシ	46	17	コナラ	19	29	シダレザクラ	11
7	ヤマボウシ	42	18	ノムラモミジ	19	30	ブナ	11
8	カツラ	41	19	ハクモクレン	17	31	アカシデ	10
9	ソメイヨシノ	32	20	ヤマザクラ	16	32	アカマツ	10
10	クロマツ	31	21	クヌギ	16	33	ヤマハンノキ	10
11	モチノキ	28	22	イヌデ	15			
			23	ポプラ	15		33種	956本

中木

順位	樹種名	樹木数	順位	樹種名	樹木数	順位	樹種名	樹木数
1	キンメツゲ	680	9	ムラサキシキブ	109	18	オトメツバキ	30
2	ヒイラギモクセイ	566	10	ムクゲ	106	19	ハナズオウ	23
3	マサキ	255	11	サザンカ	94	20	スカイロケット	20
4	ヒメオオツゲ	241	12	ナナカマド	91	21	レッドロビン	20
5	イヌツゲ	183	13	キンモクセイ	64	22	モクレン	14
6	サンゴジュ	156	14	ハコネウツギ	50	23	モッコク	9
7	ネズミモチ	144	15	ツバキ	43	24	サルスベリ	9
8	ヒイラギ	120	16	トウネズミモチ	40	25	カイズカイブキ	9
			17	ヤブツバキ	31		25種	3,107本

低木

順位	樹種名	樹木数	順位	樹種名	樹木数	順位	樹種名	樹木数
1	ドウダンツツジ	2018	14	シャリンバイ	385	28	リュウキュウツツジ	104
2	サツキ	1865	15	アオキ	316	29	ウメモドキ	91
3	ヒュウガミズキ	922	16	アセビ	284	30	アジサイ	79
4	キリシマツツジ	869	17	オオバイボタ	268	31	ビョウヤナギ	60
5	ニシキギ	797	18	マメツゲ	253	32	タニウツギ	50
6	オオムラサキ	773	19	ヤマブキ	230	33	ガマズミ	30
7	アベリア	760	20	ヒイラギナンテン	225	34	ミツバツツジ	30
8	ヤマツツジ	711	21	ユキヤナギ	192	35	シモツケ	30
9	ミヤギノハギ	656	22	ナワシログミ	144	36	ナンテン	15
10	ピラカンサス	651	23	クチナシ	141	37	エニシダ	15
11	ヒラドツツジ	510	24	ヤツデ	125	38	フジ	10
12	レンギョウ	483	25	ジンチョウゲ	123			
13	コデマリ	400	26	ガクアジサイ	120			
			27	カンツバキ	113		38種	24,848本

地被

順位	樹種名	樹木数	順位	樹種名	樹木数	順位	樹種名	樹木数
1	コグマザサ	3218	2	ラベンダー	682	4	フヨウ	115
			3	クマザサ	500		4種	4,515本

東北・九州の公園にみる植栽樹木の実態について

公園建設費総額のうちの樹木代など植栽に係わる費用がどの程度あるかを地域別にみたところ、東北の公園では植栽費率13.2%（回答数11箇所）、九州の公園は12.8%（回答数25箇所）の植栽費率にあり、両地域ともほぼ同程度であった。

地域別にみた公園の構成樹種を植栽頻度30%以上から比較すると表2の通りとなる。東北の公園は、高木層にシラカシ・ケヤキ・イロハモミジ・イチョウ・カツラ、中木層にキンモクセイ・サンゴジュ・ネズミモチ・ツバキ、低木層にサツキ・ドウダンツツジ・オオムラサキ・キリシマツツジ・ニシキギなどが主要な樹種としてみられる。

九州ではケヤキ・クスノキ・クロガネモチ・ソメイヨシノ・マテバシイ・コブシの高木層、キンモクセイの中木層、サツキ・ヒラドツツジ・クチナシの低木層が公園の構成樹種として挙げられる。

これより、東北の公園は季節感のある落葉高木と常緑の中木、花ものの低木といった階層的な植栽景観を演出しており、冬場の裸木となった殺風景さをカバーする植栽として耐寒性のある常緑高木のシラカシが多用されている。また、九州の公園は樹木生産地県であることからツツジ類の花ものを主に、耐潮性・耐風性のある郷土木のクスノキ・クロガネモチに緑陰樹のケヤキを配するといった明るく開放的な植栽傾向がうかがえる。

東北・九州の公園における植栽樹木の使用本数上位100種を階層別にみたものが、表3・4である。樹種数をみると、東北の公園では高木33種：中木25種：低木38種：地被4種となり、九州の公園は高木36種：中木17種：低木28種：地被5種となった。このことからも東北の公園は階層的な樹種数の植栽となっている。しかし、東北・九州両地域ともに関東・関西に比べ地被層の樹種があまり用いられていないことが認められた。

おわりに

東北・九州の地域別に公園の植栽樹木について調査した。東北は季節感のある落葉高木と常緑中木、花ものの低木で階層的な植栽がなされている反面、九州では低木の花ものと耐潮性のあるクスノキ・クロガネモチなどの高木樹種で植栽樹木が構成されていた。これらから、気候風土にあった樹種選定が両地域ともに行われ、郷土木が多用されている現状にあることが判明した。

今後は、このような実態調査を経年的に行ない、緑化樹木の動きを把握して、樹木生産者の生産情報の一端とすべく鋭意努力したいと考える。

日本造園学会関東支部大会研究・報告発表要旨12号, pp.17〜18,1994 掲載

表4｜九州の調査公園にみられる植栽樹木の使用本数

高木

順位	樹種名	樹種数	順位	樹種名	樹種数	順位	樹種名	樹種数
1	ソメイヨシノ	142	13	コブシ	36	26	ハクウンボク	6
2	マデバシイ	124	14	シイノキ	32	27	ハナノキ	5
3	ケヤキ	115	15	モミジバフウ	31	28	プラタナス	5
4	クスノキ	94	16	ヤマモモ	31	29	ドイツトウヒ	4
5	ハナミズキ	62	17	タイサンボク	16	30	カリン	4
6	アラカシ	62	18	ハクモクレン	15	31	トウカエデ	2
7	クロガネモチ	44	19	エンジュ	14	32	ウメ	2
8	イチョウ	44	20	ユリノキ	14	33	ヤマザクラ	1
9	シラカシ	43	21	ノムラモミジ	13	34	ヤマボウシ	1
10	ホルトノキ	41	22	ナツツバキ	11	35	モチノキ	1
11	ナンキンハゼ	39	23	タブノキ	9	36	アキニレ	1
12	イロハモミジ	37	24	オオシマザクラ	8			
			25	メタセコイヤ	7		36種	1,117本

中木

順位	樹種名	樹種数	順位	樹種名	樹種数	順位	樹種名	樹種数
1	カナメモチ	492	7	ヒイラギ	26	14	カクレミノ	9
2	トウネズミモチ	187	8	キョウチクトウ	20	15	ネムノキ	6
3	サザンカ	181	9	サンゴジュ	19	16	ムラサキハシドイ	5
4	カイズカイブキ	118	10	ムクゲ	18	17	ユズリハ	3
5	キンモクセイ	56	11	サルスベリ	17			
6	ヤブツバキ	56	12	ツバキ	13			
			13	ハナズオウ	9		17種	1,234本

低木

順位	樹種名	樹種数	順位	樹種名	樹種数	順位	樹種名	樹種数
1	ヒラドツツジ	11,171	10	キリシマツツジ	1158	20	ハギ	158
2	アベリア	6,422	11	レンギョウ	1080	21	シャリンバイ	108
3	サツキ	5,666	12	ユキヤナギ	985	22	アセビ	98
4	オオムラサキ	2,212	13	ドウダンツツジ	699	23	トベラ	75
5	クチナシ	2,108	14	ハマヒサカキ	696	24	ピラカンサス	65
6	マメツゲ	1,726	15	コデマリ	400	25	ハクサンボク	23
7	カンツバキ	1,625	16	アジサイ	380	26	フジ	19
8	クルメツツジ	1,620	17	キンシバイ	313	27	ハクチョウゲ	5
9	ジンチョウゲ	1,175	18	シモツケ	247	28	ノウビンカズラ	4
			19	ヒョウヤナギ	240		28種	40,478本

地被

順位	樹種名	樹種数	順位	樹種名	樹種数			
1	ヘデラカナリエンシス	4,721	3	コグマザサ	970			
2	リュウノヒゲ	1,332	4	セキショウ	95			
			5	フヨウ	10		5種	7,128本

参考・引用文献

1　内田均（1994）：関東・関西の公園にみる植栽樹木の実態について、日本造園学会関東支部大会研究報告　発表要旨第12号, p.17-18

2　建設省都市局監修（1991）：都市計画年報, p.424-426　478-479, 1990・p.426-428　480-482

グラウンドカバープランツの流通・価格の動向について
―「建設物価」の一事例より―

目的

　1994年の造園緑化工事に供給可能な商品規格に達している緑化樹木の数量は1億8千万本であり、この内グラウンドカバープランツは5,380万本となっている[1]。緑化樹木の30%の本数を占めるグラウンドカバープランツは年々増加傾向にある。

　そこで、グラウンドカバープランツの現状について文献により流通・価格の動向などを調査・解析したところ、二・三の知見を得たのでここに報告する。

調査方法

　造園工事の施工費や樹木価格などを掲載している月刊雑誌「建設物価」[2]を用い、グラウンドカバープランツの掲載当初1970年3月から1995年4月現在に至るまでの形態別種数による流通動向、掲載当初価格と最新価格との価格較差ならびに1995年4月現在の流通規格、コンテナ径による規格別の価格、価格と樹木調達難易状況との関係などを模索した。

表1│「建設物価」に掲載されたグラウンドカバープランツの形態別種数推移

年　　別 形　態　別	1970 〜'79	'80 〜'81	'82 〜'88	'89 〜'91	'92	'93 〜'95
木 草 本 類	0	3	30	56	60	61
つ る 性 類	4	7	14	19	21	23
サ サ 類	3	3	5	6	6	6
マット栽培	0	0	0	0	1	1
合 計	7	13	49	81	88	91

結 果

1）1995年現在グラウンドカバープランツの形態別掲載種数は、木草本類61種、つる性類23種、ササ類6種、マット栽培品1種の合計91種であり、掲載当初の13倍に相当する多種多彩なグラウンドカバープランツが流通している（表1）。

2）1995年現在流通するグラウンドカバープランツの規格数は1種1規格であり、コンテナ径10.5cm規格のものは91種中55%、9.0cm規格もの同32%、12.0cm規格もの同10%の順にあることが知れた（表2・3）。

表2｜グラウンドカバープランツの規格（コンテナ径）別にみた価格実態

表-2 グラウンドカバープランツの規格（コンテナ径）別にみた価格実態

価格	15.0cm	12.0cm	10.5cm	9.0cm	7.5cm	出現種数
880	①ハイビャクシン類					1
810			①アカバギキ			1(2)
580			①ナギイカダ			1
570			①フイリフェラオーレア			1
540			①アガパンサス			1(3)
490			②キウイ			1
470			①ヤギノヘギ			1
460		①アベリアエドワードゴーチャ・ハラン	①オウバイ・ションラン・ドイツスズラン			5
450		①コクチナシ ③クマザサ	①エビネ・タルニコッカ・シラン			5
430		①ノシラン	①セイヨウイワナンテンインボー・セイヨウイワナンテンアキシリシス・ハナショウブ			4
400			①イカリソウ・ウンナンオウバイ・宿根フロックス・プットレア ②ムヘ			5(21)
380		①ヒメウツギ	①フヨウ			2
370		③ミヤコザサ	①フイリヤブラン			2
360			①ヒメジャオブ・ロニセラニチダ	②アケビ		3
340		①クサソテツ	①トクサ②アメリカルマサキ	②ビグノニア・ヘデラグレーシャー・ヘデラコルシカ・ヘデラゴールドハート		7
320			①スイセン・ホトトギス②ツルマスキニドウ・ツルマサキ類③オロシマチク・チゴザサ	②ヘデラピックリーブ		7
310				②カロライナジャスミン		1
300				①シャスターデージー②ニシキテイカ		2(24)
280			①ツワブキ・ヒペリカムヒデコート②ビナンカズラ	②テイカカズラ		4
270			①モキショウ・タマスダレ②ヘデラカナリエンシス	②オイタビ		4
260				①ハナニラ②イタビカズラ・スイカズラ		3
250		③オカメザサ	①オオバジャノヒゲ・オオキンケイギク・キダチジョウウク・ギホウシ・ジャカ・ヒゴンパテ・ヒペリカムカリシナム・ヘメロカリス・ラミューム	②ヤブコウジ・ユキノシタ		12
230			①ヤブラン	①ボタンテツ・マツバギク		3
220				①宿根バーベ・ナデンカミノール		2
210			③コグマザサ	①ルリバナギキゴケ・リシマキア②ヘデラヘリックス		5
200		②コトネアスター類		①アジュガ②ナデラブ		3(35)
190				①ワッキソウ②キグタ		2
160				①シバザクラ		1
130				①リュウノヒゲ		1
110					①タマリュウ	1(5)
計	1	9	50	29	1	90

注）1995.4月号の「建設物価」（東京価格）より。①木草本類・②つる性類・③ササ類。マット栽培品タマリュウ1.0㎡の価格は13,000円

表3｜「建設物価」に掲載されたグラウンドカバープランツの規格別樹種数

規格(コンテナ径)	木草本類	つる性類	ササ類	マット栽培	合　計
15.0cm	1	0	0	0	1 （1）
12.0cm	6	0	3	0	9 （10）
10.5cm	39	8	3	0	50 （55）
9.0cm	14	15	0	0	29 （32）
7.5cm	1	0	0	0	1 （1）
1.0㎡	0	0	0	1	1 （1）
計	61	23	6	1	91(100)

注）1995年4月号の「建設物価」より

3) グラウンドカバープランツの1995年規格別価格は、コンテナ径12.0cm規格もの300円〜500円未満、10.5cm規格もの200円〜500円未満、9.0cm規格もの200円〜400円未満の価格が一般的であった（表2・4）。

表4｜グラウンドカバープランツの規格（コンテナ径）と価格の関係

規格／価格		800円台	500円台	400円台	300円台	200円台	100円台	出現種数
コ	15.0cm	1	0	0	0	0	0	1（1）
ン	12.0cm	0	0	5	3	1	0	9（10）
テ	10.5cm	1	3	16	12	18	0	50（56）
ナ	9.0cm	0	0	0	9	16	4	29（32）
径	7.5cm	0	0	0	0	0	1	1（1）
合　計		2(2)	3(3)	21(23)	24(27)	35(39)	5(6)	90(100)

表5｜グラウンドカバープランツの年次別にみた価格動向と調達難易度

注）1995.4月号の調達難易度＝◎：豊富・○：普通・△：やや困難・▲：困難。①木草本類・②つる性類・③ササ類。マット栽培品クマリュウ▲は2年間で＋1,000円

表6｜グラウンドカバープランツの掲載年数別にみた価格動向

掲載年数別 価格の較差	26年間 ('70-'95)	18年間 ('78-'95)	16年間 ('80-'95)	14年間 ('82-'95)	7年間 ('89-'95)	4年間 ('92-'95)	計
上　昇	3	1	0	11	31	1	47(52)
現状維持	0	0	0	1	0	1	2(2)
下　落	3	0	4	25	5	4	41(46)
合　計	6	1	4	37	36	6	90(100)

4) 掲載当初価格と最新価格の較差の動向は、価格較差の上昇種数47種（90種中52％）、現状維持の種数2種（2％）、下落の種数41種（46％）となり、グラウンドカバープランツの半数が価格上昇を示した。また、掲載年数別にみると、掲載14年以上のグラウンドカバープランツは48種中32種（67％）で価格が下落し、掲載7年以

下では42種中32種（76%）が掲載当初より上昇価格で流通していた（表5・6）。

5）価格動向と樹木調達難易状況との関係を検証するため、表7に示すhxk分割表によりx2検定を行ったところ、価格の動向は樹木調達難易状況と関係がある（危険率5%）ことが判明した。つまり、調達が豊富・普通とランクされる19種中15種（79%）で価格が下落し、調達がやや困難・困難である71種中43種（61%）で価格上昇が認められ、調達の難易が価格較差の上下に影響を及ぼす傾向にあった（表7）。

表7 | 価格動向と調達難易度との関係

価格動向	価　格			
調達難易度	上　昇	現状維持	下　落	計
豊　富	0	0	1	1
普　通	4	0	14	18
やや困難	28	2	23	53
困　難	15	0	3	18
計	47	2	41	90

Xo^2（16.173） ＞ Xa^2（12.592）　∴仮説棄却

日本造園学会関東支部大会研究・報告発表要旨13号, pp.33~34, 1995 掲載

参考・引用文献

1　日本植木協会：供給可能量・調達難易度調査書
2　建設物価調査会（1980-1995）：建設物価
3　根岸卓郎（1975）：理論応用統計学,養賢堂,p.367-370

4-06

東京都内の公園における
植栽樹木の推移について

はじめに

近年、環境共生・緑のまちづくりなどが叫ばれ、人々の緑に対する関心は以前にも増して高まってきている。こうした風潮の中、私たちの身近な緑とのふれあいの場である公園の果たす役割は大きいと考えられる。

その公園の植栽樹木の推移を把握することは、今後の都市の緑を計画する上で重要なことであり、樹木生産者にとっても有効であるものと思われる。そこで、本研究は、東京都内の公園を対象に、植栽樹木の推移を経年的に把握し、その結果から今後の公園にはどのようなものが求められていくのかを考えることとした。

調査方法

1979年に、日本緑化センターによる「東京都における緑化樹木の需要調査報告書」が刊行されている[1]。それは、1977年以前（以下「1977年以前」とする）に開園された都内にある国立・都立の大公園を除いた区立ならびに市町村立の近隣公園および児童公園の合計4,243箇所より100箇所を選出し、現地踏査を行ったものである。著者はその調査に参画した。この調査を基礎資料として、その後の東京都内の公園における植栽樹木の推移を把握するため、以下のような調査を行った。

1990年から、5年おきに各行政機関へ質問紙法によるアンケート調査を行い、開園公園の「植栽樹木一覧表」と「今後の公園構想」を送付頂いた。1990年に開園された206箇所中103箇所（回収率50%）・39行政機関中32行政機関の回答[2]、1995年・1996年（以下「1995年」とする）に開園された532箇所中160箇所（回収率30%）・38行政機関中26行政機関の回答[3]、2000年・2001年（以下「2000年」とする）に開園された507箇所中83箇所（回収率16%）・50行政機関中37行政機関の回答[4]である。

調査内容は、①公園面積　②植栽費率　③樹種別樹木数などの「植栽

樹木一覧表」と、①公園のあり方　②公園計画　③樹種選定　④公園管理　⑤課題からなる「今後の公園構想」である。

　分析にあたっては、上記「植栽樹木一覧表」を基に、樹木本来の生理的な性質による高木・中木・低木・地被植物（以下「地被」とする）の階層別、常緑樹・落葉樹の常落別に樹種を分類し[5]、樹種別樹木数および植栽頻度（回答公園数中の出現頻度）を集計した。一方、「今後の公園構想」アンケートからは、今後どのような公園木が必要とされていくのかを考察することとした。

表1｜東京都内の公園における開園年度別にみた植栽樹木の推移

調査対象年度		1977年以前		1990年		1995年		2000年	
調査公園数（近隣・街区）		100（近隣42・児童58）		103（近隣81・児童22）		160（近隣3・街区157）		83（近隣4・街区79）	
樹木本数／樹種数総数		50,316本	254種	291,453本	352種	410,762本	514種	374,142本	381種
階層別本数	高　木	7,058	105	4,098	103	6,056	148	5,340	95
	中　木	10,660	59	10,602	71	15,515	77	14,248	65
	低　木	31,004	84	122,912	85	164,561	149	159,140	93
	地　被	1,594	6	153,841	93	224,630	140	195,414	128
常落別本数	常　緑	41,948	114	237,905	163	307,196	218	327,180	183
	落　葉	8,368	140	53,548	189	103,566	296	46,962	198
1公園当りの平均	本数・樹種総数	503本（100%）	19種	2,857本（100%）	23種	2,567本（100%）	22種	4,508本（100%）	24種
	高　木	常緑 40（ 8） 落葉 31（ 6）	71本（14%）	常緑 16（ 1） 落葉 24（ 1）	40本（ 2%）	常緑 15（ 1） 落葉 23（ 1）	38本（ 2%）	常緑 29（ 1） 落葉 35（ 1）	64本（ 2%）
	中　木	常緑101（ 20） 落葉 5（ 1）	106（21）	常緑 92（ 3） 落葉 12（ 1）	104（ 4）	常緑 79（ 3） 落葉 5（ 1）	97（ 4）	常緑 161（ 3） 落葉 11（ 1）	172（ 4）
	低　木	常緑262（ 52） 落葉 48（ 10）	310（62）	常緑 841（ 29） 落葉 364（ 13）	1,205（42）	常緑 739（ 29） 落葉 289（ 11）	1,028（40）	常緑 1,521（ 33） 落葉 396（ 9）	1,917（42）
	地　被	常緑 16（ 3） 落葉 0（ 0）	16（ 3）	常緑 1,384（ 48） 落葉 124（ 4）	1,508（52）	常緑 1,087（ 42） 落葉 317（ 12）	1,404（54）	常緑 2,231（ 47） 落葉 124（ 3）	2,355（52）
	常　緑	419本（83%）		2,333本（82%）		1,920本（75%）		3,942本（87%）	
	落　葉	84 （17）		524 （18）		647（25）		566 （13）	
	公園面積	3,269㎡		5,205㎡		1,671㎡		4,907㎡	
	㎡当りの樹木数	0.154本		0.544本		1.536本		0.878本	
	植栽費率	22.0%（211箇所）		11.9%（33箇所）		14.9%（68箇所）		13.9%（63箇所）	

注 1) 植栽費率＝（植栽費÷建設費総額）×100、1977年以前の植栽費率が欠測のため、1980・1981年度に新設された公園211ヵ所の植栽費率を参考値とした。　2) 1993年に都市公園法施行令の改正が行われ、児童公園から街区公園へと名称変更される。

表2｜東京都の公園緑地関係予算の推移と建設・既存公園数

予算　＼　年	1980年	1990年	1995年	2000年
構築費	124	603	416	162
用地費	272	1,803	857	718
維持管理費	74	266	351	342
合　計	470	2,672	1,624	1,222
建設公園数	―	213	212	213
既存公園数	―	7,399	8,559	9,493

注)「東京都緑化白書 S58・H3・7・12年度版」（編集：東京都造園緑化業協会）参照。都・公社・23区市・町の緑道を含む予算

結果および考察

1｜開園年度別にみた植栽樹木の実態

　表1は東京都内の公園にみる植栽樹木の実態を開園年度別にまとめたものである。樹種数の合計は、1977年以前254種、1990年352種、1995年514

種、2000年381種となっている。1977年以前の樹種数の合計を100とすると、1990年139、1995年202、2000年150となった。表2は東京都の公園緑地関係予算の推移である[6]。1980年の公園構築費を100とした場合、1990年486、1995年335、2000年130であり、バブルの絶頂期に計画された公園では樹種数が多く見られ、バブル崩壊後の公園では緊縮財政に合わせた樹種の絞り込みが行われたものと思われる。

1公園当たりにみる植栽樹木数は、1977年以前503本、1990年2,857本、1995年2,567本、2000年4,508本となっている。1977年以前の樹木数の合計を100とすると、1990年は568、1995年は510、2000年は896となった。また、各年代別に階層別割合をみると、1977年以前は、高中木35％、低木62％、地被3％、1990年以降は、高中木6％、低木41％前後、地被53％前後となっており、地被・低木の割合が激増していることがわかる。公園の周辺を高・中・低木の植栽で囲い込む植栽形式から、ハーブや草花による花壇を設けた明るく開放的な公園づくりへと移行しているものと推察する。

2│植栽頻度からみた樹種の推移

調査年別に植栽頻度20％以上の樹種を10％毎にまとめたものが表3である。また、階層別にみた植栽頻度の増減が著しい樹種の推移を実数値で示したものが図1である。

表3│植栽頻度からみた公園の構成樹種

植栽頻度		70%	60%	50%	40%	30%	20%
1977年以前	高木			イチョウ	ケヤキ	ソメイヨシノ・マテバシイ・ヒマラヤスギ・サワラ	シダレヤナギ・スダジイ・プラタナス・シラカシ・イロハモミジ・シノブヒバ
	中木					ツバキ・ネズミモチ・サンゴジュ	イヌツゲ・トウネズミモチ・マサキ
	低木	オオムラサキツツジ			サツキツツジ・クルメツツジ	アオキ	ジンチョウゲ・ドウダンツツジ・アベリア・ヤツデ・アジサイ・フジ・ユキヤナギ・ヤマブキ・リュウキュウツツジ
1990年	高木				コブシ・ハナミズキ類	イロハモミジ・ケヤキ・シラカシ	クスノキ・ヤマモモ・ナツツバキ・エゴノキ・コナラ・ソメイヨシノ
	中木	キンモクセイ			サザンカ	サルスベリ・ヤブツバキ	カナメモチ類・モッコク
	低木	サツキツツジ		オオムラサキツツジ	ドウダンツツジ	ジンチョウゲ・アジサイ・クルメツツジ・ヒラドツツジ	アセビ・キリシマツツジ・アベリア・ユキヤナギ・ヤマブキ・クチナシ・ヒュウガミズキ
1995年	高木			ハナミズキ類	コブシ	イロハモミジ	ケヤキ・ソメイヨシノ・シラカシ・ヤマモモ・エゴノキ・ナツツバキ・クスノキ・ヤマザクラ・ヤマボウシ
	中木		キンモクセイ		サルスベリ	カナメモチ類	モッコク・ユズリハ
	低木			サツキツツジ	オオムラサキツツジ・アジサイ・ヒラドツツジ	ドウダンツツジ・クルメツツジ	キリシマツツジ・ビヨウヤナギ・ヤマブキ・ユキヤナギ・アベリア
2000年	高木			シラカシ・ハナミズキ類		ケヤキ・ソメイヨシノ・イロハモミジ・コブシ	エゴノキ・ナツツバキ・コナラ
	中木				カナメモチ類・サルスベリ	キンモクセイ	サザンカ
	低木			サツキツツジ	オオムラサキツツジ	クルメツツジ・ヒラドツツジ・ジンチョウゲ・ドウダンツツジ・アジサイ・ユキヤナギ	ヤマツツジ・カンツバキ・キリシマツツジ・ビヨウヤナギ・アベリア・クチナシ・ニシキギ・レンギョウ
	地被						タマリュウ・フイリヤブラン・ヒペリカムカリシナム

高木は、後述する「今後の公園構想にみる樹種選定」からもうかがえるように、ヒマラヤスギやスダジイのような枝張りが壮大で公園内を覆い尽くし陰鬱となる樹種や、イチョウやケヤキなど葉が小さく落ち葉が広範囲に飛散するため

図1│階層別にみた植栽頻度の増減樹種の推移

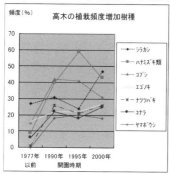

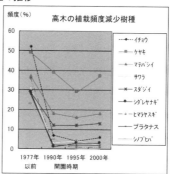

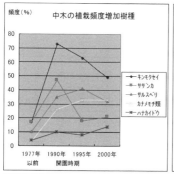

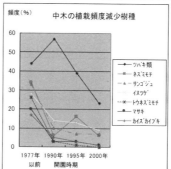

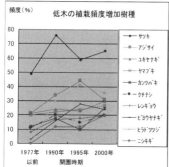

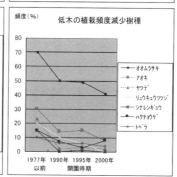

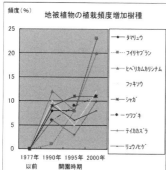

東京都内の公園における植栽樹木の推移について

に近隣住民からの苦情が多い樹種の頻度が激減し、ハナミズキ類、ナツツバキ、コブシなどのように季節の変化や花・実も楽しめる上に、枝葉のつき具合が疎らで葉も大きく落ち葉の掃除がしやすい樹種が増加の傾向にあった。

　中木では、常緑広葉樹のネズミモチ、サンゴジュ、トウネズミモチ、イヌツゲなどが減少し、花や匂いの楽しめるサルスベリやキンモクセイ、新芽が美しいカナメモチ類が多用されてきている。

　低木は、生長が早く葉が大きく鬱蒼となりやすいアオキ、ヤツデが減少し、花木のカンツバキ、アジサイ、ユキヤナギなどが増加している。なお、美しい花を咲かせるツツジ類は常に高い頻度を保っている。

　地被植物は、1977年以前にはほとんど見られなかったが、1990年以降は、多様な種類が導入され、2000年においては、タマリュウ、フイリヤブラン、ヒペリカムカリシナムなどが高い頻度で用いられるようになった。

表4｜植栽頻度からみた公園の階層別構成樹種における特性比較　　　　　（単位：種）

階層別	調査年	種数	常落別		生長度			耐煙性			機能的特性			美的特性			
			常緑	落葉	速	中	遅	強	中	弱	緑陰	生垣	食餌	花木	実物	紅葉	芳香
高木	1977年以前	12	6	6	12	0	0	7	2	3	3	2	6	1	1	2	0
	1990年	11	3	8	7	3	1	3	5	3	2	0	4	5	2	2	2
	1995年	12	3	9	8	3	1	3	6	3	2	0	3	7	3	2	2
	2000年	9	1	8	6	3	0	1	5	3	2	0	3	5	1	2	2
中木	1977年以前	6	6	0	3	1	2	6	0	0	0	6	5	2	3	0	0
	1990年	6	5	1	1	1	4	3	3	0	0	5	3	4	1	1	2
	1995年	5	4	1	1	1	3	2	3	0	0	3	2	2	1	1	2
	2000年	3	2	1	0	1	2	0	3	0	0	2	1	3	0	0	1
低木	1977年以前	13	9	4	6	3	4	8	4	1	0	1	1	11	1	1	1
	1990年	14	10	4	7	2	5	10	4	0	0	5	1	14	1	1	2
	1995年	11	8	3	5	3	3	7	4	0	0	3	1	11	0	1	0
	2000年	16	11	5	8	3	5	10	6	0	0	5	1	15	2	2	2
地被	2000年	3	3	0	2	1	0	3	0	0	0	0	2	2	2	1	0

注)「造園施工管理 技術編 第24版」(建設省都市局公園緑地課監修) P.71〜75、99〜105参照。紅葉：新葉や葉の美しい種を含む。

表5｜利用別にみた出現種数の推移　　　　　（単位：種）

利用別 ＼ 年	1977年	1990年	1995年	2000年
花　　木	119	150	234	151
実　　物	67	72	98	71
雑　　木	133	139	197	133
草　　花	0	57	93	83
サクラ類	9	9	24	10
ツツジ類	8	13	45	11
ハナミズキ類	1	1	5	1
ヘデラ類	1	1	5	4
コニファー	0	0	13	12
ハーブ	0	6	2	15

表3に掲げた階層別構成樹種の常落別、生長度、耐煙性、機能的特性、美的特性を比較したものが表4である[7]。

常落別にみると、1977年以前は、常緑で生長が早く耐煙性の強い高中木が多かったが、1990年以降は、落葉で生長が遅く耐煙性の弱い高中木が多くなった。美的特性では、1990年以降、花木・新芽や紅葉の美しいもの・芳香樹が増加している。

1977年以前と1990年以降では樹種に大きな変化が見られる。1977年以前には、公園内の環境を守り、公害に弱いソメイヨシノやイロハモミジを防護するためにもマテバシイ・サンゴジュ・トウネズミモチなど公害に強く生長の旺盛な樹種が公園の外周に植栽され、緑の量を増やすことに重点がおかれていた[8,9]。

1990年には、大阪で開催された「国際花と緑の博覧会」にも見られるように、人々が花に親しむ機会が多くなり、明るく華やかな雰囲気が要求され、季節の変化を身近に感じられ楽しめる樹種選定へと移行していることがわかった[10]。

その傾向は、表5にも見られるように、1995年は、花木・実物・雑木・草花の種類が増加し、より色彩豊かな植栽がなされていた。2000年では、緊縮財政の影響（表2）により樹種数の絞り込みが行われたものと思われる。

3 ｜ 今後の公園構想にみる樹種選定

行政機関による「今後の公園構想」のうち、「樹種選定」についてまとめたものが表6である。

表6 ｜ 今後の公園構想にみる樹種選定

1990年 （15行政機関からの回答）	回答数	1995年 （29行政機関）	回答数	2000年 （36行政機関）	回答数
・花木や草花を取り入れて公園に彩りを持たせる。	8	・樹木の生長や病虫害発生の可能性を考慮し、近隣住民の苦情（日照や落葉）にも対応した樹種選定。	16	・住民の要望をきく・住民参加。	17
・鳥を呼べる実のなる木や果樹を取り入れたい。	6	・地域住民の要望で、花や実や紅葉が楽しめ、季節を感じられる樹種。	10	・季節感があるもの（落葉樹・果樹・花木・実のなる木など）。	12
・管理しやすい樹種（虫の付きにくい木）が望まれる。	5	・既存樹木の活用。	6	・維持管理が容易（成長が遅い・病害虫に強いなど）。	11
・個々の公園のテーマに沿った植樹に力をいれている。	4	・火災の延焼防止・遮断・遅延に効果的な樹木や食用になる樹種。	5	・地域の在来種の活用。	6
・防災上の問題などから、落葉樹の導入や見通しの手入れ、死角を作らない配植を考慮する。	4	・野鳥が飛来する実のなる樹種。	3	・防火性の高いもの。	5
・住民要望を取り入れる。	3	・維持管理が容易で、維持管理費のかからない樹木（自然樹形の美しいもの、刈込みの不要なもの）。	1	・ビオトープの植栽。	5
・周辺住民からの苦情（日陰・落葉・風通しなど）を考慮する。	3	・花木やハーブ系の植物の導入。	1	・落ち葉・日照の問題に対応した樹種選定。	5
・民と接する所には高木を植えない。	2	・自然植生に立脚したビオトープ。	1	・公園のテーマにあった樹種（特色ある植栽）。	4
・ハナミズキ・ヤマモモ・クスノキや輸入の常緑地被。	1			・防犯も考慮し、明るく見通しのきく公園にするため、高木より低・中木中心。	4
・果樹・野菜が多用されそう。	1			・シンボルとなるもの。	3
・地域によってシンボル樹を中心に樹種選定する。	1			・既存樹を保全・有効活用。	3
・スギは植えない（花粉症の問題）。	1			・花壇材料（園芸品種の花もの・ハーブ等）の導入。	2
・市の木ツツジ・モクセイは必ず植樹する。	1			・ユニバーサルデザインの考えから五感を刺激する樹木	1
・公園に適した独自な樹木を考えて行きたい。	1			・20～30 年後の樹形を想定した樹種・位置・本数の選定。	1
				・食餌植物の導入。	1

243

　1990年は、余暇時間の増大や少子高齢化による公園利用者層の拡大などにより、多様なニーズに対応した特色ある公園づくりがなされようとしている時期であり、樹種選定においても、量から質への転換を図り、公園に彩りを持たせるための花木や草花、鳥を呼べる実のなる木や果樹を取り入れたいという回答が多かった。三上は[11]、生産者の立場から、「昭和60年代以降の経済大国の時代は、量から質の緑へ、濃緑色から淡緑色へ、生長の良い樹木から伸び過ぎない樹木へ、管理が難から易へ、環境の緑から個性的な緑へ、遠景から至近景での観賞へ、生産者は単一色の樹木を種レベルで露地栽培していた時代からカラフルな品種レベルの樹木をコンテナ栽培して出荷する時代になってきている」と指摘している。市民や社会のニーズを早期に実現し、より緑豊かで快適な環境を整備するためには、緑化樹木生産者の将来予測を見極める眼力と供給可能な量の生産体制が欠かせない。

　1993年には、児童公園から街区公園へと名称変更が行われ、利用者層の拡大に伴い公園の形態は多様化し[12]、1995年の樹種選定においては、近隣住民の苦情（日照や落ち葉など）、地域住民の要望（季節感のある樹種）を考慮した回答が多く、「地域住民の財産と思えるような公園にしたい」という回答もあった。また、阪神・淡路大震災の影響で、「火災の延焼防止・遮断・遅延に効果的な樹木や食用になる樹種を導入したい」とも答えている。

　2000年では、住民の要望をきくだけでなく、計画から管理・運営まで住民が参画する公園づくりを求める意見が多かった。その背景には、自分達の身近な緑に愛着をもって欲しいという思いと、財政悪化により公園の緑の維持管理に費用をかけられないという厳しい現状がある。また、武蔵野市のような「市民の自然環境への要求の高まりから、自然生態系に配慮したクヌギ、コナラなどの雑木林系の樹木やアゲハチョウを誘導する柑橘系のミカン、カラタチなどを植栽し、園芸品種や外来種を避けて、地域の在来種を中心とした山野草木を選定している」という意見がある一方で、「常緑低木：ツツジ・サツキ、落葉低木：アジサイ・ドウダンツツジ、常緑中高木：ベニカナメモチ・ユズリハ、落葉中高木：ハナミズキ・コブシなど、花が楽しめるもの、病害虫に強いもの、維持管理がしやすいものが比較的植栽される。中高木については大きくなり過ぎない樹木や、防犯上を考慮した鬱蒼としないものが比較的植栽される。規模の大きな公園では、サクラ・ケヤキなどのシンボルツリーが植栽される」という町田市の回答もみられた。

　これらのことから、行政機関の考える今後の公園は、雑木や在来種を主体とした自然風な樹種選定と、花や実を楽しめる品種もの、維持管理や防犯をも考慮した都市型の樹種選定という2つの方向性が示唆された。

おわりに

　東京都内にみる公園の植栽樹木の推移は、1977年以前は、公害対策用の樹種選定がなされ、1990年では、ハナミズキ・コブシなどの花木と地被植物が激増し、1995年は、花や実を楽しめるものに加え雑木の種類も増え、より季節感のある樹種選定へと移行し、その傾向は2000年もほぼ横ばいに継承されるものの、緊縮財政により使用樹種の絞り込みなどが行われ、その傾向は、社会的背景を反映していることがうかがえた。

　公園の計画の段階から管理にいたるまで住民の協力が不可欠な時代となり、今後の公園づくりは、多様化する住民のニーズに合わせて、より多くの人が利用できるようにしなければならない。そのためにも、樹木生産者、公園の設計者・施工者、管理者と住民が結び付き、「地域住民の財産」と思えるような公園をつくり育てることが重要であろうと考える。

日本造園学会ランドスケープ研究67巻5号, pp.457~460, 2004 掲載

参考・引用文献

1　林弥栄ほか（1979）：東京都における緑化樹木の需要状況調査報告書：日本緑化センター, 1-107
2　内田均（1993）：関東・関西の公園にみる植栽樹木の実態について：日本造園学会関東支部大会研究・報告発表要旨11号, 31-32
3　内田均（1998）：東京都内の公園にみる植栽樹木の推移について：日本造園学会関東支部大会研究・報告発表要旨16号, 7-8
4　久保田和美（2003）：東京都内の公園における植栽樹木の推移：東京農業大学短期大学部環境緑地学科卒業研究
5　林弥栄（1985）：山渓カラー名鑑　日本の樹木, 山と渓谷社
6　東京都造園緑化業協会（1983）：公園緑地関係（緑道を含む）予算（都および公社と23区）（市および町）：東京都緑化白書S58・H3・H7・H12年度版
7　建設省都市局公園緑地協会監修（2002）：造園施工管理　技術編　第24版：日本公園緑地協会, 71-75, 99-105
8　北村信正（1973）：造園施工の実際　公共造園篇（3）：技報堂, 177-180
9　印藤孝（1978）：東京都の公園緑地整備にともなう植栽樹種の推移：都市公園63号, 35-42
10　田中陸（1996）：街路樹（空間別緑化動向）農業技術体系　第4巻：農山漁村文化協会, 491
11　三上常夫（1990）：植木の話　その④　植木のことが知りたい　―樹木の時代の流れを見る―：グリーン情報, 34-35
12　東京都造園緑化業協会（1993）：都市公園法　施行令改正の概要：東京と緑, 96（2）

4-07

「香り樹木225選」の提案

はじめに

　環境省は、都市・生活型公害化した悪臭問題を解決するために、かおり環境という新しい考えにより、2001年には、良好なかおり環境を保全・創出しようとする地域の取組みを支援する一環として「かおり風景100選」事業を実施している[1]。また、2006年には同省主催、におい・かおり環境協会、日本アロマ環境協会共催、日本植木協会協力で「かおりの樹木・草花」を用い「みどり香る街づくりコンテスト」を企画している[2]。香りによる園芸療法としてのアロマセラピーなど、ガーデニングを含めて香り樹木の要望が高まり、多様なニーズへの対応が急がれている。

　そこで、本研究は、現在生産・流通している樹木で今後有望と思われる「香り樹木」を花・葉・枝・幹・実に分け、香りの強さ別にグルーピングして「香り樹木」を提案し、造園業界そして住民らに情報提供することを目論んだ。

調査方法

　緑化樹木の生産・販売・施工に精通している日本植木協会会員で、造園歴50年2名、40年1名、30年2名、20年1名の計6名により、1999年に同協会が発行した「香り樹木―緑化、ガーデニング、アロマセラピーのための一覧表」[3]を参照し、現地調査を踏まえ、樹種の選定を行った。

　次に、その香り樹木について、(1) 香る時期、(2) 香りの部位：花・葉・枝・幹・実、(3) 香りの強さ：①特に強い・・5m以上離れて香る、②強い・・2〜3m離れて香る、③中位・・1m位離れて香る、④弱い・・30cm位離れて香る、⑤微弱・鼻を近づけると香る、⑥悪臭のランク分けと、(4) 樹形 (自然樹形・人工樹形・落葉樹形)・花 (アップ) の写真撮影を行った。

香りの強さ	樹種名 花			葉・枝・幹		実
① 特に強い 5m以上離れて香る	ジンチョウゲ(3上-4上) タイリンオウバイ(3下-4上) グレープフルーツ(5) オオヤエクチナシ(6中-7上) カラタチ(4下-5上) チョウジガマズミ(4中-4下) タチバナ(4)	スイカズラ(5-6) ハゴロモジャスミン(5-6) ウケザキオオヤマレンゲ(5-6) カラタネオガタマ(4上-5下) テイカカズラ(5上-5下) ホオノキ(5-6) クチナシ(6-7)	ニオイバンマツリ(6中-7) オオヤエクチナシ(7中) キンモクセイ(9-10中) ギンモクセイ(9下-10中) ヒイラギ(11) ロウバイ(12下-2下)	ゲッケイジュ サンショウ タムシバ ニッケイ ヨメナ		ユズ(8-12) カリン(10中-12下)
			20		5	2
② 強い 2～3m離れて香る	ウメ(1-3中) サルココッカ ルシフォーリア(2-3) ロニセラ フラグランティシマ(2-3) かまくら ボトリオイデス(2中-3中) ラカンマキ(4上-4中) アセビ(3中-4上) ミヤマガンショウ(3下-4上) ナニワズ(3-4) オズンガス テリハ(4) ライラック(4中)-ニオイヤクデ(4-5)	ダイダイ(4-5) オニグルミ(4中-5中) オオヤエベニシダレ(4上-4中) コチョウ(5上-6上) フレンチラベンダー(4中-6) セイヨウミザクラ(4中-6) ナデシコ(4下-9上) タブノキ(5上) ヤマブキ(5上-6上) アマナ(5上) ウメ・ガマズミ(5) カラタチ(5)	ニセアカシア(5) ミカン(5) イングリッシュラベンダー(5-6) ヒメライラック(5-6) キャラボク(4) ケンポナシ(7-8) ヒイラギモクセイ(10中-10下) ナワシログミ(11-12)	アオモジ アブラチャン イソノキ イヌエンジュ エノキ オオバアサガラ ギンバイカ クスノキ クロモジ ゴモジ	ダンコウバイ ニオイバンマツリ フレンチラベンダー ベイスギ ユーカリノキ ローズマリー	シラタマノキ(9-10) ポポー(9-10上) クサボケ(10上-11下) マルメロ(10下-11下)
			31		17	4
③ 中位 1m離れて香る	シナミザクラ メディカ藤小-3) サルココッカ フラグランス(2-3) ヒメサザンカ(3) シナミズキ(2下-3上) ビブルナム ティヌス(3) マンサクアールド プロエス(3-4) モクレン(3-4) コブシ(3下-4上) オガタマノキ(3下-4上) クレマチス アーマンディー(3下-4上) ミツマタ(3-4) アーモンド(3下-4中) フジモドキ(3下-4中) セイヨウニワトコ(4) シデコブシ(4) メギ オレンジキング(4-5)	メギ グリーン カーペット(4-5) ミモザ(3中-4中) タムシバ(4中-4下) シャリンバイ(4中-5中) アメリカザイフリボク(4下-5上) セイシカ(4下-5上) ボタン(4下-5上) ハナミズキ(4下-5下) アメリカロッカ(5) ニオイソウ(5) ヒメライラック アイリッシュ(5) アベリア シネンシス(5-6) ガウラ(5-6) ゴンズイ(5-6) トベラ(5-6) ヒゼンマイバイ(4-5)	ニセアカシア(5) オオヤエレンゲ(5中6上) ミツバウツギ(5下-6中) ボダイジュ(6) アメリカデイゴ(6-7) オオバイボタ(6-7) シナノキ(6-7) シャシャンボ(6下-7) タイサンボク リトル ジェム(6-11) タイサンボク(6中-7上) ブメル78下7-10中) ビワ(4上-8上下) アベリア モーサネンシス(7下-11上) クサギ(8下) ウスギモクセイ(9中) サザンカ(11-12)	イヌスギ イノブデマリ(?) カヤ ゴールドクレスト コブシ タブノキ		ウメ(6-7) スモモ(5下-6中) ブドウ(9上-10下) フェイジョア(7中) リンゴ(9-10上) ギンナン(10下-1上) キウイ(11-12上) オレンジ(12-2)
			49		6	8
④ 弱い 30cm離れて香る	ボケ(1-4) マンサク(2) ヒイラギナンテン(7系)(1下-4) ウンゼンツツジ(3-4) コブシ(3-4) アセビ(3-4上) ハクモクレン(3中-4上) ヒマラヤスギ(3-4上) フォザギラ(3-4) フォザギラブルー・ミスト(3-4) アオダモ(4-5) ミズキ(5-6) 紀山リズギ(4-5) サクランボ(4上-4中) サクラ シロタエ(4中)	モクレン(4中-5上) クレマチス モンタナ ウィルソニー(4下-5中) クレマチス モンタナ エリザベス(4下-6中) ブルーベリー(4下-5中) コデマリ(4下-6上) カツラ バイカウツギ ベル・エトゥアール(5上) ハイ(4中) ニワトコ(5) ヒサカキ(3-4) コブシ(5-6) マルバウツギ(5) ガマズミ(5上-6上) ゴマギ(5上-6上) キウイ(5-6) クロロウバイ(5上-6) キブシ(5上-5下) エゴノキ(5中)	エゴノキ ピンクチャイム(5中-6上) オトコヨウゾメ(5-6) カンボク(アジサイ(5下-6下) サイカチ(6) ギンバイカ(6-7) リョウブ(6-7) ネズミモチ(6-7) ノリウツギ(6上-7中) シルバープリベット(6) アベリア(6中-11中) シラキ(7)コヨ(7) ヤマブキ(11-12上) ニオイツバキ(11-4中) ヒイラギナンテン チャリティー(12-1)	アスナロ カヅラ セイヨウトチノキ ネズコ		モモ(6上-10下) ブルーベリー(6-8中) ナツメ(7中-10中) カキノキ(10上-11下)
			47		4	4
⑤ 微弱 鼻を近づけると香る	アンズ(3下) ソメイヨシノ(3下-4上) キモモ(3下-4上) リンゴ(3-4)	アロエア アルブチフォリア(3下-5上) オオムラサキツツジ(4下-6上) ヒラドツツジ(4下-5上) エニシダ(4中)	リュウキュウツツジ(5) イスエンジュ(7) エンジュ(7)	トウネズミモチ		
			11		1	
⑥悪臭	シキミ(3-4) ハマヒサカキ(3-4) ヒサカキ(3-4)(10-2) ヤマナシ(4)	コクサギ(4-5) ビブリニア(3上-6上) クリ(6) シイノキ(6)	ニワナナカマド(5-6) キダチチョウセンアサガオ(8-11中)	イヌザンショウ カラスザンショウ クサギ コクサギ	ボタンクサギ	イチョウ(10-12)
			10		5	1
合計		168			38	19

結果

　香り樹木を花によりランク分けしたところ ①特に強い、ジンチョウゲ・ハゴロモジャスミン・クチナシ・キンモクセイ・ロウバイなど20種 ②強い、ウメ・ライラック・ノダフジ・ラベンダーなど31種 ③中位、サルココッカ・クレマチス　アーマンディー・ハマナス・ボダイジュ・タイサンボク・サザンカなど49種　④弱い、ボケ・ヒイラギナンテン・モクレン・ハイノキ・エゴノキ・アベリア・チャノキなど47種　⑤微弱、ソメイヨシノ・モモ・オオムラサキツツジ・エンジュなど11種　⑥悪臭、ヒサカキ・クリ・シイノキなど10種　小計168種となった。

　葉・枝・幹が香る樹木は、①特に強い、ゲッケイジュ・サンショウ・ニッケイなど5種、②強い、クスノキ・クロモジ・ラベンダー・ユーカリノキなど17種、③中位、カヤ・ゴールドクレスト・コブシなど6種、④弱い、アスナロ・カツラなど4種、⑤微弱、トウネズミモチ1種、⑥悪臭、クサギ・コクサギなど5種、小計38種であった。実が香る樹木は、①特に強い、ユズ・カリンの2種、②強い、ポポー・マルメロなど4種、③中位、ウメ・フェイジョア・キウイなど8種、④弱い、ブルーベリー・カキノキなど4種、⑥悪臭、イチョウ（ギンナン）の1種、小計19種、合計225種となった（表1）。

　この225種を科別にみると[4]、花ではモクセイ科・バラ科18種（11%）＞モクレン科15種（19%）＞レンプクソウ科12種（7%）、葉・枝・幹はクスノキ科9種（24%）＞ヒノキ科6種（16%）＞シソ科5種（13%）、実ではバラ科7種（37%）＞ミカン科3種（16%）が上位を占めた（表2）。

　月別に香る時期をみると、選定した花168種では4月に72種（43%）・5月に74種（44%）がにおい、葉・枝・幹の38種は1年中香り、実の香る樹木19種では10月が14種（74%）と、香り樹木はその観賞する部位により旬の香る時期が異なる傾向にあることがわかった（表3）。

表2｜科別にみた香り樹木（上位）

部位	香りの強さ／科	特に強い	強い	中位	弱い	微弱	悪臭	合計
花	モクセイ科	4	4	2	8			18
	バラ科		1	6	4	5	2	18
	モクレン科	3	3	6	3			15
	レンプクソウ科	3	3	3	3			12
	ツツジ科		1	3	3	4		11
	ミカン科	2	7	1			1	11
葉枝幹	クスノキ科	2	6	1				9
	ヒノキ科		2	2	2			6
	シソ科		3				2	5
実	バラ科	1	2	3	1			7
	ミカン科	1		2				3
	ツツジ科		2					2

表3｜花、実別にみた香り樹木の香る時期　　　　（月）

部位	香りランク	1	2	3	4	5	6	7	8	9	10	11	12
花	①特に強い	1	1	2	6	8	8	3	0	2	2	1	1
	②強い	1	4	8	15	17	7	2	2	1	1	1	1
	③中位	2	4	14	20	19	15	8	5	5	4	4	2
	④弱い	3	4	9	18	22	14	5	1	2	4	3	3
	⑤微弱	0	0	3	4	3	1	1	1	1	0	0	0
	⑥悪臭	2	2	3	5	2	5	2	1	1	3	3	2
	計	9	15	39	72	74	49	22	10	11	12	13	9
実	①特に強い	0	0	0	0	0	0	0	1	1	2	2	2
	②強い	0	0	0	0	0	0	0	0	2	4	2	0
	③中位	2	2	1	0	0	2	1	1	1	4	3	3
	④弱い	0	0	0	0	0	2	2	2	3	3	1	0
	⑤微弱	0	0	0	0	0	0	0	1	0	1	1	1
	⑥悪臭	0	0	0	0	0	0	0	0	0	0	0	0
	計	2	2	1	0	0	4	3	4	7	14	9	6

日本造園学会関東支部大会事例・研究報告28号, pp.37〜38, 2010 掲載

参考・引用文献

1　環境省（2001）：環境省報道発表かおり風景100選の選定について：https://www.env.go.jp/press/press.pho3?senial=2941.html

2　環境省（2008）：「みどり香るまちづくり」企画コンテスト　当日発表資料：https://www.env.go.jp/air/sensory/sympo081209/pdf/kankaku08120905a.pdf

3　日本植木協会　新樹種部会（1999）：香り樹木─緑化、ガーデニング、アロマセラピーのための一覧表,pp21

4　大場秀章（2009）：植物分類表：アボック社,pp513

4-08

供給可能量調査にみた
公共用緑化樹木の生産実態

はじめに

2020年に東京でオリンピックが行われることとなった。1964年の東京オリンピック開催時には、社会資本整備を急ピッチで進める過程の中で、道路・公園における旺盛な緑化樹木需要が湧き起こった[1]。東京都では、2016年にもオリンピックを誘致するための環境整備を行ってきた。今回は、2020年の東京オリンピックに向けてより一層公共工事が進行し、緑化樹木の需要も拡大するものと思われる。

その中で、緑を供給する樹木生産の実態を把握し、監督官庁や設計者らへの今後の利用の一資料とし、また生産者への生産樹種の拡大化・地元特産品を生み出すための資料とすることを目論んだ。

調査方法

(一社)日本植木協会が1981年から現在まで32年間毎年調査し、発刊している「公共用緑化樹木の供給可能量調査書」[2]を用いて、10年ごと(1983年・1992年・2002年・2012年)の形態別生産本数、露地・コンテナ栽培本数などの生産推移と、2012年現在の主要生産県上位5支部(三重県、福岡県、愛知・岐阜県、東京都、埼玉県)の生産実態を明らかにすることとした。

結果

供給可能な緑化樹木本数の推移をみると、1983年には1億2,588万本あったものが、29年後の2012年では5,134万本となり、59%減となっている。その生産体制では、1983年に露地物83%：コンテナ物17%であったものが、1995年にコンテナ物52%：露地物48%と逆転し、現在ではコンテナ物55%：露地物45%と、コンテナ物の生産が多いことが判明した(図1)。

これら露地物とコンテナ物の生産割合が逆転した理由は、①生産者の高齢化や人手不足で、掘り取り・根巻きなどの作業がなく、出荷が楽なコンテナ物が増えた、②グ

ラウンドカバープランツ（以下、「GCP」とする）や低木など、コンテナ物栽培に適した樹木の
ニーズが増えた、③コンテナ栽培は移植しにくい樹木も生産できる、④不適期植栽の
工事が多くなり、いつ植えても枯れにくいコンテナ物のニーズが増えたため、などと推察
される。

　樹種群別供給可能量の推移を割合でみると、1983年常緑低木58％＞GCP15％＞
落葉低木10％＞常緑高木8％＞落葉高木5％＞針葉樹4％の順となり、2012年では常
緑低木35％＞GCP34％＞常緑高木13％＞針葉樹8％＞落葉低木6％＞落葉高木4％と
なった（図2）。現在、常緑低木とGCPで生産の7割を占めており、29年の経過で生産
効率の良いGCPの増加が判明した。

図1│公共用緑化樹木の供給可能量の推移

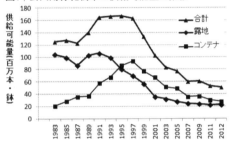

図2│10年ごとにみた公共用緑化樹木の生産樹種群別の推移

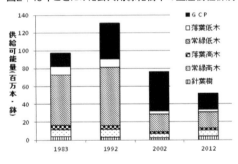

　また、その内訳を樹種群別にみると、GCPであるつる物・球根・草本・竹笹類のほ
ぼすべてがコンテナ物であり、落葉高木の64％、常緑高木の44％、針葉樹42％、落葉
低木38％、常緑低木22％もコンテナ物であった（図3）。
2012年現在の上位5支部の生産シェアをみると、三重県33％＞福岡県、愛知・岐阜県
9％＞東京都7％＞埼玉県6％の順となり、5支部で供給可能量の6割を超えていること
がわかった（図4）。
　「植木の5大生産地」として知られている大阪府は8位3.9％、兵庫県は23位0.5％と

いう低いシェアとなっており、植木生産地の変遷がうかがえる。

　上位5支部の特産品をみると、1位の三重県は高木のセイヨウカナメモチ・トキワマンサク、低木のツツジ類（サツキなど）、GCPのタマリュウなどのシェアが高かった。

図3｜公共用緑化樹木の供給可能量（2012年）にみた樹種群別露路：コンテナ比

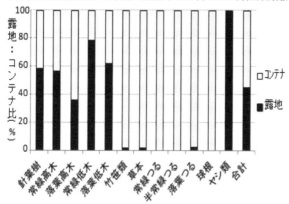

図4｜公共用緑化樹木の主要生産県上位5支部の生産シェア（2012年）

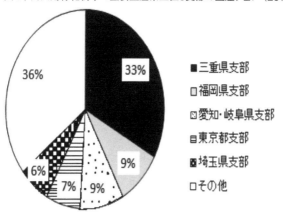

　2位の福岡県では高木のツバキ類、低木のブルーベリー・アセビが、3位の愛知県では高木のタチカン・サザンカ類・シダレモミジ・セイヨウトチノキ、低木のクチナシ、GCPのイブキジャコウソウが、東京都では低木のロニセラニティダ・コトネアスターが多く、埼玉県ではGCPのタツタナデシコ・シュウメイギク・ノシランなどが60％以上のシェアを占めていることがわかった（表1）。

表1｜公共用緑化樹木の供給可能量調査（2012年）にみた主要生産県上位5支部の生産樹種と樹種群別シェア

	シェア	90%	80%	70%	60%	50%	40%	30%
三重	針葉			スカイロケット レイランディー	ニオイヒバ(スマラグ゛)	ニオイヒバ(ヨーロッパ ゴールド) コノテガシワ(エレガンティシマ)	ミヤマビャクシン	ジュニペルス sco.(ブルーヘブン) サワラ(フィリフェラ フェラ オーレア) ジュニペルス hor.(ウィルトニー)
	高木			セイヨウカナメモチ(赤葉赤花)	トキワマンサク	トキワマンサク	アベリア ボックスウッド マホニア コンフューサ コデマリ ヤマブキ アジサイ	シャリンバイ ヒイラギナンテン ナンテン
	低木	キリシマツツジ リュウキュウツツジ	ヒノデギリシマ サツキ オオムラサキツツジ	マメツゲ クルメツツジ ヒラドツツジ コクチナシ トキワズキ	シルバープリペット セイヨウシャクナゲ類 クサツゲ ヒュウガミズキ	ハクチョウゲ ヤマブキ(八重) ニシキギ ユキヤナギ		ジンチョウゲ セイヨウイワホタ クチナシ ミツバツツジ レンギョウ レンギョウ類 シモツケ
	草		タマリュウ					
		三重：計48種 内訳：針葉樹9種 高木(常緑:3種) 低木(常緑:23種 落葉:14種) 草本:1種						
福岡	針葉						モントレーイトスギ ラカンマキ ジュニペルス chi(カイヅカ)	オリーブ キンモクセイ ヤシャブシ モチ
	高木				ツバキ類			
	低木		ブルーベリー(落葉)		ブルーベリー(常緑)	アベリア(コンフェッティ) アセビ	ハツユキカズラ セイヨウイワホタ アベリア(ホープレイズ)	ヤマブキ(八重) レンギョウ類
		福岡：18種 内訳：針葉樹3種 高木(常緑:3種 落葉:2種) 低木(常緑:6種 落葉:4種)						
愛知・岐阜	針葉高木		サザンカ(タチカン) その他サザンカ類	シダレモミジ類 セイヨウトチノキ		ヒイラギ ヒイラギモクセイ	オウゴンコノテガシワ	ウメ ムクゲ ハナミズキ シンチョウゲ ボックスウッド トベラ クサツゲ シモツケ キンシバイ コムラサキ コデマリ クニウツギ
	低木			ヒメチナン	オオヤエクチナシ	イヌツゲ キンメツゲ	カンツバキ ハコネウツギ レンギョウ	
	草				イブキジャコウソウ		バーベナ(テネラ)	
		愛知岐阜：28種 内訳：針葉樹:1種 高木(常緑:4種 落葉:5種) 低木(常緑:9種 落葉:7種) 草本:2種						
東京	針葉					その他ハイビャクシン類 コトネアスター(オータムファイヤー) コトネアスター(レペンス)		ミヤマビャクシン アベリア(エドワード ゴーチャ) ピンク(ミール) ナツツタ
	低木			ロニセラ ニティダ	コトネアスター(ダメリー)			
	つる						ヘデラ ヘリックス(ゴールドチャイルド)	ササ(チゴザサ) ササ(クマザサ)
	竹							
	草				イモカタバミ	その他セダム類 リシマキア ヌムラリア		キネマツウコンパ バーベナ(テネラ) その他キネマツツ類 セキショウ
	球根							ハブラン
		東京：20種 内訳：針葉樹:2種 低木(常緑:5種) つる(常緑:2種 落葉:1種) 竹:2種 草本:7種 球根:1種						
埼玉	竹							ササ(コグマザサ)
	草		タツタナデシコ	ホランチラ ベルナ シュウメイギク シャスターデージー	ノシラン(ビィータス)	ヒメシャガ	ヒマラヤユキノシタ フイリヤブラン メキシコマンネングサ	アヤメ ヤブラン リュウノヒゲ
	球根							ハナニラ
		埼玉：14種 内訳：竹:1種 草本:11種 球根:1種						

注）一万本以上の樹種を掲載

おわりに

　　今回の文献調査により、公共用緑化樹木の生産実態が把握できた。三重県が3割を超える供給可能量を提供しており、また、GCPや落葉高木はコンテナ物が多かった。さらに、三重県のツツジ類、福岡県のアセビ、愛知県のタチカン・サザンカ類など、独特の特産品があることもわかった。今後も、樹木生産の動向に目を向けていきたいと思う。

日本造園学会関東支部大会事例・研究報告31号, pp.100〜101, 2013 掲載

参考・引用文献
1　瀧邦夫（2013.9）：緑化樹木生産流通業の軌跡と展望：日本緑化センター：グリーン・エージ 477, 9-13
2　「公共用緑化樹木の供給可能量調査書」：（一社）日本植木協会の会員（生産・流通・卸売業者が大多数）が当年秋から翌年春までの造園緑化工事に出荷可能な樹木等の在庫本数をまとめた日本唯一の生産情報誌。毎年6月時点での全国36支部の樹種別・規格別生産本数をとりまとめ、9月に監督官庁や設計事務所などの工事関係者に配布している。2012年では、537社の調査に基づいた報告書となっている。（一財）日本緑化センター監修

第 **5** 章

造園道具

5-01
造園道具からみた技術体系について
—京都地方における造園道具の一事例から—

はじめに

　造園道具あるいはそれを使っての技術というものは、時代や時の流れと共に変化し進歩している。いうなれば、昔使われていた道具が今では倉庫の片隅に追いやられ、それに替わって軽く、使いやすい機械化した道具が現在使用されている。しかしながら、失われつつある道具やその使い方を探ることは造園の技術史を紐解く上で重要なことではなかろうか。そのため、昔ながらの技術や道具を知る手立てとしては古文書及び道具を使いこなせる技術者に直接聞き取る方法の2手段が考えられる。後者の技術者は年々減少傾向にあるので、調査は緊急を要するものと考える。

　本研究の目的は、京都地方の一事例をもとに造園道具の変遷を調べ、それに伴う技術体系の移り変わりを把握することとした。

1 | 造園道具の範疇

　現在、造園施工に携わる会社の社名は、○○造園・○○園・○○造園土木・○○緑化という四種類の使用頻度が高い[1]とのことである。社名が表しているように造園作業の領域が土木まで拡がっていることが窺える。造園で用いる道具や機具は、その作業内容・工事規模・工事期間・現場の条件等々により、各種の適切な道具を選定することが重要である。そこで、造園道具を知る手始めとして、造園作業の範疇を考えることとする。

　社団法人日本公園緑化協会編集の『改訂版 造園施工管理 技術編』には、造園施工の範疇を植栽施工の他に施工各論として①土工、②コンクリート工、③石工、④水景工、⑤給・排水工、⑥舗装工、⑦擁壁工、⑧基礎工、⑨塗装工、⑩仮設工、⑪電気工、⑫建築工と合計13に分類している。この様な土木から始まり建築工事の作業に必要となる道具も造園で使用している。

　また、進士らは、「造園の道具を広義に解釈すると、民具分類の1/4、農機具分類の1/2、が造園に関連している[2]」と報告しており、もともと造園の道具というものは、土工具や木工具、そして石工具など転用の多いことが判る。

2 | 京都地方における造園道具の一事例

　造園道具研究の方法は、前述した既往の文献と技術者への聞き取り調査の2方法がある。そこで今回は、名勝旧跡、神社仏閣等々庭園の多い造園発祥の地と言える伝統ある京都の一業者を選定し、聞き取り調査を開始した。

　調査地は、京都市右京区山越にある植藤造園である。この業者は、江戸時代後半天保3年より現在まで続いている16代目の京都で一番古い造園業者である。昔は樹木生産が中心であったが、最近では施工6割：管理3割：生産1割という比率で経営されている。

表1 | 作業による道具分類

分類項目	道　具　名	調査数
運　搬	金車，チェンブロック，ウインチ,トラック等　　　　他35種	39
土　工	備中鍬,ツルハシ,ジョレン,バックホウ等　　　他18種	22
剪　定	キリバシ,剪定鋏,刈込鋏,鋸,チェンソウ等　　他16種	21
木　工	電動ノコ,墨壺,三つ目錐,四つ目錐,のみ等他10種	15
左　官	煉瓦ごて、はけ,船,練りスコ,ミキサー等　　他 9種	14
整　備	ドライバー,スパナー,ペンチ,空気入れ等　　他10種	14
計　測	巻尺,折尺,箱尺,コンベックス,ポール,秤等　　他 6種	12
潅　水	柄杓,桶,ホース,スプリンクラー,潅水車等　　他 4種	9
石　工	ビシャン,電動カッター,カナテコ等他6種	9
除草草刈	薄鎌,刈払機,草削り,鍬,荒砥石,仕上砥石等他3種	9
掃　除	手帚,棕櫚箒,竹箒,ホーク,熊手,竹箕等　　他 3種	9
安　全	軍手,安全帯,ヘルメット,バリケード 等　　　他 5種	9
移　植	バチ,スキ,剣スコップ,バックホウ,地こて等　　他 2種	7
玉 掛 け	シャックル,ワイヤーロープ,ワイヤーモッコ等　　他 3種	5
散　布	噴霧器,肩掛式噴霧器,動力噴霧器,撒粉機等他1種	5
検　査	カメラ、黒板,黒板消し,スケール,テープ	5
昇　降	木梯子,竹梯子,脚立,アルミ脚立梯子	4
支　柱	ノロセ,掛矢,大ハンマー,ワイヤーロープ	4
給排水工	水中ポンプ,糸ノコ	2
備　品	延長コード,発電機,板木,押し切り	4

注) 植藤造園調べ（S63.8現在）

　調査内容は、①所有している造園道具名、②その機能と用途、③道具の導入年と不要年、④現在の使用頻度とその代替道具等々である。

　調査結果をまとめると、

　①所有道具を作業別に分類すると、運搬道具39種、土工道具22種、剪定道具21種、木工道具15種、左官道具14種、設備道具14種、計測道具12種、潅水道具9種、石工道具9種、除草・草刈道具9種、掃除道具9種、安全道具9種、移

植道具7種、玉掛け用具6種、散布道具5種、検査道具5種、昇降道具4種、支柱道具4種、給・排水道具2種、備品4種、合計20分類219種であった（表1）。

②現在使われなくなった造園道具を見ると、運搬道具12種、土木道具5種、大工道具3種、潅水道具3種、剪定道具2種、除草・石工・昇降道具ともに1種であり、運搬道具の変化が顕著に見られ、手動道具から自動機械道具へと移り変わっていることが窺える（表2）。

表2 ｜ 使われなくなった造園道具

使用頻度分類項目	現在たまに使う △	全然使わない ×	代替道具
運搬道具	チェンブロック チルホール	修羅 ころ 道板 ハンマーブロック 金車 ウインチ	ジープ クレーン車 レッカー車
	竹籠（五目入れ） 運搬機	皿籠 天秤棒 三又・二又 大八車 リヤカー	軽トラック ダンプカー
土工道具		備中鍬 バチマタ 万能鍬（クマデ） 耕運機 振動ローラ	バックホウ 転圧機
剪定道具	木鋏 高枝切り 厚鎌（枝打鎌） 鋸 折畳み式ノコ 長柄ノコ 鉈 斧(ヨキ)	キリバシ ガンド	剪定鋏 剪定ノコ チェンソウ
大工道具	四つ目錐 木づち	手動ドリル 墨壷 筆	電気ドリル 鉛筆
潅水道具		柄杓 桶 スプリンクラー	水中ポンプ 潅水車
除草道具		草削り	鍬
石工道具	箱ジャッキー	ジャッキー	クレーン車
昇降道具		竹梯子	アルミ脚立梯子
計測道具	折尺		コンベックス
備品	押切り		

長柄の鎌
撮影＝著者

ノロセ
撮影＝著者

③京都地方独特な造園道具としては、剪定道具に鉢土落とし兼用のキリバシと刈込み用の長柄の鎌、移植道具として表土剥ぎや鉢決め掘取り用のバチと根切り用のスキ、ポット苗や苔張り用の地ごて、支柱道具として杭穴を作るノロセ、整地道具に砂紋用の砂掻き等が見られた。

3│機能による道具分類

　今回の調査により、京都の一造園業者が所有する造園道具がつかめた。それを基にここでは、使用道具の機能より道具分類を試みた。その結果は次の通りである。開ける・上げる・当てる・集める・洗う・入れる・打つ・覆う・置く・落とす・降ろす・かう・掻く・掛る・囲む・固める・担ぐ・かぶる・刈る・切る・汲む・削る・支える・敷く・締める・印す・すくう・耕す・叩く・立てる・溜める・縮める・突く・着ける・伝える・つなぐ・積む・吊る・通す・磨く・止める・取る・撮る・流す・ならす・抜く・塗る・練る・乗せる・登る・測る・量る・掃く・履く・運ぶ・張る・引く・ほぐす・掘る・彫る・撒く・回す・枠取る・割る、以上計64種類の機能分類項目が見られた。この様な多数の機能を要する道具で造園の施工・管理などがなされていることになる。

　また、機能による道具分類項目に属する道具の種類数をみると、「運ぶ」・「切る」という機能の道具が20種前後と多く、樹木を扱う造園道具とそれに伴う技術の特徴が見られるものと思われる。

結び

　今回は、京都地方における造園道具の一事例から、業者が所有する道具を調査した。その結果をまとめると、次の通りである。

　①所有している道具を作業面により分類すると20分類の道具が見られ、造園道具の作業は広範囲であり、それに伴う技術が必要であることがつかめた。

　②造園道具は、手動道具から自動機械道具へと移り変わっており、それに伴い技術手法の変化が現れ、特に運搬道具の変化が著しく見られた。

　③京都地方の独特な造園道具として、キリバシ、長柄の鎌、バチ、スキ、ノロセ、砂掻きなどが見られ、樹木手入れの仕方、移植手順、支柱の作り方等々、関東では余り見られない道具による技術手法が見られた。

　④造園道具を機能面から分類すると、64種類の機能が見られ、中でも特に、「運ぶ」・「切る」機能を持つ造園道具が多く現れた。つまり、樹木の移植や手入れなど造園の技術を象徴する機能が造園道具から判明した。

日本造園学会関東支部大会研究・報告発表要旨第6号, 1988 掲載

参考・引用文献
1　環境緑化新聞 (1998)：p8
2　進士・大矢 (1978)：樹芸道具に関する造園的考察, 造園学会春季大会

5-02

米国で見た造園技術について
―造園道具と支柱技術の一事例―

はじめに

1988年12月26日から12日間にわたり、北アメリカのニューヨーク・フィラデルフィア・ワシントン・ヒューストン・ダラス・ロサンゼルス・サンフランシスコなど7都市を訪問する機会を得た。その際、日本とは異なった造園技術に接した。そのうち造園道具と支柱技術について多少の知見を得たのでここに報告する。

造園道具類

米国5都市で8カ所の造園作業現場と2カ所の園芸店で造園道具に接した。また数冊の図書[1～5]を得、それらを基に造園道具の分析を行った。

掘削道具のシャベルには、長い真直な柄とD型の握りで短い柄の2タイプがある。長柄のシャベルは102～122cmで、穴をより深くたくさん掘れ遠くへ土を投げられる。日本で通常用いられるスコップと同じような短い柄のようなものは、66～76cmで木の回りや溝を掘ったりする細かな作業に適している。日本人より体格が大きく力のある米国のガーデナーは長柄のシャベルを頻繁に用いている。

除草道具の一つに日本には見られない押し鍬（Scuffle hoe）がある。日本の草かきは一般に草を切るため一方向（後方）に刃を動かすが、この押し鍬は刃を前後に動かし小さな雑草を除草し地面を耕作する。また、草刈り道具には、片手で振回し草や芝生を刈集めるGrass whipと両手で握りスイングするSwing bladeがある。

剪定道具を見ると、剪定鋏にはBypass（切刃・受刃の交差切り）タイプとAnvil（押し切り）タイプの2つがあり、木鋏は見当たらなかった。

米国育ちの剪定鋏は、合理的で果樹などの太枝をもより早く多く切れ大雑把な剪定に用いる。日本に見られる木鋏は一枝一本の姿のよしあしという細かな剪定に用い、剪定に対する追求度合や美的感覚が米国と日本とでは異なっていると思われる。

掃除道具としては、Blower（送風機）が盛んに使われている。これは、突風の空気を使って芝生の刈り屑や落葉、剪定時の細かい枝屑を動かし、1カ所に集めてからビニール袋へ入れたりする。また、集められた枯枝や剪定屑をShredderで粉砕し、公共の修景植栽地や一般家庭の庭の植込み地にマルチングしている。今後、作業の省力化や剪定残渣問題などを考え併せると、日本の造園業者や一般家庭にもこの2機種は普及されるべき道具であると思われる。

表1｜米国で見た28場面の支柱分析

支柱材	結束資材						支柱の形式			
	ホース付ワイヤー	テープ	チェーン	ゴム帯（貫打ち）	ゴム巻きワイヤー	鉄止め	1本	2本	3本	4本
皮付き丸太	2	-	1	2（2）	-	-	2	4	-	1
角　　材	2	4	4	1（2）	-	-	6	6	-	1
ワイヤー材	3	-	-	-	-	-	-	-	2	1
鉄柱・鋼管	2	-	-	1	-	1	2	2	-	
7都市の計	9	4	5	4（4）	1	1	10	12	-	4

支柱技術

米国7都市で28場面の支柱に接し、また数冊の図書[6~8]を得、それを基に支柱技術を分析した（表1・図1）。

日本で見られる支柱の型式は、添え木（添え柱）・鳥居型（二脚・三脚・十字）・八つ掛・布掛・ワイヤー張り・方杖の6タイプ[9]があり、支柱材料は主として丸太材と竹材が使用されている。

「支柱の丸太は、われ・腐食等のない平滑な直幹材の皮はぎの新材とし、あらかじめ防腐処理をすること。支柱の丸太と樹幹（枝）の取付け部分は、すべて杉皮を巻き、棕櫚縄で動揺しないように割縄がけに結束し、支柱の丸太と丸太の接合する部分は、くぎ打ちの上鉄線がけとすること」[10]と支柱取付けに当たっての留意点が挙げられている。

米国の支柱では、添え木とワイヤー張りの2タイプが見られ、角材や皮付き丸太・鉄柱を鉛直か弱V型に2本か3本または4本と柱建てし、柱の上部からワイヤー張りで固定されている。また、日本で行われている地面から直接幹へワイヤー張りするケースもしばしば見られる。幹と支柱との結束材料には、①麻ひも②丸型ペーパーコードワイヤー ③平型ペーパーコードワイヤー ④絶縁材巻きワイヤー ⑤プラスチックテープ ⑥プラスチックチェーン ⑦ゴム皮ひも・皮帯 ⑧ホース付きワイヤーの8タイプ[7]が見られる。

図1│米国の支柱形式

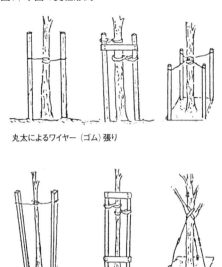

丸太によるワイヤー（ゴム）張り

角材によるワイヤー張り　　　　　ワイヤー張り

結び

　今回、造園道具と支柱技術の一事例から、米国の造園技術を分析した。その結果をまとめると次の通りである。①米国特有の造園道具は、掘削道具の長柄のシャベル・除草道具の押し鍬・草刈り道具のGrass whip・Swing bladeなどがあり、また、庭面積が広いことから剪定機械のHedge trimmerや掃除道具のBlowerなどの機械が造園業者や一般家庭に導入されていることが判明した。

　②乾燥気候の米国では、樹木や植物を守るため蒸散・雑草防止や肥料効果を目的に、Shredderで粉砕されたチップを植込み上部に敷き詰めるマルチングやイリゲーション技術が盛んであった。

　③米国の支柱は添え木とワイヤー張りが見られ、支柱材料に角材や皮付き丸太が用いられ、結束では日本で行われているイボ結びなどの「縛る」高度な技術を持ち合わせず、テープやチェーンなど簡単な結束材料を用いていることがわかった。

　以上、米国での剪定鋏を用いた木の手入れや皮付き丸太とワイヤー張りの支柱技術に接し、いかに日本の剪定・支柱などの造園技術が伝統の技術を駆使した繊細且つ美的感覚に優れたすばらしいものであるかを再確認できた。

参考・引用文献

1　T. Jeff Williams（1981 ）: How to Select, Use & Maintain Garden Equipment, p16-54. Ortho Books.

2　Maureen Williams Zimmerman（1987）: Basic Gardening Illustrated, p112.132-133. Sunset.

3　Joseph F. Williamson（1987）: Western Garden Book, p90-95. Sunset.

4　Robert L. Stebbins（1983）: Pruning How-To Guide for Gardeners, p23-27. HP Books.

5　A. Cort Sinnes（1980）: How to Select & Care for Shrubs & Hedges, p27.43. Ortho Books.

6　Barbara Ferguson（1982）: All About Trees, p28-29. Ortho Books.

7　2）p109.

8　3）p178.

9　日本造園学会（1979）：造園ハンドブック, 技報堂, p894

10　建設省都市局公園緑地課（1987）：改訂版造園施工管理 技術編　日本公園緑地協会, p265

米国で見た造園技術について─造園道具と支柱技術の一事例─

5-03

欧州で見た造園技術について
—造園道具・支柱技術・囲い技術の一事例—

はじめに

　1990年7月13日から10日間にわたり、スイスのジュネーブ・ローザンヌ・モントルー、オランダのアムステルダム・アールスメア・デンハーグ・ボスコープ、ベルギーのブリュージュ、フランスのパリ・ベルサイユ・アンシーの4カ国11都市を訪問する機会を得た。その際、日本とは異なった造園技術に接した。そのうち造園道具と支柱技術さらに囲い技術について多少の知見を得たのでここに報告する。

表1│欧州4カ国（スイス, オランダ, ベルギー, フランス）で見た71場面の支柱分析

支柱資材	結 束 資 材											支 柱 形 式					
	麻ロープ	ゴム帯1)	ホース付ワイヤー	テープ3)	バーム縄	スポンジ アルミ板	鉄止め	プラスチックチェーン	ナイロンコード	絶縁材巻ワイヤー	布製	1本	2本	3本	4本	布掛	方杖
鉄柱・鋼管	-	-	-	-	-	-	2	-	-	-	-	1	-	-	-	-	1
丸　太	25	21	2²)	3	3	3	-	2	1	1	1	40⁴)	9	9	2	2	-
角　材	-	-	-	1	-	-	-	-	1	-	-	-	-	-	1	-	-
ワイヤー材	-	-	5	-	-	-	-	-	-	-	-	-	-	3	2	-	-
4カ国の計	25	21	7	4	3	3	2	2	2	1	1	41	9	12	4	4	1

注）　1)ゴム帯には付属部品があり、ワイヤー止め2場面、アルミ板ワイヤー止め1場面、ビニール紐止め1場面、プラスチック部品による割り1場面が含まれる。2)ワイヤーのみである。3)テープ には、絶縁テープ、塩化ビニールテープ、ビニールテープ が含まれる。4)1本支柱には、斜め支柱が8場面含まれ、残りの32場面は添木支柱である。

造園道具類

　欧州4カ国で14カ所の造園作業現場と1カ所の園芸店で造園道具に接した。また数冊の図書[1~5]を得、それらを基に造園道具の分析を行った。

　掘削道具には、草花や球根植物の植付け用に苗差し（Plantoir）がある。除草道具には、米国でも見られた押し鍬[6]（Ratissoire、Binette）や手かぎ型の道具（Griffe）がある。草刈道具には2つの把手がある長い柄の先に大きな鎌を取付け草刈りが行えるFauxという道具が見られた。剪定道具には、園芸が盛んな国柄の為か草花やバラ専用の花摘みバサミが見られる。除草・中耕道具としては欧州独特の鍬とフォークを両端につけたSerfouetteと呼ばれる道具がある。掃除道具の箒はエリカの枝やナイロン製の箒を用いている。

図1 | 欧州の支柱型式

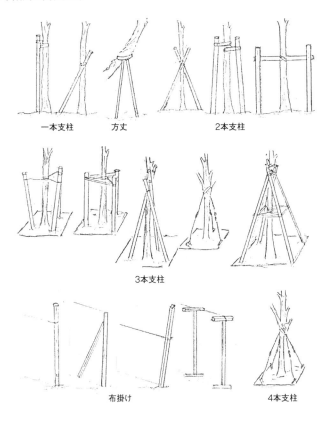

一本支柱　　方丈　　　　2本支柱

3本支柱

布掛け　　　　　　　　　4本支柱

支柱技術

　欧州4カ国で71場面の支柱に接し、それを基に支柱技術を分析した（表1・図1）。欧州で見られる支柱の型式は、添柱・鳥居・二脚・三脚・針金（ゴム帯）張り・布掛・方杖の7タイプがある。

　針金（ゴム帯）張りは、皮はぎ丸太を鉛直か弱V型に2本か3本柱立てし、柱の上部から針金やゴム帯を植栽樹木の幹へ張って固定している。

幹と支柱との結束材料には、①麻ロープ ②ゴム帯 ③ホース付ワイヤー ④テープ ⑤パーム縄 ⑥スポンジアルミ板 ⑦鉄止め ⑧プラスチックチェーン ⑨ナイロンコード ⑩絶縁材巻ワイヤー ⑪布製の11タイプが見られ、鋲や釘止め技術を多く用いている。

囲い技術

オランダやベルギーの住宅には木柵の囲いが多く見られ、スイスやフランスの公園内でも囲いとして板柵や巻込柵[7〜10]が頻繁に用いられている。

オランダの園芸店では、種々雑多な木柵の出来合いが販売されている。なぜ、欧州では木柵が囲い技術として頻繁に用いられるかを考察してみた。

①歴史的な観点から、乗馬が盛んな国柄である為に牧場垣として用いられてきた。②地理的にアルプスの山々に囲まれ、林業が盛んであり、竹の自生がないために囲いに木材が用いられた③気候風土的な観点から、雨量が少ないことにより木材製品が長持ちし、日照時間が少ないために庭や家の中へ十分に採光するための囲い技術となった。④国民性の観点から、家屋が石造であり自然や木に対する憧れが強く、前庭は公共の庭である意識から低い木柵による見せる庭としている。⑤文化的な観点から、草花園芸が盛んであり、日陰とならない低い垣として木柵が選ばれた。また、フランス庭園の細部にツル植物を絡ませ用いたトレリスによる囲い技術があったため等々が挙げられる。

結び

今回、造園道具・支柱技術・囲い技術の一事例から、欧州の造園技術を分析した。その結果をまとめると次の通りである。

①欧州特有の造園道具は、掘削道具の苗差し、除草道具の押し鍬・手かぎ、草刈道具のFauxなどがあり、また、剪定道具には花摘みバサミ、中耕道具のSerfouetteなどが造園業者や一般家庭に導入されていることが判明した。

②欧州の支柱は添柱や針金（ゴム帯）張りなどが見られ、支柱材料に皮はぎ丸太が用いられている。結束では日本で行われているイボ結びなどの「縛る」技術を持ち合わせず、麻ロープやゴム帯を鋲や釘で打付けたり、結束金具で止めるなど簡単で合理的な「打つ」結束技術であることがわかった。

③欧州の囲い技術としては、歴史的・地理的・気候風土的・国民性・文化的な観点から、自然材料の木材を用いた木柵が盛んに行われている。

以上、欧州の造園道具や支柱技術、囲い技術に接し、その国の気候風土や文化に適った技術が生まれていること、いかに日本の竹垣などの囲いの技術が伝統を駆使した繊細且つ美的感覚に優れたすばらしいものであるかを再確認できた。

参考・引用文献

1　C.R. G., Paris（1980）: Savoir tout faire av jardin, p56-64. Selection du reader's digest.

2　Cestoir Bohm（1985）: Encyclopedie du jardinier, p83-88. Grund.

3　D. G. Hessayon（1986）: Votre jardin, p68-72. Bordas

4　Jurg Roth（1988）: Le jardin, p40-43. Larousse.

5　Monique Poublan（1988）: L'amenagement du jardin, p8-11. Time-life.

6　内田均（1989）：米国で見た造園技術について―造園道具と支柱技術の一事例, p15-16.日本造園学会関東支部大会研究・報告発表要旨第7号.

7　上原敬二（1959）：垣・袖垣・枝折戸（下）, p116-123. ガーデンシリーズ8. 加島書

8　上原敬二（1959）：木柵・門・トレリス p1-46. ガーデンシリーズ9. 加島書

9　2）p40.

10　3）p126-127.

11　4）p88.

12　Editions Hesperides（1982）: Pelouses et gazons, p79-81. Bordas.

13　Wiert Nieuman（1984）: Ga eens tuinen, p26-27. Groei & bloei.

欧州で見た造園技術について―造園道具・支柱技術・囲い技術の一事例―

5-04

中国（華東地方）で見た造園技術について
―造園道具・支柱技術・囲い技術の一事例―

はじめに

1991年9月19日から8日間にわたり、中国の華東地方にあたる上海・杭州・湖州・無錫・蘇州の5都市を訪問する機会を得た。その際、日本とは異なった造園技術に接した。そのうち造園道具と支柱技術さらに囲い技術について多少の知見を得たのでここに報告する。

造園道具類

中国5都市で17カ所の造園作業現場に出会い、また4ケ所でのヒヤリング調査[1~4]を行い、造園道具に接した。さらに数冊の図書[5~7]を得、それらを基に造園道具の分析を行った。

掘削道具には、長柄スコップ（鍬：チョー）・鍬（鋤頭：ツウトー）・唐鍬（鶴嘴鋤：ウーツィツウ）がある。

除草道具は、日本と同様に引いて用いる草かき（転鋤：タンツウ）が見られる。

剪定道具には、剪定鋏（修枝剪：シューツジェーン）や刈込鋏（緑籬剪：ローリージェーン）が見られるものの、日本の造園家が使用する木鋏は見あたらなかった。

掃除道具の箒は、一振りで多面積の掃除ができる穂先の幅広な竹箒（掃箒：ソオバ）を用いている。

支柱技術

中国5都市で41場面の支柱に接し、それを基に支柱技術の分析を試みた（図1）。

中国で見られる支柱の型式は、添柱・鳥居・二脚・三脚・針金（ワイヤー）張り・ゴム帯張り・方杖の7タイプに分けられる。支柱材料としては、竹・コンクリート柱・鉄柱・ワイヤーがあり、幹と支柱との結束材料には、①麻縄　②ゴム帯　③ホース付ワイヤー　④ワイヤー　⑤ビニールテープ　⑥鉄止め　⑦藁縄の7タ

イプが見られた。

　モウソウチクの添柱は、竹を逆使いに打込み杉皮などの当て物もないまま麻縄で規格無く巻き上げる結束方法であり、根入れをしない支柱もしばしば認められる。また、コンクリート柱の添柱も多く、その結束はゴム帯を針金止めしている。

図1│中国の支柱型式

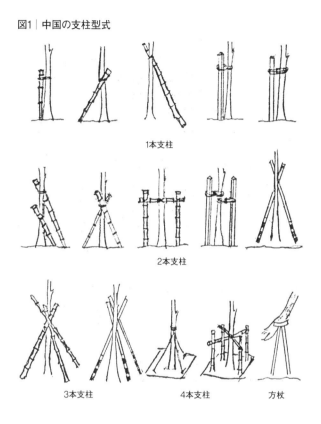

1本支柱

2本支柱

3本支柱　　　　4本支柱　　　方杖

囲い技術

　中国5都市で27場面の竹垣に接することができ、それを基に囲い技術、特に「竹垣」分析を試みた(表1・図2)。中国で見られる竹垣の種類は、竹穂垣・柴垣・竹柵・四ッ目垣(崩れ)・創作垣・矢来垣・ななこ垣の7タイプにまとめられる。中でも矢来垣が頻繁に見られる。その構造は、細竹や割竹の立子を菱目に組み、胴縁・押縁には割竹を、柱として太竹(モウソウチク・マダケ)が用いられ、結束は編込みか針金止めとなっている。また、創作垣の意匠は「中華模様」が多く認められる。

表1｜中国5都市でみた27場面の囲い（竹垣）分析

種類＼資材	場面数	素材＜立子＞					＜胴縁・押縁＞				＜柱＞		結束＜立子＋胴縁＞						＜胴縁＋柱＞			
		竹穂	木材	太竹	割竹	細竹	太竹	割竹	細竹	なし	太竹	割竹	針金	クギ	竹釘	ピン	なし	不明	針金	クギ	竹釘	不明
竹穂垣	1	1					1				1		1						1			
柴垣	1		1					1			1		1						1			
竹垣	2			2			2				2		2						2			
四ツ目垣	1					1	1				1		1						1			
創作垣	4			4			4				4		1		1			2		1	1	2
矢来垣	17			1	6	10	1	14	1	1	15	2	8 [1]			1	8		17			
ななこ垣	1					1				1		1		1								1
計	27	1	1	7	6	12	9	15	1	1	24	3	14	1	1	1	8	2	22	1	1	3

注）1）；立子と胴縁の結束が上部のみまたは一部のみが7場面、すべての結束が1場面である。

図2｜中国にみる竹垣

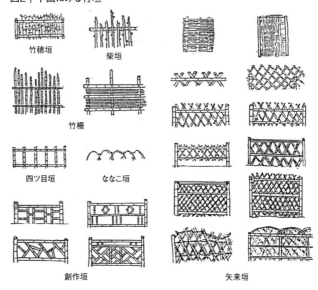

竹穂垣　　柴垣

竹柵

四ツ目垣　　ななこ垣

創作垣　　矢来垣

結び

　今回、造園道具・支柱技術・囲い技術の一事例から、中国（華東地方）の造園技術を分析した。その結果をまとめると次の通りである。

　①中国特有の造園道具は、掘削道具の長柄スコップ（鍬：チョー）・鍬（鋤頭：ツウトー）・唐鍬（鶴嘴鋤：ウーツィツウ）、掃除道具の効率良い竹箒（掃箒：ソオバ）・畚と箕を兼ねた竹み（畚箕：ポーチィ）などがあり、剪定鋏（修枝剪：シューツジェーン）や刈込鋏（緑籬剪：ローリージェーン）等々の道具名に的を射た漢字を使用していることが判明した。

　②中国の支柱は竹・コンクリート柱を材料とした添柱形式が多く、幹へ直接麻縄やゴム帯の針金・鉄止めなどで結束しており、日本で行われる用と景を兼ね備えた規格的な支柱やイボ結びなどの「縛る」高度な技術を持ち合わせず、

簡単で合理的且つ実用本位な支柱技術であることが判った。

　③中国の囲い技術としては、1〜3本束ねの細竹や割竹の立子を菱目に組み、胴縁・押縁に割竹、柱を太竹、結束は編込みか針金止めという矢来垣が頻繁に見られ、日本には見慣れない「中華模様」風な組型の創作垣が特徴として挙げられる。

　以上、中国の造園道具や規格化されていない支柱技術、細竹を編込んだ矢来垣や中華風創作垣の囲い技術に接し、その国の気候風土や文化に適った技術が生まれていることを再認識した。日本にも中国の竹垣囲い技術を導入し、より面白味のある造園空間構成素材として活用したいものである。

日本造園学会関東支部大会研究・報告発表要旨第10号、1992掲載

参考・引用文献
1　上海植物園　黃子文・徐華（談）（1991）：「中国の造園道具について」
2　杭州鉄路分局田委　王南暁・張優（談）（1991）：「中国の造園道具について」
3　無錫梅園公園　蔡空輝（談）（1991）：「中国の造園道具について」
4　東京農業大学留学生　盛遠勝（談）（1992）：「中国の造園道具について」
5　上海市五金交電公司編（1977）：農村常用五金商品手冊,中国財政経済出版社
6　上海五金採購供応站編（1980）：実用五金手冊第3版,上海科学技術出版社
7　梁徳潤ほか（1982）：実用漢語図解詞典, 外話教学与研究出版社
8　劉之強（1983）：簡化字,繁体字,選用,異体字対照表,上海辞書出版

中国（華東地方）で見た造園技術について―造園道具・支柱技術・囲い技術の一事例―

5-05

タイ国（中部・東北部地方）で見た
造園技術について
―造園道具と支柱技術の一事例―

はじめに

1996年8月2日から一ヶ月間にわたり東京農業大学の姉妹校であるタイ国カセサート大学での短期農業実習の引率教員として、中部タイのバンコク・ナコンパトム・キャンベンセン・サムプラーン・サラブリー・ロップリー・ダムナン サドゥアック・チャーム・スパンブリー・アユタヤと東北部タイのナコンラチャシマ・パクチョン・ピマーイ・ダン キエンの14都市を訪問した。その際、タイ国の造園技術に接する機会を得た。特に、造園道具と支柱技術について多少の知見を得たのでここに報告する。

造園道具類

タイ国6都市で8ケ所の公園・農場や高級住宅地などの造園作業現場に出会い、造園道具に接し、4ケ所でヒヤリング調査[1~4]を実施した。また数冊の図書[5,6]を得、それを基に造園道具の分析を行った（表1・図1）。

掘削道具には、除草・整地なども兼用可能な鍬のJobや樹木の植穴掘りなどに移植ゴテのPlua gapとSiamが頻繁に用いられており、日本で通常に用いている剣スコップは見当たらなかった。

除草・草刈道具は、包丁のような刃を有するMead itoやMead Korがあり、その道具で公園内や道路の植樹帯に生える草をしばしば刈取っていた。

剪定道具には、日本で用いている木鋏は見当たらず、Kran krai tad taeng kingと呼ばれる剪定鋏が使用され、刈込鋏のKran krai tad yarは柄長が34cmと日本の通常のものより10cm程度短い道具であった。

掃除道具では、地場材料であるココナッツリーフの中肋を利用したヤシ箒Mai kwat tang ma prawが頻繁に利用され、その箒で集められたゴミはタイヤの廃材でできている屑入れのTang kha yaに入れるケースが多く見受けられた。

支柱技術

タイ国14都市で113場面の支柱に接し、それを基に支柱技術を分析した（表1・図1）。

支柱の形式は、添柱、鳥居・二脚・三脚・ワイヤー張り・方杖・布掛の7タイプに分けられる。支柱材料としては、丸太・竹・角材・小枝・鉄柱・ワイヤーがあり、幹と支柱との結束資材には、①ビニールテープ ②釘止め ③ゴム帯 ④ホース付ワイヤー ⑤麻縄 ⑥なし（挟み込みのみ）の6タイプが使用されている。

丸太を用いた三脚や二脚鳥居支柱、竹の添柱支柱では、支柱材料の逆使い・天端の叩き割れや釘打ち割れが目立ち、杉皮などの当て物も無いままビニールテープで規格無く結ぶ技術が頻繁に見られる。一方、移植樹木の周囲に3本ないし4本の丸太や角材を逆使いで打込み（二脚鳥居の組み合わせもあり）、各柱の天端に丸太や角材の腕木を釘止めして樹木の幹を挟み込む、日本とは異なった結束をしない容易な支柱技術もしばしば見受けられた。

表1│タイ国14都市で見た113場面の支柱分析

支柱材料	結 束 資 材						支 柱 形 式						合計
	ビニールテープ	釘止め	ゴム帯	ホース付ワイヤー	麻縄	なし（挟み込み）	1本[4]	2本[5]	3本	4本[6]	方杖	布掛	
竹[1]	27	-	-	-	2	-	10	8	7	4	-	-	29
小　枝	3	-	-	-	-	1	-	2	1	-	1	-	4
竹 ＋ 丸太	1	-	-	-	-	-	-	-	1	-	-	-	1
丸　太[2]	28	5	5	-	1	12	6	14	19	10	-	2	51
角　材	3	3	-	-	-	9	3	2	1	9	-	-	15
丸太 ＋ 角材	2	-	-	-	-	4	-	2	1	3	-	-	6
ワイヤー	-	-	-	2	-	-	-	1	-	-	1	-	1
ワイヤー＋丸太	-	-	-	1	-	-	-	1	-	-	-	1	1
鉄　柱	-	-	-	2[3]	-	-	-	1	-	-	-	-	4
14都市の計	64	8	5	5	3	28	20	32	30	26	2	3	113

注1）太竹27場面、細竹2場面あり。2）皮付き丸太8場面を含む。3）ワイヤーでの結束。4）添柱支柱14場面、斜め（脇差）支柱4場面あり。
　5）18場面は二脚鳥居型。6）17場面は二脚鳥居組合せ型

結び

今回、タイ国（中部・東北部地方）の造園道具・支柱技術の一事例から、造園技術を分析した。その結果をまとめると次の通りである。

①タイ国特有の造園道具は、掘削道具で汎用性のある鍬のJob、移植ゴテのPlua gap・Siam、除草・草刈道具に包丁刃のMead ito・Mead Kor、剪定道具には、短柄の刈込鋏Kran krai tad yar、掃除道具としてヤシ箒Mai kwat tang ma praw、廃物タイヤ再利用の屑入れのTang kha yaなどが認められる。

②タイ国の支柱は、三脚・二脚鳥居・添柱の形式が多く見られ、支柱材料には丸太と竹が逆使いに用いられている。結束では、日本で行われるイボ結びなどの「縛る」技術を持ち合わせず、幹へ直接ビニールテープで結束している。一方で、移植樹木の周囲に3〜4本の丸太や角材を逆使いに打込み、柱の天端に腕木を釘止めして樹木の幹を挟み込む、作業性重視で結束なしの容易なタイ国独特の支柱技術が存在することが判明した。

以上、タイ国の造園道具や規格化されていない支柱技術に接し、その国の気候風土や文化に適した技術が生まれていること、いかに日本の支柱技術が伝統を駆使した繊細かつ美的感覚に優れたすばらしいものであるかを再確認できた。

図1 | タイ国の支柱型式

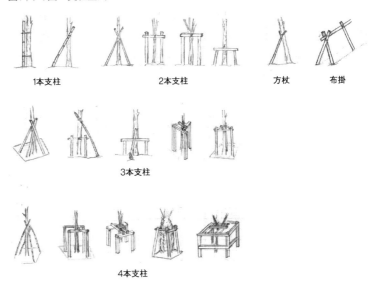

1本支柱　　2本支柱　　方杖　　布掛

3本支柱

4本支柱

日本造園学会関東支部大会研究・報告発表要旨第15号, 1997 掲載

参考・引用文献

1　カセサート大学 THONGLOR MHAUNRAT（談）（1996）：「タイの造園道具について」

2　国際コーン・ソルガム研究センター THAMRONGSILPA POTHISOOHG（談）（1996）：「タイの造園道具について」

3　パクチョン熱帯植物研究所RUKKIAT CHOBKUA（談）（1996）：「タイの造園道具について」

4　タブワン畜産研究所 SRISWAN・SEKSOM ATTAMANGK—UNE（談）（1996）：「タイの造園道具について」

5　UAMPORN VEESOMMAI：Home Landscaping. p71-88. A.S. Prinig House Co. 1987

6　ポスター：タイの農具・タイの園芸用具

造園設計業務で用いる
道具の実態とその変遷

はじめに

　著者らは造園の伝統技術を継承・保存するために造園道具とそれを用いた技術の研究を行っている[1,2]。

　その一端として、本研究では設計業務で用いられている道具の実態調査を行い、どのように変化してきたかを明らかにし、今後の設計業務の方向性を考察することとした。

調査方法

　調査対象は、東京都内で最も古い造園コンサルタント会社で、昭和30年頃から民間の庭園や公園・緑地の設計・施工業務を行っている（株）都市計画研究所（東京都中央区日本橋蛎殻町）とした。事業内容は公共と民間の比率9：1、業務内容は環境調査・緑地調査・緑地設計の比率が1：3：6であり、従業員は25名であった。

　調査方法は、設計業務に用いる道具について、①道具名、②数量、③用途・機能、④作業分類、⑤使用開始年、⑥不要年、⑦使用頻度、⑧備考を現地踏査した。

　調査日は、平成22年12月9日であった。

結果及び考察

1 ｜ 道具の種類と分類

　設計業務に用いる道具は、103種類6,301点を有していることがわかった（表1）。

　その道具を機能別に14分類した。種類数では「定規類」15種、「筆記用具」12種が、数量では「書類整理道具」2,755点（全体の43.7％）、「筆記用具」1,790点（28.4％）が多く、設計業務の主たる作業は設計図や報告書などを「書く」、それを「整理・保管する」ことであると考える。

表1｜設計業務における道具の種類と分類

機能別分類	道具名	種類数	数量	割合
定規類	T定規、ステンレス直定規、プラスチック直定規、大型三角定規、小型三角定規、雲形定規、鉄道定規、製図プレート、文字プレート、自在曲線定規、スプリングコンパス、中型コンパス、大型コンパス、継ぎ足しコンパス、ビームコンパス	15	446	7.1
筆記用具	鉛筆（B～HB）、シャープペンシル（0.3、0.4、0.5mm）、万年筆、製図ペン、製図用インク、水性サインペン、油性サインペン、色鉛筆、蛍具、水性カラーマーカー、油性カラーマーカー、研志器	12	1,790	28.4
機器・ソフト	電卓、パソコン、AutoCAD、jwCAD、イラストレーター、フォトショップ、Word、Excel、ワードプロセッサー、プリンター、コピー機	11	156	2.5
修正道具	消しゴム、電動消しゴム、砂消しゴム、字消し板、修正液、修正テープ、製図用ブラシ、ユニバー用修正液、ゼロックス用修正液	9	150	2.4
計測道具	三角スケール、半円分度器、全円分土器、ディバイダー、プラニメーター、デジタルプラニメーター、キルビメーター	7	47	0.7
固定道具	ドラフター、スチール板、文鎮、画鋲、マグネット、製図用テープ、ポストイットテープ	7	130	2.1
書類整理	アジャスター、図面ファイル、クリアファイル、2穴紙ファイル、バインダー、スライド用バインダー、ダブルクリップ	7	2,755	43.7
用紙類	薄手トレーシングペーパー、厚手トレーシングペーパー、方眼紙、プリント用普通紙、スタートレバー、マイラー、ユニバー	7	400	6.3
模型道具	ねん土（紙、油）、バケツ、スチレンボード、スチレンボード用糊、スポンジ・色粉、模型用塗料	6	11	0.2
測量道具	平板測量器、トランシット、スタッフ、ポール、磁針器、巻尺	6	12	0.2
記録媒体	CD–R、外付けハードディスク、録音機、マイクロフィルム、アパーチャーガード、デジタルカメラ	6	309	4.9
切る道具	カッター、カーブ用カッター、カッターマット、トレース板、押切	5	43	0.7
貼付道具	ハッチスクリーントーン、レトララインスクリーントーン、文字料子、樹木料子	4	50	0.8
その他	ホワイトボード	1	2	0.03
合計		103	6,301	100%

2｜道具の使用頻度

　道具の使用頻度を「よく使用する」3点、「使用する」2点、「あまり使用しない」1点、「使用しない」0点として分類ごとに点数を合計して算出した（図1）。

　これによると、「機器・ソフト」の使用頻度が19点と著しく高い傾向にあった。それは、現在の作業がCADなどを用いたパソコンでの作業が圧倒的に多いためと思われる。次に多いものが「筆記用具」の12点であり、前述した理由と同様と考える。一方、最も点数が低い道具類は、スクリーントーンや判子などの「貼付道具」1点であった。これは種類数や数量が少ないことに加えて、CADの普及により貼付が容易に行えることから使用頻度が低くなったと推察する。

図1｜機能別分類にみた設計業務の道具と使用頻度

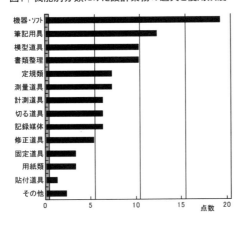

その他にも、「修正道具」5点・「固定道具」3点は点数が低く使用頻度が低い道具といえる。これもCADやイラストレーターなどの「機器・ソフト類」の普及により、図版類や文書の貼付・修正などが容易にできるようになったためと思われる。

3│不要・あまり使わなくなった道具類

かつて使用していたが現在は不要になった道具類・あまり使わない道具類とその割合（種類数に対する割合）をまとめた（表2）。

不要・あまり使わなくなった道具類は、「貼付道具」「定規類」「修正道具」でほぼ100％になることがわかった。これらの道具類は、その役割のほとんどがCADなどのソフトに内蔵されて不要となり、CADが使用できずやむを得ない場合のみ用いるという状況にある。

他にも青焼き機がコピー機に、マイクロフィルムがデジタルカメラへと進化したように、より高性能な代替品が普及したため、不要となったものである。

4│道具の変遷

設計業務では、何を成果物として業務を行うかにより用いる道具が異なり、その成果物は主に役所や民間業者に提出する報告書と設計図となる。これより、報告書と設計図の2つを作成する際に使用する道具類を年代別に分けて道具の変遷をまとめてみた（表3・表4）。

提出する成果物が青焼き製本からコピー製本へ、コピー製本から電子データへと変化していくに伴い、手書きから電子化へと作業形態も大きく変化している。また、平成10年頃からのCADの導入に伴い、使用されなくなった道具が多数発生していることが明らかとなった。

造園設計業務で用いる道具類の実態調査を行ったところ、CADなどのソフトの導入、図書類の電子化に伴い、手書きに関わる設計道具の使用が極めて少なくなっている傾向があった。使用する道具が減るということは、その道具を使用する機会が減るということで、強いてはその道具を使用する技術も衰退するということである。現在は手書きと電子化の技術の両方を持ち合わせている技術者がいるものの、今後電子化が進むにつれて手書きの技術の衰退、フリーハンド的な線の消失、画一的な線形での空間創出など、味気のない空間が生まれる可能性がある。個性豊かな造園空間作りのためにも、手書き作業はある程度残しておきたい技術である。CADなどが導入され、データが電子化することによって作業効率は上がったものの、一方で「個性や柔らかい質感などの手書きの良さが出ない」、「スケッチの良さが評価されない」などの声も聞かれている。

今後は、手書きへのニーズが戻ってきた場合には、手書き作業を専門に行う設計者と、CAD作業を専門に行う設計者とで、役割が二分化する可能性も考えられる。その場合、CADにおいては、実際に図面上で製図道具を使用して描いているような手描きのもつ良さを生かした技術の開発が進められる可能性もある。さらに、今後は設計したものが3Dで表現でき、植物の生育シミュレーションなど、緑地の管理計画をも把握できるようなソフトの開発も期待されると考える。

表2│設計業務における道具の種類と分類

	年　代		成果物の体裁	使　用　道　具
報告書	1960年〜1984年	手書き時代	**青焼き製本**:トレーシングペーパーで原稿を作成、原稿を作成、青焼きしたものを製本。	**原稿**:トレーシングペーパー、方眼紙 **文書**:鉛筆、シャープペン、インクペン、万年筆など
			印刷制本:方眼紙で原稿を作成、印字や印刷は印刷業者に依頼。	**図版類**:定規類、着色マーカー、スクリーントーンなど
	1985年〜1997年	ワープロ時代	**印刷制本**:ワープロ打ちして原稿を作成。印刷、レイアウト・構成は印刷業者に依頼。	**原稿**:印刷用紙、トレーシングペーパー
			コピー製本:ワープロ打ちしたものに図版類を貼り合わせて原稿を作成。コピーして製本。青焼きする場合もある。	**文書**:ワープロ **図版類**:定規類、着色マーカー、スクリーントーン、カッター類　スプレー式糊、はがせるシールなど
	1998年〜現在	パソコン時代	**コピー製本**:パソコン入力した原稿を作成。コピーして製本。印刷製本を業者に依頼することが少なくなる。	**原稿**:普通紙、CD-R、外づけHD **文書**:Word、Excel
			電子データ:パソコン入力した原稿をデータ化。CD-Rなどの記憶媒体と紙原稿を提出。	**図版類**:CAD、イラストレーター、フォトショップ
設計図	1960年〜1997年	手書き時代	**青焼き製本**:トレーシングペーパーで原図を作成、青焼きしたものを業者に依頼して製本。	**原図類**:マイラー、ユニバー、トレーシングペーパー、マイクロフィルム、アパーチャーガード
			原図製本:手書きで作成した第一原図(トレーシングペーパー)と複写した第二原図を業者に渡して依頼。	**設計図**:鉛筆、シャーペン、インクペン、定規類、コンパス、消しゴム、ドラフター、ゴム、ドラフター、トレース台、文字・記号判子、プラニメーターなど
	1998年〜現在	パソコン時代	**コピー製本**:CADの普及により、提出物は出力した原図だけとなる。手書き作業はなくなる。	**原図類**:トレーシングペーパー、普通紙、CD-R
			電子データ:パソコン入力した原稿をデータ化。CD-Rなどの記憶媒体と紙原稿を提出。	**設計図**:CAD スケッチ、イラストなどCADで作業できないもののみ手書きの道具を使用。

表3│不要・あまり使わなくなった道具類とその割合

機能別分類	不要になった道具類	点数*	不要道具の割合(%)	あまり使わない道具の割合(%)	合　計
貼付道具	ハッチスクリーントーン、樹木判子、文字判子	3/4	75	25	100
定規類	T定規、大型三角定規、小型三角定規、雲形定規、鉄道定規、自在曲線定規、スプリングコンパス、大型コンパス	8/15	53	47	100
修正道具	電動消しゴム、砂消しゴム、ユニバー用修正液、ゼロックス用修正液	4/9	44	56	100
固定道具	ドラフター、スチール板、文鎮、画鋲、製図用テープ	5/7	71	15	86
計測道具	ディバイダー、プラニメーター	2/7	29	57	86
測量道具	―	0/6	0	83	83
筆記用具	鉛筆、万年筆、製図ペン、製図用インク、研芯器、絵筆	6/12	50	33	83
用紙類	スタートレパー、マイラー、ユニバー、方眼紙	4/7	57	14	71
切る道具	押切	1/5	20	40	60
記録媒体	マイクロフィルム、アパーチャーガード	2/6	33	17	50
書類整理	スライド様バインダー	1/7	14	29	43
模型道具	―	0/6	0	33	33
機器・ソフト	ワードプロセッサー	1/11	10	0	10

*不要になった道具の種類数／設計業務に用いる道具の種類数

おわりに

　今回、調査した道具の中には、設計で使用する以外の住民参加型のワークショップや、環境調査などを行う際に使用する道具も見られた。緑地の見直しや、リニューアルが焦点となっている今日、今後はこれらの道具の必要性も高くなるのではないかと思われる。

日本造園学会関東支部大会研究・報告発表要旨第29号, 2011 掲載

参考・引用文献
1　内田均（1988）：造園道具から見た技術体系について　―京都地方における造園道具の一事例から：日本造園学会関東支部大会研究・報告発表要旨第6号, 2-3
2　東京農業大学短期大学部環境緑地学科（2010）：造園道具：収穫祭文化学術展

5-07
施工・管理に用いる
造園道具の実態とその変遷

はじめに

　著者らは造園の伝統技術を継承・保存するために造園道具とそれを用いた技術の研究を行っている[1,2]。

　その一端として、本研究では施工・管理業務で用いられている道具の種類と機能、その変遷について、現地踏査と文献調査から考察することとした。

調査方法

　施工・管理の道具名についての現地踏査は、1988年8月に調査した京都府京都市の造園業者である植藤造園（江戸時代後半創業）のデータ[1]と、2010年12月に調査した神奈川県横浜市の川田造園（明治初期創業）とし、関西・関東の業者一社ずつの所有している道具から把握することとした。また、文献調査は、京都府造園協同組合発刊の「造園道具用語集」(2001年)と、東京の業者である吉村金男が著した「造園技術　伝統の技」(2002年　インタラクション発刊)、日本造園組合連合会発刊の「造園工具ガイドブック」(2012年)[3]の関西・関東・全国を網羅していると思われる3文献とした。

　さらに道具の変遷については、川田造園が所有する道具から①使用開始年、②不要年、③使用頻度から分析した。

結果および考察[1]

1｜道具の種類と作業分類

　施工・管理業務に用いる道具は497点あることがわかった（表1）。

　その道具を文献[3]を参考にしながら作業別に分類したところ、13の作業に分けられた。「竹垣・支柱・木工道具」78種（総数量の16.4%、以下同様）、「移動・運搬道具」72種（14.5%）、「草花・芝生管理用道具」50種（10%）、「植栽・土工・整地道具」「剪定道具」49種（10%）が多く、施工・管理業務の主たる作業は、敷地を

竹垣で囲う、樹木を移植・植栽・支柱する、その樹木を剪定する、などであった。

2｜道具の機能分類

　表1を基に機能からみた道具の分類をしたところ、72機能に分けられた（表2）。「切る」48種、「運ぶ」36%種、「刈る」22種、「掘る」「測る」21種、「開ける」20種などが上位であり、施工・管理業務の作業と同様の傾向がみられた。

表1｜現地踏査と文献からみた施工・管理に用いる造園道具の実態

作業分類	道具名	種類数
安全・点検道具	安全帯、胴綱、ヘルメット、バリケード、カラーコーン、コーンバー、工事作業看板、方向指示板、回転警示灯、空気入れ、グリスポンプ、保護メガネ、点火フラグ、ドライバー、スパナ、モンキースパナ、レンチ、メガネレンチ、十字レンチ、パイプレンチ、フライヤー、荒砥石、中砥石、仕上砥石、オイル砥石、チェーンソー目立てヤスリ、ヤスリ、しんちゅうブラシ、ガソリン携行缶、軽油携行缶、オイル混合携行缶	31　(6%)
剪定道具	木鋏、剪定鋏、剪定鋏（マツ）、剪定鋏（ウメ）、盆栽鋏、剪定鋸（折り畳み式）、剪定鋸（替刃式ノコ、ピストル型）、剪定鋸（立てて可能、ピストル型）、剪定鋸（立てて可能、ピストルカブ型）、剪定鋸（使い捨て）、長柄鋏、高枝切り、高枝剪定鋏、高枝鋸、枝打ち鋏、草鎌、切藤、鉈鎌、長柄鉈、鉈（両刃）、鉈（片刃）、鳶、斧、ヤ、ガンノ、鋸、刈込鋏（ストッパーマー、かぎ棒、チェーンソー（発動機式）、チェーンソー（電動式）、鋸鎌、アルミ製脚立（3脚）、アルミ製脚立（4脚）、鉄パイプ製脚立（4脚）、丸太脚立、竹梯子、長梯子、長梯子（丸太）、木製梯子（平角造り）、アルミ製2段梯子スライド式、アルミ製3段梯子スライド式、高所用の籠、差込み丸太	49　(10%)
草花・芝生管理用道具	芝刈鋏、ロータリ式芝刈機（手動式）、リール式芝刈機（自走式）、リール式芝刈機（手動式）、リール式芝刈機（動力式）、エアクッション式芝刈機、刈払機（発動機式）、刈払機（電動式）、刈払機（充電式）、エアレーター、竹串、エッジナイフ、羽子板、ふるい、とおし、草揃え、移植鏝（ステンレス製）、移植鏝（鉄製）、ガーデンフォーク、草刈鎌、鋸鎌、除草鏝（厚鎌、長柄鎌、大鎌、撒粉機、如雨露（プラスチック製）、如雨露（ブリキ製）、如雨露（ステンレス製）、如雨露（銅製）、如雨露（ビニール無）、肩掛け手動式噴霧器、電動式動力噴霧器、エンジン式動力噴霧器、背負手動式噴霧器、背負エンジン式動力噴霧器、電池式噴霧器、動噴タンク、動噴用ホース、潅水用ホース、ホース止め、ホース繋ぎ、金バケツ、ホリバケツ、ホリタンク、柄灼、桶、スプリンクラー、噴口	50　(10%)
測量・造り方・位置だし道具	角度計、折尺、ポール、レベル、コンベックス、巻尺、鋼尺、箱尺、さしがね（差し金・指矩・曲尺）、大矩、干枚通し、水糸、下げ振り、ピンポール、鉄筋、墨壺（真鍮製）、墨壺（プラスチック製）、墨差（墨差・陶製）、墨壺（ガラス製）、チョークライン、墨刺し、けがき金、筆、水平器、デジタル水平器、レーザー水平器、光波側距儀、クリノメーター、デジタルクリノメーター、セオドライト、レベル測量機、トランシット、水盛り管、造り方定規、基準木、バネ杯	37　(7%)
植栽・土工・整地道具	剣スコップ、石炭スコップ、バチ、スバチマ、つきノミ、鋤（ヘラ）、根切り鋏、根切りパール、根切りチェーンソー、高刈き棒、よこづち、レーキ、ジョレン、鍬、庭鍬、三本鍬、唐鍬、手斧鍬（ちょうなくわ）、手鍬、茶板、地鏝、砂鏝、角スコップ、エビ、小たこ、大たこ、タンパー、ランマー、両面スコップ、ツル、ツルハシ（鶴嘴）、ツルハシ（片鎌）、手ブル、手プル、プレート、土羽打ち板、備中鍬、水中スコップ、塩ビ管、万能鏝、突き棒、オーガ、電動ドリル（コンクリート用）、耕運機、単管、鉄骨、自在クランプ、直交クランプ、手動式テボット	49　(10%)
竹垣・支柱・木工道具	鋸、両刃鋸、大挽き鋸、胴つき鋸、睫じき鋸、回しびき鋸、つるかけ鋸、糸鋸、弓鋸、洋鋸、電気鋸、追入れノミ、丸ノミ、向待ノミ、突きノミ、しのぎノミ、花ノミ、のろせ、キワ木、ちょうな、玄能、金槌（陶製）、金槌（鉄製）、鳶角柱鎚、六角柱鎚、釘〆（角ノ・平ノ）、木レンドライバー、電動ドリル（充電式）、電動ドリル（コード式）、ハンドドリル、棒刃鋸（ハンドドリル）、クリックボール、空気ドリル、パール、エアコンプレッサー、電動かんな、平かんな（大）、中かんな（中）、小かんな（小）、反りかんな（反り）、すきかんな（すき）、荒鏝、栗小刀、小刀、日本刀、釘袋、こて、タッカー、ステンバックル、木づち、かけヤ、竹挽鏝、墨付け鏝、墨つぼ、クリバー、竹割鎌、竹割り、竹割り（両刃）、竹割り（片刃）、竹枝打ち鎌、菊割付（3つ割）、菊割付（4つ割）、菊割付（5つ割）、菊割付（6つ割）、菊割付（7つ割）、菊割付（8つ割）、ラジオペンチ、ペンチ、ヤットコ、食切、ニッパー、番線カッター	78　(16%)
石材・レンガ工事用道具	かたい、ヤスケ、あてばメ、石頭、字彫りのみ、字彫り用のかたいれ、字彫り用の石頭、鉄平ハンマー、ゴムハンマー、ビシャン（4枚刃、5枚刃、6枚刃、7枚刃、8枚刃、10枚刃）、両ビシャン＝コブリ、天角柱鎚、叩（角カ・平ノ・平ノ・突き）、カットオピル、たんきり、トパゾ、天板木、豆矢（大）（小）、せり矢、飛び矢、グラインダー式石切りカッター、注水式石切りカッター、サシガ、サシ刃鋼、ディスクグラインダー、ハンドグラインダー、大角柱鎚、大ハンマー、中ハンマー、間知ハンマー、刷毛（目地用）、目地鏝（荒張り用）、金揃子、木柱子、大バール、金梃め、スクレーパー、コテ	42　(8%)
左官・仕上げ用道具	中塗り鏝、木鏝、槌鏝、角鏝、平鏝、金鏝、面取り鏝、柳刃鏝、鶴首（直）、彫刻鏝、すみ鏝、左官ブラシ、ブロック鏝、レンガ鏝（おかめ）、練りスコップ、練り鍬、練舟（プラスチック）、練舟（鉄製）、取鏝、練鏝、練り鏝（鉄板）、コンクリートミキサー、毛バケ、洗い刷毛	25　(5%)
移動・運搬道具	ワイヤーモッコ、シートモッコ、縄モッコ、台付ワイヤー、スリング（両端アイタイプ）、スリング（エンドレスタイプ）、スリング（両端金具付きタイプ）、シャックル、ワイヤーロープ（クリップ止め）、ワイヤーロープ（編込み）、ワイヤーロープ（圧縮止め）、ロープ、麻ロープ、綿ロープ、合成繊維ロープ、ワイヤークリップ、幹当て（布）、アンカー、リンクチェーン、スタッド付きリンクチェーン、くさび、荷締機、うま（アルミ製）、うま（木製）、チルホール、テーブル、チェーンブロック、金車、滑車、ウインチ（柱取付け用手巻き）、ウインチ（手動式）、ウインチ（エンジン）、ウインチ（モーター）、ウインチ（蒸気式）、竹箒、皿箒、玉石、箱ジャッキ、油圧ジャッキ、大八車、台車（四輪車）、台車（三輪車）、台車（二輪車）、一輪車（浅ボディー、深ボディー）、植木用一輪車、リヤカー、コンクリートモルタル圧送車、手車、牛車、馬車、橇、木呂、ハンマー、神楽桟、こした、へら、盤木、道板、三叉、コ木、ガウス、サジロン、担ぎ棒、天秤棒、鉄板、シーカン、養生シート、コンパネ、合板、幹当て、寒冷紗、アルミ板	72　(14%)
清掃道具	ワイヤーブラシ、竹製熊手、ステンレス製熊手、プラスチック製熊手、鬼熊手、小熊手、手熊手、ブラЗ箕、竹箕、石箕、ドンゴロスフゴ袋、ハンドブロアー（動力・電気式）、肩掛けブロアー（動力）、電気ブロアー、加エシート、刷毛、棕櫚箒、竹箒、手箒、塵取（プラスチック製）、塵取（木製）、塵取（金属製）、樹木粉砕機（チッパー）、ガーデンシュレッダー、押切り、ホーク	27　(5%)
記録道具	デジタルカメラ、フィルム式カメラ、黒板、黒板消し、チョーク、ホワイトボード	6　(1%)
送電道具	コードリール、発電機	2　(0%)
重機械類	トラック、ダンプトラック、ダブルキャブ、軽トラック、軽トラック（ダンプ式）、ハッカー車、高所作業車（垂直昇降型）、高所作業車（伸縮ブーム型）、移動式クレーン、不整地運搬車、バン、フォーク式、ハンドリフター、ハンドリーザー、貨物自動車、潅水車、ロードローラー、タイヤローラー、タンピングローラー、人力式振動ローラー、動力式振動ローラー、振動コンパクター、トラクターショベル（クローラ式）、トラクターショベル（ホイール式）、ドラグ・ショベル、キャリア車、レッカー車、ジープ、履帯式バックホウ、ホイール式バックホウ	29　(6%)
13種		497(100%)

表2｜施工・管理に用いる造園道具の機能分類

機能 ： 種類												
開ける 20	叩く 14	削る 12	掛ける 10	上げる 8	う 6	払う 5	溜める 3	降ろす 2	抜く 2	締める 1	寄せる 1	
切る 48	割る 18	乗せる 14	練る 12	支える 8	焚く 6	回す 4	通す 3	担ぐ 2	挟む 2	漬ける 1	する 1	合計 72種
運ぶ 36	締める 16	入れる 13	引く 12	止める 10	撮影 6	割る 4	砕く 3	張る 2	量る 2	割く 1		
刈る 22	抑える 15	印 13	ほぐす 12	はつる 10	ならす 8	汲む 5	噴く 4	守る 3	突く 2	かぶる 1	割ぐ 1	
測る 21	積む 15	集める 10	撮る 10	敷く 7	示す 6	洗う 5	当てる 3	擦る 2	消す 2	回す 1		
掘る 21	塗る 15	固める 12	抜く 10	吊る 9	伝える 6	つなぐ 5	打つ 3	送る 2	流す 2	すくう 1	焼く 1	

3｜道具の地方色

　現地踏査と文献より、関西の京都にのみ用いられる道具としては、鳥居型支柱の穴掘り用道具である「のろせ」と、北山台杉の手入れ道具である「鉈鎌」が上げられた。一方、関東の横浜では、移植樹木のこやを支えるための独特な道具である「サゴジョウ」が見られた。

4｜道具の変遷

　川田造園では数年前に不要な道具を一斉処分した。不要になった理由は、①優れた機能を持ち合わせた道具を購入したため、②その道具を使用する仕事が減少したため、③業態変化のためであった。
　①では、「皿籠・五目入れ」が「一輪車」に、「橇(そり)・木呂(ころ)」が「台車」に、「大八車・リヤカー」が「トラック・ダンプ」になり、より少ない労力で効率よく大量の作業を行なえる軽量化した道具や機械に交替していた(図1参照)。短時間で効率よく作業をする機能性が求められていることがわかった。

図1｜川田造園にみる移動・運搬道具の変遷

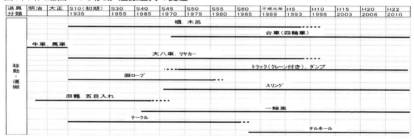

　②に該当する「菊割り」は、竹垣の作製時に、自分達で「菊割り」を用いて山割り竹を生産していたが、現在では加工した山割り竹を購入する方がコスト的に安いため、「菊割り」が不要となった。このように仕事が分業化したため不要になった道具があることもわかった。
　③川田造園の主な仕事内容は、庭づくり中心から庭の管理作業中心へと移行しており、そのため管理に用いる道具の機能性を求めている。今後も仕事内容に従って、用いる道具も替わっていくもとと考えられる。

おわりに

　今回の調査で、施工・管理業務に用いる道具は500種程度あることが明らかとなり、造園技術者はそれらを駆使して施工や管理を行っていることがわかった。また、道具は、より軽量化し、優れた機能性を持つものへと移行していた。一方、震災により、燃料や電気を必要としない昔の道具も見直されつつある。今後とも、造園技術の基本である現場の道具について、追究していきたい。

日本造園学会関東支部大会研究・報告発表要旨第30号, 2012 掲載

参考・引用文献
1　内田均（1988）：造園道具から見た技術体系について　―京都地方における造園道具の一事例から：日本造園学会関東支部大会
2　内田均・志村紘子・小東理人（2011）：造園設計業務で用いる道具の実態とその変遷：日本造園学会関東支部大会
3　日本造園組合連合会（2012）：造園工具ガイドブック

第6章

造園技術

・P288～　「現場で役立つ職人の知恵と技術」は季刊『庭』2013号～222号連載,
2013～2016,建築資料研究社 から転載
・P311～　「今さら聞けない作庭用語集」は『庭』189号～212号連載,2009～2013,建築資料研究社 から転載
・イラスト・図の制作はすべて永山俊仁

6-01
ガーデニングショーにおける
垣根技術の分類

はじめに

　庭を垣根で「囲む」「仕切る」という技術は、古来よりみられる[1]。日本においては生垣に始まり、わが国独自の発展を遂げている竹垣のほか、木材や石材を用いた垣根がある。

　しかし、現在においては、ライフスタイルの変化やガーデニングブームにより、材料・デザインが多様化している。その多様化した材料とデザインから、現代日本においての囲い・仕切りの技術がどのような広がりを見せているのかに興味を持った。

　そこで本研究では、情報の発信源の一つであるガーデニングショーのガーデン部門等に出展された垣根を調査・分類し、伝統的な垣根との比較をして、現在見られる垣根技術を明らかにすることとした。

調査対象および分類法

（1）調査対象 合計274作品（生垣は対象から除く）

・第1回〜第6回花園フラワーショー（1998.4〜2003.4）：屋外ショーガーデン部門、インドアガーデン部門他、会場内に設置された垣根、計147作品（各回：33、16、14、27、24、33）。
・第3回、第5回国際バラとガーデニングショウ（2001.5、2003.5）：ガーデン部門、デザイナーズガーデンの垣根、計68作品（各回：33、35）。
・第1回日比谷公園ガーデニングショー（2003.10）：クラシックガーデン、ベランダ・ルーフバルコニーガーデニング、スモールガーデン部門、ガーデン部門、サークルガーデン部門他、会場内に設置された垣根、計59作品。

（2）分類方法

　第1回〜第5回までの花園フラワーショーと第3回国際バラとガーデニングショウは、記録されていた垣根の画像や写真を用いた。また、第6回花園フラワー

ショー、第5回国際バラとガーデニングショウ、第1回日比谷公園ガーデニング
ショーは、現地踏査した。それぞれを以下の4つに分類した。

1）機能別：透かし垣と遮蔽垣の2大別に分類。
2）形態別：調査対象を竹垣・トレリス・柵等の形態別に分類。
3）素材別：自然素材、人工素材、自然素材と人工素材の両方を使用してい
　　　　　る混合、不明に分類。
4）目的別：一般家庭で使用することを想定し、垣根の実用性を、仕切り、区
　　　　　画、囲繞、目隠し、境界、装飾に分類。

結果および考察

　機能別分類は、遮蔽垣53.3％（146作品）、透かし垣46.7％（128作品）となっ
た。透かし垣が半数近くを占めていることは、外からも見せる庭づくりがなされ
ていることの現われと思われる。

　形態別分類は、表1に示す通り、木柵19.0％・竹垣18.2％・墙壁15.0％・
トレリス9.1％・柵7.3％・枝穂組み垣6.9％・手摺3.7％・竹柵3.3％・編枝垣
1.1％・鉄製垣0.7％・牧場垣0.4％・その他
15.3％、の12に大別でき、現在用いられている
垣根の形態が判明した。これを庭のイメー
ジで分けてみると[2,3]、和風の垣根として竹垣・
枝穂組み垣・その他（スダレ・ヨシズ、布）計31％
（85作品）、洋風の垣根として木柵・墙壁・トレリ
ス・編枝垣・その他（レンガ・枕木）計50％（137作
品）、和洋中間型の垣根として柵・手摺・竹柵・
鉄製垣・牧場垣・その他（角材、石材、ガラス・プラ
スチック）計19％（52作品）と、3つに分類できた。
このように和風3割、洋風5割、和洋中間型で
2割となっており、洋風なイメージの垣根が多く
見られた。また、墙壁・板塀・立蔀などは、古
来からの和風の伝統技術を駆使しながら、素
材や形、色彩などの変化により洋風な垣根へ
と応用していることもわかった。さらに、垣根の
存在自体が庭の意匠や雰囲気を変えることが
再認識できた。

　素材別分類は、表2の通り、自然素材が

表1｜274場面にみた垣根の形態別分類

イメージ	形態	種類	計	合計(%)
和風 85 (30.0)	竹垣	四つ目垣	18	
		光悦寺垣	7	
		竜安寺垣	3	
		金閣寺垣	3	
		建仁寺垣	3	
		御簾垣	5	
		銀閣寺垣	4	
		鉄砲垣	3	
		木賊垣	1	
		南禅寺垣	1	50 (18.2)
	枝穂組みの垣	竹穂垣	6	
		萩枝垣	2	
		柴垣（小柴垣）	4	
		桂垣	1	19 (6.9)
	その他	その他	16	16 (5.9)
洋風 137 (50.0)	編枝垣	網垣	1	
		網目文様	2	3 (1.1)
	墙壁 (しょうへき)	板塀	11	
		立蔀	2	
		木現塀（源氏塀）	1	
		切垣	1	
		墙壁	26	41 (15.0)
	トレリス	トレリス	25	25 (9.1)
	木柵	板柵	28	
		丸太柵	6	
		角柵	5	
		木柵	13	52 (19.0)
	その他	その他	16	16 (5.8)
和洋中間型 52 (19.0)	竹柵	竹柵	9	9 (3.3)
	手摺	手摺垣	10	10 (3.6)
	柵	格子	8	
		ななこ垣	1	
		棚	11	20 (7.3)
	鉄製垣	鉄線入止め柵	1	2 (0.7)
	牧場垣	幹枝垣	1	1 (0.4)
	その他	その他	10	10 (3.6)
		計	274	274 (100.0)

表2│274場面にみた垣根の素材別分類

素材	主材料	組み合わせ	計	小計(%)	合計(%)
自然素材	竹	竹	55		
		竹+丸太	6		
		竹+板材	4		
		竹+スダレ・ヨシズ	2		
		竹+角材	1		
		竹+葦	1		
		竹+丸太+板材	1		
		竹穂	6	76(27.7)	
	木	板材	68		223 (81.4)
		木の枝	15		
		角材	14		
		丸太	8		
		木材+枝穂	8		
		枝木	7		
		板材+丸太	3		
		枝垣	3		
		木の枝+竹	1		
		幹枝	1	131(47.8)	
	石材	石材	2	2(0.7)	
	その他	スダレ・ヨシズ	13		
		ワラ	1	14(5.1)	
人工素材	布	布	2	2(0.7)	
	金属	金属	2	2(0.7)	17 (6.2)
	その他	レンガ	2		
		コンクリート+鉄筋	2		
		ガラスブロック	1	3(4.8)	
混合	竹	竹+金属	1	1(0.4)	
	木	丸太+金属網	1	1(0.4)	6 (2.2)
	金属	金属+角材	1	1(0.4)	
	布	布+木材	2		
		布+竹+板	1	3(1.0)	
不明			28	28(10.2)	28 (10.2)
計			274	274 (100.0)	274 (100.0)

表3│274場面にみた垣根の目的別分類

目的	種類	小計	合計(%)
仕・区・囲・目・境・装	板塀	28	
	トレリス	25	
	木柵	13	
	柵	11	
	建仁寺垣	6	
	竹穂垣	6	
	御簾垣	5	107(46.5)
	柴垣(小柴垣)	4	
	銀閣寺垣	4	
	南禅寺垣	2	
	桂垣	1	
	鉄砲垣	1	
	木賊垣	1	
仕・区・囲・目・境	竹柵	9	10(4.3)
	編垣	1	
仕・区・囲・目・装	四つ目垣	18	
	光悦寺垣	7	
	柴枝垣	8	40(17.2)
	角柵	5	
	竜目文様	2	
仕・囲・目・境・装	墻壁	26	26(11.2)
仕・囲・目・境	板塀	11	
	丸太柵	6	18(7.8)
	切掛	1	
仕・区・囲	手摺垣	10	10(4.3)
仕・区・装	竜安寺垣	3	6(2.6)
	金閣寺垣	3	
囲・目・境	木賊塀(源氏塀)	1	1(0.4)
囲・境・装	格子	8	8(3.4)
仕・区	ななこ垣	1	2(0.9)
	鉄鎖人止め柵	1	
区・境	幹枝垣	1	1(0.4)
囲・境	立蔀	2	3(1.3)
	籬垣	1	
	計	232	232(100.0)

81％を占めた。その内訳をみると、一番多かったのが木材の48％であり、特に板材は木材の25％を占めていた。板材が多く用いられた理由としては、①色々な形に加工できる、②塗装が容易、③短時間でより人の目をひきつける作品を造るには有効、という3点が考えられる。トレリスが多用されたのはこれらの理由が要因と思われる。

また、人工素材、自然素材・人工素材混合の垣根が合わせて8％とかなり少なかったが、一般社会においては予算などの関係で人工素材の垣根が多用されている現状にあろう。しかし、本研究の対象となったガーデニングショーでは本物志向の客層のニーズに応える斬新な創作的垣根の出展が多かったものと考える。

目的別分類は、表3の通りで、47％（107作品）が仕切り、区画、囲繞、目隠し、境界、装飾の6つの目的すべてにおいて用いることが可能であるという結果となり、構造や大きさを変化させることによって様々な用途に使えるものが多いことがわかった。しかし、実社会においては、防犯上の実用面、安価で長持ちする経済面、住人だけでなく通行人も見て楽しめる美観など、用・強・美の三拍子そろった囲いの垣根技術が追求され、必ずしもガーデニングショーでみられた垣根が通用するとは限らないと思われる。

なお、274場面にみた垣根の代表的なものを写真1にまとめた。

本研究は、ガーデニングショーで用いられている垣根の分類を試みた。その結果、伝統的な垣根を基に、創意工夫を凝らした垣根が多数みられ、新しい垣根技術が生まれてきていることが窺われた。今後も益々垣根技術は多様化していくものと推察される。

おわりに

　ガーデニングショーは庭園の美しさと技術を競う場であり、来場者の目を楽しませることが主なため、垣根も実用向きでないものもあった。しかし、今回の調査により、造園書の定義を超えて垣根の技術が多様化・発展していることが判明した。

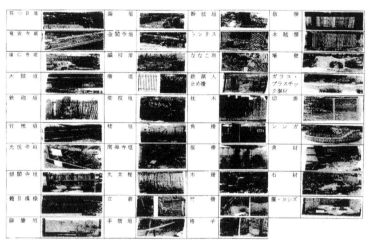

写真1｜ガーデニングショーにみられた垣根の形態別分類

　今後は、ガーデニングショーなどで斬新的な創作垣を目にすることにより、それを模倣しそれ以上のものを作製したいと思う造園家や顧客が登場し、その向上心がより新たな垣根技術を生み出し進化させていくであろうと推察する。その中から実用的なものがスタンダードとなって生き残っていくだろう。

日本造園学会 造園技術報告集4, 2007 掲載

参考・引用文献
1　額田巌（1984）：ものと人間の文化史52　垣根：法政大学出版局
2　上原敬二（1959）：ガーデンシリーズ7・8　生・袖垣・枝折戸（上）（下）：加島書店
3　上原敬二（1959）：ガーデンシリーズ9　木柵・門・トレリス：加島書店
4　吉河功（1997）：プロに学ぶ竹垣づくり：グラフィック社
5　龍居庭園研究所（1990）：ガーデンライブラリー2竹垣の話—庭垣の竹の扱いを楽しむ—：建築資料研究社

6-02
現場で役立つ職人の知恵と技術

竹垣編1｜素材を生かす

竹の使い分け

竹垣の立子や組子に用いられる素材は、①丸竹の幹、②割竹、③ひしゃげた竹、④竹穂、⑤樹木の枝、⑥樹木の皮などがある。

①丸竹の幹のもつ素朴な美しさを素材とする垣根には、透かし垣の基本型であるマダケの四つ目垣、太いモウソウチクや五本締めのマダケを使った豪壮な感じの鉄砲垣、繊細さを表現するためにクロチクまたは晒し（火であぶって脂ぬきをしたもの）「六分」（太さ）を使った御簾垣などがある。

②割竹を使うものとしては、遮蔽垣の代表である丈の高い建仁寺垣や造園技能検定の実技課題である銀閣寺垣、丈の低い裏表二枚重ねの組子で菱形状に組んだ竜安寺垣などがある。

③丸竹を割り、節を抜いて叩き潰し平らにしたものを「ひしぎ竹（ひしゃげ竹）」と呼び、この竹を立子として使うものを、ひしぎ垣（ひしゃげ垣）という。節が直線模様のアクセントとなり、明るく雅な雰囲気が表れる。

④竹穂のしなやかさを生かして自然な曲線を描き出し、野趣に富むのは、桂垣や竹穂垣である。

⑤竹穂に代えて樹木の枝（これを柴という）を使うものを柴垣という。

ハギの枝を籾殻で磨き上げて枝肌を赤く美しくした萩穂垣、クロモジの暗緑色の枝肌がウグイスの羽色に似ているところから名づけられた上品な鶯垣などがある。

⑥樹木の皮を使うものとしては、ヒノキの皮を張り込んで押縁で抑えた檜皮垣（ひわだがき）がある。

いずれも素材の違いで庭の見栄えや雰囲気が変わってくる。

個性的な立子

京都の仙洞御所にある又新亭（ゆうしんてい）（明治17年に近衛家から献上された茶室）のお茶室まわりにある竹垣（四つ目垣）は、立子に竹の枝を生かしている。竹は一節から二芽の枝が出ている。通常、立子をつくるときは、それを枝元から切り取って「節の峰」と呼ばれる節の出っ張った部分を竹割鉈や鉋で削る（節落とし）。しかし、

又新亭では、鉈や剪定鋏で、枝元より寸五（すんご、4.5cm）から二寸（にすん、6cm）程残して切り、立子に用いているのである。その様は短い角が出ているようで、手でさわると痛いので侵入防止に役立つと同時に、見た目も面白い。

竹垣の真・行・草

竹垣も石組も植栽も、建築様式やその場の雰囲気（真・行・草）で素材を変える。「真」は社寺の参道、「行」は社寺の中庭や書院茶室の玄関、「草」は粋な料理屋や草庵茶室などである。

青竹は「真」か「行」（書院）に多く用いられ、きれいな斑が入った晒し竹は「草」に用いる。

茶室や料理屋の庭の竹垣は、立子の高さをばらばらにしたり、細身の青竹胴縁を二本抱き合わせたり、野趣に富んだ雰囲気を楽しむ。

又新亭の角付き四つ目垣

竹束の吟味

職人は、竹屋で、立て掛けた竹の束を見て購入する。竹の先と元を十分見て、曲がっていないものや太さの違いが少ないもの、節間に割れや傷のないものを選び取る。

トラックに載せるときは頭を切り、南京結びを

竹を運搬する場合、荷台に斜めに立て掛け、竹束の数ヵ所にロープ（職人はロップとも呼ぶ）で南京結びをし、トラックに固定する。荷台の前後の結び目は左右互い違いにし、振動で荷が動かないようにする。

道路交通法では、車体の長さの一割を超えてはみ出してはいけないという制限があり、それを超えると警察署に届け出が必要となる。そこで、竹の先端は細すぎて現場でも使えないことから、竹屋で切り落としてくる職人が最近は多い。しかし、昔の職人は、不要となった竹の先端を施主にプレゼントし、野菜の支柱などに活用してもらったりしていた。

竹の選別

トラックから降ろした竹束の荷を解き、まっすぐな竹と曲がった竹に分ける。16本締めの束では竹屋の知恵なのか4、5本は曲がった竹が入っている。

まっすぐで太目の竹は長もの（長手）の胴縁や押縁に、細身で曲がりが多い竹は短い立子に用いる。

現場で役立つ職人の知恵と技術

竹垣編2 ｜ 鉄砲垣

鉄砲垣

丸竹の幹のもつ美しさを生かした垣根の一つに、男性的な「鉄砲垣」がある。丸竹や角（垂木＝角材。現場では「カク」と呼ぶ）などの胴縁に、太い丸竹（マダケ）の立子を表側と裏側から交互に用い、3〜5本ずつ1組として並べて、それぞれを棕櫚縄などで結び付けた垣根。この取り付け方が鉄砲を立て並べた様子に似ているので「鉄砲垣」という。なお、2本ずつを1組として並べて立てたものを「吹き寄せ鉄砲垣」という。玄関付近の袖垣（目隠しや仕切りのために、建物から庭に向かって袖のように突き出させた垣）としても多用される遮蔽垣である。

　また鉄砲垣の一種として、南禅寺本坊の六道庭には、モウソウチクの太い丸竹を一本ずつ並べた豪壮な「大筒垣（おおづつがき）」がある。

　鉄砲垣の作業工程は、①垣根の下ごしらえ、②柱の建て込み、③ばりかい、④差し石履かせ、⑤胴縁、⑥立子、⑦結束である。

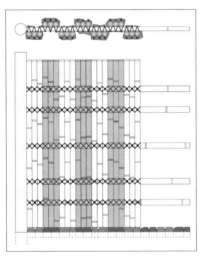

鉄砲垣 平面図（上）、立面図（下）

垣根の下ごしらえ

　鉄砲垣の胴縁は、柱にほぞ差し（柱に穴を開け、差し込むこと。その穴を「ほぞ穴」という）とする。そのために柱の建て込みの前に柱に胴縁として用いる竹の太さの穴を開ける「彫り込み」を行う。竹胴縁の切合は充電式ドリルや丸ノミを用い、垂木の場合は平ノミで行う。

　ほぞ穴の深さは五分くらい（1.0〜1.5cm）とし、末口をほぞ穴に入れ込んで、仕上がり面が節で止まるようにする。末口は細くて肉薄なため、釘止めの際に、節がないと割れてしまうからである。ほぞ穴の大きさは胴縁の太さによって異なるので、ほぞ穴と胴縁それぞれに目印をつけておくとよい。

鉄砲垣の立子

　鉄砲垣の立子は、すべて法使い（末口が上、元口が下の、自然に則った使い方）で、雨が入ると腐るため末口節止めとする。また、遮蔽垣なので、隙間があかないように、前後が少しずつ重なる程度に寄せて立てるとよい。元口・末口の太さが著しく異なる竹を使うと上のほうに隙間が出てしまうため、元口・末口の太さが変わらないものを選ぶことが肝心。さらに、一組となった立子の隣り合った節が揃わないようにすることで、垣根全体の節目模様が見栄えよくなり、美しく見える。

突き棒

　竹垣の柱を建て込む際に突き固めるための棒状の道具。力で突き固めるのではなく、棒の重さで突くと楽である。作業場所は広い所も狭い所もあるので、現場へは大きさの異なる二種類くらいの突き棒を持参したいものである。

ばりをかう

　柱の建て込みを終えたあと、柱と柱の間隔が狂わないように行う作業。上下の振れ止めのため、垂木や貫板（小幅で薄い板。現場では「ヌキ」と呼ぶ）を天端（天）や柱の側面に、釘で仮止めをすること。ばりは突っ張り支柱の略。作業終了時に楽に釘抜きで外せるよう、釘の頭を少し出しておく。

差し石（さしいし）履かせ

　竹垣の地際を腐りにくくするために、地面と立子の間に石を差し込むこと。現場では「下駄を履かせる」「差し石をする」という。主に天端が平らなゴロタ石（伊勢・甲州真黒など）五〜六寸もの（15〜18cm）が用いられる。

潰し釘（つぶくぎ）

　釘の頭を側面から金槌で叩き、二つ折りに潰してぺちゃんこにした釘。

　柱に胴縁竹を打ち付けた時、釘の頭の布目模様が光って目立つのを防ぐため、また釘の頭部を小さくして竹の表面を傷つけにくくするために用いる。潰し釘を使うと、見栄えがよくなる。

　胴縁を柱に止める釘（鉄丸釘）は、日本工業規格のN45（長さ45mm．頭部径5.8mm）やN65（長さ65mm．頭部径7.3mm）が多用される（Nは英語のnai1＝釘の頭文字）。

*竹胴縁への釘打ち
竹胴縁に直接釘打ちをすると竹が割れるため、錐（きり）やドリルで胴縁に下穴をつくってから釘を打つ。打つ位置は、外から見えない下の箇所とする。少し手を加えて美観を考慮するのも職人の知恵であり、腕の見せどころでもある。

現場で役立つ職人の知恵と技術

竹垣編3 | 御簾垣

御簾垣

御簾垣は、仕切りや目隠し、袖垣に用いられる遮蔽垣の一つで、細い丸竹を御簾（みす）を下げたように張る女性的な垣根。柱に溝（ほぞ穴）を彫り、組子を横に並べて落とし込み、縦の押縁で表裏から締め込んだもの。

一般的に、繊細さを表現するため太さ五〜六分（15〜18mm）の晒竹が用いられる。また、晒竹よりも太く青い唐竹を用いると、男性的な雰囲気となり、作業の簡略化も図れる。

晒竹（さらしだけ）

青竹の水分と油を抜き取り、天日で数ヵ月晒して、黄白色にしたもの。

伐採した竹を、風通しのよい日陰で横に寝かして、水分を飛ばした後に晒す。晒し方には、炭火やガスで竹を焙る火抜法と、苛性ソーダ入りのお湯で煮る湯抜法がある。

晒竹は、青竹よりも粘り気があり、虫がつかずに長持ちする。先人たちの知恵である。

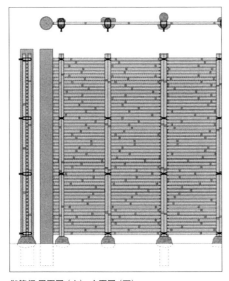

御簾垣 平面図（上）、立面図（下）

組子は先節止め

組子は末口の先節止めとする。

ほぞ穴の深さ分の長さを残し、差し込んだときには、柱付きが末口の節で留まるように組子の先端を水平切りにする。

こうすると、おさまりが良く、見栄え的にも安定感を増し、釘打ちによる割れも防ぐことができる。

組子の落とし込み

親柱と留柱のほぞ穴の中に下から上まで五寸（15cm）ずつ印をつける。間柱の表にも同位置に印す。この五寸が水平を取る作業の目安となる。

最下段の一本を入れたら、地面との間にたわみ防止のつっかい棒をしておく。組子が重なっていくほどたわんでくるので、つっかい棒は、結束を終えるまではずさない。

次に、組子の落とし込みを下から順に五寸（9〜10本）ずつ行っていく。その際に、一本ずつ竹の芽を正面に向けて水平にし、また元口、末口を交互（リャンコ・法逆「ほうさか」）にすることで、見栄え、美しさ、安定感が増す。

組子の極めは間柱から

組子を落とし込むと、必ずといっていいほど真ん中がふくらむ。そこで、間柱の五寸ごとの印を確認し、忍びを取り付けかきつけを取り、釘止する。次に、左右の親柱と留柱の印の位置の上または下の同一方向から斜めに釘止めする。その後、隙間が均等にあくように要所要所（3〜5本おき）に釘止めする。

この五寸ごとの工程を最上段まで繰り返して仕上げる。

なお、釘止めはすべての組子にはしない。組子を全部止めると、ほぞ穴が割れて壊れてしまい強度が弱くなる。また時間がかかり作業効率も悪くなる。

なお、釘止めは電動ドリルで下穴を開けてから極めていく。

縦押縁の種類

建仁寺垣の押縁は横に当てるが、御簾垣は縦に押縁を当てる。これを「縦押縁」という。

御簾垣の縦押縁は、組子と同じ素材を用いた「共押縁」が多い。

また、細竹を2本使い、太竹の半割ものなどを用いる。

さらに、茶室に見られる袖垣用の御簾垣などは、変化や味を出すために、縦押縁としてリョウブやクロモジ、エゴノキなどの枝物を使うことが多い。

縦押縁に太い竹を用いるときは、防犯上、上部を斜めにそぐことがある（そぎの縦押縁）。

晒竹の組子と青竹の押縁を組み合わせると、色のコントラストが面白い。

縦押縁の要領

上部は、一般的に末口節止めとし、親柱から五分下がりで、最上段の組子より三〜五寸（9〜15cm）以内の出が良いとされている。

下部は、足代（あししろ・垣根の最下段と地表との空間）をあけることが多く、その隙間から縦押縁の足が少し見えると見栄えが良い。

縦押縁が石の天端に乗るような束石（つかいし・荷重を受ける石。ゴロタ石を用いる）を据付けると垣が安定し、地際の組子を雨水のはねによる汚れや傷みから守り、垣根の寿命を長く保たせることができる。

　間柱前の縦押縁に太竹を用いる場合は、組子と間柱の天端がかぶさるように切込みを入れて取り付ける。見栄え良くするために、創意工夫するのも職人の技の見せ所であろう。

竹垣編4 ｜ 斜め組子の竹垣

斜め組子

　横の胴縁へ縦（垂直）の方向に丸竹などを取り付けた「立子」に対して、斜め遣いにしたものを「斜め組子」と呼んでいる。組子の隙間を大きくして、菱目の「窓」を開けると、垣根越しの景色を見せて楽しませる透かし垣となり、隙間を小さくすると遮蔽垣になる。透かし垣として矢来垣・龍安寺垣・光悦寺垣などがあり、遮蔽垣として沼津垣などがある。寺院の垣根として先人たちの知恵と技術が詰まったオリジナルが多い。

矢来垣

　京都の観光ランキング上位で知られる清水寺。その舞台によじ登られてはいけないということから、石垣の上は背の低い太い竹を用いた矢来垣で囲われている。京都を中心とした近畿地方でよく見かける竹垣の一つ。斜め組子の角度は、起きすぎもせず、倒れすぎもせず地面に対し60度から70度。半割とした丸竹の頭部を削いで尖らせ、交差する上下2カ所に組子と同じ太さの割竹を表裏から挟みこんで押縁とし、押縁と2本の斜め組子を一緒に結束している。胴縁を用いない力強い竹垣である。

　時代劇の刑場の囲いでもお馴染。戦国時代の陣営や城塞の囲いにも使われていた。竹や丸太を人が通れない程度に粗く組んで縄などで結び付け、仮の囲いとした。関東式の矢来垣はあまり太くない竹を斜め組みして先を尖らせず、節止めとしている。

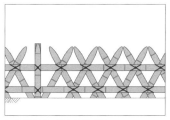
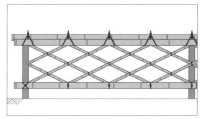

矢来垣（左）、龍安寺垣（右）

龍安寺垣

京都市右京区の石庭で有名な龍安寺に本歌がある。

割竹の表を外側にして2枚合わせにした組子を、斜めに組み合わせて菱目を作る透かし垣。

30度の角度で枝の付いた側を正面に向けて、上下の忍びの胴縁に取り付ける。忍びの胴縁を隠すように上部には割竹三つ組（頂頭は七三割の七分の厚い方を、表裏は半割ものを用いる）の玉縁、下部は表裏の半割ものの合わせ押縁を取り付ける。組子による左右に細長い菱目が縦に二つ・一つの繰り返しとなり調子がよい。

また親柱、間柱ともに頭が玉縁で隠れるようになっており、組子を下押縁で止めて、浮かしてあるのが特徴。組子を矢来垣同様に地面に差し込む形式も見られる。

合わせ

丸竹を用いた竹垣は両面が正面の垣根として見られるが、割竹を立子や組子として用いた竹垣では裏に竹の内側の部分が見えてしまう。両面を見られるようにするには、割竹の表を外側にして2枚重ねて用いる。この形式を「合わせ」という。

組子を2枚合わせる場合は、節が合わないように、また末口が上、元口が下（法使い）となるようにする。

斜め組子は右前・左前

そのヒントは着物にあり。元正天皇の養老3年（719）、「初令天下百姓右襟」と定められ、それまでの左前が右前となった。唐の風俗に倣った。逆に死装束は左前とされている。

時代劇で閉門蟄居の場面が出てくると、必ず太い丸竹を左前にして門が閉ざされている。

最近は左前の斜め組子を見かけることも多いが、縁起を担ぐ庭などの空間においては、右前という文化を大切にしたい。

現場で役立つ職人の知恵と技術

竹垣編5 │ 臥牛垣・臥龍垣

臥牛垣（がぎゅうがき）

　京都洛北鷹峯の光悦寺境内の大虚庵に本歌がある。大正4年、庭師の佐野重次郎が「臥牛垣」という名で、寝そべる牛の背骨の曲線をヒントに、矢来垣を組み込んで創作した、長さ18mの平面も立面も曲線を描く雄大な竹垣。一般には、光悦垣と呼ばれている。

　親柱（高さ1.73m）を立て、組子は矢来垣のように地面に割竹2枚合わせで差込み、やや縦長の菱目を組む。その上部に巻き玉縁（竹穂の芯に細割竹を巻いたもの）を取り付けて、ゆるいカーブを描きながら次第に低くしていき、土中に入って石止めで終わる。地面より少し上に表裏から丸竹半割りの押縁を渡す。

　現在の住宅庭園では、平面が直線の小型の変形の光悦垣が多く作られている。光悦寺では、11月のお茶会に向けて、竹の差替えを行う。山寺の佗び寂びの雰囲気を出し、青竹を引き立たせるために所々の古竹を残す。町屋では全て新しい竹に差替えるが、場所に応じて工夫するのも職人の知恵であり、風流を解する人のみ、それに気づく。

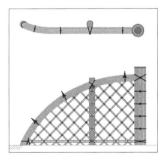 

臥牛垣（左）、臥龍垣（右）

臥龍垣（がりゅうがき）

　臥牛垣（光悦垣）の進化形として、荻原博行氏が考案したのが「臥龍垣」である。

　臥龍垣には柱がない。玉縁は細割竹の巻き玉縁とし、上下・左右（前後）に龍の背がうねっているかのように変化させて、2山を作る。組子は割竹2枚合わせで、斜

めに使い、菱目をそろえず乱れ手法とする。龍の荒々しさを表し、特別な趣を出す。

臥龍垣の作り方

　①骨組み作り…地面に蛇行のS字線を描き、両端に直径40〜50cmの穴を彫る。S字線に沿って仮支柱を等間隔に真っ直ぐ数本打つ。彫った穴に玉縁用の忍び（骨組みとして太さ10㎜の鉄筋）を差込む。龍のうねりをイメージしながら上下・左右に曲げて紐で仮支柱に固定する。押縁用の忍び（鉄筋）を地面より約20cm上部に取り付ける。

　②乱れ組子…臥龍垣に柱がないのは、乱れ組子が筋交いとなり、結束するとぐらつかなくなるためである。合わせ組子は法使いとし、表側の組子を忍びの向こう側に右肩上がりで配置する。裏側は左肩上がりで配置し、紐で固定する。忍びからはみ出した組子は3cmの出で切り揃える。

　③玉縁の芯…玉縁部の乱れ組子を両側から挟むように、もう一本の忍び（鉄筋）で結束する。その忍びを隠すと同時に玉縁の芯（あんこ）とするために竹穂を忍びに巻き付け、紐で結束する。

　④押縁・玉縁の芯作り…竹穂の中に押縁を差入れると納まりがよくきれいに仕上がるため、玉縁より先に押縁を取り付ける。

　太竹（直径約6cm）を四ツ割で割り、押縁忍びの表裏に二段重ねとし紐で仮締めする。玉縁の竹穂を紐で締めつけながら整えていく。

　⑤組子・押縁の結束…組子は棕櫚縄2本出しで横に2回まわしてイボ結びで結束する。表裏交互に結び目が来るように、見栄え良く、尻より2cm出のイボ結びとする。

　押縁は銅線で1本取り2周回しで本締めし、手前の下でねじって結び目が見えないように折り込む。また、玉縁の飾り結びの中間に、両面ねじりイボ結びをする。

　⑥玉縁の仕上げ…太竹（直径約10cm）を六ツ割で末口から大割する。割った末口に番号をふり、末口から一節目に（裂き止め）ガムテープを巻く。「割は末口、裂きは元口」からやるとよい。六つに割った竹をさらに2等分に元口からガムテープの位置まで裂く。それを繰り返して8等分とする。

　その竹を平らに並べて、出だしの節（末口）を揃え、紐で仮止めをしていく。3、4番目の竹が玉縁の天端に来るようにする。仕上げは銅線で本締めとする。

　玉縁の節は、最初は一直線となるが、曲がる部分は節が斜めにずれて鱗のような模様となる。龍が動いているように節にも動きが出て面白い。

　⑦玉縁飾りの結束…玉縁の凸部頂点2カ所、真ん中の凹部最低点1カ所に、4本取りの棕櫚縄で徳利・イボ結びし、石畳みで飾り結びとする。玉縁と押縁の接点は両面ねじりイボ結びとし、頭の出が3cmと短くする。

竹垣編6 ｜ 木舞垣・小舞垣

木舞垣・小舞垣 (こまいがき)

　土壁の下地となる壁芯に用いる細い割竹や木片を組んだものを「木舞 (小舞)」という。

　東京都馬込の庭師・磯田勝五郎氏が清水竹を木舞のように格子状に組み、縦と横の格子の目を楽しむ垣として「市松網代」を創作した。

　近年、南品川の庭師・野村脩氏が、市松網代をもとに、格子材料を太い建仁寺垣用の割竹に替えて作業性を良くし、栗のなぐり丸太やその曲を見せる柱を入れ込み、繊細でシャープな格子目模様を持つ竹垣をつくり上げた。それが「木舞垣」である。

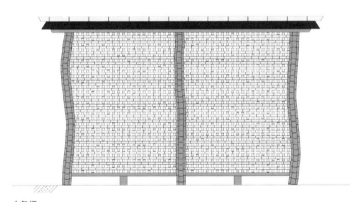

木舞垣

丸太選び

　木舞垣の柱は皮剥ぎの栗丸太を用いる。栗はヒノキより持ちが良い。

　栗丸太を選ぶコツは、①芯出しの取れる丸太 (一面まっすぐな丸太)、②下場地（げばち）もの (末元の直径の差が大きいもの) はだめ。③間 (中) 柱には曲がりのあるものを使う (曲を出す) と垣根模様に面白い味が出る。

　皮剥ぎは、片面の鉈と両面の竹割を用い、皮は末口から元口へ剥ぐ。

手斧の当て方

皮剥ぎを終えた丸太に、元口から末口へと上に向かって手斧を当てていく。刃から当てると深くえぐり過ぎてしまい、なぐり模様が均一にならず見た目が悪いため、刃の背から当てる。

墨出し・ほぞ彫り

なぐり丸太が完成したら、手斧で削った直が出ている部分の末口から割竹4枚の厚み（入れ込む立子・押縁用）分の墨出しをする。胴縁用のほぞを、ほぞ彫りカッターで削り、下の止めの部分は鑿と玄翁で仕上げる。なお、鑿に玄翁を当てる時、玄翁の膨らんでいる「木殺し」側を用いると、鑿の頭のカバーの金物に当たらず、頭がゆるまない。

次に、親柱・留柱・間柱の地際より上5寸（15cm）の位置に無目板を入れるほぞ穴を彫る。立子の押さえとするために無目板にも溝彫りしておく。

柱の立て込み・無目板入れ

親柱、留柱、間柱の順に柱立てをし、無目板を入れる。

照り・むくり

立子を押さえるために、下部へは無目板を、上部へは笠木を取り付ける。無目板は、立子の重量がかかるので、むくり（凸形の反り）が上に来るようにする。笠木は、照り（凹形の反り）を下にして、立子の突っ張りとし、見栄えも良くする。

なお、柱つきの無目板の下角は、金折で留めると安定して強度的にも良い。また、地際の垣と垣の中間にも丸太の鼻（先端の不要な部分）でかませをつくり、当てておく。

立子・押縁

立子と押縁には、山割竹の青竹か、晒し竹を用いる。青竹は黄色に枯れていく様を楽しめる。茶室の袖垣などには枯れた雰囲気の晒し竹が似合う。裏表両方から見られるように2枚抱き合わせで、法使いとする。

格子目は、竹1枚分の幅で40〜45㎜にすると垣が繊細に感じられる。柱つきは間を空けておく。下げ振りなどであたりを取り、竹割で大雑把に削り、あたりを切り出しナイフで仕上げていく。

また、格子目の隙間を均一にするため、立子の耳でかいものを作り、1組ごとに上下へ無色透明なコーキングで角（木っ端）を留めていく。

押縁は、裏から表へと仕上げていく。また、下から上へと積み上げていくと、作業性が良い。この場合も竹の角をかっていく。

結束

　垣の中心から左右3枚目は竹の癖で膨らみやすいため、この2カ所を18番の銅線で留める。結びはすべて裏側の竹の下で見えないようにプライヤーで締める。格子のラインがぼやけて全体が野暮ったく見えるので、棕櫚縄は使わない。なお、立子と押縁を取り付けたら、強度を増すために、左右の柱と無目板のほぞをコーキングで埋め、へらで仕上げる。

こだわり

　木舞垣には、棕櫚縄を用いないので、アケビやテッセンなどの蔓ものを絡ませると、より風情が増す。現代庭園にかなった囲い技術であると言える。目を菱にすると、材料に無駄が出るので格子とする。木材を用いた洋風なラティスに対し、竹を用いた木舞垣は和モダンである。

竹垣編7 │ 松韻垣

松韻垣

　この垣根は、（社）日本造園組合連合会の技術・技能委員で、現代の名工でもある東京都品川区の庭師・野村脩氏が平成25年に考案した変形の創作御簾垣である。野村氏の屋号「松屋」と、風が抜ける構造から、松に吹く風の音という意味で命名した。

　格子や組子の隙間から後方の人の動きや景色をちらほらと見せることで、奥行きを感じさせる効果がある。また、隙間を空けることで強風による転倒の防止にもなり、用と景を兼ね備えている。

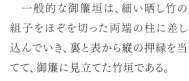

　一般的な御簾垣は、細い晒し竹の組子をほぞを切った両端の柱に差し込んでいき、裏と表から縦の押縁を当てて、御簾に見立てた竹垣である。

　一方松韻垣は、1束16本締め（太さ1寸）の唐竹を胴縁として用い、1本ずつ横に積み上げるように柱にビス留めしていく。その後、所々抜き取り隙間をあけ、表3本・裏4本の斜め押縁を右肩上がりに同じ角度で組むことで、透かしの菱形模様をつくる。

　ほぞがない分、手間がかからず作業効率が良い。唐竹を細かく切らずに、最大限有効利用した竹垣である。

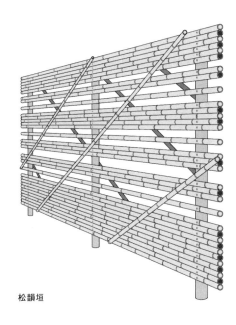

松韻垣

柱立て

　通常、2間（3.6m）に親柱・留柱・間柱の3本を立てる。間柱は、胴縁の分だけ後ろに下げず、親柱・留柱と同じ一直線上に立てる。

　間柱の位置を決める時は、親柱と留柱の上下（天端と地際から5寸・15cm上）の2カ所に、柱の表面に合わせて水糸を張る。

胴縁工

　胴縁は、強度を高めるために末口節留めとし、親柱と留柱の幅より両端5寸ずつ長くして切り揃えておく。

　親柱と間柱・留柱の3カ所には、胴縁を取り付ける時に柱が開かないように、貫板を天端に打ち付けるか、胴縁の竹を上に1〜2本取り付ける。

　また取り付けは、雨滴で泥の跳ね返りが当たらない地際から5寸上の位置より始める。

　それぞれの柱の表面に、上に向かい5寸ずつ印を付ける。

　胴縁は、1本ずつ下から上へと極めていく。末口・元口を交互にすると同時に、竹の顔を出し（竹の芽を正面に向けて水平線を出す）、見栄えを良くしながら、まず真ん中の間柱に、穴空けドリルとビス打ちドリルを用いて留める。その後、両端の柱に胴縁の隙間を調整しながらビス留めしていく。

胴縁の隙間空け

　胴縁の3分の1もしくは4分の1を取り付けたら、遠くから眺めて、遊び心でデザインを考え、何本かの胴縁を抜く。胴縁の抜き方により、重い所と軽い所ができ、変化がつく。抜いた竹は上段に使う。

　釘留めは抜く時に竹が割れやすいが、ビス留めの場合は竹が割れないので、何度でもきれいにやり直すことができる。ビスの頭は、油性ペンで塗りつぶすとあまり目立たなくなる。

斜め押縁

　唐竹の丸のまま、表から右肩上がりに1本ずつ、間隔を空けながら法使いで3本の竹を銅線で取り付ける。

　まず始めに、最も長い真ん中の斜め押縁の根元を地中に3寸程度生け込む。これにより強度が増す。次に、その角度に平行に、手前、奥へと順次、斜め押縁を取り付けていく。

　間柱に当たる斜め押縁の部分は、ドリルで穴を空けてビス留めとする。

　表側が終わったら、裏側も真ん中から順次取り付けていく。裏側は、間柱を境に2本に切った押縁を胴縁にあてがい、あたかも1本の斜め押縁であるかのように取り付ける。

銅線結束

　結束は、すっきり見せるため、染め棕櫚縄ではなくすべて18番の銅線（直径1.2mm）とする。

　表側は、斜め押縁と胴縁を1本取り2重回しで3カ所結束する。銅線の尻手

は、ペンチで折り曲げ内側に入れる。裏側からの結束は、裏側の斜め押縁と真ん中の胴縁、そして表側の斜め押縁の3本が重なる箇所を銅線で結束すると、強度が増し、丈夫になる。

アレンジ

斜め押縁の材料を、割竹や自然木など、その場の雰囲気と手に入る材料でアレンジすると面白い。

松韻垣は通常、2間（3.6m）の長さで仕上げるが、この垣根は設置する場所や唐竹の長さにより、高さや長さを自由に変えることができる。

竹垣編8│重森三玲の創作垣

（1）創作透かし垣

　重森三玲（1896-1975）は、東京美術学校（現東京藝術大学）出身で、「永遠のモダン」を追求した造園家である。日本各地の古典庭園を実測・評価し、その成果を『日本庭園史図鑑』全26巻・『日本庭園史大系』全35巻にまとめ、さらにそこから学んだ伝統技法を生かし、約200の庭園を作庭・改修した。それらの庭園のために創作垣も多数考案している。

牡丹庵の乱れ四つ目

　重森氏61歳の作品。牡丹庵は愛媛県西条市にある越智栄一家の茶室。軒内（軒下）は派手な牡丹色に塗られており、そこに鎌倉中期の宝篋印塔の笠を逆さまにした手水鉢が据えられている。その背景に真行草の内の草形の乱れ四つ目垣がある。

　胴縁（横の竹）4本の間隔は均等とせず、立子（縦の竹）も間隔を不ぞろいにして左右斜めに打ち込み、1本使いだけでなく、高低差を付けた2本の立子を組み合わせて「吹寄せ」（夫婦連れ）とし、草庵露地に調和した風情が感じられるようにしている。

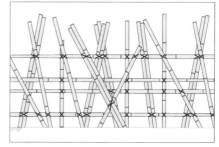

牡丹庵の乱れ四つ目垣

無字庵の創作四つ目垣

　重森氏57歳の作品。京都市左京区にある重森三玲庭園美術館には、腰掛の待合横に石燈籠と鎌倉期の宝塔の笠を利用した水鉢がある。その水鉢の幅に合わせ、背後に設けた創作四つ目垣。

　通常の四つ目垣は、柱付けの立子を柱にぴったりと付けるが、ここではわざと間隔を少し空けると同時に、立子を2本・1本・2本と調子よく地面に打ち付け、割間（隙間・窓）を広くしている。その四つ目に、胴縁の後方から、斜め組子を菱形の割間ができるように組み、その長さは四つ目垣の立子よりも高くしてある。なお、できた菱形は垣の中心から、右側に少しずれている。蹲踞を使う際

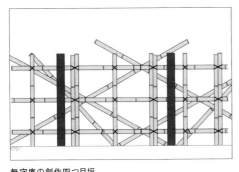

無字庵の創作四つ目垣

も、菱形の模様は正面に来ない。重森氏の遊び心が感じられる。

あたかも海岸で漁夫が網用に立てた物干しのように見える。その間のバランスがよく、安定感を醸し出している。実に奇抜で面白く、現在でも活用できそうな竹垣である。

ただし、無字庵の庭の改修により、現在この垣根はない。

登仙庭の山並みの創作垣

重森氏の弟子、岡本幸男氏が考案した山並みを思わせる竹垣。

重森氏77歳の時、和歌山県高野町の福智院に池泉回遊式庭園「登仙庭」を作庭。モダンなデザインの池には鶴島・亀島を浮かべ、緑泥片岩を用いた州浜模様の曲線となっている。その背景にこの創作垣がある。

つくり方は、兜巾を切った焼丸太を立て込み、下段に胴縁を一本取り付け

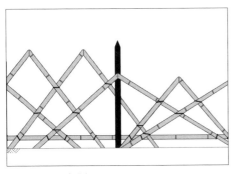

登仙庭の山並み創作垣

る。左から右に向かって一本の丸小竹を折り曲げるようにして山を作る。その山をいくつか作り、山並みとする。山頂箇所で斜めに切り、針金でつなぎ合わせる。元口・末口の先を胴縁に取り付ける。順次、山の高さを変えながらバランスを取り、右前に取り付けていく。最後は竹と竹の交点を染め縄で結束する。山と山の重なりでできた割間がとても面白い。

竹垣編9 | 重森三玲の創作垣

（2）龍吟庵の稲妻垣・雷紋垣・古木垣

　重森三玲は自然再現的な枯山水ではなく、絵画的で抽象的な構成による新たな庭園づくり、「永遠のモダン」を追究した。庭園のテーマやストーリーに合わせて、一庭ごとに新しい竹垣のデザインに挑戦している。

龍吟庵の庭園
りょうぎんあん

　重森氏68歳の時の作品。龍吟庵は、京都市東山区の東福寺塔頭であり、第三世住持大明国師無関普門禅師の住居跡。方丈は現存する最古の建築で、足利三代将軍義満の筆になる「龍吟庵」の扁額がある。明治期の廃仏毀釈の影響で荒れていた方丈は、後に国宝に指定され修理されたが、境内は荒れ放題。住職の依頼を受けた重森氏は自ら寄付金を集めて新たに作庭した。庵号にちなんだ庭と竹垣があり、一木一草も用いない枯山水庭園である。

南庭の稲妻垣

　方丈正面（南庭）には「無の庭」がある。古来、方丈の南庭は儀式や行事をなすための場であったことから、伝統を踏まえて白壁の築地塀に白砂敷きの静的な庭とした。しかし、西庭（本庭）との境には稲妻を抽象的に表した竹垣があり、この先に何かがあるのでは、という興味をそそられる。

　竹垣の胴縁は垂木の角材で、それに割竹を釘で留め、その前の稲妻模様の押縁竹（飾り押縁）は、建仁寺垣用立子の割竹よりも太く、稲妻模様が一目で分かるようになっている。竹の留めは全て潰し釘の縦使いとしている。また、玉縁飾りの棕櫚縄は二本取りで、目立たないように結ばれている。

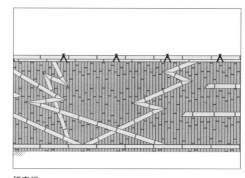

稲妻垣

西庭の雷紋垣

　方丈の西には「龍門の庭」という本庭がある。龍が白波の海（白砂）から黒雲の波（黒砂）を巻き起こし、とぐろを巻いて黒雲に乗り昇天する姿を描いた抽象的でダイナミックな石庭である。白砂と黒砂との仕切りにコンクリートの曲線を用い、縁取りとして一層の効果を上げている。

　庭の南から西は土塀で、西北は竹垣で囲われている。この竹垣こそ、龍が雷雲と共に黒雲を起こす躍動感を演出した「雷紋垣」。

　ぐるぐる回る雷紋の飾り押縁は、中心へ行くほど細竹となっており、人の目の錯覚を上手に活かした動きのある竹垣となっている。

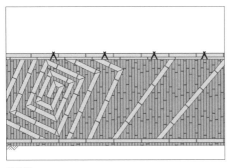

雷紋垣

東庭の古木垣

　方丈と庫裡との間、東の中庭には「不離の庭」がある。大明国師は、幼少の頃、熱病を患い荒野に捨てられたが、黒白の2匹の犬がオオカミの群れから国師を守ったという。その伝説を基に、庭の中央には病に倒れた国師に見立て横石を据え、その前後に国師を守る黒犬・白犬を表す2石、犬の方に向かうオオカミ・犬から逃げるオオカミの姿を6石で表した。凄惨な戦いを物語るために鞍馬石の赤砂を敷いている。

　その背景をなす北の竹垣は、国師が捨てられた荒野の竹やぶを抽象的に表した「古木垣」である。太竹で2つの山を右前で表し、山の頂には短い太竹の雲がたなびき、細い枝付きの曲がり竹を八の字を描くように高さを変えて取り付け、アクセントとしている。山並みや雲を強調するために、棕櫚縄留めではなく、釘留めである。

古木垣

現場で役立つ職人の知恵と技術

竹垣編10 ｜ 重森三玲の文字垣・網干垣

　美術学校卒業の重森三玲は、遊び心で庭園のテーマ、庭園名、屋号などの文字を図案化した「文字垣」を竹垣のデザインに用いている。また先人から伝わった網干模様を竹垣のデザインとして取り入れた「網干垣」を創案した。奇抜な発想といえよう。

天籟庵の天籟庵垣

　重森氏73歳の作品。岡山県吉備中央町の吉川八幡宮境内にある。重森氏が18歳の時に設計した生家の茶室「天籟庵」を吉川八幡宮へ移築する時、露地をつくった。茶席のすぐ裏のモミの大木の落葉が多くて掃除が大変なので、手入れが楽なセメントによる赤砂（出雲藩藩主の松平不昧公好みのサンゴ色の美しい敷砂で、米子地方に産出する特殊な赤砂）と白砂（京都白川産）の洗い出しの茶庭とした。八幡宮は海神を祀っていることから、海と陸との地模様を表している。

　竹垣は、八幡宮の「八」と天籟庵の「天」の文字を建仁寺垣にデザイン化した創作垣。

　建仁寺垣の胴縁は垂木で骨組みをつくり、半割りのマダケにドリルで穴を開け、ビス留めしている。次に、割竹より一回り太い半割り竹で文字をデザインし、ビス留めする。丈夫で、見栄え良く仕上げている。

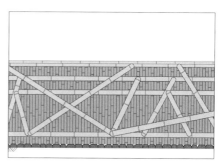

天籟庵垣

石像寺の四神垣

　重森氏76歳の作品。兵庫県丹波市市島町に石像寺がある。その裏山の中腹には7つの巨石でできている高さ12m・幅20mに及ぶ磐座があり、この神格化された巨岩から発想して本堂正面に四神相応の庭を築造した。

　東の守護神である青龍（徳島産の緑泥片岩で伏せた龍に見立てた石組・青砂敷き）、

西の白虎（阿波産の白い石英石をほえている虎に見立てた石組・白川砂敷き）、南の朱雀（鞍馬の赤石を羽を広げた鳳凰に見立てた石組・赤い鞍馬砂敷き）、北の玄武（丹波産の黒石による亀石組・越前産の黒砂利敷き）と、方位と色で四神を表現した。その4つを色合いと形・材質の異なる敷石（青割石敷石・御影の白石敷・丹波敷石・マグロ石敷）で区切ったものは抽象絵画を思わせる。

本堂前方右側には庭園名の「四神」を、左側には寺号にちなんだ「石」をデザインした文字垣がある。

昨年8月、丹波市を襲った豪雨により裏山から土砂が流入したが、つくり替えて間もない四神垣がその先への流出を食い止めた。四神が守ってくれたのだろうか。今も庭や生垣の復元のめどは立っていない。

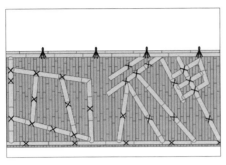

四神垣

小河氏庭園の網干垣（あぼしがき）

重森氏64歳の作品。島根県益田市春日町の小河松吉氏（石見交通の創業者）に懇願され、枯山水・露地・池庭を8年かけて完成させた。

門を入ると、インカ風の敷石が玄関へと斜めに続く。それに沿って屏風のように四曲した網干垣がある。雨抑えの瓦は重みを感じさせる。

漁師が海辺で網を干した形を模したもので、本歌は、修学院離宮中の御茶屋書院裏手の濡れ縁にある「網干の欄干」。これを重森氏が初めて竹垣のデザインに用いた。著書『茶宰茶庭事典』の「創作の垣」という項目のいの一番に記されている。

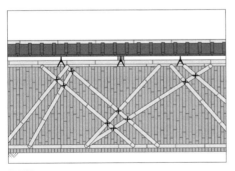

網干垣

重森三玲は、作庭家、庭園研究家、教育家、実測家、写真家、著述家、生け花研究家、茶道家という8つの顔を持ち、そこで学んだことを庭の世界に表現した。

重森氏のように、新しい庭の文化をつくっていきたいものである。

今さら聞けない
作庭用語集

移植時の職人言葉｜1

根回し

樹木が活着するように移植時に太い根や支持根の一部を剥皮し、発根させて移植に耐えられるようにする作業のこと。

貴重な名木や大木、長年移植をしていない木に施されることが多く、移植の半年から一年前に支持根の甘皮（形成層）を10cm程度環状に剥き、根を発生させ、枯れることなく安全に移植させるものである。

一般にも物事を成功させたり実現しやすいようにあらかじめ周囲の各方面に話をつけて、ことを運ぶという意味で多く使われているが、元々は植木職人の言葉で馴染み深い用語だ。

上ッ鉢

「上ッ鉢を取れ」とは、樹木の根元に近い部分を指し、この部分には風雨により土砂がたまりやすく、根鉢の根が土をしっかりと握りつかんでいないので移植時には不要であり、剥ぎ取ってから掘り取りをする。

樽巻き

上ッ鉢を取り、根鉢を縦に円形に掘り取った後、根の乾燥防止、細根の保護、根鉢の脱落防止などを目的に、根鉢を樽状に縄掛けすることを「樽巻き」という。その際、鉢に藁をよじってつくった縄を樽巻きにトンコ（コノキリ）で打ち叩き締めることを「根鉢を絞め殺す」という。

トラ縄（綱）を張る

樽巻きをした後、鉢底を剣スコップで削る。この後に出てきた支持根を鋸で切る。その際に、根鉢の倒壊防止のために樹高の三分の二くらいの位置で縄を張ること。「トラ綱を張る」ともいう。トラ縄とは、「捕える縄」の略意。もしくは、移植の適期である春先の風向きは、南南西の風（丑寅の方角）が多く、その方向を考慮して、トラのように強風にも負けない強い縄を二方向三方向・四方向張巡らすからという説もある。

ヨドミをかける

夏場など移植の不適期に樹木を移植する際に葉の量を減らすこと。移植時に養分や水分を吸い上げる根毛が切り取られ、吸い上げる水の量が激減するため、葉からの蒸散量を減らし、樹体内の水分確保と発根までの活力保持を目的に行われる。七割程度の葉を「コク」。「葉コギ」は芽を傷つけることなく枝先から枝元に向かって葉をしごく。

枝をためる

「おい、その枝少しためとけや」と現場でよく聞くが、移植・運搬の際に枝折りをし葉や枝を傷めないように縛り付けること。

コヤを担ぐ

「コヤ」とは幹や枝の先端、梢の部分をいう。人力による運搬の際には、根鉢とコヤを担ぐ。

水鉢をきる

移植樹木を植付ける際、根鉢の外側に輪状の浅い円堤を築く。この作業を「水鉢をきる」といい、灌水して水を溜めることを「水極め」、その際に木を「ゆさぶる」ように根鉢を動かし、宿土との馴染みをよくする。

土（突き）極め

マツの移植は水を嫌うと昔からいわれ、突き棒で土を突き固めながら植込むこと。

土極めといいつつも現在ではマツに対して水極めする業者が増えてきた。

泥巻

主にマツ類に行う幹巻き。樹勢の促進、生育力の回復、防寒、防暑を目的として行う。マツの場合は幹に虫が侵入しやすいことから、新聞紙（虫はインクの油の臭いを嫌う）を幹に巻き、その上へ藁縄を下から上へ等間隔にぐるぐる巻き上げ、最後に荒木田土を塗り付ける。

移植時の職人言葉 | 2

居所回し

樹木の根鉢を掘り回し、鉢底の直根（心根・しんねともいう）を切り、その場にて樹木の表（おもて＝樹木の最も木姿の良い見栄えのする位置）を見極めて向きを変えること。

馬

移植・運搬の際、枝折れ防止のために直接地面へコヤがつかないように主幹を受けて支える役を果たすもので、四つ足をもつ形から馬と名付けられた。木製のものが多いことから「木馬」が訛って「きんま」とも呼ばれる。後に、担ぎ棒を二本結んでX型に交差させ、その上部の又で支えるものも馬と呼ぶようになる。使用の際は「馬をかえ」という。

角

樹木の運搬の際に根鉢の回転・転倒防止や振れ止めのために角材を両端に入れてかう。「角をかえ、角を入れろ」と現場ではいわれる。

板木

角と同様の働きをする物で、転倒防止のために角と根鉢との隙間に少しずつ板木を入れる。厚い板もあれば薄い板もあり、両方ともに板木といい、隙間を調整する板のこと。

立曳き

掘り取った樹木を倒さずに、立てたまま、ウインチや「神楽桟」という道具を用いて植栽地まで運搬するもので、主に狭い場所で行われる。運搬には、地面の凹凸をある程度ならして道板を二枚敷く。その上へ硬木のカシ材やケヤキ材でできている直径10cm前後、長さ1.2m前後の丸太「コロ＝木ゴロ・カシゴロ（カシ材でできているコロ）」や鋼管パイプの「金コロ（カナゴロ）」と呼ばれる荷をコロコロ転がす「コロ」を適度に隙間を空けて敷き並べる。

その上には道板と平行にコシタ（腰板と呼ばれるコロが入りやすいようにスキー板の先端のような歯口があるソリ状のもの）を載せ、その上に荷である根鉢を載せ置く。

その際、荷の安定・転倒防止のために筋交いに角をかう。この角のことを「かんざし」と呼んでいる。そして荷にワイヤーや綱をかけて、ウインチなどで引っ張り移動させる。

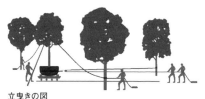

立曳きの図

横曳き

比較的移動距離の長い場合に、掘り取った樹木を倒して、横にしたまま、ウインチや神楽桟を用いて植栽地まで運搬するもので、場所が取れる場合は立て曳きより安定した移動方法である。

溝曳き（みぞびき）

極めて移動距離が短い場合に、掘り取った樹木を立てたまま、ウインチや神楽桟を用いて植栽地まで運搬するもの。

ふかしあげ

掘り取った樹木の根鉢を左右に倒しながら掘り土を根鉢の下へ入れ込み、掘り取る前の地面まで持ち上げることをいう。

芝付（しばつけ、しばつき）

掘り取る前の樹木の地ぎわに当たる部分で、幹と根の境をいう。移植し植え付ける際に、芝付けより浅く植え付けることを「浅植え」といい、根張りを良く見せることで樹木の価値が上がり木の力を表現できる。
逆に、芝付けより深く植栽することを「深植え（ふかうえ）」と呼び、元の根が腐敗したり、二段根となって樹勢が衰えることから、通常現場では「芝付をあわせろ」といっている。

根の切り返し

掘り取りから移植・運搬し植栽するまでに日数が経ってしまうと、根巻された根鉢内の根毛が乾燥して傷ついていることが多い。そこで、植え付け時の水極を行う際には、根の切り返しを木鋏などで行うと水の吸収力が増し、移植後の根の発生を促進できる。活着に大きく影響を及ぼす作業である。

移植時の職人言葉｜3

代縄を切る（だいなわ）

大物の樹木の移植時には、根鉢を縦に円形に掘り取った後、根巻資材の藁や麻布で根鉢を覆い、切った太い根の1本に2本使いの縄の結び目を引っ掛けて樽巻き（根鉢を樽状に縄掛け）をする。その後、鉢底の土をさらって縄でかがる前に、樽巻きし終えた縄を一時幹の根元に回して緩まないように固く仮止めをし、結び付ける。これを「代縄（だいなわ）を切る」という。

スカートめくり

大物の樹木の移植時、樽巻き後に縄から下にはみ出した根巻資材の裾をたくし上げる縄のこと。そのようすがスカートをめくっているように見えるため。

さぐる・さぐれ

根巻きをする時に「下（鉢底）をさぐれ」という。これは鉢底に根巻の縄が掛かりやすいように鉢の下を探りながら掘削し、底の根を切断したり根鉢の土を掘り取って掻き出したりすることを指す。

探り掘り（追い掘り）

フジやジンチョウゲなどの根の粗い（根の先端部のみに細根が発生する）樹木の移植に用いられる手法で、根を切らないように探りながら追い回して掘り進み、長い根のまま移植する方法のこと。

かがり

大物の樹木の移植時に、スカートめくりした藁や麻布の仮止め縄を解いて、鉢底に根巻資材を押し当て、根元の代縄を解き、根鉢の上面・下面へ斜めに叩き締めしながら鉢土落下防止のために巻き上げていくこと。上鉢からみて三角形にかがっていくものを「三つ掛け」、四角形にかがるものを「四つ掛け」と呼んでいる。

オシメ・尻当て（しり）

根巻きの際、根鉢の土が尻から落ちないように藁などを鳥の巣状に丸め、3等分に折り曲げ広げたりして鉢底に当てること。子供の尻にオシメを当てるさまに似ていることから「オシメ」または「尻当て」という。

尻かがり

移植・運搬に際し、根鉢の土が鉢底（尻）から落ちないようにするため、オシメ（尻当て）の上から縄でかがること。網の目状のきれいな模様は、根巻きに高級感を与える。

竈口（かまぐち）

掘り取り・根巻きを終えた後の樹木を修羅（ソリ）や二輪車などで引き出したり担ぎ出したりするために、掘り穴の幅で溝状に掘り上げて斜めの通路を作ることがある。この斜路のことを「竈口」と呼ぶ。竈口の溝を掘ることを「竈口を切る」という。

お生（なま）

人力、素手の力。樹木の植え付けに際し、「お生で回せ」と親方が声を掛けたら、樹木の向きを機械や道具を使わずに、何人かの素手で変える。

豆腐屋回し（とうふやまわし）

大物の移植樹木を植え穴に入れた後、立てたまま向きを変えたい時に、根鉢や根元の幹に丸太を差込み縄で結び付け、梃子の応用で回すもの。「豆腐屋で回せ」と親方がいう。植え穴に水を入れながら（水極めしながら）回すと回りやすい。昔、豆腐屋が石臼で大豆を挽く時の、臼を回すさまに似ていることから、東京の庭師がつけた用語といわれている。

下る（くだる）

樹木が養水分を吸えなくなると、水か上がらなくなり、木の梢頭から枯れ始める。このさまを「下る」という。移植養生の失敗や長年の踏圧や照り返し、病原菌の侵入や栄養状態の悪化などが原因。枯れ下がること。

かたす

移植の言葉で、仮植え（仮植）を指す。反対用語が本植（定植）の「極める」。また、片づけるという意味もある。

ぐずる

移植・運搬中に、根巻きした根鉢がぐずぐずに崩れてしまうさまをいう。つまり、根巻きの用をなさなくなり折角絞め込んだ縄が緩んでしまうことを指す。

やせる

衰弱する、枯れやせる、乾きやせるという意味。移植した樹木の葉の色が白っぽくなり、カサカサに乾ききり枯れて衰弱してきた状態を指す。

移植時の職人言葉｜4

たかる・たかれ

手入れ、樹木や石の運搬作業を四、五人で行うときの言葉。一つのものにハエがたかったような状態で作業をすることから、「全員でたかってやっつけろ」という。

振るい・はたき

樹木を掘り上げた後、重量を軽くするために根鉢を叩いて、鉢土を振るい落とす、根巻きをしない移植方法の一つ。掘り取ってすぐに根を乾燥させないうちに植えつけられる場合や、根に鉢土が付きにくい果樹苗、ツツジ類のような細かい根の多いもの、活着しやすい樹木など、主に休眠期中の落葉樹の移植に行われる。振るいものの植付けは水極めにする。「たたき」、「はたき」、「ひっぱたき」、「ひっぷるい」ともいう。また、移植したての樹木が自然に葉を落とすことは「振るう」という。

ヒラ・扇ビラ

樹木や石をコロで運搬する際にコロと荷の境に用いられる角材。通常は2本のカシ材を平行

に組み合わせてソリ状にするが、扇のように末広に開いて組み合わせたものを「扇ビラ」という。

扇ビラ
写真提供＝野村侑 (株)東海造園

ころ・コロ・転子

樹木や石を狭いところで運ぶ時にヒラの下に入れる丸太。荷を載せたヒラの下には2〜4本のコロを平行に隙間を空けて敷き並べ噛ませて、ころころ転がしながら運ぶところから名付けられた。ヒラの下に敷かれる先端のコロを「鼻ゴロ・先ゴロ」、真ん中の、コロを「中ゴロ・胴ゴロ」、最後尾のコロを「後ゴロ」、ヒラの先に置かれるコロを「待ちゴロ」という。また、方向を変えて曲げたい時には、コロが平行から矢はず状になることから「矢ゴロを切る」という。コロで運んでいる時に、方向を変える場合は、梃子 (バールはヒラを傷つけるため、ヒラと同じ木製のカシ梃子・カシ材でできている梃子) でヒラの鼻 (先端) を押す。このさまを「鼻を切る」という。

担ぎ・二てん (差し)・三てん (トンボ)

「担ぎ」とは、掘り取った樹木や石を担ぎ棒 (担ぐ丸太) とロープで吊り、運搬することをいう。担ぎ手が2名の時は「二てん」(差し向かいで担ぐことから「差し」ともいう)、3名の時は「三てん」、2本の担ぎ棒をT字型に組み合わせトンボが飛んでいるような状態に吊ることから「トンボ」ともいう。

泣く

移植する場合、トラックに載せ、風を切って運搬すると、樹木の葉は水分が少なくなり萎れる。この状態を「泣く」という。特に新芽の開葉期には葉が萎れやすい。泣く (萎れる) と活着率が低下するため、運搬する前に蒸散抑制剤を散布することがある。現場では「泣いているから、水をやって置け」という。

根張りを見せろ

大木・古木の根元の根の張り具合をいい、樹木の植えつけをする場合、「根張りを見せろ」という。深植えをすると二段根となり、樹木は衰弱する。根張りを見せることで、その樹木の風格も現れる。

はねる・はねろ

移植時の根鉢を掘り回す際に、剣スコップで鉢の周辺の土をすくい上げること。

鉢 (根鉢)

移植の際、根の部分をある大きさの半球形に掘り取る。この根の塊を「鉢 (根鉢)」といい、根鉢の形には、皿鉢・並鉢・べい尻鉢 (べい尻) の三つがある。

べい尻 (貝尻)

深根性の常緑樹を移植するときの根鉢の形。その形がベイ (巻貝) に似ているため。また、子供の遊び道具であるベイゴマの尻状の形から、「べい尻鉢」ともいう。マツはベイ尻にしないとダメと昔からいわれ、鉢の厚さは根鉢の直径とほぼ同じ程度。

立ち根

幹の真下、根鉢の中心から地中へ真っ直ぐ深く入り込む樹木を支える太い根をいう。一般的に「直根」、またはゴボウのような根の形から「ゴボウ根」と呼ばれている。大木の移植時に樽巻きが終わってから最後に切り取る根である。横根に対する言葉。

移植時の職人言葉｜5

仰向く

樹木を植え付ける時に用いる言葉。迫力感を出すために少し前かがみに倒して植栽するが、その角度より上を向いていること。または後方に傾いていることをいう。「拝ませる」の反対語。

揚巻

樹木の移植を行う時に小・中木に対して行われる根巻方法。根鉢を掘り取り後、鉢土が崩れないよう丁寧に持ち上げ、掘り穴から出して（揚げて）、地上で麻布や藁を用いての根巻を行うもの。

作業性は樽巻よりよく、一般的に小・中木で行われる。現在では、掘り上げた樹木をクレーンで吊った状態で根巻したり、ゴルフ場などの大規模開発に伴い場内での根巻をしないで樹木を立てたまま直接根鉢をバケットでカットし運搬する機械移植が頻繁に行われている。

素掘り

樹木の移植に際し、根巻を行わずにただ単に剣スコップやエンピを用いて根鉢を掘り上げることをいう。

付け鉢

ごぼう根（ゴボウのような直根性で細かい根がない）や荒根物（あらねもの・粗根物・新根物とも書き、細根が少なく根が荒れている樹木）を掘り上げると根鉢が崩れてしまうことがよくある。その場合は土を振るった根に土を上下左右から付けて如何にも根鉢が立派に付いているように麻布や藁で根巻を施す。これを「付け鉢」という。

玉掛け

樹木や石をクレーンやチェーンブロックで吊り上げるためにスリングベルトやワイヤーロープを荷にかける作業を「玉掛け」という。吊り上げ荷重1t以上の玉掛け作業は、厚生労働省令で定める玉掛け技能講習の修了者が行うことになっている。

一本吊り

掘り上げた樹木を運搬する際にトラックの荷台に載せたり、運搬し終えて植え穴に樹木を立て込む場合にベルト（スリングベルト）やワイヤーロープを目通し用いて吊り上げる。その場合に吊る位置が一本の吊り具を用いることから「一本吊り」または「一点吊り」という。労働安全衛生法では原則として一本吊りはしてはいけないこととなっているが、不整形で重心の取りにくい樹木や石の積み込み・運搬に際しては、しばしば一本吊りが行われる。

二本吊り

樹木の吊り上げに際し、一本吊りは荷重が一点にかかってしまい、樹木の生長期に玉掛け部分の皮がよく剥けてしまうことから、現場では力の分散を図るために「二本吊り・二点吊り」がしばしば行われる。

二本吊り
写真提供＝野村脩
㈱東海造園

あしらってやれ

樹木や石の見栄えをより一層良くし形を整えるために、またその欠点を補うために、主木や主石の近くに樹木や草花を植栽したり、石を置くこと。

厚い

植栽密度の濃いことを「あつい」といい、密度の疎のことを「うす（薄い）」という。芝生の目土などは掛け過ぎた所が厚くなり「ここ厚いよ、よっちゃっているよ」と一箇所に集中しているさまをいう。

後棒

2人で樹木を担ぐ場合、担ぎ棒の後ろで担いでいる人を「あとぼう」といい、前の方を担ぐ人を「さきぼう」という。一般的に後棒は親方であり、先棒は小僧である。これは、荷を担いでみてフラフラしているときは荷を降ろせと指示したり、先導したりするためで、後方の後棒役は大切。背筋を伸ばして担ぐので「腰をきる」という。また、やじろべえのように重心をとりながらバランスよく吊ることを「チャンチキに吊れ」という。

暴れっ木

枝の形状が乱れている木。野の木、山の木で手入れをまったくしていない木。

新木

野の木、山の木で手入れをまったくしていない木。新しく植木にするという意味からついた名と思われる。

別名「あらっき」ともいい、もしくは「やまどりもの（山採り物）」ともいう。地下部も地上部と同じように乱れていることが多いので、根回しして発根を確認してから移植した方がよい。

移植・支柱時の職人言葉

矢ごろ（矢転子）を切る

ころで樹木や石を運搬する場合、ころを進行方向に向かって道板の上へ直角に入れ、ころ

ところは平行に入れる。進行方向を変える場合は、ころをハの字状に置いて入れ込む。

この際のころのあて方や、腰板のコバをカナテコなどで押してカーブを切る切り方を、「矢ごろを切る」という。

おもて

樹木や石の見栄えが最も良い側。樹木の場合、「木おもて」ともいい、南側の太陽光線が当たり枝葉が茂っている側をいう。反対側をうら（木うら）という。

顔（面）を見せろ

樹木のおもてや石の面の正面をだすこと。

のの字回り

樹木を植え穴に収めたり、石の据付けや方向を修正する際にその場で旋回させることがある。「の」の字を書くように右回りに回すことを「のの字回り」、この逆回りを「の反」、逆を「逆の」という。現場では、「のに回せ」「の反に回せ」とよくいう。この言葉は地方により異なる。

ヤツ・八掛

樹木の移植時、主に大木に施す支柱のひとつ。樹木の周囲から2本、または4本の丸太や竹を斜めに立て掛けるもので、その様が「八の字」を描いていることから「ヤツ」とも呼ばれ、現場ではよく「ヤツを掛けろ」という。

八掛は8ヶ所（支柱丸太と幹に3ヶ所、丸太と丸太に2ヶ所、根際の支柱とやらずに3ヶ所）に棕櫚縄や針金などで縄掛けすることからいわれている。

かつぶし

立曳き・横曳きに際して荷である根鉢にウインチのワイヤーを掛け、片側は引っ張り込む方の控え木に取り付ける際に幹に傷が付かないよう木片や枝を縄などで2ヶ所程度結び、すだれ状にしたものを控え木に巻く。これを「かつぶし」または「編垂れ」「すだれ」という。移植時

の支柱のひとつに針金張り（ブレース）があるが、その際にも針金が掛かる箇所にかつぶしを用いる。樹木が生長する時に針金を呑み込まないこと、掛ける樹木の幹を傷つけないことを目的に施される養生である。

やらず・根杭

八ッ掛支柱の根元に施される60cmほどの面取り・三方のめしされた短い杭丸太をやらずまたは根杭という。風の力で樹木の地上部が動き、支柱が引っ張られて抜けることを防ぐために地際に支柱と交差させて施すもの。やらずの打ち込み角度は通常地面に対して65度前後、やらずの頭の出が10cm程度とされ、利用者の足に引っ掛からず、見栄えもよく、強度もある三拍子揃った造園技術である。

面取り

角のある柱や壁・杭の隅の部分が衝撃で傷つかないように、美しく見えるように隅角部を45度や円形に削ることをいう。やらずに面取りを施していないと、掛矢で打つ際に、掛矢の頭がやらず杭の頭の角の一点に当たることで角が裂けてしまう。

のめし・のめす

丸太の先端を鋸などで尖らせる作業を「のめす」という。鳥居型支柱用の丸太や八ッ掛用のやらずには三方のめしの加工を施す（のめし丸太）。最近では電動鋸を用いた加工が多い。

のこめ（鋸目）

八ッ掛や布掛の竹支柱で竹と接合する部分を結束する際に、滑りと動揺を防ぐために鋸で5mmから1cm幅の2本線を挽き、竹挽き鋸の背（峰）で2本線の幅を剥ぎ取り、棕櫚縄や針金が引っかかるようにすること。あまり幅が広いと強度が落ち、鋸目が深いと割れやすくなるので注意が必要。場所によっては、結束材の一部が掛かればよしとするところもあり。

やわら

樹木や石が他の物と接触する時に、皮が剥がれたり傷を防ぐために、支柱時には樹幹に杉皮を、石の傷つきやすい角などにはあらかじめ薬・縄・板片などの緩衝材を当てがって巻くことがある。この当てものをいう。

移植・石組時の職人言葉

遊びを持て

移植をしようとする樹木の掘り取り・樽巻き・倒し込みの時にとら縄を張るが、ピンと張るのではなく少し余裕を持たせておく。そのようにとら縄を絡めて置かないと移植木が倒し込めない。こういう場合に「遊びを持て」という。

一寸やり

少人数で、コロ・ソリに大きな樹木や石を積み込み動かす場合は梃子（てこ）でソリの尻を押す。一気に押すと目が届かずに危ない。

その時に「一寸やりでやれ」と塩梅（あんばい）を見ながら慎重にほんの少しずつ動かせという意味でいう。「一根遣り」「一献遣り」とも書く。

殺し

樹木や石を玉縄やワイヤーロープで担ぎ棒に掛ける時、縄やロープが長いと吊りしろが長くなり運びづらい。その場合吊りしろを短くするために回し縄の下に先端の縄を下敷きとし、荷の重さを加えて動けず抜けなくすることを「殺し」という。

コボ

こん棒が縮まってコボとなったか。こん棒を担ぎ棒とする。「コボもってこい」とよく現場でいう。

相持ち・せり持ち

物の担ぎ方で、石などを玉縄で結びコボで担ぐ。その場合、お互い荷が中心になるよう斜めに態勢を整え肩に担ぐ。これを「相持ち」という。お神輿を担いだ時のように体がお互いに競り合うから「せり持ち」ともいう。肩が強い人と弱い人が担ぐ時は、強い人が荷の近くを弱い人が荷の遠くを持つと荷が振れずにスムーズに動ける。前進する場合は同じ方向（前方が右肩に担いだら後方も右肩に）に担ぎ、向き合って進む場合は互い違い（担ぎ棒を境として左右）に担ぐと荷が振れずに良い。

あご

石の、人間のあごのように突き出た部分をいう。

撥ね梃子

石にワイヤーロープを通して玉掛けをするために、石の下に枕をかう。石と枕の間に突き棒やカナテコを差し込み、石のあごに梃子をかけ、枕を支点として下げ押すことを「撥ね梃子」という。

舟漕ぎ

石の下のあごへ片方または両方から枕をかいカナテコをこじ入れて、撥ね梃子の応用で少し持ち上げ、梃子を水平にして、舟を漕ぐように前へ動かすと、石が移動する。このさまを「舟漕ぎ」という。

煽る

石のあごの下に枕（角・板木・あて物）を置き、カナテコをその間に差し込んで、石をひねる・左右に振る・動かす・ゆすることを「煽る」という。現場では「そのあご、カナテコで煽れ」といった。

追い梃子

樹木の根鉢や石のあごの下に突き棒やカナテコを入れ込み、地面に着いた先端を支点とし

て前へ押し込むことにより、樹木や石を前へ移動させる方法を「追い梃子」という。

当て物

樹木や石をスリングベルトやワイヤーロープで玉掛けをする時、樹皮や石の角をベルトやロープで傷つけないために、その場所をカバーする麻袋や貫板などを指す。「やわら」と同じ。

天と回り

お天道様は東から昇って西に沈む。つまり右回り。お天道様が縮まって「てんと」になり、てんと方向に回るから「てんと回り」となる。現場では「てんとにしろ」「てんとに回せ」という。「のの字回り」と同意語。関東地方の呼び名・職人用語。「いま少してんと回りに」ということを「いま天」という。

あべ回り

樹木や石の表を出すために回す際に、左回りに回すこと。時計回り（右回り）と反対（あべこべ）となることから、「あべ回り」または「あべ」という。

拝ませる

石を立てたり樹木を植える時に、臨場感や迫力を出すために若干手前に傾けることをいう。現場では「もう少し拝ませろ」という。

竹垣づくりの職人言葉｜1

竹垣仕事は冬にやれ

竹垣仕事は夏はやらない。夏は竹の内側の水が乾いてフカフカとなり、縮んでしまう。夏に作ると、青竹の色が直ぐに褪せてしまう。これを「竹の色が飛ぶ」という。「竹は寒に切れ」、寒い冬に、3、4年生ものを切り、竹垣に用いる。決して1年生ものは使用しない。

昔の職人は、夏は庭の手入れが多くて忙しい。作業の暇な冬の仕事として竹垣づくりを取っておいた。これは賢い経営戦略の一つである。

唐竹 (からたけ, がらだけ)

竹垣に用いるマダケのことをいう。唐竹は①太さが多種である②末口（枝葉がある梢の方）、元口（根に近い太い方）の太さがあまり変わらず、節止めがしやすく、使い勝手が良いこと③色つやが長持ちし、1年は青く光沢があること。逆に、モウソウチクは肉厚で、竹の色がさめやすく3ヶ月程度で直ぐに白っぽくなる。竹は目通り周の長さで、1束3寸（9㎝）15〜18本締め、4寸（12㎝）12本締め、5寸（15㎝）7本締め、6寸（18㎝）5本締めで販売されている。

現在、竹切りの翁の不足で、4寸以下の細物は中国産の輸入物が多く使用されている。太物の竹は国内産である。通常、マダケで2、3年もの、モウソウチクで3〜5年生ものがよく用いられ、秋から冬に掛けて切り出すと良いとされている。

竹洗い・竹磨き

竹は「モミ殻で洗え」と昔からいわれている。節の黒い部分をモミ殻でこすり落とすこと。洗った後は雑巾で拭く。自然風の庭では、竹洗いをすると、竹の色があせるので、雑巾で拭く程度にする。

割竹 (山割竹)

竹垣の親柱（始点となる柱）と留柱（終点で留めとなる柱）の間の長さは通常1間（いっけん）（1.82m）が基準。マダケやモウソウチクの丸竹を切りだした現地の山で四ッ割・五ッ割・六ッ割・八ッ割にした竹を「割竹」または「山割竹」という。建仁寺垣の割竹は1間分1束43枚程度、昔は竹割器という道具を用いていたため幅が一定ではなかったが、今では機械で寸法割しているため1枚45㎜程度の幅で市販されている。

釿・手斧でなめろ・なぐれ・かけろ

垣根の柱（丸太）には、針葉樹のヒノキ・スギ・マツが、広葉樹ではクリやアベマキなど、腐りにくい材料が用いられる。栗丸太の表面を手斧で浅く波模様や竹の節状、突きノミ状に削（はつ）り、六角か八角の柱に加工したものを、「名栗丸太（なぐりまるた）」という。その加工の時に「手斧でなめろ」「手斧でなぐれ」「手斧をかけろ」という。

口締め

栗材は皮を剥いた時には柔らかいが、すぐに硬くなってしまう。乾かす時に末口・元口を鉄の番線にて縛りつけて、ひび割れ防止にする。その際に「口を締めとけ」と親方はいう。

口締め　　　　　　　　　　　撮影＝著者

法使い・さかさづかい・逆使い

竹垣に用いる丸太や竹は、通常末口（枝葉がある梢の方）を上に、元口（根に近い太い方）を下にして使う。自然の法則に則った使い方で、「法使い」という。その逆に丸太を用いることを「逆さ使い」という。侵入防止柵は、マツ材の皮付き丸太を逆さ使いで打ち込み、番線を張ったものをしばしば見る。それは強度を高めるために柱立てしている土木的な発想である。一方、造園の柱立ては両口スコップなどで穴を掘り、突き棒にて堅固に突き固める。決して掛矢などで打ち込まない。打ち込むと末口が潰れたり割れたりして見た目が悪くなる。用と景を大切にする造園的発想である。

曲を出す

垣根の柱の曲線を出して味わいある風情を楽しむこと。丸太や竹は曲がりの有無があり、柱は内側に湾曲する方を、外側に凹む方を向けると芯が通る。そこに腑（ほぞ）を穿つとよい。

兜巾を切る

修験者が頭にかぶる布製の小さな頭巾を「ときん」といい、この形をまねて柱の天端を切ることを「ときんを切る」という。この形は、排水勾配を設けて雨水が溜まらないよう長く持たせようとする先人の知恵の一つ。

竹垣づくりの職人言葉｜2

親柱

竹垣には、親柱と間柱がある。親柱は、平面的に見ると、敷地の四隅角、玄関入口門柱などの起点となる位置とその終点（留柱ともいう）、また断面的に見ると、斜面の場合の最上段・最下段に建込む柱をいう。

間柱

親柱と親柱（留柱）の間に建て込まれる柱をいう。末口を上にする。一般的に間柱は1間＝1.82m毎に建てられることから間柱や中柱とも呼ばれる。間柱は親柱の末口直径の1倍から1.5倍分下げた高さとされている。

丸棒加工の柱

近年、竹垣の柱として、間伐材を使い材の先から終りまで同じ直径の丸棒に加工した「丸棒加工（ローリング加工）の柱」が使われている。丸棒加工されている丸太の元末はわかりづらいが、上下切り口の年輪幅の違い、削ぎとられた枝の出方や太さの違いで判定するとよい。

墨付・割付・割出し

昔は墨壺と墨刺を用いて柱に割間（わりま＝胴縁や立子の間隔の位置出し）をして印付けした。墨壺は柱の芯の線や溝彫り線を出すもので、最近では線が消しやすい粉チョークなどを使ったものも出回っている。

柱の建込

親柱や間柱を建てること。丸太は末口を上にする。特例として、空き地などの侵入防止柵の場合には松杭を逆さに打つこともある。建込みでは、掘り土は3回に分けて埋め戻すとされている。1回目は、掘り土の1/3を埋め戻し、最初が肝心で、突き棒でしっかりと突き固める。この際に、柱の曲りや向きを二方向から見定め、垂直にまっすぐ建つようにする。
この段階では柱を回して曲がりを修正することができる。2回目は掘り土の2/3を埋め戻して突き固め、3回目で残りの掘り土をすべて埋め戻し、再度微妙な柱の向きや丸太の天端が水平かどうかを確認し突き固めるとよい。柱がぐらつかないよう地面にしっかりと突き固めることを「根固め」ともいう。柱がぐらつく時、職人は現場でしばしば「突きが甘い」といい、こういう状態で胴縁を柱に釘で打ち付けても決まらない。

胴縁

親柱の胴へ地面と水平に取り付けられる材で、親柱から間柱そして留柱へと横に渡して、垣根本体をしっかりと固定させると同時に、垣根の柱や胴縁に取り付ける部材＝組子を受けるもの。胴縁には丸竹・割竹・垂木・貫板などが用いられる。丸竹を用いる場合は通常切付留、あるいはほぞ差しとする。

切付留

胴縁を親柱に取り付ける方法。竹の元末は太さ・厚さが異なり、末口は細くて肉薄で弱く、元口は太くて肉厚で強いことから、必ず末口の

節を残してその直前で斜め切りし、その切口を親柱の裏側にあてがい、錐もみして釘止めする。末口の節を半切りにして、釘止めすることもあるが、強度の面から好ましいとはいえない。

穴の二度あけ

胴縁を柱に取り付ける際に、錐もみを行う。錐もみは、始めに錐を立ててもみ、次いで錐を倒してもみあける。この動作を「穴の二度あけ」という。最近は電気ドリルが用いられ、この場合も同様に穴の二度あけがなされる。

リャンコ・法逆

胴縁が二段の場合は「二段胴縁」、三段の場合は「三段胴縁」と呼ばれ、竹の元口・末口を交互にして取付けられる。

そのことを現場で「リャンコにしろ」「法逆にしろ」と職人はいう。竹の元口・末口を入れ替えることで細・太・細と竹の太さがバランスよく見え、柱に釘留めされた胴縁の強度も増し、平均化が図られ、見栄えもよくなって美しく、安定して見える。

竹垣づくりの職人言葉｜3

泥弾き

最下段の胴縁は雨水・雨だれで泥や砂がよくはじかれて汚れたりかぶったりすることから、別名「泥弾き」「砂かぶり」と呼ばれる。地際の泥弾きや立子の根入れ部分（地中に叩き込まれた部分）は腐れ易く竹垣の寿命が短くなることから「ぬめ（無目）」や「差し石」をかうことで、竹垣を長持ちさせられる。

刈穂・吹きはなし

最上段の胴縁から上に出ている立子の部分を「刈穂」または「吹きはなし」と呼ぶ。刈穂の

出の長さにより見栄えが変わり、長いと見た目は良いが手で寄りかかられると弱く、実用的とするには強度を考え刈穂を余り長くしないこともある。

組子

柱や胴縁に取付ける竹や枝葉などの部材。縦に用いられる組子を「立子」という。立子を垂直に用いる竹垣には一列使いの建仁寺垣・鶯垣など、交互使いの四ツ目垣・鉄砲垣などがある。組子を横使いに用いる竹垣には、御簾垣・桂垣など、組子を斜め使いにする竹垣として龍安寺垣・光悦垣など、組子を編んでいく竹垣には沼津垣・大津垣など、組子を重ねていく竹垣として竹穂垣・蓑垣などがある。

立子

等間隔に縦に垂直に並んでいる竹で、縦に用いられる組子を「立子」という。立子は切り口に雨水が溜って変色したり腐ったりするのを防ぐために末口節止めとする。その際に竹や柱の天端の切口を水平に真っ直ぐ切る時に親方は「水にして切れ」という。また、立子は通常1本とするが、変化をつけた意匠とするために細竹（唐竹の先端）を2本抱き寄せて立子や胴縁として用いることがある。

馬鹿棒

柱建てを終えてから割付けを行う場合、または立子の切出しをする場合に、その寸法をあらかじめ割竹などに印したり、余り竹を立子の寸法に切って基準棒とすることがある。誰でもこれに合わせて切れば間違いないことから「馬鹿棒」と呼ばれている。親方は「馬鹿（棒）を作れ」と新米によくいう。

柱付きは細竹を抱かせろ

柱に付ける立子は細竹を用いると見栄えがよい。そこで「柱付きは細竹を抱かせろ」とよくいう。太竹の立子ではごつい感じになり柱は生

きない。竹を切り出すと細い竹から太い竹まで
出てくるので、バランスよく配置して用いるのが
職人の腕だ。

地面をほぐせ

立子を取り付ける前に、「地面をほぐせ」と親
方はいう。立子の当たる箇所を剣スコップの刃
を入れ込んで溝状に細長い穴を掘り（布掘り）、
やわらかくしておくこと。決して掘り上げない。
掘り上げてしまうと埋め戻さなくてはいけなくな
り、二度手間となる。

糸弛み

立子の高さは間柱と同じ高さとなり、竹垣の高
さは立子と間柱の高さとされている。その立子
の高さを極めるために、出すために水糸が張
られる。2間分 (3.64m) などの距離が長い時は
糸の重さで中弛みが起きる。これを「糸弛み」
という。職人は、水糸が弛んでいることを「甘
い」と呼び、糸弛みしないようにピーンと張る。
また、竹垣の表は、間柱の前に立子が入る側
である。

竹の顔を出せ

竹の枝葉芽がついている場所は曲がりがあ
り、芽を正面に向けると胴縁の水平や立子の
垂直がはっきりと見え、見栄えがよい。職人は
見栄えよくするために、現場で「竹の顔を出
せ」という。通常、このきり（ころを切り、ソリを曲げて
移動させるときに用いる木槌で、ころきりが訛って「このき
り」となる）を用いて、水糸の高さまで立子を打ち
付けるが、立子の天端の中でも、芽がある枝
の出ている所が最も固いので、そこを目掛けて
叩くと頭が潰れなくて良い。最近は、このきりの
代わりにゴムハンマーが多用されるようになっ
てきた。

胴縁のつなぎは差し込み・いもつぎとする

長い竹垣を作る際、胴縁は何本かの竹を継ぎ
足すこととなる。その場合、竹の末口の細い部
分を使うと、胴縁の見栄えも悪く強度も劣る。そ
こで、親柱に切付留した竹のある程度の太さの
位置で、一節の元口の節元すぐ上で切り、留柱
側とする別の竹の節なしの末口をその一節に差
し込み入れ込んで、さも1本の竹を用いたかの
ように見せることを「差し込み」という。差し込
みは一段目と三段目、二段目と四段目をずらす
ことで強度が保たれる。また、つなぎ合わせる
竹と竹の中に一節分に切った竹を挿入して突
き合わせるつなぎ方を「いもつぎ」という。

棕櫚縄・染め縄

竹垣や支柱の結束材料には一般的に棕櫚縄
を用いる。本来の棕櫚縄はヤシ科のシュロの
樹皮の繊維をなったもので中国産や国内の
和歌山県産がある。現在の棕櫚縄はココヤシ
の果実の皮の繊維を編んで作ったスリランカ
やバングラデシュなどの東南アジア産である。
両者とも腐りにくく、伸縮もし、丈夫である。茶
色の縄を「赤縄・赤」、黒に染めた縄を「染め
縄・染めジュロ」と呼んでいる。最近、棕櫚縄
の代わりにポリエチレン製紐のポリ縄が出始め
ている。特に、東京では棕櫚縄を使うとカラス
が巣づくりに持って行ってしまうので、ポリ縄で
代用するという。このポリ縄は水切りの手間が
ないが、結び目の先端がほぐれやすくライター
であぶって固める必要がある。また半永久に
長持ちするが、日に焼けて退色する。

ダマ

棕櫚縄は小束で1把通常45cmの長さに1本取
りで束ねて売られている。それを造園工事の
竹垣や支柱の結束に使うため、2本取りに束

ねなおしたものを「ダマ」という。

1把の縄の糸口（引き出し口）から1本縄を引き出し、最初と最後の縄を2本寄せ合わせ、左手の4本指に右手でからませていく方法、販売されている毛糸玉のように左手に八の字の芯をつくりダマを巻きつけ円筒形にする方法、左手の甲に親指と小指の間を八の字を描きながら巻きつけそれを半分に折り横巻きで留めてダイナマイトのような形にする3つの方法がある。

棕櫚縄で作ったダマは水に浸しておく。湿らせておくと、結びやすくなり、乾くと結び目が固く締まる。結束の際竹垣や作業服を汚さないように、事前に水切りを行う必要がある。その時親方は「ダマの水を切れ」「ダマを乾かせ」という。

杭掛け・柱掛け

胴縁と間柱との接点を釘止めした後、2本取りの棕櫚縄で結束する。それが「杭掛け」または「柱掛け」である。この目的は竹垣の強度の増加と平均化、見栄えをよくする化粧である。

裏十文字綾掛け・裏十文字掛け

立子と胴縁の結束方法は関東と関西で異なる。関東は裏側の綾と表側の結びから二ヶ所に支点がかかり固く結べる「裏十文字綾掛け」、関西は裏側に綾がなく表側の一ヶ所で結ぶことから強度的には弱くなるものの美しさは上回る「裏十文字掛け（向う襷掛け）」を用いる。

竹垣づくりの職人言葉｜5

いぼ結び・男結び

竹垣や支柱、仕立物の誘引、剪定枝を束ねるなどさまざまな作庭作業で最も多く用いられている結び。2本取りの棕櫚縄で施され、別名「男結び」。

平安時代の男性装束である狩衣の袖口にも男

結びが見られる。江戸時代には、罪人を縛り上げる時にも用いられていた。移植木の立入れを行う時、石組の三又を立てる時、竹垣の結束の時に、「もっと男にしろ」と職人はいう。結び目がぴんと立ちしっかりといぼの玉が小さく、固く結べた状態を「男らしい」と見立てたのであろう。逆に、結び目のいぼが大きく、締まりきっていない様を「あぐらをかいているぞ」という。

膝折

いぼ結びをする前に輪の中へ二つ折りして端を通す結びで、引けば解けることから仮留めする際によく使われる。

かきつけ

建仁寺垣などを作る際、親柱側から1本取りの棕櫚縄やかきつけ縄（かきつけ専用の縄）で胴縁に割竹などの立子を次々とからげ付けて固定させていく方法。

先人たちは米俵を編んだ藁縄や麻縄をほどいて小束にしたものをかきつけ用とした。

「かきつけ始めの割竹3枚は法使いにしろ」という決まりがある。建築では逆さ柱は縁起が悪い。建仁寺垣の立子もせめて初めの三枚ぐらいは末口が上の法使いで縁起よくしようというものであろう。

柱付きの1枚目は親柱のくせ（曲がり）に合わせ、割竹を柱に隙間なく密着させるために曲がりの線を描き、竹割り（蛇）で削り割る。その時に「あたりを取って1枚目を付けろ」という。

立子の口が開く、ねむり・ぶっさき

かきつけの際に、割竹の立子と立子の間に隙間が空くことを「口が開いているぞ」と職人はいう。割竹は自然材料のマダケやモウソウ竹を末口から竹割り（蛇）で六ッ割・八ッ割した幅3.5～4.0cm前後のものであるため、末口と元口では幅が若干異なる。また、竹には節々に曲がりがあるため、その割竹を並べてかきつけるとどうしても隙間が空いてしまう。

これを防ぐには、①割竹の凸部の節に挽目（鋸目）を入れる「ねむり」と、凹部に挽目を入れる「ぶっさき」を施してくせ直ししてからかきつける、②割竹の末口・元口を交互にしてかきつける、③棕櫚縄でなくかきつけ専用の細い縄で行うという三つの方法がある。

立子に雨が降る

かきつけは、割竹の立子を1枚ずつかきつけてはこのきりで叩き極めていく。

すべてかきつけ終えて、仕上がりを見た時に、雨が降っているように立子が斜めとなっていることを「雨が降っているぞ」と職人はいう。

これを防ぐには、割竹の上下2ヶ所にかきつけを行うか、立子の末口・元口をリャンコ（法逆）にすると良い。

押縁 <small>おしぶち</small>

建仁寺垣や竹穂垣などの立子や組子の上から横使いに、また御簾垣や桂垣など柵に組子を用いる竹垣には縦使いに渡して竹垣を押さえるために取り付ける材。一般的には丸竹の半割りが用いられる。強度を平均化するために胴縁とは逆に法逆にして取り付けられ、その押さえとして染棕櫚縄を用いてねじりいぼ結びなどで強く締め付け結束する。

ねじりいぼ結び

いぼ結びを行う際に、輪の中にねじりながら二つ折りの膝折として入れ込み引き結ぶと「ねじりいぼ結び」となる。押縁にはしばしば用いられる。

玉縁 <small>たまぶち</small>

建仁寺垣などの最上部の胴縁の上に水平に載せる材で、雨よけと景観を兼ね備えている。別名「雨押え」「雨ふた」「雁振り」<small>（がんぶり）</small>ともいう。一般的に玉縁には太い丸竹を半割りにした笠竹が用いられ、染シュロ縄で飾り結びをかける。

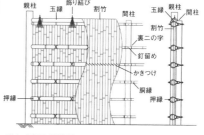

建仁寺垣の構造図

（図中の語） 親柱　玉縁　飾り結び　割竹　間柱　玉縁　親柱　間柱　割竹　裏二の字　釘留め　かきつけ　胴縁　押縁　押縁

手入れ時の職人言葉｜1

手入れは足元から、保護・養生は下から

親方は、小僧に「手入れは足元から、保護・養生は下から」という。

まず、手入れする樹木の根元（足元）にお施主さんが丹精込めて育てている盆栽や草花のプランターがあれば、壊さないように庭の端へ移動させておく。手入れが終わったら元通りにするため、元の位置を覚えておかなければならない。

次に、剪定した枝葉の掃除がしやすいように、昔はゴザやムシロ・コモを、今ではブルーシートを樹木の下、ツツジなどの灌木や下草の上に敷く。夏場は強い日差しでシートが熱くなり、下草の葉が焼けて部分的に赤くなることがある。そこで、通気性のあるメッシュシート（寒冷紗など）を用いる。

池のある庭では、ロープつきの渡し竿や渡し丸太を池に浮かべ、対岸から引っ張って手入れで落ちた葉や枝の回収をするという効率のよい掃除がしばしば行われる。

差込み・挿込み <small>さしこみ</small>

高木の手入れでは梯子が直接かからない場合がある。その時は、長い丸太（差し丸太・差込丸太）を枝の又に斜めに差込み、地面から垂直に立てた梯子をそれに立て掛ける。そこへ細引き（細い麻縄）で割を入れて膝折で仮留めをし、固定して用いること、また丸太のことを別名

「投渡し」ともいう。

木の梯子は、下の元口は重く、上の末口は軽いので、法使いする方が使い勝手がよい。最近ではアルミ製の二連梯子が出回り、差込みも少なくなってきた。

胴縄をつけろ

高木の手入れを行う場合は、昔は体の胴に縄を巻いて落下防止の命綱としていた。今は労働安全衛生規則第521条に、高さが2m以上の箇所で作業を行う場合は安全帯等を使用しなければならないと定められている。胴縄や安全帯は、自分より高い位置の枝に縛ったり、ベルトのロープを掛けたりして体を支えなければならない。

手入れは上から下へ

一人前の職人は、手入れを上の頭から下に向かって行っていく。下から上に向かって行うと、折角手入れした枝の上に、剪定した枝がかぶさり、払い除き片付ける手間が二度かかる。職人は、木姿を決めるため、上からのゴミを払いのけながら下へ向かって鋏を入れながら、効率的で無駄のない作業をしているのである。

手入れは表から裏へ

手入れは表から始め、裏側で終えるのが一般的である。人間は最初が慎重かつ丁寧に手入れを行うが、慣れるに従って目が肥えてきて、混んでいる枝の中から透かさなくてはいけない枝が容易に判断できるようになる。

お施主が見る視点からの木姿・枝ぶりを考えつつ剪定をしていく。時間がなくなった場合、手を抜けるのが裏側でもある。

透かし

樹木の枯れている枝や混み入った枝を枝元から取り除き整理することを「透かし」や「枝抜き」という。

この透かしには、野透かし・小透かし・鋸透かし

がある。野透かしは樹木全体を大まかに透かすもので、枝の先端を摘まずに、枝の分かれ際で切り返すやわらかい自然風の手入れである。

小透かしはモチノキやモッコクなどの段ごとの枝葉を丸い樹形にするため、今年伸びた枝の元から出ている新しい葉を三枚に止めて古い葉を取り除く細かい手入れ方法で「三ッ葉透かし」ともいう。

上を薄く、下を濃く

樹木の生長は、東西南北上下元末で異なり、頂芽優勢で下よりは上の方が、北よりは南の方が、枝元よりは枝先の方が生長がよい。

そこで、手入れをするときは、樹木の上を強めにいじめて勢いを止めて枝葉や芽数を少なく（薄く）し、枝下の方は弱めに手入れして枝や葉、芽数を多めに（色濃く）残し、樹木全体のバランスを整える。その場合、職人は「上を薄く、下を濃くしろ」という。

手入れ時の職人言葉│2

庭木の手入れ（剪定）

庭木の枝葉や幹の一部を切り取ること。手入れの目的には、①庭木の姿形を整える（生垣や仕立物の刈込み）②庭木の成長を促す ③庭木の生長を抑える ④花つき・実つきを良くする（花木や果樹）⑤庭木を若返らせる ⑥通風や採光を良くして病気や害虫を防ぐ⑦移植時に根と枝葉のバランスを取ることにある。

鋸透（のこぎりす・のこす）かし

通常、剪定は木鋏、剪定鋏で行うが、長い間手入れをしていない木などは木姿が乱れている（暴れている・暴れっ木ともいう）ため、太い枝を剪定鋸で切って木姿を整えなくてはならない。これを鋸透かしという。

マツは懐枝を大切にしろ

庭木の内部に出る小枝を懐枝といい、通常は弱い枝が多く、成長する見込みがないため切ってしまうが、マツなどは芽吹き（萌芽力）が弱いため、一度懐枝を切ってしまうと、枝先のみに葉が付き、切詰められなくなってしまう。成長を見込める懐枝を残すことが必要となる。

がれる

手入れをせずに放置した庭木の下枝（下の方にある枝）や懐枝が日照不足で枯れ上がること。

刈込み

生垣や仕立物の枝葉を刈込み鋏やヘッジトリマー（現場ではよくバリカンと呼ぶ）で人工的な形に刈り整えること。一回の鋏の動きで多数の枝葉をまとめて刈り取ることから、細かく柔らかい枝葉が密生する樹種に多く用いられ、萌芽力のある樹種に適する。一般的に、針葉樹は萌芽力が無いので、昨年枝（昨年に伸びた枝）では深すぎて枯れ込んでしまうため、今年枝（今年伸びた枝）は浅く刈込む。

吹かし返し

生垣や庭木は毎年手を入れるものの、同じ樹形を保つのは大変。年々少しずつ大きくなるため、3年に1回は、一気に枝詰めを行い目的の大きさに調整すること。

刈込み前に枝払い

刈込む前に蜂の巣があるかどうかを長いもの（竹箒の柄や刈込み鋏の握り手）でカサカサと払うと良い。その後に樹幹に絡まるヤブガラシやヘクソカズラの蔓ものや根際の雑草を取り除いてから刈り込みに入る。

トビを外せ

枝払い後、刈込みの前にトビを切り取り外すことをいう。トビは他の枝よりも太くて勢いがあるため、樹冠線と同じように切詰めると、その位置から枝葉が多数吹いてきて見栄えが悪くなるため、樹冠線より下で切る。

丸物は刃を裏返し、角物はマサに使え

丸い刈込みものは刈込み鋏の刃を裏返して、生垣などの角ものは表に刃を向けて握り使用すること。握り方は雑巾絞りのように親指を内側に絞ると、刈込み鋏の上刃と下刃が接して切れ味が良くなる。

右利きは右回りに回れ

刈込み鋏は両手を動かさずに、利き手を動かし、もう一方の手を固定しながら刈込んでいくと良い。右利きの場合は、動かさない左手をセンサーとして樹冠の表面に固定し、円を描くように右手で鋏を開いたり閉じたりして動かす。刈り込み方法は、右利きの職人は右回りに、左利きの職人は左回りに刈り込むと勝手が良い。

引っかかり・首吊り

庭木の剪定や生垣の刈込みで手入れした後、刈りかすが枝の中に引っかかっているさまを「引っかかり」という。また、マツの場合は特に「首吊り」と職人仲間が呼ぶほど忌み嫌う。

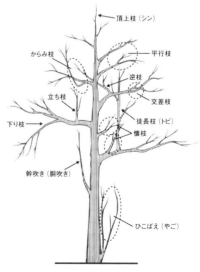

手入れ、剪定時に切るべき枝

手入れ時の職人言葉｜3

幹乗りしろ

剪定は地面から木の幹に乗り込み、枯れ枝・幹吹き枝・からみ枝などを登りながら取り除いていき、庭木の上の方から下に向かって剪定をしていく。親方はしばしば職人に「幹乗りしろ」という。幹に直接上がって手入れをしろというもの。

幹乗りする場合は足がかりとして四足の低いアルミ製脚立や梯子がしばしば用いられる。幹乗り作業の場合、木鋏や剪定鋸を手に持ちながらの移動は手や足を間違えて傷つけることが多い。面倒でも移動の都度ケースにしまうこと。

脚立（きゃたつ）

枝が細くて幹乗りできない場合や、手の届かない高い位置での庭木の手入れを外回りから行う場合に用いる、庭師手づくりの三脚の脚立。

一般的に、スギやヒノキの梢丸太と桟木を三角形に組合わせ、足を掛ける桟を30〜40cm間隔で横に打ち付けた梯子に、太くて長い竹竿の末口二節あたりの節間を火であぶり折り曲げて三角形の梯子の上部裏側の桟に取り付けたものである。アルミ製（金属製）のものも市販されている。安全性を考えれば四脚の脚立の方が安全ではあるが、足元が平らでない所や、手入れする庭木の下に下草や灌木があるときは、四脚の脚立より三脚の脚立のほうが据えやすい。

脚立の積み込み

職人の朝の仕事は、現場へ行くための準備から始まる。脚立をトラックに積むとき、木製の脚立は、裏返しにしてトラックの鳥居とあおりの部分に脚立の桟を引っ掛けて安定して押さえ込むことができる。

しかし、アルミ製は脚立の桟の引っかかりがないために、トラックの荷台の中に足を入れてあおりよりも外へ出ないように積み込む。あおりよりはみ出す場合もあるが、いずれにしても、ロープで南京錠を掛けたりして安全策を講じなければならない。

脚立の持ち運びは頭が先

トラックから脚立を降ろして現場へ持ち運ぶ時は、頭を前に倒して横向きにし、弥次郎兵衛のように重心を保ちながら肩で担ぐ。そうすると、狭い場所でも、楽に運べる。脚立の持ち運びには、庭木の枝葉、門や壁などを傷つけないよう十分注意する。

脚立の設置

脚立の置き方は、手入れする庭木の中に竹の支え棒（受け脚）を入れ込むか、横向きに添わせて置くとよい。決して脚立を背にして支え棒を後ろに向けて置いてはならない。手入れ中にバランスを崩して、倒れた拍子に後頭部でも地面に打ち付けては元も子もない。また、傾斜地では上方に支え棒を置くこと。脚立は、上から見て二等辺三角形になるように開くと安定して倒れにくい。地面と脚立の足の角度は七五度以内とし、支え棒を開くことと労働安全衛生規則に規定されている。

脚立の据わりに気をつけろ

手入れ中に、脚立の脚が地面にめり込んで、不安定になり、バランスを崩して落下することがしばしばある。危険を未然に防ぐため、職人は脚立を据えたらまず一段目の桟木に乗って、全体重を込めて左右に踏んでみて、めり込むか否かを確認する。親方は「脚立の据わりに気をつけろ」という。

開き止めを取れ

脚立を使用するときは、支え棒が作業中ずれて動かないように開き止めの縄を張る。この場合、「開き止めを取れ」と親方はいう。

脚立上での作業姿勢

脚立に乗るときは、支え棒より上へ登ると転倒する可能性があるので、腰を脚立の支え棒より下の位置に置きながら作業をする。

その場合、桟木に片足をまたがせて絡めながら安全を確保すると良い。

また、体の重心は常に脚立の中心に置くこと。片方へ重心が傾くと、脚立は不安定になって転倒しやすくなる。脚立に乗る時も2m以上の高所作業では転落防止のためにヘルメット着用が義務付けられている。

脚立上での作業姿勢

手入れ時の職人言葉｜4

木鋏は野球のグローブのように
人差し指を蕨手の上に出して使え

木鋏は人差し指を握り手（蕨の新芽のような形をしているので蕨手という）の上に出して使う。すると鋏の刃と刃の食い合わせが良くなると同時に、刃が開きやすくなる。もし蕨手の中にすべての指を入れると掌と小指を挟んでしまい血豆をつくる。職人がカチカチと滑らかな音を立ててイヌツゲなどの刈込物の手入れができるのもこの握り方による。木鋏は切る時に握りを前後に動かして（上下に回して）用いるとよく、決して左右にひねってはいけない。ひねると刃がこぼれたり、鋏の心棒が甘くなり食い合わせが悪くなる。

木鋏の持ち方

片手で手入れをするな

職人は片手では手入れをしない。右手で木鋏を左手で枝の切り捨てる方を握り、手前下へ枝を曲げることにより切り口を開いて簡単に切る。また、切っている時も次に切る枝を目で探し、無駄のない動きをしている。

もみあげ時の木鋏の使い方

木鋏は使う度にケースへ出し入れすると手間が増え時間がもったいない。そこで木鋏を握ったまま、両手の親指と人差し指を用いてマツのもみあげ（葉むしり・古葉取り・フルッパ取りともいう）を行う。また、手の中に溜まった古葉を下の枝に引っかからないように地面の一カ所に捨て、後から行う掃除を楽にする。職人は先を見て行動することが大事である。

木鋏の刃は両方切り刃となっているために左右どちらの手でも使うことができる。右手で届かない左側の枝は左手に持ち替えて切る。日々の爪切りも左手を使う鍛錬となる。

もみあげ

鋏は使い分けろ

木鋏は、刃先が尖っているため、混み合った枝へ差し込む時に使いやすく、細かな剪定作業に適している太枝や堅い枝（特に街路樹や果樹の徒長枝など）を切るときには、剪定鋏か剪定鋸を用いると良い。職人は、細枝は刃先で、太枝は刃元で切る。

剪定鋏の逆使い

剪定鋏は、切刃のみの木鋏と異なり、枝を受ける「受け刃」と枝を切る「切り刃」からなる。普通は切り刃を上に受け刃を下になるように持つ。但し、細かい作業を行う場合は、逆使いするとよい。また、上から下に回しながらもう片方の手で切ろうとする枝の先を持って曲げ折ると切りやすい。

剪定鋏の留め金は掛けるな

作業途中でケースに戻す時、剪定鋏の留め金を掛けない。バネの跳ね返りで鋏とサックが密着し、木の上で作業していてケースが逆さまになっても剪定鋏は落ちない。熟練した職人は留め金を小指で外す。

鋸（ノコ）は枝の太さに応じて使え

剪定鋸は目の荒いもの（荒目といい、大枝や太根を切る）・中目（中ぐらいの太さの枝・根を切る）・小目（小枝・小根を切る）があり、枝の太さに応じて鋸を選ぶ眼力が職人に問われる。鋸は刃の元を使うのが普通。一般的に力が入る部分は刃元近くであり、切れ味が良い。刃先は力が入らないので切りにくい。

鋸は二度切りしろ

小枝・中枝は左手で曲げながら右手で鋸を挽く。太い枝をおろす（切る・枝おろし）場合は、枝の下側から上へ枝の太さの$\frac{1}{3}$程度挽き目（ノコ目）を入れ、残りは挽き目を入れた先の部分の上から切る。これを「二度切りしろ」と親方はいう。

上から切り始めると枝自身の重みで樹皮が割け見栄えが悪くなるばかりでなく腐朽菌が入りやすい。仕上げとして切り口をもう一度切り戻すと見栄えがよい。

切り残しをするな

枝は必ず元で切る。残すと必ず枯れ、見栄えも悪い。また、作業中に引っかかりやすく、危険であり、作業の妨げにもなる。

手入れ時の職人言葉｜5

吊り降ろしをしろ

大きな木を手入れするときは、切ろうとする枝や幹にロープを2本かけ、1本は吊りロープ、もう1本は引きロープとし、切り終えたら、周囲に注意しながら、引きロープでたぐり寄せ、地上に降ろす。下にある燈籠や下草に切り落とした枝が当たらないようにするための用心。

バラセ

親方が切った枝を運搬するために、細かく切る・はずす作業は見習いの小僧の仕事。3尺程度の長さに切る。ただ片付け仕事を木の下でするのではなく、上で手入れをする親方の鋸や鋏の使い方・作業手順を盗むと同時に、切り方の練習をしていると気構えがなくてはならぬ。

バラしは元から末へ・枝払いは元から末へ

チェンソーや鉈で枝を払う場合は元から末に向かって行う。大枝はチェンソーで切り、小枝は手に持って鉈でバラす。枝下から鉈を打つとよく切れて外しやすい。鉈の刃元の部分を用いると、鉈の重さ・惰性で枝が裂ける。片刃の鉈は切る枝に対して食いつきが良いが、両刃の鉈は跳ねてしまい外しづらい。細枝は刃先で、太枝は刃元で下向きに枝払いを行う。バラす枝

を左手で持ち右手で鉈を持って下向きにカット
していく。鉈を扱う場合は手袋をすること。

切りじまいは力を抜け

鉈は加減をして振り抜かないとだめ。切りじま
いは力を抜く。枝の太さによって力を抜いたり
入れたりする。太い枝をバラす時は、最初に力
をいれて振り下ろし、刃が枝に食い込んだら
力を抜き、惰性に任せて力を加減しながら切り
落とす。

職人は怪我のないように体の右側を鉈が通
過するように鉈を打ち、振るう。素人は鉈を力
任せに振るい、本人の体の中心や足のほうへ
持ってきてしまい怪我をしやすい。

鉈の正しい振るい方

チェンソーの使い方

従来、太い枝は剪定鋸で切っていたが、今は、
エンジン式・電動式のチェンソーが重宝がられ
て用いられる。剪定鋸を用いる際には資格は
要らないが、チェンソーを使うためには労働安
全衛生規則により特別教育を受けなければな
らない。チェンソーの使用時間は、振動傷害防
止のために連続10分、1日2時間以内にすると
なっている。最近、木の上でエンジンをかけて
チェンソーを使用しているケースが多くみられる
が、不安定な姿勢での機械操作は危険がつき
もの。注意は厳重にしたい。

枝束ね・まるきゴミはしっかりとイボ結び

バラした枝は、運びやすくまるく（束ねる）。枝束
ねは、イボ結びの練習である。葉付きの枝束ね
は細かいゴミが落ちやすい。その残りを竹箒で
集める。長い枝は折りながら束ねる。

はみ出した枝を一々木鋏で切っていては時間
がもったいない。両端を一箇所ずつ縄で結ぶ
と持ちやすく、運搬やトラックへの上げ下ろしに
楽である。2度3度上げ下ろしをすることがしば
しばあるので、枝をきれいに束ねておくと後が
扱いやすい。時間が経つと、枝葉がしぼんでイ
ボ結びが緩むことがあるので、親方はしばしば
「まるきゴミはしっかり縛れ」という。昔の結束
縄は荒縄や畳の縁であったが、最近は梱包用
のビニール紐が多用される。

ふごバッグ

手入れした後の剪定クズなどを入れる袋。単
に「ふご」ともいう。昔のゴミ袋は、石炭や米を
入れた俵などのカマスであったが、それが砂利
や米が入っていたビニール袋を再利用するよう
になり、最近は、専用のビニール製ふごバッグ
に換わった。ふごバッグは、底が正方形で、ゴ
ミの出し入れが楽にでき底に取っ手が付いて
いるので剪定クズをあけやすくなっている。

トラックへのゴミの積み方

トラックにまるきゴミを積む時は荷台のヘリに一
周積み込み、空いている真ん中へは細かい枝
葉を詰め込んだ真四角なふごバッグをトン袋
（1トン袋）へ入れるとクレーンで下ろしやすい。

手入れ時の職人言葉｜6

荒仕上げ・荒掃除は熊手で

手入れした剪定クズを鉈でばらした後は、散ら
ばったゴミや落葉を熊手（クマの手のような格好を
している掃除道具）で掻き出し・掻き集め、竹箒で

おおまかに掃き掃除をして一か所にまとめる。これを「荒仕上げ」、「荒掃除」と職人はいう。

竹箒でなめとけ

広い場所での剪定クズのはき掃除は、竹箒を横使いに持ち、箒を寝かせながら腰を中心として円を描くように掃くと効率が良い。狭い場所の掃き掃除は、竹箒を普通に立てて持つが、その場合もコツがあり、右手を支点にして、左手の握りだけを動かすと楽に使える。使いすぎて箒の穂先が曲った場合は、穂がまっすぐになるように矯正しながら用いると良い。

「竹箒でなめとけ」の図

細かい仕上げは小箒で

ヤブランやサツキなどの灌木の中に入り込んだ細かい枝や葉など、剪定後の細かい剪定クズを掃除する時は、小箒（手箒）を用いる。

小箒は、ダメになった竹箒を分解して、一本ずつ竹の枝を指で折りながら、長さを揃えて束ね直して作る。これは、竹垣の下ごしらえの基礎となる穂作りの練習にもなる。剪定クズを集めるときは、縦使いで腰のバネを使って、クズを飛ばしながら掃除をする。市販の棕櫚箒を仕上げ掃除に使うときは、横使いにする。柄を使いやすい長さに切る職人もいる。箒の角（鼻）が減り、使いにくくなった場合は、切り落として揃えなおして使う。もったいない精神も職人には大切である。

見えないところへかたせ

ゴミの掃き掃除は、風上から風下へ行うのが普通である。また、奥から手前へ、手前から奥へ掃く方法もある。親方が「見えないところへかたせ（処理しておけ）」、というときは、庭の奥にゴミ穴を掘り、土ゴミ（土の混ざった最後のゴミ）はその中へ入れる。

ブロアー（ブロワー）で吹け

最近導入されてきたブロアー（送風機）は、朴石（ぼくいし・熔岩でできたでこぼこの庭石）の中に入ったゴミ、延段や植え込みの株物の下や根際、砂利の上に落ちた松葉、刈込みで出た細かい剪定クズなどを吹き飛ばして回収する機具である。一般的に正面から吹き込んで奥へと集める。小僧の方が親方より上手な場合が多い。

熊手や箒が入らないところのゴミが楽に集まるのが長所である。しかし、消音のブロアーも出ているが、機械なのでまだまだエンジン音がうるさい。

その上、埃が立つので、お施主さんに洗濯物を事前に仕舞っていただき、ブロアー使用後、窓のサンやサッシを拭き掃除しなくてはならないという欠点がある。

箕（みの）の使い方

熊手や竹箒で掻き集めた剪定クズや落葉を運ぶとき、塵取りとして用いる箕は万能な道具である。竹箕、プラスチック箕（プラ箕ともいう）がある。塵取り代わりのみではなく、小さな移植木を箕に載せて引きずりながら移動もでき、土を運ぶにも便利。一輪車一台に箕五杯分の土が入るが、近場ならば箕で運ぶ方が早い。

ネコを持って来い

道具の出し入れ、土砂や剪定クズを運搬するとき、親方は「ネコを持って来い」とよくいう。生きた動物のネコではなく、一輪車をさす。「猫・猫車」という。一輪車には平たいボディと深いボディの二タイプがあるが、一般的に深いボディ

の一輪車をネコと呼んでいる。その名の由来は、この一輪車を伏せた時の格好が猫の丸まった背中に似ているから、「練り子」と呼ばれる漆喰を練ったものを運ぶ時に用いたから、運搬する時にネコののど声のようにごろごろいうから、建築用語で「猫足場」と呼ばれている狭い足場を猫のように通る車だから、という四説がある。

庭づくりの現場用語 | 1

縄張（なわばり）

庭づくりを始める際に、現場に設計図面の地割をする時、基準点の杭を打ち、それを基に地面に、藁縄や棕櫚縄・石灰などで、延段や植栽地、盛土・切土の位置や形を描き出すこと。縄を張って、地面に形を描くので、「縄張り」という。

水を当たれ（あ）

水平を取れ。水平のことを別名「水」という。昔は水盛り管（バケツにホースがついている器具）を用いて竹垣の親柱と親柱の水平高を決めたり、構造物の水平を出したりしたため、親方は「水を当たれ」という。ホースに気泡が入ると上手く使えない。今ではレベル（水準器）を一カ所に立てて通してみられるようになった。

延段の遣方・丁張り（のべだん・やりかた・ちょうはり）

延段を作る際、まずは遣方・丁張りを行なう。遣方・丁張りは、位置や形、仕上げの高さを示すために設けられる仮設の構造物で、現場での施工定規の役目を果たす。

水杭を打て（みずぐい）

水杭用の小割材＝垂木（たるき）4cm×3.5cm角の木材を切って使用する。杭の先は、四つ角ではなく平らな面に沿って鉈で削ったり、丸ノコで

カットしたりして尖らせて（「のめす」という）、地中へ打込みやすくする。水杭はこのきり（カシやケヤキなどの堅木でつくられた木づち、特に関東地方では「このきり」と呼ぶ）でまっすぐに叩き打つ。打つ際に、このきりは手前に引いて打ち込むため、逆向きからも叩き打つとまっすぐになる。叩く時は、水杭の頭がへしゃげないように、このきりの頭と杭の頭が密着するように叩くことが肝要。

水貫を当てろ（みずぬき・あ）

四隅に水杭を打ち込み終わると、親方は「水を出せ」という。昔は水盛り管で水盛りをし、墨壺と墨刺しで水を出したが、現在ではレベルを用いて水平点を赤鉛筆で記し、水平器をあてて、位置出しをする。その後、水貫と呼ばれる水平材（貫板＝幅9〜12cm・厚さ10〜15mmの小幅板）を水杭に当てて、金槌（かなづち）で釘留めとする。金槌の頭には、平らな「平（ひら）」と丸みのある「木殺し」の二面があり、釘は平の方で打ち、木殺しは木材を痛めることなく釘を深く打込むための最後のひと打ちに用いる。施工後に撤去しやすいように、釘抜きが使える程度に甘く打ち付けておく。最近ではインパクトドライバーによるビス留めが多用されている。

水糸を張る

水杭・水貫を設置してから、黄色などに色づけられたナイロン糸（水平に水を出して張ることから「水糸」と呼ばれる）をピンと張る。水糸の張りが甘いと施工定規の役割を果たさない。

ガラを敷き、タコでつけ

水糸で張られた区画に従って、剣スコップやジョレン（土を掻き寄せたり、敷き均したりする用具。長い柄の先に鉄板製の箕が取り付けられている）などで地面を掘ることを「根切り」「床掘り」という。床掘り後、ガラと現場で呼ばれる砂利や砕石（クラッシャーラン）を敷き、タコ（木製の突き固め道具）やランマー（鉄製の締め固め機械）・振動コンパクター（平板状の振動板で締め固めする機械）で締め

固めるが、この作業を「砂利地業」という。その際には水糸を一時外しておくとよい。

砂極め・土極め・モルタル極め

延段や敷石を施工する場合は、砂極め・土極め・モルタル極めの三通りがある。砂極めは、コンクリート平板や切石、底面が比較的平らで厚みが均一な石材の場合に用いられる方法で、コンクリートを用いずに砂のみで敷き並べていく。土極めは、厚みが均一でない切石やゴロタ・玉石などを土のみで敷き並べていく方法。

モルタル極めは、鉄平石やレンガ・タイルなどの場合に用いられ、コンクリートの基礎を作る場合と、タコで突いた砂利層の上に直接モルタル（セメントと砂の混合物）を厚めに載せながら張って行く（空モルタルともいう）方法がある。

砂利地業の図

庭づくりの現場用語｜2
延段づくり（一）

基礎コンを打て

遣り方を終え、ガラを敷き、タコで突き固めたら、通常は基礎となるコンクリート（現場では短縮して「基礎コン」または「捨てコン」という）を十センチ程度打つ。

コンクリは一・二・四　一・三・六

延段などの小規模な工事の場合のセメント・砂・砂利の配合比。バケツを用いての容積比。これらを水と良く混合させてコンクリートを作る。一・二・四は強度のいらない構造物、一・三・六は基礎（捨て）コンの配合比。

掛け合いで練ろ

コンクリートを作る時、練り船（鉄製またはプラスチック製の箱）や練り板（畳一畳くらいの鉄板）に砂とセメントを盛り、練りスコップ（手練り用の小型の角スコップ）を用いて二人で練ること。山の右左に相対し、互い違いに「ハイ」「ハイ」と掛け声を掛け合いながら、練りスコをくさび状に互い違いに入れ込んで切返していく。順次山の前方から後方へ向かって後退しながら砂とセメントを混ぜる。

掛け合いの図

空練り

コンクリートを作る時、最初に砂とセメントを切返しておくこと。

海を作れ

空練りした山の中央部に砂利を入れる穴を作ること（現場では「海を作れ」という）。山の裾野から砂・セメントの混合物を砂利にふりかけて、練りスコの歯で等間隔に垂直に切れ込みをザクザクと入れ、上からなじませる。山の端から掛け合いで左右交互にくさび状に切返していき、再び良く混ぜ合わせる。

水を入れろ

よく混ざりあった砂・セメント・砂利の山の中央部に海を作り、必要量の水を入れること。裾野の端から混合物を水穴にふりかけながら、練りスコで山の上から切れ込みを入れる。水が全体的に染み込んだ後、掛け合いで、良く混ぜ合わせる。これを数回行う。

コンクリの出来上がり

コンクリートが十分に練れたかどうかの確認は、練りスコの歯裏で鏝を使うようになめ抑えて、そのなめ跡が平らで滑らかに光っていれば、これでコンクリートが完成。

セメントが風邪をひく

余ったセメントの湿気防止には封をするか、早目に使い切ることが肝心。長期に放置すると、セメントが水を吸ってカチンカチンとなる。この状態を「セメントが風邪を引く（風化する）」という。風邪をひいたセメントは質が悪く、使用しない。なお、袋詰めしたセメントの長期保存は、①倉庫床面から30㎝以上の空きをとる（現場では「下駄を履かせる」という）、②倉庫の壁に触れない、③積み重ねは7袋以下が良い。

延段の役石

延段の役石には、角石（かどいし、角に置く石）・縁石（ふちいし・へりいし、縁に置く石）、そして詰石（つめいし、延段の内部に詰める石）がある。延段を作るには、石山の中から役石を選び出し、据える。模様どりの切石や飛石を据えた後、3面が平らな角石、2面が平らな縁石、そしてそれらの間をつなぐ上部が平らな詰石の順。まわりから据えていき、最後は中を詰める。

目地は一・一か一・二

化粧目地のモルタルの配合比は、セメント・砂が同量の場合は一・一、セメント一に対して砂が二の容量比の場合は一・二という。

目地を当たれ、なめろ

目地のつけ方には「山形目地」と「平目地」があり、いずれも目地鏝を用いる。現場では「目地を当たれ」「目地をなめろ」「目地で抑えろ」「目地を切れ」と親方は言う。最近では際目地抑えのスポンジ鏝を用いることがある。

庭づくりの現場用語｜3
延段づくり（二）

色をつけろ

セメントの色を延段の石に馴染ませるのに現場でセメントに灰墨、松煙灰と呼ぶ色粉を混ぜること。今ではむらが出ず一色になる専用の「目地セメント」の四色（灰色・濃灰・黒色・白色）が販売されている。

苔目地

目地に苔を埋め込むことを「コケメジ」といい、実用の庭よりも鑑賞用の庭に多用される。冬場の寒さや霜柱、夏の乾燥により、苔が消えてしまうことがしばしばある。

耳を取れ

目地をモルタルで仕上げた後、石に付いたり、外にはみ出したモルタルを刷毛で取り除くこと。

忌み目地にするな

四つ目地・八つ巻き・通し目地などは、模様取りが目立って面白くなく、その上に見栄えが悪く、安定しない。忌み嫌われることから「忌み目地」という。そこで、詰石の力が分散して強くて安定感があり、見た目も良いY字かT字となるようにするとよい。目地の原点は亀甲紋であり、亀甲紋をイメージして組合わせていくと最も美しく仕上がる。

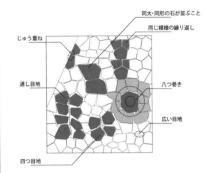

同大・同形の石が並ぶこと
同じ模様の繰り返し
じゅう重ね
通し目地
八つ巻き
広い目地
四つ目地

忌み目地の名称

仕上がりはチリを出せ

地鏝やコウガイ板、手箒を用いて延段のチリ（高さ）を出すと、線が出てきれいに見える。延段の縁に土がかぶっていると線が出ない。そこで、コウガイ板ですき取り、きれいに見えるように仕上げるのが大切。

延段は翌日に仕上げろ

打設した翌日になると、モルタル目地から灰叶＝白花＝と呼ばれる石灰の成分が浮き出てくる。そこで、延段全体をブラシやタワシを用いてきれいに洗って仕上げとする。

ノロが出るまで鏝でならせ

コンクリートを鏝で何度となくならしている（打っている）と、砂利が沈み、セメントの成分がペースト状に浮いてくる。それを「ノロ」という。ノロは、ならしの終了の目安となる。

真・行・草

延段には真・行・草がある。

「真」は、切石・畳石などを用いた整形的な延段で、社寺の参道など改まった場所に最適。

「草」は、玉石のあられこぼしなどによる自然風な延段で、草庵茶室の露地など、侘び寂びの雰囲気を出したい場所に設けられる。草の延段を現場では「虫食い」とも呼ぶ。

「行」は、切石に短冊石や玉石を混ぜた真と草の中間型の延段で、社寺の中庭や書院茶

室の玄関に設けられる。

玉石・ゴロタ石の種類

延段や敷石には玉石やゴロタ（吾郎太とも書く）が詰石として用いられる。玉石とは、川床から採取した直径20〜30cmの丸味を帯びた石をいう。

ゴロタは直径9〜15cmの加工していない小玉石を呼び、真黒ゴロタ・伊勢ゴロタ・筑波ゴロタなどの種類があり、現場では「ゴロ」という。

まぐろ（真黒）…京都の賀茂川の川の流れに任せて転がり、角が取れ平らとなった石。水を打った時に石の表面が真っ黒になることから、現場では略して「真黒」と呼ぶ。真黒には面＝天端＝があり平坦で歩きやすく、黒色で落ち着きがあり、水に濡れた時の美しさは最上級のゴロタで、延段の詰石には最適。

京都では地場材料であり、敷石に多用されたが、現在では数が少なくなり採掘禁止である。京都迎賓館建造の際、礫の層から多量の真黒石が見つかり利用したという。現在、本物の真黒（本真黒）は入手不可能。現場では真っ黒なゴロタ石が「真黒」という名で流通している。

伊勢ゴロタ（伊勢ゴロ）…伊勢御影石の小石で、三重県四日市市で産出。明るい白色を主に、黒のゴマやサビが載りやすく、ゴロタとしては最も需要があり、関東地方に多く用いられているが、曲がりがあって歩きにくい。

庭づくりの現場用語｜4
飛石を打つ

飛石

茶の湯の庭は、茶会の時に、露地から茶室まで、水を打ち、清めて、爽やかな空間を醸し出す。その水やコケの濡れ・湿りが履物や着物の裾を汚すことのないように、伝い歩くために敷

き並べた石を「飛石」といい、歩くためだけでなく、景を添え、一般の日本庭園の園路にもしばしば用いられる。

飛石には、始点となる「踏込石」、終点となる「踏止石」、分岐点となる「踏分石」がある。

飛石を打つ

飛石を敷き据えることを、「打つ」という。

飛石の打ち方には、右左右左と歩む「千鳥打ち」、二石と三石を単位として交互に歩む「二三連打ち（二三崩し）」、雁打ち（がんうち・かりがねうち）などがある。

飛石は幅狭く縦長に据えるより、幅広く横長に進行方向へ直角に据える方が安定して歩きやすい。

渡り六分に景四分

狭い現場では、実用本位がよい。千利休は、飛石を打つ際は、実用的な渡りやすさが十のうち六分で、見た目の景色は四分であると話している。逆に利休の弟子である古田織部は、渡り四分に景六分、景色に重きをおいて飛石を打てと述べている。

半畳三歩のつもりで飛石を打て

飛石は、それぞれの石の形・格好を見て、安定した形になるように打つ。着物を着たときに裾を開かないで歩ける歩幅に打つため、茶室の露地の飛石は小さく、「半畳三歩（約30センチ毎）」のつもりで打てという。

合端のなじみをよくしろ・合端は平行にしろ

合端とは、石と石の組み合わせによる間・合い具合をいう。合い具合のよいのを「合端のなじみがよい」という。カーブを描くときは、幅広と幅狭の石を上手に用い、平行かつ等間隔で、カーブの中心方向に平行線の向きが向くようにする。右カーブの場合は右側に、左カーブの場合は左側に間が空くような石を選ぶ。

踏み外しの石

茶庭の木戸を開ける時に、一石の飛石を「踏み外し」として据える。客を迎え入れる際に必要。腰掛待合にも客が出入りするところにも必要。一歩欲しい所に踏み外し石を設置する。お茶室の額、庵号（看板）を見せるための踏み石を「額見石」という。

仮置きをしろ

飛石を打つ際、最初に仮置きをし、先ずその上を歩くこと。足配りが逆足にならないよう何度となく往復して歩いてみる。逆足となる時は大きな石を入れ替えて2足歩行に調節する。ここで景色を見せたいというところには、伽藍石などの大きな石を打ち、立ち止まりやすくする。

模様取りをしろ

飛石を仮置きしたら、剣スコップ（現場では「剣スコ」という）やこうがい板などを用いてその形をマーキングする。このことを親方は「模様取りをしろ」という。掘り土は埋め戻すために、掘り穴のすぐ脇に置く。

土饅頭作って据えろ

飛石の据え付けは、掘り穴の中心に土盛りして（現場では「土饅頭をつくれ」という）、その上に飛石を載せ、左右に揺り動かすと、いい塩梅のチリ高が早く出せる。

その後、水平器を当たる。しかし、飛石の天端はすべてが平らとは限らない。中間の高さの所に揃えて水平器を載せ、水平（水）をとると、きれいに飛石が据わる。

水平であれば、埋め戻しの土を、叩き鏝や地鏝の金具の方で飛石の角々に入れ込み、鏝の柄やバールで突き固める。飛石の大きさにより、突き固めの道具を変える。

庭づくりの現場用語｜5
蹲踞づくり

蹲踞（つくばい）

茶道において、神聖なお茶室へ入る前に、手を清め、口をすすぐためのもの。手水鉢・前石・湯桶石（ゆとうせき・ゆおけいし）・手燭石（てしょくいし）・海（はち）・鉢囲い（がこ）から構成されており、その趣きから、和風庭園の主要な構成要素としても多用されている。つくばうとは膝を曲げてかがむことをいう。

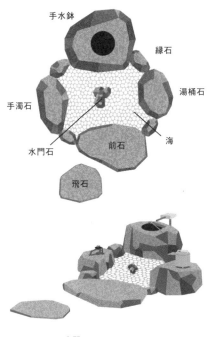

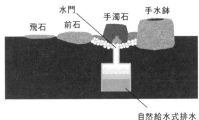

蹲踞 平面図（上）、パース（中）、断面図（下）

蹲踞の役石（やくいし）

蹲踞に用いる石にはそれぞれ一定の役割があり、それらを総称して「役石」という。役石には、手水鉢・前石・湯桶石・手燭石がある。

手水鉢（ちょうずばち）

「てみずばち」と呼ぶ土地もある水鉢は、手や口を清めるために水を張った鉢で、蹲踞の中心となる役石。柄杓（ひしゃく）で水が汲みやすく、水穴の中が広く見えるミカン掘りが上物とされている。手水鉢には、自然石に穴を空けたもの、石材を加工・造形した創作もの、石燈籠・石塔などの石造品の一部を再利用した「見立てもの」の三種類がある。

書院の縁側の一端に設けて便所の手洗い用にしたものを「縁先手水鉢」といい、茶室の入口付近にあるものを「蹲踞手水鉢」という。置く場所により、種類と呼び名が異なる。

手水鉢に張る水は、川や湧水（現在は、井戸や水道が多い）から筧（かけひ＝竹の樋）を引いて入れるが、筧のない場合は、水を注ぎ入れた。水穴には柄杓を置くために細竹三本を抱かせて編んだ杓架を置く。これを新調するのも庭師の仕事である。向鉢（手水鉢に向かって役石を配石した一般的な蹲踞）で手水鉢を据える時は、水穴にある程度水を入れておき、その中に石や丸太を入れ込んで、あふれた水が海へ向かって流れ出ることを確認してから本極めする。

蹲踞柄杓（つくばいひしゃく）

蹲踞用の柄杓。手水鉢の水を汲み取るための柄のついた容器。杉木地の曲物を桜皮で留め、杉材の柄がついた長さ48.5cmが標準とされている。水を入れる部分を「合（ごう）」という。

前石（まえいし）

前石は、手水を使うために人が乗る石。そこでつくばい、楽に体の向きが変えられる大きさと安定感が必要。

飛石よりも大きく海の前に少し乗り出した感じ

に据えるとよい。前石を本据えする前に、手水鉢と前石との距離を柄杓（長さ45センチ）を使って確かめるとよい。

湯桶石

湯桶石は、冬の茶会時に用いられる湯桶（手水鉢の冷たい水の代わりに使う温かいお湯を入れた桶）を載せる石で、手水鉢に向かって右側の、湯を汲みやすい位置に据える。湯桶は、差渡し216.3㎝、高さ19.7㎝なので、これが安定して載る天端の平らな石を選ぶ。

手燭石

手燭石は、夜の茶会で用いられる手燭を置く石で、手燭は、幅9㎝・高さ12㎝・長さ25㎝の三つ足でできており、安定して載せられる石を選ぶ。一般的に湯桶石は、手燭石よりも高く据えると使い勝手も見栄えもよい。なお、裏千家流は湯桶石と手燭石の位置が逆となっているので注意すること。

海（うみ）

海は、手水鉢と前石の間にある部分をいい、排水用の「海」と水はけの吸込み口である「水門（すいもん）」からできている。手水の跳ね返りで着物の裾を汚すことのないよう、親方は「海を深くしろ」という。前石は断崖絶壁の景色を表すと格好がよい。海の中の仕上げは砂利敷きか三和土にする。また、地中に暗渠排水する深さが取れない場所は自然排水（自然吸水式排水）が多い。水門石はゴロタ石を手前に1石・奥に2石、巴状に組み、真ん中の穴を隠すように平らなゴロタ石を載せて納める。

第 7 章

造園樹木

造園組合連合会発行「造園連新聞」連載
「気（木）になる、身（実）につく造園樹林」2013〜2015年を再編集しました。
イラスト・写真は永山俊仁

キンモクセイ / ギンモクセイ

Osmanthus fragrans var. aurantiacus / **Osmanthus fragrans**

どこからともなく甘い香りが漂う季節となった。その正体はキンモクセイ。
9月終わりから10月いっぱいに咲くキンモクセイは秋の花木の代表として、公園木や庭木に多用される。その香りは5m以上離れても匂う。

日本の花見はサクラの下で酒宴をするが、中国の上海や杭州ではキンモクセイの下で桂花茶（キンモクセイの花の茶）をのみながら花見をする。

今年伸びた枝の葉腋（葉のつけ根）に花芽ができ、同じ年のうちに小さな花を束生し、橙黄色の強い芳香のある花が咲く。雌雄異株で、江戸時代に中国から雄木が渡来した。日本では雄株ばかりで果実は見かけない。

日本でモクセイといえば、一般的にキンモクセイをさすが、植物学上は白い花をつけるギンモクセイが「モクセイ」、キンモクセイは薄黄色の花をつけるウスギモクセイの変種とされている。

キンモクセイは、モクセイ科モクセイ属の常緑小高木。葉は対生で、全体が波打ち、パリパリしたかたい葉でやや薄く、縁の上部にわずかに細かい鋸歯がでることもある。ギンモクセイは、葉はキンモクセイより幅広で厚く、縁には小さく鋭い鋸歯が多数ある。

樹皮が動物のサイの皮膚に似ていることから漢字で「木犀」と書く。

学名の意味は、属名Osmanthus花が匂う、種小名fragrans香りのよい、変種名aurantiacus橙黄色。

樹形は自然と整うが、剪定する場合は、枝抜きで、車状に伸びた新枝のうち中央の長い枝（みつ）を枝元からはずし、ほかの枝葉もとの葉を4〜6枚残して先端をはさむと自然風な樹形となる。刈込みにも耐える。

トイレが汲み取り式であった1970年代頃にはトイレの芳香剤はキンモクセイの香りが主流であったが、1990年代になると、水洗トイレが多くなり、ハーブなどいろいろな香りが普及して、現在ではあまり見られなくなった。キンモクセイ＝トイレというイメージがなくなるのは寂しくもあるが、キンモクセイにとってはよいことであろう。

キンモクセイ
Osmanthus fragrans var.
aurantiacus

葉が波うつ

鋸歯がある

ギンモクセイ
Osmanthus fragrans

5cm

メタセコイア / ラクウショウ

Metasequoia glyptostroboides / *Taxodium distichum*

レンガ色に紅葉する独特な円錐形の巨木は、遠くから見ても一際目立つ。この木は、メタセコイア。

「生きている化石」といわれるメタセコイアが発見されて今年で72年。

1941年、植物学者の三木茂博士は、関西の地層から見つけた化石が、現生するアメリカのセコイア属などと違う点を発見し、「メタセコイア」と命名した。太平洋戦争勃発の年であり、この発見は世界の研究者にほとんど届かなかった。

1945年、中国の四川省で樹高35mの針葉樹が見つかり、翌年、三木博士と親交のあった北京の胡博士が「メタセコイア」であることを発表した。

1948年、胡博士から種子を入手したアメリカのメリル博士は、「生ける化石植物 メタセコイア」を世界に紹介した。

1949年、チェニー博士はメリル博士から種苗を得て、天皇陛下（昭和天皇）に苗を献上し、吹上御苑にメタセコイア渡来第一号を植樹。翌年船便で100本の苗木が届けられた時、日本の税関は「化石」なら厳重審査は不要と判断し、消毒なしで入国した。これらの苗は日本全国に植栽された。

メタセコイアは、日本・中国・アメリカの研究者によって世界に知らしめられた。戦中、戦後の混乱期において画期的な出来事である。

英名はDawn Redwood、和名は「アケボノスギ」（曙杉、アケボノ＝人類が誕生する前から生きているという意味）。

昭和天皇もこの木を大変に好まれ、戦後日本の復興をアケボノスギに託して歌会始で詠まれた。

メタセコイアの葉は繊細で柔らかく、黄緑色から明るい緑、そしてレンガ色に変わる。短い枝に細くて小さな葉が羽のようにつき、複葉に見える。秋には短い枝ごと落葉し、落ちると枝葉が離れて細かくなって遠くまで飛ばされる。落葉した後のシャープな樹形、その下の褐色の絨毯は、冬景色として見ごたえがある。

樹形は円錐形に自然と整うが、剪定する場合には、枝抜きと切返しで先端を縮めると、柔らかい樹形となる。

メタセコイアによく似ているのがラクウショウである。

メタセコイアは、葉が二列対生、球果は卵形。ラクウショウは、メタセコイアより短い葉が二列に互生し、球果は球形。両種とも成長の早い落葉樹である。

最近、大きくなる樹木は敬遠されがちであるが、戦後の復興とともに歩んできたこの木をこれからも見守って欲しい。

メタセコイア
Metasequoia
glyptostroboides

葉が対生

果実

葉が互生

果実

ラクウショウ
Taxodium distichum

3cm

ヒイラギ / ヒイラギモクセイ

Osmanthus heterophyllus / *Osmanthus × fortunei*

師走に入ると、あちこちからクリスマスソングが流れてくる。クリスマスケーキやカードにはヒイラギが欠かせない。大きく赤い実が美しいこの樹種は、クリスマスホーリーの名で流通している「ヒイラギモチ（別名シナヒイラギ、英名チャイニーズ・ホーリー）」。モチノキ科の常緑広葉樹で、葉は互生し長方形で鋸歯（トゲ）が5つある。

一方、日本古来のヒイラギは、モクセイ科の常緑広葉樹で葉が対生、鋭く大きな鋸歯が2〜5対ある。11〜12月に上品な甘い香りの花が咲き、6〜7月に黒紫色の実をつける。

老木の葉には鋸歯がないが、枝葉を取り除くと、新しく吹いた枝からは鋸歯のある葉が発生する。

紀貫之の「土佐日記」によると、平安時代には、正月の注連縄にヒイラギと魚の頭を飾っていた。今でも節分の日に、イワシの頭にヒイラギの枝葉を添えて戸口にさす慣習が残っている。ヒイラギの語源は、葉のトゲが皮膚にふれて痛みひいらぐ（ひりひり痛む）ためと貝原益軒の「大和本草」に記してある。学名の意味は、属名*Osmanthus*花が匂う、種小名*heterophyllus*異葉性（異なった葉の形がでやすい）。

ヒイラギに似ている葉がヒイラギモクセイ。それもそのはず、ヒイラギとギンモクセイとの雑種とされているからである。ヒイラギモクセイの葉は、ヒイラギよりも大きく、細かい鋸歯が6〜10対ある。9〜10月に咲く花は、ヒイラギよりも香りが強い。成長が早く、丈夫で、強剪定にも耐えるため、戦後の高度経済成長期に工場や高速道路の中央分離帯の公害対策用、住宅の目隠しや侵入防止用として多用されてきた。

しかし、平成になると、住宅庭園の洋風化により、ベニカナメモチ等のカラフルプランツが多用され、あまり使われなくなった。

最近、ヒイラギやヒイラギモクセイは、ヘリグロテントウノミハムシによる葉の食害が問題となっている。対策は、幼虫の捕殺、浸透移行性の薬剤散布、成虫の越冬場所をなくす根元の清掃。

まずは、刈込みによる強剪定を控えて、枝透かしにより風通しを良くし、虫がつかない元気な樹木に育てることである。

ヒイラギやヒイラギモクセイは、管理者泣かせの樹木で、手入れをしようとすると手が傷だらけ。しかし、その棘々しい葉ゆえに魔よけや泥棒除けの生垣として役に立ってきた。よい香りで楽しませてくれることに変わりはない。感謝しつつ接したいものである。

ヒイラギ
*Osmanthus
heterophyllus*

鋸歯が鋭い

ヒイラギモクセイ
Osmanthus × fortunei

鋸歯が細かい

3cm

センリョウ / マンリョウ

Sarcandra glabra / *Ardisia crenata*

新春を寿ぐ樹木として、センリョウ（センリョウ科）がある。花の彩が少ないこの時期、青い葉と赤い実の美しい縁起木の一つとして、お正月には欠かせない。そのセンリョウの名が文献に登場するのは、室町時代中期のいけばなの口伝書「池坊専応口伝」(1542年)で、仙蓼葉と記してある。

江戸時代後期には、カラタチバナ（サクラソウ科）がブームとなり、百両で売買されて「百両金」と呼ばれるようになったが、そのカラタチバナより実が多いことから、「千両」の字が当てられた。

6～7月頃、茎の先に5cmほどの穂状の花序を出し、そこに花びらもガクもない小花が咲く。一本の丸い黄緑色の雌しべの側面から黄白色の雄しべが一本こぶのように突き出し、雄しべが雌しべに乗っている感じが面白い。実の色は、朱色と黄色（黄実）がある。センリョウの茎葉も変わっている。広葉樹でありながら針葉樹のマツやスギと同じ維管束のつくり（仮導管）となっている。木本でありながら、樹高が50cm～1mと低く、茎は木質で硬いが細く、対生した葉も薄いなめし皮質で、株立ちとなり、草本のようである。

一方、センリョウと並ぶ縁起木にマンリョウ（サクラソウ科）がある。関西、特に商売繁盛を願う大阪では、センリョウ・アリドオシ（アカネ科）と寄植えし、『千両・万両・有り通し』という語呂合わせで、古くからお正月に飾られている。このマンリョウは、小野蘭山の『本草綱目啓蒙』(1803～1806年)では、まん竜、万量、万里ゃうとなっており、茎の上に実がつく「千両」より、実の数が多く重くて垂れ下がっていることから「万両」という字が当てられるようになった。

マンリョウは、高さ1mほどになる常緑の低木。一本立ちで上部のみに枝葉が集中する。7～8月に前年に出た小枝の先へ10個ほどの白い花を散状につける。熟した深紅色の実は、葉の下に垂れ下がる。黄実・白実もあり、園芸品種も多い。

互生する長い楕円形の葉の縁は、独特な波状で丸くてとがらない。その凹部の切込みには窒素固定菌（葉粒菌）が生活している。

両種とも手入れはほとんど要らないが、センリョウは、枝葉が混み合ってきたら透かす。マンリョウは、間のびしたら根元近くで切り戻して再萌芽させる。

センリョウもマンリョウも、日陰に耐え育つ常緑低木で、葉も花も見向きもされないが、年の初めにここぞとばかり赤い実が存在感を発揮する。夢と希望を与えてくれるこの樹木を、優しく見守ってあげたい。

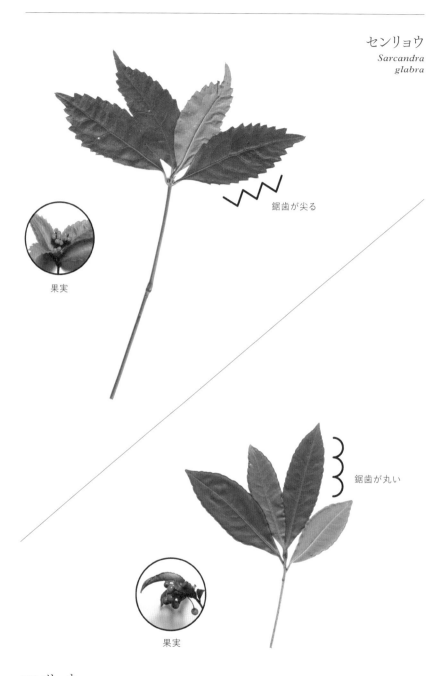

センリョウ
Sarcandra glabra

果実

鋸歯が尖る

鋸歯が丸い

果実

マンリョウ
Ardisia crenata

3cm

ツバキ　／　サザンカ

Camellia japonica　　**Camellia sasanqua**

ツバキは花の少ない2月から春真っ盛りの4月まで長く花を楽しめる花木で、赤い花の蜜を吸いに来るメジロの姿はなんとも優雅である。

ツバキの語源は、葉が厚くてつやつやと光沢があることから、「厚葉木あつばき」、「艶葉木つやばき」からきたといわれている。

ツバキ（ヤブツバキ）の学名*Camellia japonica*は植物分類学の父であるリンネが命名。属名は、18世紀、ツバキをヨーロッパに紹介したイエズス会のカメルの名、種小名「日本産」は、日本のさまざまな園芸品種を記したケンペルの著書『廻国奇観』を分類の参考にしたことによるという。

ツバキは実用樹である。堅くねばりがある材は、縄文時代にはすでに石斧の柄や櫛として用いられていた。今でも、葉は「椿餅」に、灰は陶器の釉薬、染物の媒染剤に使われ、種子からとれる椿油は食用油、化粧品、磨き油などになっている。

神社や寺院、庭園には名椿が多く残る。宮廷公卿の文化と武家文化の中で、華道・茶道・造園に用いられ、優れた品種を改良し、大切に守り育てられてきた。また、建築・美術・工芸の意匠として、家屋の装飾、調度品、武具、陶器、絵画などにも名品が多い。ツバキは、日陰でも下枝が上がらない陰樹であり、潮風に強い丈夫な木で、生長が遅く、生垣や庭木として身近に植えられてきた。

ツバキとよく似た花木にサザンカがある。

ツバキとサザンカの違いは、ツバキは、枝葉や葉柄が無毛で、葉はつややかで厚みがあり濃緑で5〜12㎝の大形、葉先がとがり、葉を光に透かしてみると脈が白く透けて見える。一般的に花には香りがない。2〜4月に咲き、花ごとにボトッと落ちる合弁花。沖縄から青森まで自生している。

一方、サザンカは、若枝や葉・葉柄に細かい毛があり、葉は3〜7㎝の小形、葉を光に透かしてみると葉脈と葉肉の区別がつかない。花に芳香を持つものも多い。ツバキより花つきがよく、10〜12月に咲く。サザンカは離弁花であるため、花びらが1枚ずつ散っていく。関東以南に多く見られる。

両者の共通点はチャドクガがつくことである。脱皮した抜け殻や死骸の毒針毛でもかぶれてしまう。対策は早期発見、早期駆除。5〜6月と8〜9月の年2回発生するので、出始めに葉裏で一列横隊に並んでいる幼虫を枝ごと切除し、木姿を整え、樹冠内部に通風と採光を確保すると良い。

最近はこのチャドクガがいるために撤去して欲しいという住宅も多い。虫がつきやすいことが玉に瑕のツバキ・サザンカではあるが、古来から、花を愛で実も材も灰までも用いてきたこの種と、長い目で付き合っていきたいものである。

葉先はとがる

葉柄や主脈、枝に毛がない

ツバキとサザンカ

葉先はくぼむ

葉柄や主脈、若枝に毛がある

サザンカ
Camellia sasanqua

351

3cm

ヒノキ / サワラ

Chamaecyparis obtusa / *Chamaecyparis pisifera*

街中にマスク姿の人が急に増えた。それもそのはず、花粉症の季節である。環境省の2008年調べによると、日本人の26.5％はスギ花粉症であり、その7、8割がヒノキの花粉症でもあるという。

悪者扱いされているヒノキだが、「火の木」ともいわれ、火起こしとして用いてきた日本人にとって、長いつきあいの木である。

古来、日本では、宮殿や神社仏閣の建築に、肌の美しさを生かした白木のままのヒノキを用いてきた。室町の中頃までは縦挽きの鋸が無く、斧や 釿 を用いて板や角材が作られたため、ヒノキなどの木目の通った針葉樹は、広葉樹に比べて利用しやすかった。

ヒノキの樹皮は赤褐色で縦に幅広く長く裂けてはがれる。その樹皮を住居の屋根に葺いたのが檜皮葺である。平安時代の寝殿造りは檜皮葺。現代でも、神社仏閣に檜皮葺の屋根が残る。お茶室にも檜皮葺が用いられる。

1300年前に建てられた日本最古の木造建築である法隆寺の建築材料はヒノキであり、保存性があることを証明している。昨年、20年に一度の式年遷宮で建て替えられた伊勢神宮の御社の用材もすべてヒノキ。

仏教伝来とともに、天平時代からは乾漆仏の心木に、また平安時代以降鎌倉時代にかけてはほとんどの仏像がヒノキの一木造りか寄木造りとなった。

一方、ヒノキに似るサワラは、戦後焼け野原になった東京で公務員住宅の仕切りの生垣の材料としてマサキ・イヌツゲと共に3尺ものが多用された。

ヒノキやサワラは食にも用いられている。食べ物の下に敷く「掻敷」にはヒバ（ヒノキの葉）が用いられ、関東ではお寿司を乗せる板はヒノキ、寿司ネタの入ったケースには酸化防止や水切りのためにサワラの葉が敷かれている。

ヒノキとサワラの違いは、ヒノキは葉先がとがっていない。葉の裏の気孔線は、Yの字形をしている。葉表は濃い緑。球果実は8〜12mmでサワラより大きい。

一方、サワラは葉先がとがっている。葉の裏の気孔線はXの字形をしている。葉表は淡い緑色。球果実は6〜7mm。

庭木としては、ヒノキの園芸品種にチャボヒバやクジャクヒバが、サワラの園芸品種としてシノブヒバ・オオゴンシノブヒバ（日光ヒバ）・ヒヨクヒバ（イトヒバ）などが愛用されている。

手入れは、葉のないところではさむのは禁物。ヒノキやサワラなどの針葉樹類は剪定後の萌芽力が弱いので、葉がある所で切り詰めること。樹冠から出ている葉先を鋏ではなく手先で摘むとよい。

時代時代で樹木の流行があり、このヒノキとサワラも輝いた時期があったこと、ヒノキ風呂やサワラ材の桶や飯びつなど生活に必要な材料として身近にあることを忘れないでほしい。

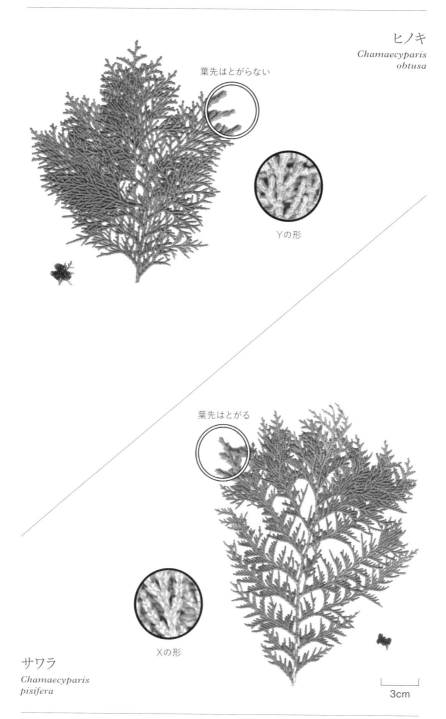

ヒノキ
Chamaecyparis obtusa

葉先はとがらない

Yの形

葉先はとがる

Xの形

サワラ
Chamaecyparis pisifera

3cm

シラカシ
Quercus myrsinifolia

アラカシ
Quercus glauca

「八重桜が咲くころに種まきや苗の植えつけをするとよい」とよく言われる。遅霜の心配がなくなり、安心して農作業に打ち込める時期の目安である。

昔から田を起したり畑を耕すには鍬が用いられている。弥生時代前期の遺跡からは木製の鍬が出土した。その材質はアカガシ・アラカシ・シラカシなど、ブナ科コナラ属の暖地性常緑カシ類であった。

また、カシ類は食料のドングリを供給する大切な樹木でもあった。

カシの名は、漢字で「樫」と書かれるように材が非常に堅い「カタシ」からきており、シラカシは材が白いことからついた名である。

材の比重は重くかつ丈夫で、成長が旺盛で徒長枝が出やすく、その上緻密な材が取れる。竹垣作りに使用する玄能や鑿の柄も古くからシラカシである。釘などを打ちつけたときの衝撃を吸収して、手に直接響かず、柄を握っても滑らず、手の汗も吸収してくれるからである。

シラカシは、関東地方では台風や冬場の風止めの屋敷林として、茅葺屋根の住宅を守った。防火、目隠し用の高垣や庭木としてもしばしば用いられてきた。

シラカシに似ているのがアラカシである。アラカシは枝葉が粗大で堅いことから名づけられたとされている。関西地方において、庭木や京都のお寺の実生生垣として、仕切りや目隠し材料として刈込みものにも多用されてきた。1970年の大阪万国博覧会会場の緑化のために、関東からケヤキが大量に運ばれ、帰りのトラックにはカナメモチ・カイズカイブキ・棒ガシを積んで関東へ持ち帰った。「棒ガシ」は、山取りのアラカシを枝払いして畑に密に植え、枝葉をふかし返して棒のような形に仕立てた3mもの。アラカシは関東にも自生していたが、薪炭材料などとしてしか見られていなかった。それが一躍庭木として脚光を浴びることとなった。

シラカシの葉は、長さ5〜12cm、幅2〜3cm、側脈は11〜15対、縁の2/3に細かくて浅い鋸歯があり、葉先は尖り、葉の裏は白っぽい。

アラカシの葉は、長さ5〜13cm、幅3〜6cm、側脈は8〜11対、葉の上半分の縁に大きくて粗い鋸歯があり、葉先は急に細く尖る。葉は全体的にシラカシよりやや丸みを帯び幅広で側脈が著しく目立ち、葉の裏には褐色の絹毛がある。ドングリをみると、シラカシは上下が尖る卵型で、肩に短い毛が見られ、殻斗（かくと：ドングリの実の一部を覆う椀状の部分）には6段の平行な筋があり、下から3〜5段目の縁に凹凸の筋が見える。一方、アラカシは上下ともに丸い樽型で、殻斗には平行の筋が6〜7段ついている。

農具の柄だけでなく、建築材・傘の柄・杵・太鼓のバチなど、カシ類は日用品として常に身の回りにある。これからもありがたくつき合っていきたいものである。

シラカシ
Quercus myrsinifolia

葉の²/₃に細かい鋸歯

上下尖る

⇦ 殻斗

凸凹の筋

葉の裏が白色

葉先が細く尖る

葉の半分に粗い鋸歯

上下丸い

殻斗 ⇨

平行の筋

葉の裏に褐毛あり

アラカシ
Quercus glauca

3cm

ヤマブキ / シロヤマブキ

Kerria japonica / *Rhodotypos scandens*

ヤマブキは北海道から九州の谷沿いの山の斜面に1〜2mの高さで自生するバラ科ヤマブキ属の落葉低木で、春風に吹かれて枝がなびき揺れる様子から「山振」と名づいた。4〜5月に鮮やかな黄色（山吹色）の花を、しなやかな枝いっぱいに咲かせる春の代表的な花木の一つである。

飛鳥時代に聖徳太子が官人の身分を定めた「冠位十二階」がある。元日や春の行事・祭礼で、天皇から、王・大臣にはフジ、納言にはサクラ、参議にはヤマブキの生花が与えられ、「髻花（うず）」「挿頭花（かざしはな）」として頭に挿した。

万葉集にも17首詠まれ、歌の内容からヤマブキを好んで庭に植えたことがわかる。

また、若き日の太田道灌が、狩りの途中雨に遭い、蓑を借りに入った家の娘が、蓑の代わりにヤマブキの枝を差し出した。道灌は怒ったが、城に戻ってその話をしたところ、『後拾遺和歌集』（1086年）に醍醐天皇の皇子の兼明親王の「七重八重　花は咲けども　山吹きの　実の（蓑）一つだに　なきぞ悲しき」という歌があることがわかった。八重のヤマブキは実がならない。貧乏で蓑も買えないことをヤマブキの花にたとえたのである。道灌は自分の無学を恥じ、この日を境に文武に精進し、優れた武将となり、江戸城を築城したという。

ヤマブキの葉は互生で、一年目の茎は直立し、二年目の茎に多数の短枝が伸び、新葉が3枚ほどついて、その先端に3〜5cmの5弁の黄色い花を1個つける。実は5個。

園芸品種に、シロバナヤマブキ、古来から観賞されている実のならないヤエヤマブキなどがある。

ヤマブキによく似た白花のシロヤマブキは、バラ科シロヤマブキ属の低木で、ヤマブキよりも遅咲き。二年生枝から伸びた短枝の頂上に3〜4cmの4弁の花をつけ、光沢のある4個の黒い実は、落葉後春先まで残る。

岡山県西部から広島県東部の石灰岩地帯のみに分布し、1997年、絶滅危惧IB類に登録。

ヤマブキの葉は、薄くてスベスベした黄緑色で互生し、葉先は細長く伸び、葉縁には大小二重の粗い重鋸歯、葉の裏に脈上のみ白い伏毛がある。

一方、シロヤマブキの葉は、しわが多くて厚く、ザラザラした濃い緑色で対生し、葉縁には細かい重鋸歯がある。葉の裏全体に白い絹毛が見られる。

両種とも手入れは、落葉期に古枝を地際から間引き、新枝へと更新する。徒長枝や混んでいる枝・枯枝を枝元から切り取ると、しなやかな風情が保てる。

古来から日本人に愛されてきたヤマブキは、春を彩る身近な存在であり、これからも庭の片隅で愛でたいものである。

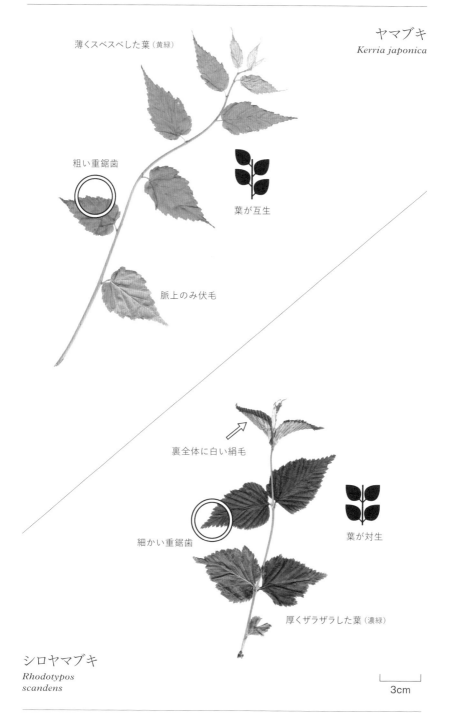

ヤマブキ
Kerria japonica

薄くスベスベした葉（黄緑）

粗い重鋸歯

脈上のみ伏毛

葉が互生

裏全体に白い絹毛

細かい重鋸歯

葉が対生

厚くザラザラした葉（濃緑）

シロヤマブキ
*Rhodotypos
scandens*

357

3cm

ケヤキ
Zelkova serrata

/

ムクノキ
Aphananthe aspera

夏 本番の季節に都市の緑として木陰を作りだしてくれる第一は何といっても本州から九州に自生するケヤキであろう。

　国指定の天然記念物で有名なケヤキは、単木では、山形県の「東根の大ケヤキ」。小学校の校庭に生育し、樹齢は1000年以上とも1500年以上とも推定されている。幹周は目通りで16mの巨木である。

　並木では、東京都府中市の「馬場大門のケヤキ並木」。大國魂神社の参道にあり、平安時代の植樹から始まったともされている全長約500m、約150本の並木である。

　身近で有名なケヤキ並木は、仙台の定禅寺通り、原宿表参道などである。落葉後には、木姿を利用した冬場のイルミネーションが有名である。

　徳川幕府が橋や船の用材として盛んに植えさせたため武蔵野にはケヤキが多い。材は木目が美しくて堅く、大黒柱や和太鼓、臼などに重用された。落ち葉は良質な腐葉土となる。

　ケヤキに良く似た樹木に関東以西から九州に自生するムクノキ（アサ科ムクノキ属）がある。樹皮が白く、大木になると縦にむくれる（剥ける）こと、実はムクドリなどが大好物であることから名づいた。大木になると板根を発達させる。ねばり強い材のために、馬の鞍、軍船の盾、天秤棒、工具の柄などに用いられた。また、陰干しした葉は、水にぬらしてべっ甲・象牙・漆器生地の仕上げ研磨に用いられる。

　ケヤキの葉は、表に微毛があって少しザラザラし、鋸歯の先が曲線を描く。

　一方、ムクノキの葉は、表裏両面に短毛があってかなりザラザラし、鋸歯の先が階段状になり、側脈の先が所々二つに、また、葉脈の付け根・基部は三つに分かれている。

　繁殖方法を比べてみると、ケヤキは長さ4〜5mmの乾いた果実を枝葉と共に風で遠くまで飛ばす風散布に対し、ムクノキは7〜12mmの球形で多肉質の黒く甘い実をムクドリなどが食べて糞と共に落としていく鳥散布である。長年、街路樹として親しまれてきたケヤキは、狭い空間で大木となり、広範囲に落ちる細かい落ち葉は、ゴミとして苦情の対象となる。その結果、強剪定されて、異常に大葉となった枝垂れケヤキをしばしば目にする。

　本来、樹形の美しさで街路樹に選ばれたはずのケヤキが、管理の段階で見るも無残な姿になっている。今一度ケヤキの存在と効用について考えたいものである。

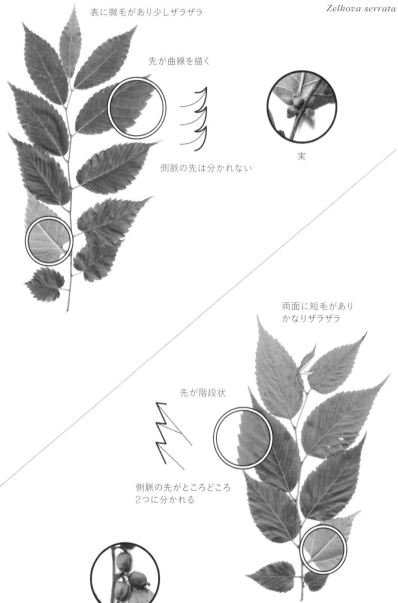

ケヤキ
Zelkova serrata

表に微毛があり少しザラザラ

先が曲線を描く

側脈の先は分かれない

実

両面に短毛があり
かなりザラザラ

先が階段状

側脈の先がところどころ
2つに分かれる

葉脈の付け根が3つに分かれる

実

ムクノキ
*Aphananthe
aspera*

3cm

クスノキ　／　ヤブニッケイ
Cinnamomum camphora　Cinnamomum yabunikkei

夏服から冬服へと衣替えの季節となった。箪笥やクローゼットに欠かせないのは防虫剤。防虫剤と言えば、樟脳。樟脳の原料はクスノキ。

クスノキの語源は、香りの木・クサイ木、くすぼる木、奇（クス・クシ）、薬の木、久須（朽ちず）の説がある。

日本一太い樹木はクスノキである。中でも、鹿児島県姶良市蒲生町の蒲生八幡神社境内にあるクスノキは、樹高25.5m、目通り幹周24.9m、根元周囲35.7m、樹齢1500年と言われ、国の特別天然記念物となっている。

縄文時代の丸木船、飛鳥時代の仏像、江戸時代から使われている木魚、安芸宮島の厳島神社の大鳥居もクスノキの材。

学名のカンフルとは、樟脳のことで、クスノキの成分から得られ、強心剤としても用いられた。

セルロイドの材料で、ピンポン玉やキューピー人形、下敷きなど身近な所で使われた。今でも龍角散・トクホン・メンソレータムなどの医薬品に用いられている。

樟脳は、織田信長の時代から輸出が始まり、江戸時代には金銀、生糸と並ぶ重要な輸出品となり、明治期には日本は世界一の樟脳生産国となった。塩やたばこ、酒とならんで1903年から1962年までの59年間、専売品であった。

クスノキは鹿児島・佐賀・熊本・兵庫の四県の県木となっており、23県の65市が市の木として指定している。街路樹としてもサクラ・ケヤキ・イチョウに次ぐ植栽本数4位の樹木である。

クスノキ科の多くは、葉脈が葉の付け根で三つに分かれる三行脈である。

クスノキは関東地方以西に分布し、葉は互生して、葉柄は1.5〜2.5cmで赤みを帯びる。葉は長さ6〜10cm、幅3〜6cm、三行脈の付け根にダニが住むイボ状のふくらみがあり「ダニ部屋」と呼ばれている。葉の表は光沢のある緑色で、裏は灰白色で硬くて薄い。

一方、クスノキによく似た福島県以南に分布するヤブニッケイは、枝先の葉が対生し、他の葉は等間隔に互生する。葉柄は0.8〜1.8cmとクスノキより短い。葉は長さ6〜12cm、幅2〜5cmで、三行脈が目立ち、「ダニ室」がなく、ふくらみもない。

クスノキは、秋から冬にかけて落葉しないことから街路樹として多用されてきた。地球温暖化により、その植栽分布域は北へと広がっている。しかし、都市空間の制約から、街路樹のクスノキは強剪定されることが多い。長寿の木で大木となるからご神木として大切に守られている社寺のクスノキもある。同じクスノキでありながら、植えられた場所により、待遇が違う。人間の勝手である。

クスノキ
Cinnamomum camphora

葉の縁は大きく波打つ

堅くて薄い

葉脈の付け根にダニ部屋がある

葉柄は長く赤みを帯びる

葉が互生

葉の縁は少し波打つ

堅くて厚い

三行脈が目立つ

葉柄は短い

葉脈の付け根に
ダニ部屋がない

ヤブニッケイ
Cinnamomum yabunikkei

枝先の葉は対生、他は互生

3cm

カヤ / キャラボク

Torreya nucifera / *Taxus cuspidata var.nana*

 碁では、秋から冬にかけて名人戦に続き王座戦・天元戦が行われている。プロの対局にはカヤ（榧）盤が使われる。カヤの碁盤や将棋盤は、打ち味や木目、香気が良く、長時間打っても疲れない最高級品である。

縄文・弥生時代には丸木船や柵に用いられており、釣り竿にかかった魚をすくい上げる小形の網（たも網）の柄にも、油気があり、丈夫で使いやすいカヤ材が使われてきた。

奈良時代からはカヤの一木造の仏像も作られるようになった。

種子は、白鳳時代の遺跡により炒って食べていたことが分かった。食用油、燈火脂、整髪油、塗料などに使われていた。

庭木としては、寸胴切りで樹幹の趣を出す。

日本一太いカヤは福島県桑折町万正寺の大カヤ（幹周8.7m・樹高16.5m・推定樹齢900年）である。

カヤの語源は、木屑や枝葉を焚いて蚊遣りに用いたことによるという。

カヤに良く似ているのがイチイの変種のキャラボク（イチイ科イチイ属）。

鳥取県の大山ではキャラボクの純林が国指定の特別天然記念物となっており、県木ともなっている。また、主要生産地の千葉県君津市でも市の木に指定されている。

カヤは宮城県以南から九州にかけて分布する樹高25mにも達する常緑高木。小枝は1箇所から3本に分かれて出ることが多く、葉は小枝の左右2列に互生し水平につく。葉には艶があり、厚くて堅く、膨らみを帯び、主脈は目立たない。葉先は鋭く尖り、触れると痛い。葉裏には2本の白い気孔線が目立つ。

一方、キャラボクは秋田県から鳥取県の日本海側に分布する高さ1〜2mの常緑低木。幹は直立せず多くの枝に分かれ斜めに伸びる。葉は厚みがあり柔らかくて、主脈が目立ち、螺旋状につく。葉の長さはカヤより短く、葉先は尖るが触れても痛くない。葉裏の気孔線は目立たない。

生活や文化と密接にかかわってきたカヤは、自然界においては乱伐により絶滅に瀕している。しかし、カヤに魅力を感じた設計者・生産者もおり、東京ディズニーシーには潮風に強い針葉樹として群植されている。

キャラボクの仕立物は、雲がたなびくような木姿が良く、重心が低くて枝張りが広く、高級感があるとして昭和30年代から50年代に人気を博した。しかし、洋風建築や車庫などの普及に伴いあまり用いられなくなった。

仕立物は、樹木の性質を熟知した者が技術を駆使して作り上げた芸術品である。その時々に脚光を浴びた樹木に感謝し記憶にとどめておきたい。

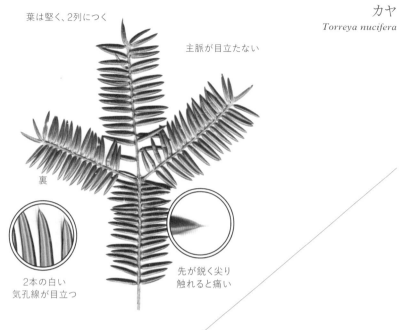

カヤ
Torreya nucifera

葉は堅く、2列につく

主脈が目立たない

裏

2本の白い
気孔線が目立つ

先が鋭く尖り
触れると痛い

葉は柔らかく螺旋状につく

主脈が目立つ

裏

先は尖るが
触れても痛くない

気孔線は目立たない

キャラボク
Taxus cuspidata var.*nana*

3cm

サカキ　／　ヒサカキ

Cleyera japonica / *Eurya japonica*

新年には、神社に初詣する人が多い。そこに必ず供えてあるのがサカキ（榊）。日本の神聖な植物の代表格として、神事・祭事に神に捧げられてきた。耐火力もあり、神社を守る常緑高木である。神前結婚式の玉串や、新築時の地鎮祭のお祓いにはサカキが用いられる。

サカキの語源は、年中葉が緑色であるため「栄える木」、神と人との「境の木」。

神社や会社・家庭の神棚にはサカキが欠かせないが、神前に「サカキ」として供える木は地方によって異なる。特にヒサカキ（サカキ科ヒサカキ属）は、宮城県から鹿児島県までサカキの代用品として広く使われている。

ヒサカキの語源は、本物の榊に非ず（非サカキ）、小さなサカキ（姫サカキ）。

ヒサカキの他にも、イヌツゲが秋田・新潟・長野県で、ソヨゴが山梨・長野・岐阜・富山県で用いられている。

サカキは、神聖な木であり、むやみに切ったり燃やしたりしてはいけないことから、民家の庭に植えることが少なかった。

一方、ヒサカキは、千利休の時代より深山の景をつくるためマツやカシ、カナメモチと共に露地に植栽されてきた。

昔の農家は、山に生えているヒサカキやササを下刈りした。毎年刈り取っているヒサカキは、背丈が低く株立ちとなり、それを山取りし、「鎌刈のサカキ」と呼んで、植木として販売していた。鎌刈のサカキは、日陰に強く、葉が密で、下枝が上がらず、見栄えがよく、花が派手でないことから、侘び寂びの庭に合い、庭木の根締めや露地の蹲踞周りに好んで用いられた。

また、ヒサカキの灰は、八丈島の織物である「黄八丈」の黄色の糸の媒染に用いられている。

サカキの枝先の芽（頂芽）は長さ1.3cmほどで、鎌状に大きく先が曲がる。葉はなめし皮質でつやがあり厚く、長さ7〜10cm、幅2〜4cmで、縁には鋸歯がない。葉裏の葉脈がほとんど見えない。6〜7月に葉の付け根から1.5cmほどの甘い香りの白い花を1〜3個つける。花は後に黄色くなる。11月ごろに黒色の実が熟す。

ヒサカキの頂芽は長さ0.6cmほどで、サカキより小さくて細長く小鳥の爪状に曲がる。葉はやや厚くてつやがあり、長さ3〜7cm、幅1〜3cmとサカキより小形で、縁には上向きの鋸歯がある。葉裏は葉脈の網目が目立つ。3〜4月に葉の付け根から臭い小さな白い花を1〜3個つける。10〜11月ごろに紫黒色の実が熟す。

横浜の我が家では毎月1日と15日、神棚に榊（ヒサカキ）を供えている。こういう文化を大切に残していきたいものである。

サカキ
Cleyera japonica

葉先は丸く尖る

頂芽は大きく
鎌状に先が曲がる

鋸歯は全く無縁

葉脈が見えない

頂芽は小さく
小鳥の爪状に曲がる

葉脈の網目が目立つ

葉先は細く尖る

粗い鋸歯がある

歯柄が赤い

ヒサカキ
Eurya japonica

3cm

ウメ / モモ

Armeniaca mume / *Amygdalus persica*

入試のシーズン、受験生は、合格祈願に天満宮へ行く。天満宮のご祭神は学問の神様、平安時代の貴族である菅原道真。ウメをこよなく愛したのでご神木はウメ。

寒さにめげず花開くウメは、冬にも色あせないマツ、まっすぐに伸び柔軟性と強さを持つタケとともに、「松竹梅」と呼ばれ縁起木とされている。

奈良時代の『万葉集』にはハギについでウメの歌が多く花の代表であったが、平安時代中期にはサクラが花の代表に移り変わっている。

江戸時代の『築山庭造伝　前編』では、庭に植える役木のうち「垣留めの木」として、袖垣の柱にウメを添え景色をつくり出したものを「袖ヶ香」と呼んでいる。通常、枝が少なく幹の曲がった一重の白梅を用いる。

一方、梅に続いて咲く弥生の花はモモ（バラ科モモ属）。3月3日の雛祭りには、モモの花を飾る。モモには、邪気を祓う威力があるといわれている。

神奈川県園芸試験場では、ファスティギアタタイプ（直立性）のハナモモとして照手桃・照手紅・照手白・照手姫を品種登録した。相模原市内の街路樹として植えられているが、枝が広がらないため、狭い庭にもよい。

ウメは長寿で400年の古木もあるが、モモは15〜30年と短命。

ウメは5〜10mの高木で、葉は丸くて長さ4〜8cm、葉先はよれたように長く尾状に尖り、葉幅3〜5cmほどで中央部より上で最大幅となる。葉の縁には細かくて不揃いな重鋸歯があり、葉柄は1〜2cm。花は2〜3月、葉に先立って、前年の緑色の若枝の葉腋に赤褐色で無毛の花芽を1〜3個つけ、香りのある花を開く。

一方、モモは3〜5mの中木で、葉は細長く長さ7〜16cm、葉幅は1.5〜4cmで中央部で最大幅となる。葉の縁には細かい鋸歯があり、鋸歯の先が褐色を帯び、葉柄は0.5〜1.5cm。花は3〜4月、葉に先立つか、葉と同時に開く。冬芽は、赤褐色の枝に毛深い3個の芽が並び、外側の2個が花芽で、真ん中が葉芽となる。

日本人の食生活には梅干は欠かせない。ウメの名所の一つである東京都青梅市の吉野梅郷ではウメが「プラムポックスウイルス（ウメ輪紋病）」に感染し、伐採され問題となっている。

最近の洋風住宅には、和の庭に適するウメが敬遠されている。しかし、シダレウメならば洋風の景観にマッチするのではないか。ウメやモモの花は茶花として用いられてきた。せめて切り花として一枝を玄関先にでも飾り、日本の季節感を味わってもらいたい。

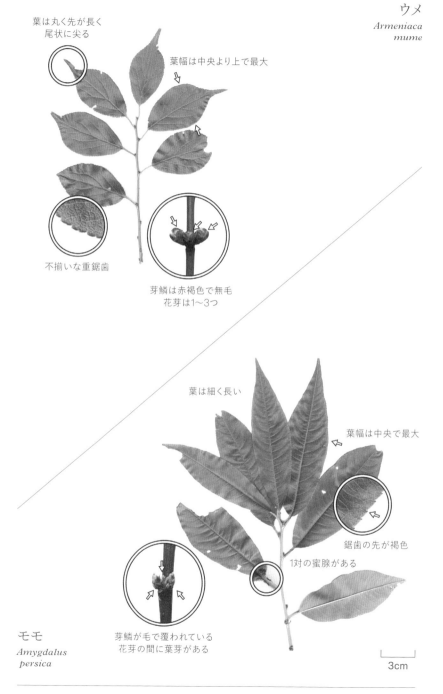

葉は丸く先が長く
尾状に尖る

葉幅は中央より上で最大

不揃いな重鋸歯

芽鱗は赤褐色で無毛
花芽は1～3つ

葉は細く長い

葉幅は中央で最大

鋸歯の先が褐色

1対の蜜腺がある

モモ
Amygdalus
persica

芽鱗が毛で覆われている
花芽の間に葉芽がある

3cm

コブシ / ハクモクレン
Magnolia Kobus / *Magnolia Denudata*

から36年前にヒットした「北国の春」でおなじみのコブシ。東北地方では田打ち桜または種蒔き桜と呼んで、この花の咲く頃が農作業をはじめる暦として用いられていた。

コブシの蕾は敏感に春の日差しを感じ、日光を多く受ける蕾の南側が特に成長して膨らみ、蕾の先端が北側を指すことから、ハクモクレンと共に、コンパスプラント（方向指標植物）と呼ばれている。

コブシは北海道から九州まで分布する落葉高木で、葉はたまごを逆さにした形で長さ6〜15cm、葉先はねじれ、よれたように尾状に尖る。葉の幅は3〜6cm。葉の縁には鋸歯がなく、波を打ち、葉全体的にしわがあり、無毛で、葉柄は1〜1.5cm。葉裏は葉脈上に長い毛が生える。3月下旬〜4月上旬、斜め上か横向きに白い花をつける。花びらは6枚。3枚のガクは緑色で小さい。花の直径は6〜10cm。開花と同時に花の下に小さな葉が1枚つくのが特徴。花はわずかに匂う。

枝を折ったり葉をもんだりすると強い芳香がある。実が手の握り拳の形をしていることから「コブシ」と名づいた。

一方、コブシとよく似たハクモクレンは、江戸時代に中国から渡来したもので、元禄11年（1698年）に刊行された貝原益軒著の『花譜』にその名がある。北海道から九州の庭木・公園木や街路樹として用いられる落葉高木で、葉は長さ8〜15cm、葉先はまっすぐで短く尖る。葉の幅は6〜10cmとコブシよりも大きい。葉の縁には鋸歯がなく、波打たないできれいなカーブを描き、葉の質は厚く、粗い毛があり、葉柄は1〜1.5cm。葉裏の葉脈上には毛が生える。花は3月中旬〜下旬でコブシよりも7〜10日位早く、上向きに咲く。花びらは9枚に見えるが、下の3枚はガクである。花の径は8〜15cmで、コブシよりも大きい。花は匂うが、枝葉はあまり匂わない。

花の進化の方向性は、多数から少数へ（花びら雄しべ・雌しべの数）、離弁から合弁へ、放射相称から左右相称へ、同形同大から異形大小へといわれている。コブシやハクモクレンのモクレン属は、さまざまな花木の祖先であり、1億年以上も原始的な姿で現在も咲き続けている。

この魅力に取りつかれ、わが国最初の黄花モクレン'金寿'を作出した中村隆之氏、コブシとタムシバの自然交雑'ワダスメモリー'で有名な和田弘一郎氏ら先人達が作りだした園芸品種のモクレン類を今後も楽しんでほしい。

コブシ
Magnolia Kobus

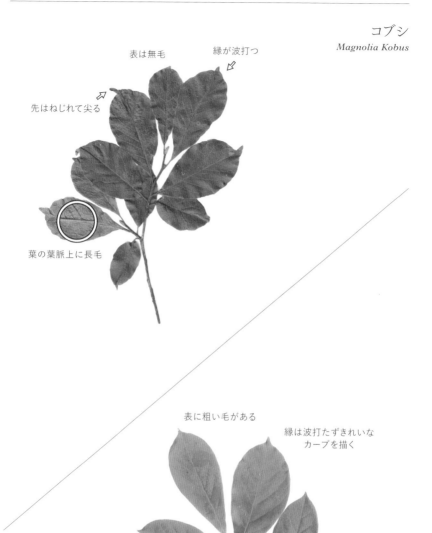

表は無毛

縁が波打つ

先はねじれて尖る

葉の葉脈上に長毛

表に粗い毛がある

縁は波打たずきれいな
カーブを描く

先はまっすぐ尖る

裏の葉脈上に毛

ハクモクレン
Magnolia Denudata

3cm

クロマツ / アカマツ

Pinus thunbergii / **Pinus densiflora**

新緑の季節、木々の芽吹きは目を楽しませてくれる。その中、冬の寒さに耐えたマツの新芽は、ことのほか伸び、その芽を「みどり」と呼んでいる。この「みどり」を放置すると枝が間伸びし樹形が乱れるため、新芽が柔らかい5〜7月にかけて新芽を摘む作業を「みどり摘み」という。しかし、「みどり」といっても緑色ではない。

クロマツの芽は白いりん片で覆われ真っ白に見え、そのりん片はそりかえらない。葉は、長さ10〜15㎝、幅は1.5〜2.0㎜、深緑色で長く太く堅くて触れると痛い。「男松」と言われる。マツの球果を「松笠」「松ぼっくり」と呼んでいるが、クロマツの松笠は赤褐色で長さ4〜6㎝、ヘソに突起は無い。樹皮は灰黒色で亀甲状に深く割れる。青森県から鹿児島県までの海岸に多く見られる。

一方、アカマツの芽のりん片は赤褐色でそり返る。葉は長さ7〜12㎝、幅は1.0㎜前後、緑色で短く細く柔らかくて触れても痛くない。「女松」とも呼ばれている。松笠は灰白色で3〜5㎝とクロマツよりも小さく、ヘソには刺状の突起がある。樹皮は赤褐色で、皮が薄く剥がれやすい。それを幹磨きし、赤肌の艶を出して観賞する。青森県から鹿児島県までの全山、内陸部に多いが、東北地方沿岸部の断崖にも多数分布する。

江戸時代の作庭書『築山庭造伝』には、庭の役木として、正真木（庭の主木・景の中心）・見越しの松（庭の背景を構成し、前面の景を引き立てる役割をもつ木）・流枝松が記載されている。

日本三名園（後楽園・兼六園・偕楽園）、日本三景（天橋立・松島・厳島）、大名庭園や寺院の庭にもマツは欠かせない。群馬県は赤城山に水源涵養林としてクロマツを植林し、島根県出雲平野は防風林の「築地松」として用い、県木としている。

住宅の門冠りの松としても多用されてきたが、年2回の手入れが負担になったり、住宅が洋風化したり、現在の庭園ではマツが敬遠されている。

しかし近年、マツの海岸林などが環境の緑として見直されている。マツは耐塩性樹種であり、細長い葉は潮風や砂粒に逆らうことなく揺れ、付着した塩をふるい落とす。砂粒に当たり傷んでも葉にはヤニを分泌して傷を塞ぐ性質がある。

マツは、門松・松明・燃料・木材などとして使われ、日本人とのかかわりが深い。

日本の景勝地の代表、縁起木（松竹梅）の一つでもあるが、マツノザイセンチュウに侵される範囲が拡大している。身近な緑の危機として関心を持たなくてはならない。

クロマツ
Pinus
thunbergii

葉が堅く触ると痛い

深緑色で
長く太い

松笠は赤褐色
ヘソに突起なし

冬芽のりん片は白色で
そり返らない

緑色で
短く細い

葉は柔らかく触っても痛くない

冬芽のりん片は赤褐色で
そり返る

松笠は灰白色
ヘソに刺状の突起あり

アカマツ
Pinus
densiflora

371

3cm

第 **8** 章

エッセイ

造園人新年の抱負
「造園実習教育」

環境緑化新聞第141号、1989年 掲載

　神奈川県の西部、阿夫利連山が一望でき
る厚木の地に東京農業大学の農場がある。こ
こに勤務してから今年で早10年目、造園実習
指導・研究・場内管理に追われる日々である。

　「造園実習」は、故上原敬二先生創設の農
大造園学科の前身である東京高等造園学校
以来必要不可欠なカリキュラムで、現在までに
六千余人が体験し造園界に巣立っている。造
園の実際を体験させるこの実習は、公共事業
や造園技能士・施工管理士等の受験・試験
内容を意識し、授業で修得した理論に基づ
き、①施工の手順と方法 ②安全に能率よくし
かも美的なものを造り上げる ③共同作業の重
要性、などの点を体得させるものである。実習
項目は、生産関係の圃場管理・移植、調査関
係の土壌調査、設計関係に実施設計図検討
会、施工関係に石組・飛石蹲踞・竹垣・支柱
工・造園関係機械・花壇・作庭、管理関係の
剪定などである。

　造園実習を受ける学生の八割弱が造園関
係外のサラリーマン家庭に育っており、実習に
対する学生の評価は、家業や在学中における
造園作業経験の有無によってまちまちである。
今年度からは、新カリキュラムにより4年生から
2年生へと低学年における「造園実習教育」
が実施され、実習項目も多少変更があり、学
生の感じ方も変わると思われる。

　北は北海道から南は沖縄まで全国から集う
学生に対して実習を指導する立場にある私に
とっては、地域性のある造園技術やタイムリー
な情報を一日でも早くより多くマスターし、学生
に伝授することによって、造園界のために一翼
を担いたいと思っている。

環境緑花人新年の抱負
「伝統・新技術の伝授を胸に」

環境緑化新聞第165号、1990年 掲載

　昨年、米国7都市訪問の機会を得た。その
際、日本とは異なった造園技術に接した。特
に、支柱技術である。

　米国の支柱は添え木とワイヤー張りの2タイプ
が見られ、角材や皮付き丸太・鉄柱等を鉛直
か弱V型に2〜4本と柱建てし、柱上部からの
ワイヤー張りで固定されている。結束では日本
で行われている棕櫚縄を用いたイボ結びなどの
「縛る」技術を持たず、ホース付きワイヤー、テー
プ、チェーンなど簡単な結束材料で「止める」
技術を活用していることがわかった。

　我国においても、最近は木製の支柱から地
中埋設式や鋳物の支柱など建築物に調和し
た景観を考慮する技術が見られるようになっ
た。その資材や結束技術に関しても米国でみ
た様な人工資材と「止める」技術に代わろうと
している。

　また、移植技術のうち根巻に用いられる資
材も変化しつつある。天然資材の稲藁が手に
入らなくなり、技術者不足や作業の省力化等を
勘案し根巻が楽に簡単に巻ける人工資材の
麻袋（また
い）を盛んに用いるようになってきた。

　教育現場を担当する一人として、保存すべ
き伝統技術と世相を反映した素材の変化など
による代替技術（新技術）を身に付け、将来の
造園人となる学生にその技術を精一杯伝授し
ていこうと思う。

緑花人新年の抱負
「パラダイスコーディネイターに」

環境緑化新聞第189号、1991年 掲載

昨年、欧州4カ国11都市の緑花事情を視察した。

欧州では、身近な生活空間の室内から庭にかけて心和む華麗な花を導入し、潤いある生活を送っている。休日には公園へ行き、太陽のもと芝生の上で花を眺め、日光浴をしてリフレッシュを図っている。行政側も花による村おこしを行ったり、中世の歴史的文化遺産を守るために老人パワーの協力を得て、花づくりに喜びを見いだしながら、観光客を呼び込んでいる。歴史と文化から培われた整形式幾何学模様の刺繍花壇や近年用い始めた立体的装飾方法の「花のタペストリー」などを生かして、楽しい潤いのある造園空間を花で演出している。人工的な整形石造建築物にマッチした都市の緑を「トピアリー」の手法でも修景している。

その文化的自然景観を住民の税金で市が日夜管理に奮闘し、これを利用する住民も行政側の法規制の中でマナーよく花と緑の空間を楽しんでいる。

今後花博を契機に、生活の中へ、都市の中へと華やかな賑やかで豊かさが感じられる花と緑による空間づくりが盛んとなろう。従来の庭師+花に熟達したガーデナーで、日本の造園空間を楽園としなければならない。花と緑で楽園を造る造園家「パラダイスコーディネイター」として学生教育、研究と鋭意努力していきたい。

21世紀に残したい都市公園
「中国から学んだゆとりの心」

環境緑化新聞第215号、1992年 掲載

昨年、中国古典庭園と風景探訪考察団に参加した。

杭州の西湖は緑滴る峰々に囲まれ、昔から画家や詩人が名付けた十景がある。市では、西湖周辺の住宅や会社・工場の移転を図り、すべてを公園緑地とし、歴史的景観の回復に努めている。それが徹底しているためか西湖遊覧は驚くほどの風光明媚な景色が十二分に楽しめる。日本ならば、すぐにもリゾート開発で高層建築物が林立するであろう。

西湖に船を浮かべて中秋の名月を観賞した。蓄電動力によるもので動揺もエンジン音もなく極度にスピードを落として進んでいく。無公害の知恵、物の大切さ、余裕のある国民性に触れた。

西湖十景の一つ、花港観魚公園では、日の出と共に太極拳があちこちで始まる。リハビリ中の老夫婦の姿、汗をかいての一服か、テーブルを囲み、持参した龍井茶を飲みながら談笑している人々。

歴史を感じさせ頻繁に利用される公園・風景は、今現在の物ではなく、未来へも残さなければならない。湖や山の自然は文化であり、先祖から受け継いだ景色を後世に残していく中国人の心の豊かさを垣間見た。日本でも、ゆとりのある心で物事の本質に立ち返り、造園計画・都市公園づくりをして頂きたいと思う。

緑花造園人新年の抱負
「樹木生産者を踏まえた教育」

環境緑化新聞第238号、1993年 掲載

　公共緑化に取り組む仲間達は、現在、総勢23万人はあろうか。そのうち、緑化樹木生産者は半数の約11万人である。

　生産者は、長い年月をかけて栽培した樹木を、掘り取り、根巻して植栽現場まで運搬し「樹木価格」を対価として得ている。この樹木価格をみると、一般労働者の平均賃金が25年間で9倍にも上昇しているのに対し、樹木価格は平均3〜7倍と、かなり下回る上昇率にある。労働者の平均賃金と同様かそれを上回る樹種はケヤキの9倍、ハナミズキ11倍、ユリノキの17倍のみである。樹木の価格は安いといえよう。

　緑化樹木は現在260種類を超える多様な樹種が流通している。しかし、落葉中高木、常・落低木はここ11年間、針葉樹、常緑中高木ではここ21年間も樹種数に変化がなく、流通動向の停滞がうかがえる。

　生産者は、より高品質な新樹種の開発及び適正な樹木価格での流通、設計者への情報提供を行い、もっと多彩な緑で豊かな住環境を創造して頂きたい。

　造園教育を担う者として、学生に緑化樹木の繁殖・栽培・育成・管理などの実習を通じ、樹木の尊さ・育てる喜びと苦労などを体験させ、生産者の立場をも理解させる教育をより一層行っていきたい。

歩み続けて55回
ゴーゴー花・緑・会
「視察報告会でデビュー」

環境緑化新聞第252号、1993年 掲載

　瀧世津子さん、グロッセ・リュックさんの欧州の花と緑による街づくりのお話、それに続くヨーロッパ視察旅行が特に印象に残っています。旅行にはテープレコーダーを持参し、ガイドさんや団長さんのお話、皆の雑談に至るまですべてを収録しました。そのせいか、私が視察の報告書をまとめることになりました。報告会の前日には、泊まり込みで準備したことを覚えています。これが私のデビュー作でした。

　今後のテーマについて希望を言わせてもらうと、造園を緑の下で支える生産者側のお話を聞く機会を設けて頂ければと思います。今後も花と緑を考える会を通じて最新の情報を収集し、教育・研究に生かしていきたいと思っていますので、よろしくお願いします。

これからの都市公園を考える
「緑と花の公園づくりを」

環境緑化新聞第263号、1994年 掲載

　私は、2年前より都市公園の植栽樹木の実態を調査し、今後の緑化樹木生産の動向を探っている。

　東京都内の公園木の経年変化を階層構造でみると、昭和52年以前の公園が高中木層36%、低木層61%、地被層3%、平成2年には高中木層5%、低木層42%、地被層53%の本数割合にある。約10年間に急激に変化し、明るく開放的な植栽景観へと移行していること

がうかがえる。現在は高木にコブシ、中木キンモクセイ・サザンカ、低木サツキ・オオムラサキ・ドウダンツツジなどの花ものの樹種が多用されてきている。

今後の公園構想を各役所に尋ねたところ、「これまでの枠にはまらない特色ある公園づくりが必要」とし、具体的に冒険広場・親水・農業・野草公園や昆虫・野鳥公園などの名があげられた。また、「公園の形態・施設・遊具のデザインなどに創意工夫し特色ある公園施設化を図る」と述べている。これらを裏付けるかのように、公園総建設費のうちの緑にかかわる植栽費率がここ10年間で5%も減少している。

住環境の緑化を支える樹木生産者は「夢のある植物」の提供を創造し日々生産に励んでいる。施設型公園も大切ではあるが、心和む緑と花に囲まれた潤いのある公園づくりを今後も実現して欲しい。

"都市森"の時代へ
「地域性ある緑の公園作りを」

環境緑化新聞第311号、1996年 掲載

私は、平成2年度に開園した東北・関東・関西・九州の都市公園を対象に植栽樹木の実態調査を行い、地域性あふれる公園作りがなされているかを探った。

公園に植栽されている樹木の出現樹種総数は、東北128種、関東353種、関西225種、九州86種で、関東が最も多種多彩な樹種を導入している。その樹木本数を階層別にみると、東北・関西・九州の公園で、高中木層5〜18%：低木層63〜81%：地被層14〜19%となっているのに対し、関東では高中木層5%：低木層42%：地被層53%となり、他地域に比べ地被植物が多用されている。これは、従来からの公園の敷地を樹木で囲むという発想から離

れ、出入口のオープン化、歩道との一体化を図り、開放的な街並みと融和した公園作りが進められている証であろう。四地域の公園に共通して植栽される頻度の高い樹種をみると、高木のケヤキ・イロハモミジ・ソメイヨシノ・コブシ、中木のキンモクセイ・ツバキ・サザンカ、低木のサツキ・アベリアであり、どこの公園も似通った樹種構成にあるようだ。しかし、関東では武蔵野の二次林風景を思わせるナツツバキ・コナラ・エゴノキなどの雑木ものの樹種が認められ、関西ではシャリンバイ・カンツバキの花ものの低木、九州の公園では耐潮性・耐風性のある郷土木のクスノキ・クロガネモチが多用されるなど地域色もわずかながら認められる。

昨今、市街地開発により丘陵地や田畑が宅地化され、これまでの自然景観を急激に変えていく方向にある。また、新住民が移住し、ふるさとの意義が失われつつある。そこで、郷土に自生した樹種を植栽して郷土色を出し、ふるさと意識を高めることも必要であろう。地域色あふれる緑の公園作りを実施するためには未利用な樹種の生産開発・啓蒙・普及が必要である。生産者・設計者・利用者の結び付きを行政機関が調整し、皆が楽しめる樹種の選定を行ってもらいたいと念願する。

造園人新年の抱負
「地域の財産、落葉からの発想」

環境緑化新聞第334号、1997年 掲載

現在樹木生産者が最も多く栽培している落葉広葉樹高木はケヤキであり、全国街路樹本数ベスト3、6割弱の県で上位となっている。我が農場のメイン道路にも開設当初よりケヤキ並木が設けられ、雄壮な姿で来場者を30余年もの間見守ってきた。

昨年秋、このケヤキに対し「落ち葉が雨どい

に詰まって掃除が大変、枝を切って」と近隣住民から苦情が寄せられたので、民家側はぶつ切り・農場側は枝抜き剪定を施した。

今から10年前に都市緑化埼玉フェアで「全国落ち葉会議」が催され、落ち葉の価値や利用法を探り、都市ゴミとしてではなく財産として活用しようと、全国からアイデアが寄せられた。その甲斐もなく今でも落ち葉はゴミ扱いである。

造園家の発想としては、大切な緑を保護する立場から、清掃代行し落葉期を無剪定で乗切るか、生産業者への等価交換や自治体公園への寄付などの移植対策が提案できよう。尚、設計者が意図した適正な樹木の大きさを美的に維持する管理が最も大切であろう。

樹木を扱う造園家が物を言えないケヤキや緑の代弁をしなくて誰がしよう。苦情処理班の安易な短期解決策ではなく、地域の緑として大切に育成・保護・活用できる長期展望策を打ち出せる造園家の養成を今年も心掛けたい。

タイ国との交換留学を体験して

造園連新聞720号「続千樹萬幹」、1997年 掲載

昨年夏に農大姉妹校であるカセサート大学での短期農業実習の引率教員としてタイ国を訪れた。年間平均気温が28℃と暑く、東京では育たない熱帯植物があちこちに見られた。

タイ国は日本の食卓をかなり支えており、焼鳥などの鶏肉（数量シェア31%）、ヤングコーン（96%）、かつお類（89%）、パイナップル缶詰（56%）、あられ煎餅（87%）、テーブルに飾るラン類の切花（75%）、ペットフード（36%）等々、我が国への輸入相手国第一位であり、感謝すべき国である。また、焼鳥の炭はマングローブの木炭を用いるよう日本企業から指令されており、日本人の贅沢のためにタイ国の自然が犠牲になっている実態を目にし反省させられた。さら

に、ランの培地はココヤシの幹や皮・実ガラ、ベビーコーン炭などを用い、地場材料を工夫して効率良い農業が行われているのに感心した。

10月には、タイの学生達18名が日本の農業を学びに来日し1ヵ月滞在した。日本の文化と伝統ある造園技術を少しでも理解させ伝えたく実習内容を選定した。一般実習では、植物材料の生産地と、それを用いて作られた都市公園を見学させ、専門実習ではサシ（ニックネームはトップ、その名の通り飛び級で19歳大学四年生、背も高く成績優秀な女学生）と引率教員の2名を相手に、竹垣、飛石、蹲踞の施工面、マツの剪定と藁ボッチの防寒作業など管理面の実習を行った。

竹垣での結束の仕方、人の尺度と合端の馴染みを勘案した飛石の打ち方、一枝一葉にまで細心の注意を払うマツの手入れ、タイでは思いもよらない防寒技術の藁ボッチなど、日本独特の用と景を重んじる造園技術や知識を精一杯伝えたつもりである。

国際交流の名の下、今回の実習で会得された日本の文化、造園技術の良さをタイ国で少しでも広めていって欲しいものである。

造園人新年の抱負
「エコ・リゾートを考える」

環境緑化新聞第358号、1998年 掲載

この夏、友人が所有する北八ヶ岳長野八千穂高原の別荘に滞在し、カントリーライフを楽しんだ。

ここは大手デベロッパーが開発した営利目的のリゾート地ではなく、地元住民が村の活性化のために開発した貸地の村営別荘地である。契約書には別荘建築の要点として、①境界線より5m以上敷地内に入って建築する、②建物は原色を使わない、③境界には塀を設けず、つくるのであれば地元の自生植物を植

栽する　④地形を生かし、整地せずに建てる、等々の建築条件があり、環境にやさしい別荘作りを心掛けている。彼は、より自然に親しめるログハウスを建築した。

　自動車の騒音はなく、朝は鳥のさえずり、それに続く蝉時雨、木々の葉ずれで目覚める。森林浴、その道すがらに無人販売所で地元野菜を入手し、林中でバーベキュー。カヌーイング。自分たちの飲み水は何処から来るの？排水は何処に流れていくの？日常当たり前に接している行為や物事が新鮮に見え、新しい発見の場ともなる。

　都会の喧騒を逃れ、豊かな自然の中で自分の趣味を活かしたカントリーライフを味わい、心身をリフレッシュ！エコ・リゾートでグリーンツーリズムを体験してこそ、より快適な環境の創造が図れよう。

は、公害対策用の量の緑・環境の緑で、成長の早い樹種が主に用いられ、周囲を遮蔽する階層構造の緑であった。平成7、8年の公園では、質の緑・個性的な緑、管理を必要としない花木やカラフルな葉物など多種多彩な樹種が用いられ、中でも地被類の導入が著しく、花と緑で、地面を被う明るく開放的で、季節感が味わえる低層化した植栽構造へと推移している。

　今後は、住民が計画から施工・維持管理・運営に参画し、住民のための公園づくりを推進すべきであろう。その緑の移り変わりを見守っていきたい。

20世紀最後の初夢
「新しい囲い技術の創出を」

環境緑化新聞第406号、2000年 掲載

　私は、囲い技術に興味がある。欧州にはラティスなどの木柵が、中国では矢来垣や中華風創作垣が多く目につき、その国の気候風土や文化に適した技術がある。

　そして日本には竹垣がある。それは、竹や棕櫚の地場材料を用いた日本人独特の繊細な美的感覚がなせる技である。その竹垣が今、天然物から人工物に替りつつあり、エコ・グリーンテックやジャパンガーデニングフェアなどでも人工物の竹垣が展示されている。営業マンの話では、売上比で天然物：人工物＝6：4の割合。人工物の増加理由は、竹取りの翁の減少、メンテナンスフリーの要望、竹垣職人の減少などが挙げられる。

　日本の伝統文化に培われてきた竹垣の囲い技術が失われつつあることは残念である。学生に伝承し、また今流行りのガーデニングで得た技や知識を調和させながら、新しい日本の囲い技術の創出を目指したい。

造園人新年の抱負
造園界の25年を総括する
「公園木の移り変わり」

環境緑化新聞第382号、1999年 掲載

　私は、21年間にわたり公園の緑について継続的に調査を行っている。

　東京都内の昭和52年以前開園の公園と平成7、8年開園の公園を比較したところ、樹種総数は256種→518種と増加しており、中でも地被類が13種→143種へと激増していた。樹木本数の階層別割合では高中木層36％→5％、低木層61％→40％、地被層3％→55％と地被・低木主体で、落葉樹の本数割合は17％→27％と増加傾向にあった。増加した樹種をみると、花物6割、品種物・雑木物3割、草花2割などであった。

　公園木は、その時代毎のニーズを反映し移行しているようである。昭和52年以前の公園

造園人新年の抱負
「新しい造園家を育てる」

環境緑化新聞第430号、2001年 掲載

ここ数年、私は上原敬二先生が中心となり発足した産官学の集まりである「日本造園アカデミー会議」に出席している。

1998年は「今、求められる"にわ"Ⅲ 建築家・園芸家とともに語る」がテーマであった。ガーデニング恐れるに足らず、日本庭園の一つにガーデニングがあり、伝統庭園技術の基本的センスを身に付けておけば花は簡単に扱える。造園家は、施工に応じた花壇スペースのコーディネートや石積み、土壌改良などのハードな部分を総合的に設計し施工する。そして、ガーデニングの主役である施主に花を選ばせ植えさせる、というガーデニングを楽観視する意見が主流をなしていた。しかし、2000年の「21世紀の造園業の将来ビジョンを考える」がテーマの会議では、ガーデニングブームは個人で庭づくりを楽しむ志向を強め、民間造園の仕事がなくなる、という危機感が色濃く現われてきている。

その中で、私が勤める短大では「ガーデニングをしたい」と入学してくる学生が多くなった。「施工及び材料論」「造園施工実習」などの授業を受け持つ私としては、世間の情報をいち早く取り入れ、時代に合った庭づくり、日本古来の花と緑を生かした日本庭園と外国産の草花や樹木を積極的に導入するガーデニングとの融和を図る、新しい日本の文化たりうる庭づくりに挑戦していける造園家を輩出すべく鋭意努力していこうと思う。

造園人新年の抱負
「木の痛みがわかる造園人を」

環境緑化新聞第454号、2002年 掲載

街路樹は、都市の景観に潤いと安らぎを与え、都市美の構成要素としての重要な役割を担っている。

東京都渋谷駅半径500m圏内に植栽されている街路樹は、ケヤキ・モミジバフウなど21樹種714本であった。この街路樹の半数に支柱が施され、木製・金属製・ワイヤー製（地下支柱）による11種類もの型式がみられた。しかし、施されている支柱の5割強に効果がみられず、逆に4割の街路樹にへこみや食い込みの害がみられた。文献では、支柱取外しの記載がなかったり、あっても2〜10年と幅が広かった。活着目的の支柱であれば、適切な時期に取外すべきであり、倒伏防止等の目的であれば、街路樹の生長に見合った支柱の管理をすべきであろう。

街路樹も生き物であることを忘れずに、木の痛みがわかる造園人を育成していきたい。

造園人新年の抱負
「評価・提案できる人材を」

環境緑化新聞第478号、2003年 掲載

昨今の造園界には、提案から評価までをもできる人材が求められている。

たとえば、団地の樹木管理は、従来は虫が出れば薬剤散布あるのみ。今は撒きに行けば洗濯物にかかる、今花が咲いているよと苦情が来る。花後に撒いても、子どもがアレルギーだから撒かないでと、またクレーム。

そこで造園家は、環境に配慮して小鳥に虫を食べてもらいましょう、バードウォッチングしましょう、それには小鳥のねぐらを確保しましょうと、年間全本数の剪定から、半数の剪定へ、薬剤散布軽減へと、管理方法の改善を提案。

管理の評価には、理想最高管理から絶対必要最低管理まである。庭や公園の樹木管理を「木を見て森を見ず、森を見て木を見ず」にならないように、ものの善し悪しを評価でき、その空間づくりに手を掛けられる人材の育成に今年も鋭意努力したい。

造園人新年の抱負
「実習教育で技術者養成を」

環境緑化新聞第502号、2004年 掲載

造園関係教育機関における実習教育（生産・施工・管理）の実態を大学11校、短大5校、専門学校6校の計22校より調査した。大学は計画・設計者や現場監督などの指導者養成のための体験実習（年間平均70時間）、専門学校は施工・管理者など実務者養成のための技術教育（420時間）、短大はその中間型（174時間）で、教育機関により実習目標が異なることが明らかとなった。

造園技能の継承は多くの学校で極めて重要であると認識している。造園業者を指導者として招き高度な技術教育を図っている学校もあれば、限られた教員・科目数のため、また新分野や新工法の導入により、従来の造園技能の継承は困難という学校もあった。

造園業者への委託実習を行っている学校は6校あった。委託実習は、実社会へ出る前の体験実習として、学生がものづくりの楽しさや厳しさを味わい、技術や技能の大切さを知る貴重な機会となるので、ぜひ導入を検討してもらいたいものである。

3級造園技能士資格取得のための授業を実施している学校は10校あった。この資格は就職時に有利であり、厳しい訓練や夏の暑さに耐えて得たものづくりの達成感は、より高度な技術や技能取得への第一歩としても役立つと思われる。

厚生労働省は、従来在学中に3級造園技能士の受検のみを認めてきたが、今後は2級造園技能士まで受検できるようにし、優れた技能を継承する若年技能者を確保する実務者養成の施策を打ち出している。

設計者や監督者の養成機関でも、よりスキルアップするであろう実務者に対応できる現場の知識や技術を体得する必要があるものと思われる。

短大に勤務する造園の教育者としては、1人でも多く心身ともに鍛錬された若年造園技術者を養成したいと考える。そのためには実習内容をより充実させ、学生には3級・2級造園技能士の資格取得に積極的にチャレンジさせたい。

造園人新年の抱負
「マダガスカルの環境問題」

環境緑化新聞第526号、2005年 掲載

「マダガスカル」を今夏、湯浅浩史先生と訪ねた。アフリカ大陸の南東、インド洋に浮かぶ日本国土の1.6倍の島に、世界に10種あるバオバブの内、8種類が分布している。

「星の王子様」にでてくるバオバブは今、危機に瀕している。牛飼いがコブウシに柔らかい草を食べさせるため、野焼きをする。サトウキビ畑やサイザル畑の大規模な開発のため、ブルドーザで倒される。樹皮は家の屋根やロープに利用されているが、皮の剥ぎ過ぎから枯死したり、サイクロンで倒れやすくなっている。

大都市以外では未だに電気・ガスが普及していない。燃料は大半が薪で、政府は自然林を伐採し、成長の早い豪州産のユーカリを植え、薪炭林にしている。薪を買えない貧しい住民は、森林の枯枝を拾っているが、夜中に生木を伐採しておき、枯れたころ採集する「森林ゲリラ」が続出している。

その中、日本のボランティア団体は、マダガスカル南部の森で自然環境の保全と地域住民の生活の両立を目指し、現地の人と共に、バオバブやアルオウディア・プロケアを植樹し、ウチワサボテンやサイザルなどの帰化植物を除去している。私も1本植樹した。

発展途上国の人々は、今を生きることで精一杯である。環境問題は生活が安定してこそ初めて考えられること。先進国の失敗を生かし、途上国に地球レベルの環境のあり方を啓蒙し、教育の手助けをすることが急務であると痛感した。その一端を担いたい。

環境緑化関係者
新年の抱負
「樹木の立場を知る造園家に」

環境緑化新聞第550号、2006年 掲載

樹木医育ての親の一人である堀 大才先生とご縁あって、実習・演習を一緒に受け持って頂いている。

その実習の一つに農場でのアベリアの刈込作業がある。刈込鋏により造形美を追求する手入れをさせて、2ヵ月後、節と節の間で切れた部位が節まで枯れ込んでいることを観察させ、一枝ごとに木鋏により枯れ下がった部分を切詰めさせている。その後、堀先生の理論的科学的裏づけがある講義を受けさせることにより、目で見て、話で聞いて、理解度を高めている。

刈込鋏による剪定は、手入れ直後は円形や角型に整形されて一見美しいが、よく見ると、樹冠線上にある葉は切断されているし、葉がついていようがいまいが無関係。数週間すれば成長度合いの違いや枯れ下がりでまた不揃いになる。どうせ不揃いになるのならば、はじめから芽の位置に合わせた木鋏による緩やかな円形や角型の樹冠線でも人間は我慢できるのではないか。むしろその方が自然であり、樹形の大きな乱れが生じにくいのではないか。

時は金なり、早くて安く、その上仕上がりが揃った手入れが求められているこの時代、誰もがヘッジトリマーによる刈込みを行う。しかし、ヘッジトリマーは回転数が早いために枝葉が傷つきやすく、刈込鋏による手入れよりももっと枯れ込み量が多くなる。

「本物の剪定とは一体何なのだろうか」と自問するのも良いのではないか。

「人間手前勝手、植物相手勝手」と私の恩師小澤知雄先生から訓示を賜った。植物は移動できず自分ではどうすることもできない。そのような視点からいうと、樹木の立場に立った剪定は、長期展望に立てば、人間にも有利である。樹木の気持ちが分かる人間、造園家になりたいし、そういう学生を一人でも多く社会に輩出していきたい。

農大と私

農大学報121, 2006 掲載

農大とのご縁は、農業高校から造園学科（現造園科学科）へ入学した時から始まった。学生生活は、研究室活動と収穫祭・体育祭の思い出が強く残っている。造園植物学第二研究室（現造園樹木学研究室）に1年生から籍を置き、今は亡き林弥栄教授や北沢清助教授に高尾山、神代植物公園などへ連れて行っていただ

き、樹木名を覚えた。その成果を生かして、環境アセスメントの走りである植生調査を、大分県九重山麓や和歌山県御坊市でおこなった。また、研究室への委託調査で、夏・冬・春の休みには東京都内の公園・街路樹・個人住宅・中高層住宅にみられる植栽樹木の実態調査をし、その結果を卒業論文にまとめ、卒業式の壇上で三浦賞をいただいた。

その後、厚木農場の造園部に奉職し、実習を担当した。当時の米安晟農場長から「農場の教員は世田谷の教員とは違う。教育者・研究者のほかに技術者でなければならない。」という教えをいただき、技術者としての腕を磨くため、造園技能士や造園施工管理技士の資格取得に挑戦した。

研究では、草刈りの作業能率や、花木の剪定時期と花芽形成の関係、住宅庭園の維持管理実態などの調査をおこなった。なかでも、経験則によっておこなわれてきた移植技術、「根巻資材」を取上げ、その特性ならびに根巻行為が造園樹木の移植後の生育に与える影響を①文献調査、②根巻資材別・樹木の形態別・植栽土壌別からみた生育調査より、また、各種根巻資材の特性を①物理性 ②化学性 ③分解特性 ④普及状況 ⑤作業性の視点から科学的に考察した。農場教員や職員・技術練習生の皆さんにご協力をいただき、千葉大より博士号（農学）を賜ることができた。

教育では、造園学科・短期大学部環境緑地学科の造園実習や、農学・畜産・拓殖学科1年の夏季集中合宿の草刈り作業やトラクターの走行運転実習などを担当してきた。合宿実習最後の晩のボンファイヤーでは、学生とともに「大根踊り」こと「青山ほとり」を何度となく踊り狂った。「お前達や威張ったって知っちょるか　お米の実る木は知りゃすまい　知らなきゃ教えてあげようか　おいらが農場についてこい　金波銀波の打つ様は　それや踊りゃんせ　踊りゃんせ」と、二番の歌詞を歌うたび、農場教員でよかった、いい職場で働いている

なと思った。

しかし、厚木キャンパス開設に伴い、17年間勤務した農場造園部門が廃部となり、環境緑地学科へ異動となった。現在は、農場で得た技術や知識・研究成果を最大限に生かし、授業内容の充実を図り、樹木医補、造園技能士3級・2級、刈払機・チェーンソー取扱者免許など、資格取得にも力を入れ、即実践者・実務者の養成を心掛けている。

時代は繰り返すというが、学生時代によくおこなった植生調査を今、富士農場にて学生に指導しているのもご縁である。緑地植物学は自分がおこなってきた研究成果の発表の場であり、10年後に教科書に書かれるであろう最新データを提供している。

これからも、農大の実学教育を自分が守っている、継承しているという自負をもち、短期大学部環境緑地学科の発展に寄与していきたい。

刈込みと学生教育

造園連新聞989号「続千樹萬幹」、2006年 掲載

先日、農場実習でアベリアとキャラボクの刈込みを行った。その目的は、刈込みテクニックをマスターすること。まず作業手順と刈込み鋏の使い方を簡単に説明する。次に①刈込みの目的②右回りか左回りか③上からか下からか？という課題を与え、作業を通じて学生自身に考えさせる。併行して作業手順毎のタイムも測定し、刈込みよりも枝抜き・枯れ枝取りや清掃に時間がかかることを実感させる。最後に感想を各自に発表させて、人前で自分の意見を言える度胸付けをさせている。

二ヶ月後、節まで枯れ込んでいるアベリアを観察させ、一枝ごとに木鋏により枯れ下がりを切詰めさせている。

刈込鋏による剪定は、手入れ直後は整形さ

れて一見美しいが、よく見ると、樹冠線上にある葉は切断されている。数週間すれば成長度合いの違いや枯れ下がりでまた不揃いになる。どうせ不揃いになるのならば、はじめから芽の位置に合わせた木鋏による緩やかな円形や角型の樹冠線でもよいのではないか。手間はかかるが、樹形の大きな乱れが生じにくいのではないか。

「本物の剪定とは一体何なのだろうか」と学生に問いかけている。

造園連新聞に望むこと

造園連新聞1000号、2006年 掲載

造園連新聞第1号には、「技能向上めざす唯一の団体へ」「造園にも技能検定」という造園連の旗揚げと資格取得の記事が見られる。その創刊号から、はや1000号、誠におめでとうございます。発行にご尽力頂いている編集事務局を初め関係諸氏に読者の一人として心から感謝申し上げたい。

さて、私は短大の教員をしている。毎回拝読し、造園業界の実態、今現在の課題とそれに対する対応策、資格取得の講習会やガーデンフェアなどのイベント情報、千樹萬幹のコラム、樹木の管理法など、最新の造園情報を学生の教材として活用している。

これからの造園連新聞に望むこととして、技能の継承としては、①造園技能の第一人者である先人たちの後継者への一言、②地域色ある技術・技能・技法（例えば各支部ごとの独特な道具とその扱い方・作業のコツ・竹垣や作庭技術の今昔物語）の紹介、基礎知識の向上として、③今は亡き野沢清先生が日本造園アカデミー会議で毎回話されていた「園学百項」などの掲載。教育者の立場からは、④青年部会員の声、⑤将来の造園連会員予備軍である学生への技能

講習会の開催情報など、学生らも興味を持てる内容を付け加えてもらいたい。

この造園連新聞が若い人達にもより関心をもってもらえるような内容となり、造園業界と教育界の橋渡し役としての役割をも担い、今後益々読者層が広がることを切に望む次第である。

造園人新年の抱負
「造園技能士の養成に励む」

環境緑化新聞第574号、2007年 掲載

少子高齢化が問題となっている昨今、植木職・造園師の就業者数をみると、平成12年度国勢調査では12万3978人であり、5年前より4346人増えている。恐らく異業種の造園分野への参入や職種の多様化によるものであろう。

その年齢構成は15〜20歳代17%、30〜40歳代26%、50〜60歳代48%、70歳以上9%、平均年齢は50.6歳となり、若手不足・高齢化の実情にある。

当学科では5年前から国家資格である「造園技能士」を目指す授業をしており、1・2・3級あわせ148名が合格した。

造園技能検定は、図面の読解力と酷暑の中での庭づくり（実技試験）、樹木名の認知度（要素試験）、造園一般常識（学科試験）からなり、知力・体力・精神力の三拍子が揃って初めて合格できる。

しかし、造園界の後継者である学生の気質が変化している。訓練初回に苦しさから諦めてしまう学生や、試験当日に無断欠席する学生などの根性なしが目立つようになった。

3級の実技課題なら、基礎的な実習を基に3回程度訓練を行えば合格の時間内に到達できるので、その3回まで持たせるよう教員一同、アメとムチ、おだてすかして、何とかものづくりの楽しさと達成したときの満足感を知ってもらえ

るよう心がけている。

　造園人としての第一歩を踏み出す手助けを
したい。

野澤 清先生の教えを

日本造園アカデミー会議会報48号、2007年 掲載

　毎年、造園アカデミー会議の班別討論で野
澤清先生とご一緒させて頂いていました。

　今回の討論終了後、「私の作品集を見たい
人はどうぞ」と声がかかり、最後に残った私は
先生から、「この本、東京まで持って帰るのは
重たいから売ってあげるよ」と言われ、喜んで
買わせて頂きました。それは、「建築画報　特
別号『内井昭蔵と内井建築設計事務所「ここ
ろ」の継承1967-2006』」という本です。

　その中になにやら青い紙が付箋のように
挟まっていました。それは、先生が1972年〜
2000年まで非常勤講師をお勤めになられた
関東学院大学の出席カードでした。それをめく
りますと、香蘭女学校ビカステス記念館・芝蘭
庵造園、明治学院白金キャンパス（2003）、世
田谷美術館（1985）、多磨霊園納骨堂（1919）、
御所（皇居内吹上御苑）（1993）、ナザレ修道院
（1993）、長谷木記念幹（2000）、吉田正音楽記
念館（2004）の8作品の紹介。

　ほかに挟んであったものには、園学百項
「作品例　香蘭女学校ビカステス記念館・芝
蘭庵造園」「佳園」「知識・意識・無意識・解
釈・智慧　竜安寺石庭考」の3枚がありまし
た。恐らく野澤先生が「内田君これぐらいは最
低限、後輩に伝えていってね」と仰っておられ
たのでしょう。その要約を紹介します。

1. 造園には、園化（園とする）と庭化（庭にする）
の二方向がある。「庭の自然」は天然自然、大
自然の象形化であり、「園の自然」は人文自

然、小自然、微自然の享受。私は自然を自然
七素の相関と考え、園はその自然七素を享受
している。「園」とは戸外、外光の下での心地
よい場所。「庭」は肥大化して庭園になり、園
の素朴を失った。

2. 庭には、佳園・良園・並園・駄園・愚園が
ある。日本庭園は 水・緑・光・風・天・地・命
の自然七素の造型であり、その一つが突出し
たテーマになると自己顕示性の強い駄園・愚
園になる。例えば、池が巨大になるとか、大滝
を落し出すとか、電気と機械装置によって噴
水が上がるとか、景石が多いとか、主張しすぎ
ているとか、庭が園の時の素朴なヒューマン
スケール範囲内の枠を越えると駄園・愚園にな
る。庭には個の作者が必ずいる。有名・無名
は関係ない、その仕事にどれだけ係わったの
かという知恵の造園の場はキャパシティ（広さ）
とポテンシャル（可能性）がある。それを生かせる
かは作者の知恵である。愚園と佳園の分かれ
目はここにつきる。

3. 佳園の一つに京都嵯峨野の祇王寺があ
げられる。細流れが紅葉林の間を縫っている
だけである。流れの幅は鍬の幅の素掘り、この
曲線のモダンなこと、途中沢渡りの景がアクセ
ントになっている。水源は蹲踞の水であるから
水量は期待できない。流れは途中でプツンと
無くなる。苔の景、雪の景を作ること。この庭に
は自然七素があり、詩がある。絵がある。ヒュー
マンスケールの極致である。箱庭のキッチュには
しない縮景、感心するほかは無い。作者は不
明・無名であるが、こんな庭をつくったのは誰
なんだろう。私達は有名作者の庭に対して無
抵抗に名園としてしまう。貴方の知っている京
都名園と較べてみよう。こんな佳園を作れる知
恵と技術を持ちたいものだ。

　竜安寺の石庭は不愉快な自己顕示性のな
い、素直に納得できる（拝観料にも納得）佳園です。

　貴方は何の為に、誰の為に庭を作っているの

ですか?駄園・愚園を作りながらでも何時か佳園を作りたい無名の職人の仕事を尊重しよう。

また、野澤先生のお言葉で思い出しますのは、「管理には『最高理想水準管理』と『最低絶対必要管理』の二つがある」です。私もそう思います。毎年京都の庭園見学をしていますが、前者は慈照寺銀閣であり、後者は現在良く見る市町村の公園でしょう。市民の血税で作られた公園は土地購入費用と建設費用と管理費用の三つに分かれており、市の緑予算は緊縮財政の煽りを受けて、総額はもちろん管理費も激減しています。①手入れする技能者の技量、②それを評価できる現場監督などのお役人さん、③それを見て喜んでくれる利用者の眼力、そして④丁寧な手入れに見合った賃金などの資金面の環境、この四者がそろわないとうまくいかないのではないかということを教えて頂きました。

先生の教えを少しでも広めていくことが、野澤清先生への恩返しと考えています。

造園人新年の抱負
「東京の街路樹の今」

環境緑化新聞第598号、2008年 掲載

都市における街路樹は貴重な緑であり、大切にしなければならない存在である。そこで東京都内の監督官庁へアンケート調査を行い、16区19市町の結果より、街路樹の現状と植栽管理状況を把握することを試みた。その結果、街路樹種はイチョウ・トウカエデ・プラタナスの大木からクロガネモチ・ヤマボウシなどの中木へと移行していることがわかった。

それは、剪定回数や落ち葉問題が少ない樹種への移行でもある。植栽目的は、景観向上や日陰の提供・ヒートアイランド防止などの環境改善と答える役所が多い反面、住民側の苦情や管理面で強剪定をせざるを得ない問題点を指摘している。また、6割の役所が管理する業者を1年おきに替えているものの、本音は樹形の維持や適切な対応が可能という理由より同一業者による管理継続を望む役所が7割強もあった。

夏場の剪定については、狭い道路幅の交通支障や落ち葉の苦情で剪定を実施せざるを得ない区が多いのに対し、市町では無剪定の所が多く、見解が異なっていた。樹種選定は緊縮財政の煽りから管理が容易な樹種を多く植栽していることがわかった。

都市の緑を真剣に考える時が来ている。造園人である私達にできるのは、一人一人が、本当の姿の緑の大切さを訴えることであろう。大切な緑を!

造園人新年の抱負
「海外の日本庭園を考える」

環境緑化新聞第622号、2009年 掲載

昨夏、ご縁あってオーストラリアにある日本庭園の管理実態を視察した。

造園学会調べによると、海外における日本庭園は400を超え、オーストラリアには21庭園があり、今回その内の17庭園を訪れた。姉妹都市の交流記念で日本庭園を造ったり、灯籠や蹲踞が贈呈されるケースが多く、作庭後の管理は様々であった。

中根史郎氏作のメルボルン動物園の日本庭園は、現地スタッフが日本で研修を行っており、ツツジの刈込みが美しかった。

原田敢二郎氏作の王立タスマニア植物園の日本庭園では、維持管理マニュアルが整っており、見事な手入れがされていた。

一方、小形研三氏作のロックハンプトン植物園の日本庭園では、池岸にある雪見灯籠は

笠と火袋がないまま中台に直接宝珠が乗せられ、樹木も均一な高さに揃えられて枝数も密であり、自然風の柔らかさが見られなかった。事務所に眠っていた小形氏の着色された透視図は見事なものであったので、今の庭の景色はとても残念である。海外に日本庭園を作庭した場合の維持管理の重要性と難しさを痛感した。

世界で活躍している日本の造園家達の存在は大きい。海外の人々に本当の日本庭園を見てもらいたいし、知ってもらいたい。そのためには、価値ある日本庭園を作れる人、守れる人、語れる人が必要であろう。そういう学生を育てていきたい。

新年のごあいさつ
「住宅庭園の管理を考える」

環境緑化新聞第646号、2010年 掲載

産・官・学の3分野が集結して、造園に関する情報の交換と技術の研鑽をする「日本造園アカデミー会議」があり、昨年のテーマは、「人にやさしい庭づくりを考えるⅢ〜高齢化社会の庭園の維持管理を考える」だった。その話題提供のため、造園業者と50歳以上のユーザーにアンケート調査を行った。

ユーザーが希望することは、6割強「管理の楽な庭づくり」、6割弱「管理費のかからない庭づくり」、3割「早く、安く、丁寧な手入れ」、2割「成長の遅い庭木の植栽」、1割以下「バリアフリーの庭づくり」・「リガーデンの提案」であった。

一方、業者が提案したいことは、7割強「管理の楽な庭づくり」、6割弱「管理費のかからない庭づくり」、5割「バリアフリーの庭づくり」、4割「リガーデンの提案」・「早く、安く、丁寧な手入れ」、3割強「成長の遅い庭木の植栽」であった。

上位2項目は、ユーザーと業者の思いが一致しているものの、5割・4割の業者が売り込もうとしている「バリアフリーの庭づくり」「リガーデンの提案」に対してユーザーの希望は少なかった。

業者は、「世代交代」7割、「景気の悪化」5割、「庭木の変化」5割弱、「庭の縮小」4割、「手間賃の高騰」4割弱、「施主の高齢化」・「庭への興味のなさ」3割の理由により管理頻度が減ってきたと答えており、現代社会の縮図が庭でも見られた。

今回、ユーザーと業者の双方から庭の維持管理に対する意見が聞けた。業界は、高齢者のユーザーの望む「管理が楽で管理費のかからない庭づくり」に対応しつつ、伝統文化である造園技術をどうやって後世に伝えるかを真剣に考えなくてはならない時期に来ている。造園の初めの一歩を教える立場の者として「造園」という職能の向上を今年も図っていきたい。

造園家の仕事

造園連新聞1094号「続千樹萬幹」、2010年 掲載

仙台駅から車で小一時間走った所に、私の尊敬する造園家がいる。彫刻家で、日本庭園協会理事でもある。硯にも用いられる地元の石「玄昌石」の積み石作品を取り入れた独創的な庭を多く手がけている。

氏は「環境福祉」に興味を持っている。田畑を耕す旧住民と、山を削り造成された高台の分譲住宅地に住む新住民、その間には川があり、のり面がある。雑草が茂り、ゴミ捨て場になった空間を、新旧住民を結び付ける場にしたいと、桜を住民たちと植樹し、毎年4月に花を見ながら植樹会を行う。13年間で7万㎡に700本。刈払機による草刈を年に2回、また消

毒とゴミ拾いもボランティアで行う。

　もったいない精神で、創意工夫する。「撤去してくれ」と言われたウメ・イチジクを引き取り、畑に植えておく。お客様にその実を届ける。他のお客様の庭に使うこともできる。剪定枝をゴミ処分場に持ち込まず、太い枝は炭や木酢液づくりに使用し、葉は堆肥にする。

　あの世には何も持ってはいけないことから、庭の勉強塾を開き、惜しみなく自分の持っている知識・技術を伝授している。

　地元に根ざして、地元に生かされ、地元のために最大限社会貢献する。造園家の仕事の幅の広さを教えてくれる先輩「菊地正樹」氏である。

樹齢百年のカヤ

造園連新聞1104号「続千樹萬幹」、2011年 掲載

　今、私の手元に一枚の円盤（輪切りにした幹）がある。これは、私に課せられた宿題である。

　その円盤は、樹齢百年のカヤの木で、東京のあるビルのシンボルツリーとして2年前に植栽されたものであった。

　設計者は、日本全国を歩き回り、この樹木に巡り逢った。

　樹木生産者は、長年大切に育て上げたこの木を根回しして養分・水分を吸収する細根の発生を促し、枝折れに一週間以上かけ、施工者は100tレッカーを用いて、その地に植栽した。

　1年目の点検で、幹に空洞があることがわかり、樹木医に診断を依頼。私も同行した。外観診断とピカス・インパルスハンマーによる幹内部の精密な機械診断の結果、根元付近の幹に腐朽・空洞が70％見られ、根株の腐朽がかなり進行している可能性のあることがわかった。その対策として、支柱の変更や樹勢回復をし、当面無剪定で光合成量を増やして樹木の防

御能力を高め、腐朽菌を押さえ込み、新たに成長する材に腐朽が入るのを阻止する能力を高める育成管理をしながらの定期観察が必要と処方された。

　オーナーや施工者は、倒木の危険性や、管理費がどのくらいかかるのかを検討し、伐採して代替の樹木を植えることとした。

　このカヤの大木はたった2年で伐られるためにそこに植えられたのだろうか。緑に携わる者として、緑の存在意義、樹木を植える難しさや樹木診断の結果の見極めの難しさを痛感させられた。

地震の被害から 住宅庭園を考える

日本造園学会関東支部大会事例・研究報告29号、
2012年 掲載

　東日本大震災による住宅庭園への被害の実態を把握し、地震という天災への対応、住宅庭園の安全性を考えるため、日本造園組合連合会会員にアンケート調査を行った。

　灯籠の被害は春日、層塔に多く、特に6尺以上の灯籠の倒壊や一部損壊が多かった。被害への対処方法は、再設置が6割、撤去が3割、余震のため保留・保管も1割あった。

　石灯籠は庭の大事な構成要素の一つのため、今後は安全性を考えて設置すると7割の造園業者は答えていた。ほぞを入れて安定感を増したり、お客様の庭の地盤の硬さにより種類や高さを選ぶ必要があることがわかったという。

　庭の被害への対応は、宮城県では津波の塩害を受けた庭木や生垣を撤去している。地震で倒壊した竹垣を人工竹垣に替え、石塀の段数を減らし目隠しにアルミフェンスを設けている。また、千葉県では液状化で水没や地割れ

の被害を受けた芝生や園路を撤去し、砂に埋まった飛石を延段に作り替えている。

その他、石塀をコンクリートやフェンスに変更したり、ブロック塀に控を設けたり、生垣に替えたり、建物に押し潰された庭木を剪定して再生を促したり、野面石積みの目地にヒビが入ったものの倒壊の恐れがないという造園業者の長年の経験による判断でそのまま放置したりと、知恵を絞って提案型対処を行っていた。

今後の庭づくりについては、石灯籠などの構造物の安全を確保した施工を心掛ける・ブロック塀や石塀を撤去し、生垣を推奨する7割、樹木の効果をアピールする6割、ソーラーライトの導入2割であった。

東日本大震災は、住宅庭園のあり方を一変させた。造園業界においても設計の段階から地震を考慮した庭づくりをしなければならないと思い知らされた。

安全な街路樹の手入れを

造園連新聞第1149号「続千樹萬幹」、2012年 掲載

最近、造園連が、熟練技能の継承を通して人材育成を図ることを目的として刊行した『造園工具ガイドブック』の冒頭には、服装の基本と保護具が掲載されている。

本年2月、東京都建設局から、「2m以上での剪定作業時の安全帯使用については二丁掛け（二点支持）とする」と通達が出された。ベテランの職人が街路樹の剪定時に墜落する事故が多発したためである。

イチョウは秋の黄葉、ケヤキは夏場の緑陰を目的に植込まれたはずなのに、近隣住民の苦情により、落葉前の強剪定が行われる。また最近は、予算の関係で毎年の剪定ではなく、2、3年に一度の強剪定（ぶっ切り）にすることが多い。

強剪定は、葉の減少により光合成での栄養分が得られず、幹の切口から腐朽が進み、折れやすくなる。根も縮み、倒れやすくなる。いくら安全帯を着けても、そういう木に登り、剪定作業をする職人は危険と隣り合わせにある。

街路樹は道路の付属物であるが、生き物でもある。まずは、街路樹を健全に育成させる手入れの方法の確立が必要である。また、安全に剪定作業をするために、職人は道具の使い方を熟知するとともに、樹木の生理も勉強し、安全意識を高めなければならない。

牧野富太郎先生の教えを胸に

環境緑化新聞第704号、2013年 掲載

昨年の夏、高知県にある牧野植物園を訪れた。

生誕150年を迎えた牧野富太郎博士は、観察力鋭く、植物個体を種子・芽生えから開花、果実段階の36場面を描き出す植物図方式を考案し、94年の生涯において1500種もの学名を発表し、「日本の植物分類学の父」と呼ばれている。著書である「牧野日本植物図鑑」は、今でも植物を勉強する者のバイブルである。

展示館には「牧野富太郎の生涯」コーナーがあり、その中で目に留まったのは、少年時代に博士が志した植物学の勉強の心得であった。15の戒めは、生涯を通じて実践されていた。この中の五つを今年の目標としたい。

「忍耐を要す」植物の詳細は少し見ただけでわかるようなものではない。行き詰っても、耐え忍んで研究を続けよう。

「植学に関係ある学科は皆学ぶを要す」植物学だけでなく、物理学や化学、動物学、地理学、農学、画学、文章学など、ほかの関係分野の学問も勉強しよう。

「宜しく師を要すべし」植物の疑問には、植物だけで答えを得ることはできない。年の上下

に関係なく、先生と仰ぐ人を何人かもつべきである。

「跋渉の労を厭ふなかれ」植物を探して山に登り、川を渡り、沼に入り、原野を歩き回るからこそ、その土地にしかない植物を得て、植物固有の生態がわかり、新種の発見となる。しんどいことを避けてはならない。

「博く交を同士に結ぶ可し」植物を学ぶ人を求めて友達にしよう。遠い近い、年齢の上下は関係ない。お互いに知識を与えあうことによって、知識の偏りを防ぎ、広く知識を身につけられる。

独学で植物を学び、研究・教育で顕著な功績を残した牧野富太郎先生の偉大さを再認識し、大いに刺激を受けた。

今年は、牧野先生をはじめとする先人の知恵を活用しながら、学生教育や研究に邁進したい。

河原武敏先生と
ご一緒した日々

庭園協会ニュース 第73号、2013年 掲載

河原武敏先生は、私の大学の恩師であり、職場の上司、庭園学の師匠でもありました。37年間の長きにわたるおつきあいでした。

私が農大に就職したてのころ、もっと勉強しなさいと、庭園協会への入会を勧めて下さいました。

平成3年夏には当協会主催の「中国の西湖に舟を浮かべて仲秋の名月を観よう」というツアーにご一緒しました。先生は、8日間、全ての庭園の解説をひとりでなされ、その博学ぶりに驚きました。私は、勉強のために、先生の解説を全てカセットに録音していました。それを西湖に落としてがっかりしている私を、慰めて下さったのも、先生でした。

厚木農場では、先生の下で、飛石・蹲踞実習を11年間担当しました。作業服に地下足袋、頭には日本手拭いという颯爽とした先生の姿は今でも目に浮かびます。自前の柄杓を手に、手水鉢と前石との間の見極め、柄杓の使い方などを熱心に指導されました。

先生の著書の中でも「名園の見どころ」（農大出版会）は、13年間農大社会通信教育部の月刊誌に連載した160の庭園をまとめた力作です。この本は、当協会の鑑賞会の講演会や見学会で活用され続けています。

また、「平安鎌倉時代の庭園植栽」（信山社）は先生の学位論文に手を加えて読みやすくしたもので、16年間コツコツと積み上げられた研究成果です。是非手に取ってみて下さい。

平成13年3月、先生は農大を定年退職なされましたが、その後も毎年新年会や夏の旅行会にご一緒させて頂きました。

平成24年9月2日には、天狗で有名な大雄山最乗寺の見学にご一緒しました（写真）。平成25年の1月16日の新年会で、「中国庭園の研究成果が本としてもう少しで完成する。まだまだ研究しなければ」、とおっしゃっておられたのに、完成前の急逝は、さぞや残念なことだったでしょう。

「一生青春・一生勉強」の河原先生を見習って日々を過ごしていきたいと思っております。ご冥福をお祈りします。合掌。

先人たちの技と知恵を
学び繋ぐ修行道場

庭園協会ニュース 第75号、2014年 掲載

平成25年度の伝統庭園技塾が開催されました。

この技塾は、1979年に、当時の岩城亘太郎理事長の「次代を背負う若手へ、伝統庭園

技術の継承・日本庭園の啓蒙をしなければならない」との意気込みで始まりました。その5回目に塾生として私も参加しました。「自分の人格以上の庭は造れない。技即ち人格である」との教えは今でも耳に焼き付いています。その自分が29年後、27回目の技塾のスタッフの一員となろうとは…。

今回は、宮城県支部主体で「東日本大震災復興記念庭園築庭」と題し、宮城県黒川郡大和町の大義山覚照寺境内に5年かけて、自然林や田園跡地の約4000㎡に、北側の山を借景とし、沢水を利用して滝や枯山水・四阿・園路などの回遊式庭園を造ることとなりました。その主旨は次の通りです。

東北を代表する毛越寺庭園は、当時の権力者のための庭です。私たちは、東日本大震災復興の祈りを込めて、日本一のスタッフ・プロの集団で、庶民のための安らぎの庭を造ります。完成したら被災者に訪れてもらい、心を和ませていただきたいと思います。「毛越寺の庭行ったか、覚照寺の庭見たか。これを見なければ庭は語れない」と言われるような庭にしたい。また、その庭を末永く育て守ることも修行の一環であると考えます。

今後も毎年4泊5日で行う予定の技塾では、それぞれの研修年数に応じた伝統技法の基礎を学べるプログラムを用意します。修行道場として活用いただきたい。

この庭園の完成時は、当協会の設立百周年の年となります。その記念になるような庭にしたい。

私も、日本庭園に携わる者として、当協会の会員として、この庭園を通して、若い会員の育成と伝統文化の継承に役立つことができれば、とても嬉しいことであると思っています。

東日本大震災復興記念庭園築庭に、一人でも多くの参加を求めます。

木になる葉なし2

庭園協会ニュース第82号、2015年 掲載

毎夏、学生らと共に京都の庭園見学をするようになってから18年が経つ。

今年は、慈照寺（銀閣寺）を開門と同時に拝観した。

職員さんが山門のロープを外した。腰には木鋏と手箒、草取用の竹ベラ（苔の草を根から取るため先端を尖らせたり削ったりした長さ15cm程度の竹ベラ）の3点セットがあった。

参道には、空石積み（西端高95cm、東端高60cm）の上に、銀閣寺垣を設け（参道左側のみ）、その上に防火樹のヤブツバキを中心にアラカシやネズミモチなどを混植した7〜8mの高生垣が50m続く。遠近感を出すために生垣の高さを西から東に向かい35cm下げて天端を刈込み、通路内側にむくりを出し、朝日を西側の生垣に十分当てて枯枝が発生しないようにしている。管理者の工夫である。

先へ進むと、運よく、銀沙灘の作り替えに出くわした。古い砂紋の上を竹箒で掃き、ホースで水を撒き、レーキで平らに均す。紐を張り、その線に合わせて砂掻き（14の串刃がついた鍬）で細い線をつけ、次に砂掻きを裏返して無地の線をつける。これを繰り返し、新しい模様を付けていく。その上に霧の水を掛けて、表面を白く仕上げる。そして銀沙灘が完成。銀閣寺の庭園係の他に、毎日造園屋さんが2〜3人手入れに入り、月に一度7〜8人で風雨によって崩れた砂紋を直すという。滅多に見られない作業が拝め、嬉しい出来事であった。8時半から始めて14時には完成するという。伝統文化を継承し、守っている職人さん達の姿をお客様に見せるのは良いことだと思った。

銀閣寺には200種類ほどの苔があるという。十数年前に庭園係が、「銀閣寺の大切な苔・

ちょっと邪魔な苔・とても邪魔な苔」の展示を始めた。それぞれ5cm枠に植え込んだが、数年で繁殖し、混ざってしまい、お客様（専門家ら）から指摘を受け、展示をやめてしまった。素晴らしいアイデアであったが、管理が行き届かなかったのは非常に残念なことである。

次に、金地院に行って、工夫を凝らした支柱を見た。東照宮入り口の門左脇にモミジの若木があった。枝振りを整えるための誘引に、一本の竹の途中に竹釘を用いたり、竹をえぐってモミジの枝を入れ込み、その上に節止めのキャップを被せたりしていた。用と景を兼ね備えた職人技に感動した。

東福寺では、当協会会員で、庭園管理をしている曽根将郎氏にご案内頂いた。聞くところによると、2015年7月の日曜日の早朝2時間、京都市観光協会主催で「京の夏の旅　早起きは三文の得!国指定名勝　東福寺本坊庭園　早朝特別拝観」と題し、本坊や作庭者である重森三玲氏の話、お庭の作り方の説明をし、砂紋引きの実演を行い、140名も所狭しと参加したという。これからの時代、庭園の手入れを見せたり、管理者による解説をしたりと、ニーズの多様化に即した対応が求められる時代となってきている。

故野澤　清氏は、管理には「最高理想水準管理」と「最低絶対必要水準管理」の二つがあると言っている。銀閣寺は、京都の訪問地ベスト7位（京都観光総合調査2014年調べ、複数回答：訪問者数の30.3％）である。庭園管理も行き届き、素晴らしい空間づくりがまた来園者を呼ぶ。のり面の苔の中にも草取りや落ち葉取りが行き届いている「最高理想水準管理」である。

庭は生きものであり、手入れが欠かせない。お客様に喜ばれる空間を作って、「ご苦労様」と声を掛けられると嬉しいものである。

そのような庭づくりができるよう、良い庭をたくさん見て、日々研鑽したいものである。

銀閣寺銀沙灘の模様替え

金地院庭園方丈で発見した支柱

若い技能者に伝えたい
日本庭園の技と心

造園連新聞第1246号、2016年 掲載

質問項目

問① 若い技能者に「これだけは伝えたい日本庭園の技法」を挙げてください。

問② 若い技能者に「一度は見てほしい日本庭園の技法」を挙げてください。

問③ 若い技能者に「日本庭園を学ぶ際に、必ず読んでほしい一冊」を挙げてください。

回答

①竹垣技術

日本庭園の仕切り・囲いの技術としての竹垣技術。重森三玲氏は、永遠のモダンを追究し多数の創作竹垣を考案した。そういう伝統を受け継ぎ、造園連副理事長の荻原博行氏は臥龍垣を、同じく理事の野村脩氏は小舞垣や松韻垣などを考案した。若い人たちにも、伝統的な技術や、材料を使いこなせる技量を身につけた上で、創意工夫した空間を造れるようになってほしい。

②慈照寺（銀閣寺）

総門入口からの石積み・銀閣寺垣・高低差やむくりのある高生垣の参道、池底の砂をためて造形した向月台、池の護岸石組、コケを生かすための低木の透かしなど、手入れは「最高理想水準管理」。足利義政の設計意図と施工者の技術・技量、その後の管理をし続けてきた者の思いを感じながら、室町時代後期の名園を見学してほしい。

③改訂版　名園の見どころ

河原武敏著　東京農業大学出版会（1996年）全国の名園160庭園の歴史、作庭年代や様式、作庭者とその意図するところなどの鑑賞の要点とその見どころを平面図の番号と対応させて解説している。鑑賞時の手引書としては最高！この本を手にしての庭園見学で、温故知新、先人たちの知識と技術を盗んで下さい。

木になる葉なし 6

　毎年、東日本大震災記念復興庭園の築庭に参加している。今年で4年目。記憶に残る名言が生まれ、作庭での工夫もたくさん目にして

きた。その一部を紹介する。

1.「毛越寺の庭行ったか？ 覚照寺の庭見たか？これを見なければ庭は語れない！」

　1回目の歓迎レセプションでの石川昇造氏（元常務理事・現名誉会員）の叱咤激励の言葉。平安後期の作である毛越寺庭園は7年かけて作られたという。それから860年後の今、この合言葉を胸に、震災復興の祈りを込め、日本一のスタッフ、プロの集団で、5年かけて毛越寺に比する名園を目指し、作庭している。

2.「応用動作のできる職人になることが大切」

　1回目の作業は畳石敷きであった。水平器やメジャーを用いずに、60cmの貫板一枚をバカ棒としながら栗石を据える訓練をした。ここで得た技術を今後施主の目の前で応用動作のできる職人になってほしい。菊地正樹支部長の言葉。

3.「資材の発掘も大事な仕事」

　お堂前の石畳は、平らな敷石ではなく、熊野古道のような石畳をイメージして据えた。木の根で盛り上がったり、風雨に曝されて数百年経たかのようなでこぼこな畳石の景を作りだした。

　ここに用いた石は、施工監理者の横山英悦氏が探してきた秋田県湯沢市産の濡れるときれいな色合いとなる安山岩系の栗石である。安価で、名もなく、普段は建築などの基礎材として使われている栗石ではあるが、素朴で味がある。この地この場に最適な資材の発掘も大事な仕事である。ひいては「見る目を養う」ことにつながる。

4.「幻の六文銭」

　今年（2015年）は入り口から階段につながる園路の敷石を敷設した。ここに用いた石は、震災の津波で流されたり、新築のために不要となったりした地元石巻市の稲井石である。

また御影石の橋脚を輪切りにしたような丸い飛石の廃材を真田の六文銭ならぬ九文銭敷きとしたが、夜の会合で、「熊野古道のイメージの『草』の石畳に続く道すがら、『真』の敷石では合わない」ということになり、翌日やり直しとなった。

5.「園路はバリアフリーであらねばならぬ」

夜の会合で盛り上がった話の一つに、「バリアフリー」があった。「この庭を見にくる方は高齢者が多い。杖を突いたり、車椅子で回遊するので、5㎜以上の段差があってはいけない」と菊地支部長の言葉。塾生たちは、実際に車椅子を利用したことがなかったので、翌日、赤十字奉仕団の方に、車椅子の使い方、震災時の教訓などについてお話し頂いた。塾生は、実際に砂利道で車椅子を動かして、動きにくさを実感した。貴重な経験であった。

6.「ベンチと言わせない『座り石』」

今回、石材加工班の指導は小泉隆一氏。2段の石樋づくりと同時に、ベンチも塾生にデザインから施工・設置までさせた。夜の会合で、「日本庭園にベンチはないよね?」「座り石は?」と塾生の声。

5人掛けの座り石を滝とお堂をつなぐ堤に設置した。横山氏より、下から座り石が見えてしまうのでシダを植えて隠すようにと指示があり、座り石が目立たない工夫がなされた。

一人掛けの座り石は御影の切石を大地に斜めに差し込んで表に陽刻で太陽を、裏に陰刻で月を彫り、「陰陽石」と名付けた。

こういう訓練も塾生のデザインセンスや施工技術のレベルアップに役立っている。

左：石川昇造氏   幻の九文銭敷き

車椅子の講習会

在籍37年を振り返って

農大学報61巻2号、2018年 掲載

ご縁あって、林弥栄・小澤知雄両教授のお蔭で農大厚木農場造園部に奉職させて頂いた。実習担当教員として、造園学科、短大造園コース、農学科・畜産学科・拓殖学科の夏期集中実習などを17年間、造園科学科へ1年間、そして短期大学部環境緑地学科へ異動して19年が経とうとしている。

ここで、環境緑地学科で担当した授業などを顧みることとする。

1年次の「緑地植物学」は、研究成果である住宅庭園・公園・街路樹などの植栽実態とその管理について講義し、毎回授業レポートの提出を課した。また造園技能検定の要素試験に備えての学習として、毎週厚木キャンパスで100種以上の樹木の枝葉を採取し、第一実験室に

展示した。さらに、学科試験対策として問題集から100問選んで定期試験を行ってきた。

「環境緑地管理実習」は、農場にて移植・根回し・剪定を、世田谷キャンパスでは修景地育成管理・接木繁殖、フラワープランタの作製と1カ月間の管理をさせた。緑地管理に必要な刈払機やチェーンソーの資格取得も行ってきた。後期の「環境緑地施工実習」は、1級造園技能検定実技課題に二人一組で挑戦させたり、枝洋一非常勤講師の指導による石組の技術習得を行わせたりした。

2年次前期の「造園技能実習」では造園技能検定実技課題に各自で取り組ませた。作業分析と改善方法を論文にまとめ、授業に活かした。平成12年より現在まで1級1名・2級59名・3級350名と合計410名の学生に造園技能士の資格を取得させてきた。その経験から今年の9月に厚生労働省よりものづくりマイスター（造園）に認定された。後期の「造園施工実習」は枝先生・見留秀明農場技術職員と共に作庭の指導をしてきた。

2年次専攻の「環境植栽演習」は、樹木医補養成のため、堀大才・三戸久美子両非常勤講師に支援を頂き、樹形観察や最先端の機器を用いた樹木診断・樹勢回復法などの演習を行ってきた。現在樹木医補は287名が認定され、その中から7名が樹木医となっている。また、荒井一行非常勤講師と共に、屋上緑化の設計・施工・管理の教育にも励んできた。さらに毎年、夏休みに京都庭園見学も行ってきた。「環境植栽学」や「樹木医学」などさまざまな視点から見学先を選定した。京都在住の農大OBに非公開の名園を案内・解説して頂いたりもした。平成23年から京都庭園見学は、選択科目「フィールドトリップ京都コース」として専攻に関係なく参加できるようにした。

成人学校（現グリーンアカデミー）では研究成果をもとに剪定や竹垣製作の講義と実習を行ってきた。

オープンカレッジでは一般社会人を対象に、入

江彰昭准教授・見留氏と共に、「1・2・3級造園技能士を目指そう」講座を農場にて11年間20講座行ってきた。また、堀・三戸両先生と共に樹木医学的講座を13年間で32講座開講した。

振り返ると、多くの先生方や学生らとご縁があり、ピカ一の実学教育を目指して日々完全燃焼してきたと思う。

これからも、教育者、研究者、技術者の三拍子揃った大学教員を目指し、社会に役立つ学生を輩出すべく、鋭意努力したい。

木になる葉なし10

庭園協会ニュース第93号、2018年 掲載

東日本大震災復興記念庭園が今年（2018年）の5月18日覚照寺（宮城県黒川郡）に開園した。5年半の伝統庭園技塾の成果である。記憶に残る名言が生まれ、作庭での工夫をたくさん目にしてきた。その一部を紹介する。

「水草は石で根を押さえろ」

水中や岸辺にアヤメなどを植える際は、移植ゴテで穴を掘り、そこへ根を高植えにして、株が水で流されないように石で根を押さえるとよい。

「山採り下草は植え穴を掘ってはだめ」

山採りの山野草を植栽する時は、元からその場所に自生していたように植える。植穴を掘らないで、山の上から流されてきた土や雨水で押されて育ってきたように、腐葉土を地面に盛り上げて植え込む。特に、曲がり物があると面白い、と廣瀬慶寛氏は植栽のコツを伝授した。

「池さらいの落ち葉は植栽地に入れろ」

滝壷や流れ周辺を清掃する際、枯れ枝などは処分しても、落ち葉はシダなどの植栽地に入れてやる。そのうちに分解されて肥料となる。

「イノシシよけにはししおどしを」

　この庭にもイノシシがコケの下のミミズを食べにくる。そこで、今年、横山英悦氏がししおどしを設置した。その甲斐あり、イノシシもカラスも来なくなった。

　ししおどしは、1200年前に備中平川（現在の岡山県高梁市）の山寺の玄賓僧都（げんぴんそうず）が、筧から竹の筒に水を落としてバランスを崩した竹が石を断続的に打つ音で畑の農作物を荒らすイノシシやシカなどの野獣を驚かせて追い払うために考案したもの。「僧都」ともいう。

　現代ではその音色を楽しむために添景物として庭に設けられているが、この庭園では本来の実用本位で用いられている。

「石造品を入れると庭に重みがでる」

　昨年、安永年間（1772〜1781年）の「野仏」を設置した。石の前半分に仏の姿を浮き彫りにした「半肉彫り」の野仏は、道すがらに打った飛石から一石前石を配り、拝みやすいように少し高く据えた。

　今年は、菊地正樹氏が秘蔵していた三基の石造品を寄付頂いた（春日燈籠・層塔・雪見燈籠）。

　「春日燈籠」は、野仏につながる飛石の「踏込石」（出発点の石）右側に、周囲の景色とのバランスをとり、地震でも倒れないよう高さを抑えて、基壇と基礎を用いず竿を半分程度生け込んで据え、生け込み燈籠とした。

　「層塔」は、山の土留石積終点の一段高い場所に設置した。その背後の鳥海石の石積の中には層塔の左右に石仏の頭部を安置した。これは、横山氏が角田市の長泉寺から東日本大震災で被災し首から落ちてしまった石仏の頭部二体を頂いてきたものである。

　「雪見燈籠」は、庭園入り口の切石敷を登ると初めてその存在に気づくようにした。今年4月、庭の入口へ菊地氏が鳥海石の屏風岩を据付け、マンサク・サクラ・イロハモミジを植栽した。その屏風岩に隠れるように雪見燈籠を据付けた。

　「新しくできた庭に年代物の石造物を設置することで庭に重みが加わった」と、横山氏は設計・施工・現場監督として語った。

　「斬新な雲形水鉢」。昨年、小泉隆一氏作の「雲形水鉢」を池に設置した。福島県産の白御影石（高さ70cm、1m角）にせり矢を入れて角を落とし、研磨機で削りながら丸くして造った。作製意図は、「池の水面には山や空が映る。その中に水鉢の雲の形が違和感なく映り込んだら面白い」。2週間かけた手作りの水鉢である。

　この庭園は、津波で流された庭石や造成で発生した廃棄物の石を再利用して造られた。また、庭の中には、古い物・伝統的技術と、新しい物・現代的技術を上手く取り入れた。

　一見の価値あり。会員の皆さん、是非、見に来てください。

水草の根は石で押さえる　　石造物が入ると重みが出る

木になる葉なし 15

庭園協会ニュース第99号、2020年 掲載

　日本庭園協会と明治神宮は切っても切り離せない関係にある。

　庭園協会の設立目的は、庭園・公園・園芸及び風致に関する研究と技術並びにこれに関

する趣味の普及、及び発達を図ることである。その発端となったのは明治神宮の森造営であろう。

当協会初代理事長の本多静六氏は、明治神宮の森の造営に尽力した人物である。時の総理大臣大隈重信氏（神社奉祀の会会長）は、伊勢神宮のようにスギの樹林をつくりあげるべきだと主張した。空に向かって真っすぐに伸びるスギは天に通じる木として祀られていたからである。本多氏は、代々木が伊勢神宮や日光などと土質が違うのでスギは育たないと主張した。大隈氏は代々木がスギに不適当というならば樹齢300年以上のスギが清正井戸のそばにあるのはなぜか、学者はもっと研究を進めなければならない、再考せよと言われた。

本多氏は、大学院生の上原敬二氏（庭園協会発起人の一人）を呼び、相談した。そこで思いついたのが「樹幹解析法」である。大隈氏を説得する材料として、日光と代々木のスギとの年輪成長解析を図表にし、代々木のスギの方が1～2割生育が悪いことを明らかにした。

また、代々木地区の工場から発生する排煙と山手線の蒸気機関車の走行による煤煙にスギが弱いこと、乾燥しやすい武蔵野台地でのスギの生育が思わしくないことなどを理由にスギ林にすることに反対した。さらに、西洋で生まれつつあった植生遷移の概念を逸早く取り入れ、「境内林として最もふさわしい林相は未来永劫人手をかけなくとも成立し続ける関東平野南部の原生林即ち、カシ・シイ・クスなどの常緑潤葉樹林である」と研究者としての使命に燃えて主張し、植栽計画図と遷移系列（植栽直後の0年・50年・100年・150年）による将来像を描き、大隈氏や関係者を説得した。本多氏らは、人が手を加えなくてもドングリから自然と芽が出て若い木が育ち、世代交代するという永遠に続く森づくりを目指した。

神社林の造営は、クロマツを上木にし、その直下にスギ・ヒノキ・サワラなどの針葉樹を植え、スギよりも寒風に弱いクスノキ・カシ類・シイ

などの常緑広葉樹をその下に植えた。その植樹方法は千葉県山武林業の手法を参考にしたようである。

主な植栽樹木は、全国各地より寄付された10万本を超す献木で賄った。神宮周辺の土塁にはイヌツゲを岡山県林務課より1万本、台湾総督からはクスノキの苗木を5千本頂いたという。その際、献木お断りの木として庭木仕立のもの、園芸品種、花木・果樹、外国産樹木類を挙げている。そういえば、参道にはこのような樹木は見当たらない。

本多氏から神宮境内造営工事の現場監督として3年間派遣された上原氏は、計画上支障となる樹木の伐採・移植・根回しなどの施工や献木事務に当たった。この現場で得た記録を学位論文『神社林の研究』『神社境内の設計』『樹木根廻運搬並移植法』としてまとめ上げた。これらは現在の公共造園の歩掛かりや植栽の技術指針となっている。

神橋下の筑波石

南参道神橋下の水流の石組には490tもの筑波石が用いられている。当初、石組担当の職員は、最高最良の伊予青石を用いるべきだと主張した。しかし、上原氏は参拝者の目にふれる箇所でもなく、斜面の土留用の石組であり、予算もないことから高価な石でなくてもよいと、周囲の環境と調和する筑波石の採用を提言した。これをきっかけに爆発的な筑波石ブームが起こっている。

造営100年後の現在、本多・上原氏らのつくった森には、都市部でありながらオオタカなどの森林性の野鳥やタヌキなどの動物が生息

しており、神社林としての役割のほか、生物多様性の保全がなされている貴重な場所となっている。その地で、毎年庭園協会の総会が開かれている。当協会の先人たちがつくり上げた所縁の地での集まりには、強いご縁を感じる。

今年は東京でオリンピックが開催され、隣接する国立代々木競技場も会場となる。明治神宮の森にも多くの人に足を運んでほしい。

日本庭園の技術・技能の継承を

環境緑化新聞第789号、2020年 掲載

私は、「日本庭園士補」の認定研修会部会長を務めており、先月、京都の研修会に参加した。

庭師の団体である日本造園組合連合会3900名の会員から選ばれた30名の受講生は、各県代表のその道のプロである。

一日目、京都の作庭家である井上剛宏氏は「伝統文化の技術・技能の継承のみでなくオリジナリティーを持て」と喝を、吉田昌弘氏の「日本庭園の空間構成」の講義、裏千家今日庵の出入り職人の小河正行氏の「露地の技法」の講義、進士五十八先生の「日本伝統文化と日本庭園」の講義を受けた後、与えられた資材を見て3人1組で庭を設計。

二日目は、露地の技法を学んだ後、前日の設計図に基づき4時間で施工と、現代の名工（野村脩氏・寺下弘氏・荻原博行氏）による採点と講評を受けた。

三日目は、戸田芳樹氏による作庭実習の講評とデザインの話、加藤友規氏の無鄰菴提案型管理実態の紹介、レポート提出、筆記試験があり、最後は認定委員長の尼崎博正先生の「日本庭園の伝統と創造」の講義を受けた。後日、士補が認定される。

士補認定後、3年〜10年の間に指定された

ステップアップ研修を受けて更に技術・技能を磨き、5日間の認定研修を受け、合格すると晴れて「日本庭園士」に認定される。

この研修会は、日本のトップクラスの指導者から教育を受ける唯一の勉強会、選ばれた次世代を担う庭師たちの養成所。

バブル崩壊から四半世紀、作庭工事が激減し、手入れ仕事が主体。得た技術の発揮の場がない。熟練者の高齢化、技術継承の教育の場も少ない。

今こそ、日本庭園の作庭技術・技能の継承と、令和の時代に合う庭園様式の創造ができるような教育をしなくてはならない。日本庭園士はその一端を担うであろう。

あとがき

　私は、東京農業大学農学部造園学科を卒業後、ご縁がありそのまま農大に残していただいた。厚木農場17年、造園学科1年、短期大学部環境緑地学科20年、そして地域創成科学科5年、今年の3月31日をもって定年となる。

　今までの集大成をという思いで、連載でお世話になっていた雑誌『庭NIWA』の澤田忍編集長に相談したところ、出版社に掛け合ってくださることとなり、このような記念誌を発刊する運びとなった。

　「植栽技術論」というタイトルは、私が担当していた地域創成科学科3年生前期選択科目名である。この講義内容には、造園技能士や造園施工管理技士、樹木医に関係した事柄など、43年間私が会得した知識や技術が散りばめてあり、本書のタイトルとした。

　400ページに上るこの本は、私一人の力でできたものではない。人生は縁・運・恩である。ご縁があった先生方、卒業生、同級生、後輩、卒業論文の学生たち、私を育てて下さった方々、アンケートなどの調査にご協力くださった方々、たくさんの方のお力で、運よく完成させて頂いたものである。

　厚木農場に奉職した時の米安晟農場長からは、「農場の教員は、教育者・研究者の他に技術者でなければいけない。三拍子そろった教員になりなさい」との訓示を受けた。

　農場の教員として、また世田谷キャンパスの教員として、造園学的見地による樹木の移植技術・育成技術・管理実態・生産流通実態・造園道具・竹垣など、さらに樹木医学的見地による剪定方法や樹勢回復などの研究と教育に、日々是研鑽、日々完全燃焼をしてきた。

　私が修得した移植や剪定の技術を、科学的な根拠に基づくものとして、後世に伝えたいと思い、この一冊の本に取り纏めた。生かされた人生に恩返ししたい。ご一読願いたい。

　この本を作成するにあたり、タイプライター➡ワープロ➡パソコンの一太郎➡Wordと、日進月歩のおかげで当時のデータが使えず、打ち込み作業を行ってくれた地域創成科学科の古川貴子氏・横山まりん氏、作図にご協力頂いたいきものらぼの永山俊仁氏、澤田忍編集長とスタッフの河野華子さんらに心よりお礼申し上げる。

令和5年3月15日　　内田 均

Profile

内田 均

1958年	神奈川県横浜市生まれ
1980年3月	東京農業大学農学部造園学科卒業
1980年4月	東京農業大学厚木農場造園部に奉職
1988年	1級造園技能士、1級造園施工管理技士を取得
1998年	東京農業大学短期大学部環境緑地学科（世田谷キャンパス）に異動
2000年	博士（農学）（千葉大学）取得
2006年	日本造園学会研究奨励賞　受賞
2010年	東京農業大学短期大学部環境緑地学科 教授
2018年	東京農業大学地域環境科学部地域創成科学科に異動
2023年3月	東京農業大学定年退職

研究分野　環境植栽学・植栽管理学

植栽技術論

2023年4月10日　初版第1刷発行

著者─────────内田 均
編集─────────澤田 忍
発行人────────馬場栄一
発行所────────株式会社建築資料研究社
　　　　　　　　　〒171-0014
　　　　　　　　　東京都豊島区池袋2-38-1 日建学院ビル3F
　　　　　　　　　TEL 03-3986-3239
　　　　　　　　　FAX 03-3987-3256

デザイン───────加藤賢策（LABORATORIES）
DTP────────菊原菜美佳（LABORATORIES）
校正─────────文字工房 燦光
印刷・製本──────シナノ印刷株式会社

© 建築資料研究社2023

Printed in Japan
ISBN 978-4-86358-867-7